工业和信息产业职业教育教学指导委员会“十二五”规划教材

全国高等职业教育计算机系列规划教材

SQL Server 2008
项目开发教程

丛书编委会 编著

電子工業出版社
Publishing House of Electronics Industry
北京 · BEIJING

内 容 简 介

本书是工业和信息产业职业教育教学指导委员会“十二五”规划教材，同时也是全国高等职业教育计算机系列规划教材。

本书共有4个项目共15个任务组成：项目1为数据库系统概论，讲述了数据库的发展、概念、模型，关系数据库的相关概念，SQL语言，主流数据库及比较；项目2为入门篇，讲述了SQL Server 2008的安装、特性、主要组件，并通过一个停车场数据库实例介绍了数据库从创建到备份恢复的基本流程；项目3为提高篇，通过实例讲解了数据库对象包括数据库、数据表、视图、存储过程、触发器等的规划、设计、创建和管理的过程和方法；项目4为高级篇，讲述了数据库的配置和管理、数据库的安全性、数据的导入和导出、数据库复制技术、数据库性能优化和调整等内容。

本书内容丰富，结构清晰，通过完整的实例对主流数据库系统SQL Server 2008的概念和技术进行了透彻的讲述。本书不仅适用于高职高专教学需要，也适合作为数据库及SQL Server初学者的入门书籍和中级读者的提高教程。

图书在版编目（CIP）数据

SQL Server 2008项目开发教程/全国高等职业教育计算机系列规划教材丛书编委会编著. —北京：电子工业出版社，2012.2

（工业和信息产业职业教育教学指导委员会“十二五”规划教材　全国高等职业教育计算机系列规划教材）

ISBN 978-7-121-15646-5

Ⅰ. ①S…　Ⅱ. ①全…　Ⅲ. ①关系数据库－数据库管理系统，SQL Server 2008－高等职业教育－教材
Ⅳ. ①TP311.138

中国版本图书馆CIP数据核字(2011)第282297号

策划编辑：左　雅
责任编辑：左　雅　　特约编辑：张　彬
印　　刷：北京宏伟双华印刷有限公司
装　　订：北京宏伟双华印刷有限公司
出版发行：电子工业出版社
　　　　　北京市海淀区万寿路173信箱　邮编：100036
开　　本：787×1 092　1/16　印张：20.5　字数：524.8千字
版　　次：2012年2月第1版
印　　次：2017年1月第2次印刷
定　　价：45.00元

凡所购买电子工业出版社图书有缺损问题，请向购买书店调换。若书店售缺，请与本社发行部联系，联系及邮购电话：（010）88254888，88258888。

质量投诉请发邮件至zlts@phei.com.cn，盗版侵权举报请发邮件至dbqq@phei.com.cn。

本书咨询联系方式：（010）88254580，zuoya@phei.com.cn。

丛书编委会

本书编委会

主　　编　李立功　祖晓东

副主编　崔　炜　迟俊鸿　张建武　赵学术

丛书编委会院校名单

（按拼音排序）

前　言

本书作为高职高专教学用书，根据当前高职高专学生和教学环境的现状，结合职业需求，采用“工学结合”的思路，以“案例实做”的形式贯穿全书。本书也适用于数据库及SQL Server初学者及中级读者。

本书在编写上，依托案例为主、由浅入深，先基础后专业、先理论后实际的编排宗旨。在内容上力求突出实用、全面、简单、生动的特点。通过对本书的学习，能够让读者对数据库理论和SQL Server 2008有一个比较清晰的概念，对SQL Server 2008的应用有明确的认识，对SQL Server 2008的使用有正确的方法。

作为主流数据库之一，SQL Server 2008提供了一个安全的、健壮的、可扩展的、更易使用和管理的平台，是数据库解决方案的最佳选择之一。

在编排上，本书共4个项目，包括15个任务：项目1为认识和了解数据库，项目2为创建和管理停车场数据库，项目3为创建学生信息数据库，项目4为管理学生信息数据库。

项目1主要是认识和了解数据库系统。本项目包括任务1～4：任务1认识和了解数据库的发展、地位、意义、主要研究领域、基本概念和数据模型；任务2认识和了解关系数据库的概念、设计过程、E-R模型、规范化分析；任务3认识和学会关系数据库语言SQL的概念、特点、功能及数据定义、数据查询、数据操作等；任务4认识和了解常用数据库介绍和比较等方面的知识。

项目2创建和管理停车场数据库。该项目从一个小巧的、简单的数据库开始，认识和学会SQL Server 2008的基础知识和基本技能。本项目包括任务5～6：任务5认识和了解SQL Server 2008的新特性、安装过程、数据库引擎的启动及主要管理工具的功能；任务6创建和管理停车场数据库，主要学习SQL Server 2008的基本操作，包括数据库、数据表的创建和使用，数据表之间的关系，视图的简单应用及数据库的备份和恢复等。

项目3创建学生信息数据库。针对一个不太复杂的、学生容易理解的“学生信息数据库”，从开发的角度学习了SQL Server 2008的数据库设计与应用技术。本项目包括任务7～10：任务7完成了数据库及数据表的分析、设计、创建、使用的过程；任务8认识并完成了视图的概念、分类、规划设计、创建、应用等知识和技能；任务9认识了T-SQL语言，完成了存储过程的设计及应用；任务10完成了触发器的设计和应用。

项目4完成了学生信息数据库的日常管理操作。本项目包括任务11～15：任务11认识系统数据库的作用和构成，完成了用户数据库的配置和管理；任务12完成了数据库的安全管理和维护；任务13完成了数据导入和导出的操作过程；任务14完成了数据库的复制操作；任务15完成了数据库性能调整和优化的过程。

为了配合教师教学，本书配备了电子教学参考资料包，有此需要的教师可登录华信教育资料网（www.hxedu.com.cn）免费下载。

本书由李立功、祖晓东担任主编，负责规划和统筹，崔炜、迟俊鸿、张建武、赵学术担任副主编。参加编写的老师还有张革华、高俊华、王素倩、邓剑民等。

由于编者水平有限，时间仓促，书中错误在所难免，恳切希望读者批评指正。

编著者

前言

目　录

项目 1　认识和了解数据库

项目3 创建学生信息数据库

认识和了解数据库

本项目主要完成对数据库系统基础知识的认识。数据库系统的出现使得计算机应用从以科学计算为主转向以数据处理为主，从而使计算机得以在各行各业乃至家庭中普遍使用。在这个转变过程中，数据库原理的深入研究和数据库技术的广泛应用起着非同寻常的作用。数据库技术作为计算机领域的基本学科，已经成为整个计算机信息系统与应用领域的核心技术和重要基础。

本项目共有 4 个任务，包括认识数据库、认识关系数据库、应用关系数据库语言 SQL，以及认识常用的数据库产品。

通过本项目的训练，应达到以下目标。

★　了解数据库的发展和数据库系统的地位及意义；

★　理解数据和数据库系统的相关概念；

★　理解数据模型的概念，重点掌握关系模型；

★　掌握关系数据库的基本概念；

★　掌握主键、外键等字段约束的应用；

★　理解数据完整性约束、数据表的关联及索引等概念；

★　掌握关系数据库的设计过程；

★　掌握关系数据库三个范式的应用；

★　了解 SQL 语言的特点和功能；

★　掌握 SQL 语言数据定义、数据查询及数据操作的相关语句；

★　了解常用数据库产品的特点；

★　了解如何根据不同应用需求选择数据库产品。

任务1

认识数据库

作为生活在现代社会的一员，往往并没有意识到，其实自己一直在使用数据库。当从自己的电子邮件地址簿里查找名字时，就在使用数据库；当在某个互联网站点上进行搜索时，也是在使用数据库；当在工作中登录网络时，也需要依靠数据库验证自己的名字和密码；即使是在自动取款机上使用银行卡时，也要利用数据库进行 PIN 码验证和余额查询。

虽然我们一直都在使用数据库，但对究竟什么是数据库可能并不十分清楚。了解数据库发展的过程及其在计算机领域中所处的地位和重要意义，掌握数据库系统的一些重要概念，理解数据模型的引入和具体分类，可以使数据库的初学者对即将学习的课程有一个初步的认识，为后续课程的学习奠定良好的基础。

1.1 了解数据库的发展

随着计算机理论研究的不断深入和计算机技术的不断发展，从 20 世纪 50 年代开始，计算机的主要功能已经从科学计算转变为事务处理。据统计，目前全世界 80%以上的计算机主要从事一般的数据及事务处理工作。事务处理的过程并不要求复杂的科学计算，而主要是围绕提高数据独立性，降低数据的冗余度，在数据共享、数据的安全性和完整性等方面进行改进，让用户方便地管理和运用数据资源。伴随着事务处理应用的逐步深入，以数据处理为核心的数据库技术随之发展和成熟起来，成为计算机技术应用领域中最广泛和最重要的一种技术。

任务描述

任务名称：了解数据库发展。

任务描述：在计算机应用领域中，数据处理越来越占主导地位，数据库技术的应用也

越来越广泛。了解数据库技术的历史和发展、理解数据库系统的地位和意义、了解数据库技术的主要研究领域可以使我们对数据库技术有一个初步的认识。

相关知识与技能

1.1.1 计算机数据管理经历的阶段

数据库是数据管理的产物。数据管理是数据库的核心任务，它是指对数据的组织、存储、维护和使用等。随着计算机硬件和软件的发展，数据库技术也不断地发展。从数据管理的角度看，数据库技术到目前共经历了人工管理阶段、文件系统阶段和数据库系统阶段。

1．人工管理阶段

20 世纪 50 年代中期以前，计算机主要用于科学计算。计算机软硬件条件还非常落后，在硬件方面，外存只有纸带、卡片、磁带，没有磁盘等直接存取的存储设备；在软件方面，没有操作系统，没有管理数据的软件，数据处理方式是批处理。人工管理数据具有如下特点。

（1）数据不保存。由于当时的计算机主要用于科学计算，一般不需要将数据长期保存，只是在计算某一个课题时输入数据，计算完毕后就将数据撤走。不仅对用户数据如此处置，对系统软件也是这样。

（2）数据管理由程序完成。数据需要由应用程序自己管理，而没有相应的软件系统负责数据的管理工作。应用程序中不仅要规定数据的逻辑结构，而且要设计物理结构，如存储结构、存取路径、输入方法等。

（3）数据无共享。数据是面向应用的，一组数据只能对应一个程序。当多个应用程序涉及某些相同的数据时，由于必须各自定义，无法相互利用、相互参照，因此程序与程序之间有大量的冗余数据。

（4）数据不独立。由于应用程序管理数据，当数据的逻辑结构或物理结构发生变化时，必须对应用程序做相应的修改，这就进一步加重了程序员的负担。

人工管理阶段，应用程序与数据之间的对应关系如图 1.1 所示。

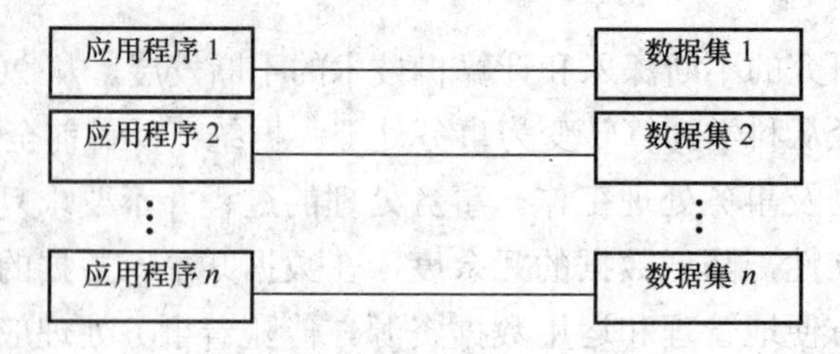

图 1.1　人工管理阶段，应用程序与数据之间的对应关系

2．文件系统阶段

20 世纪 50 年代后期到 60 年代中期，随着计算机技术的发展，硬件上已经有了磁盘、磁鼓等直接存取的存储设备，软件上操作系统中已经有了专门用于管理数据的软件，称为文件系统。处理方式上不仅有了文件批处理，而且能够联机实时处理。因此，在这一时期，计算机应用范围逐步扩大，计算机不仅用于科学计算，而且还大量用于管理。文件系统阶

段管理数据有以下特点。

（1）数据可以长期保存。数据可以以文件的组织方式，长期保留在外存上，供应用程序反复进行查询、修改、插入、删除等操作。

（2）程序和数据之间有了一定的独立性。操作系统提供了文件管理功能和访问文件的存取方法，程序和数据之间有了数据存取的接口，程序可以按照文件名访问数据。程序员不用过多地考虑数据存储的物理细节，而可以将精力集中于算法。另外，数据在存储上的改变不一定反映在程序上，从而大大节省了维护程序的工作量。

（3）数据具有一定的共享性，但不够充分。在文件系统中，应用程序与数据文件之间存在多对多的关系，即一个应用程序可以使用多个数据文件，一个数据文件也可以被多个应用程序所调用，提高了数据文件的共享性。但是，当不同的应用程序调用具有部分相同的数据时，就必须建立各自的文件，而不能共享相同的数据，否则会造成数据的冗余度大，浪费存储空间。同时由于相同数据的重复存储，各自管理，非常容易造成数据的不一致性，给数据的修改和维护带来了困难。

（4）数据独立性差。文件系统中的文件是为某一个特定的应用程序服务的，数据和程序相互依赖，对现有的数据增加一些新的应用非常困难。一旦改变数据的逻辑结构，相应的应用程序也必须修改。应用程序的改变（如应用程序改用不同的高级语言等），也会引起数据文件的结构改变。因此数据与程序之间仍缺乏独立性。

（5）数据的最小存取单位是记录。相互独立的文件记录内部是有结构的，如一个学生基本情况记录文件中，每条记录都包括学号、姓名、性别、年龄、籍贯等内容，但是记录之间没有任何联系。

文件系统阶段，应用程序与数据文件的对应关系如图 1.2 所示。

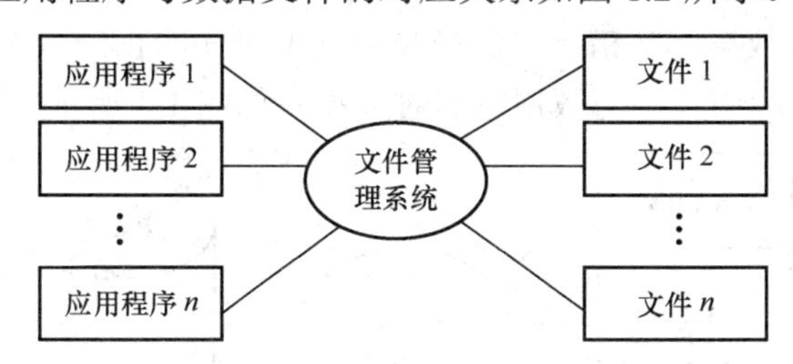

图 1.2　文件系统阶段应用程序与数据文件的对应关系

3．数据库系统阶段

20 世纪 60 年代后期以来，随着计算机应用领域的日益扩展，计算机用于数据管理的规模越来越大，数据量急剧增长，基于文件系统的数据管理技术无法满足实际应用中广泛而迫切的需要。这一时期，计算机硬件技术得到了飞速发展，大容量磁盘、磁盘阵列等基本的数据存储技术日益成熟，同时价格在不断下降；软件则价格上升，编制和维护系统软件及应用程序所需的成本相对增加；在处理方式上，联机实时处理要求更多，并开始提出和考虑分布处理。在迫切的实际需求和良好的软硬件环境下，数据库系统应运而生。与人工管理和文件系统相比，数据库系统主要有如下特点。

（1）数据结构化。在数据库系统中，数据不再针对某一个应用，而是面向整体的结构。数据的最小存取单位是数据项（字段），存取数据的方式非常灵活，可以存取数据库中的某一个数据项、一组数据项、一条记录或一组记录。

（2）实现了数据共享，减少了数据冗余。在数据库系统中，对数据的定义和描述已经从应用程序中分离出来，通过数据库管理系统进行统一管理。这样，数据可以供用户共享，实现最小的冗余度，节省了存储空间，并能更好地保证数据的安全性和完整性。

（3）提高了数据独立性。用户的应用程序与存储在磁盘上的数据库中的数据是相互独立的。用户不需要了解数据在磁盘上的数据库中如何存储；应用程序要处理的只是数据的逻辑结构，这样当数据的物理存储改变了，应用程序不用改变。数据与程序的独立，把数据的定义从程序中分离出去，加上数据的存取又由数据库管理系统负责，从而简化了应用程序的编制，大大减少了应用程序维护和修改的成本。

（4）数据由 DBMS 统一管理和控制。数据库是一个多极系统结构，需要一组软件提供相应的工具进行数据的管理和控制，以达到保证数据的安全性和一致性的基本要求，这样的一组软件就是数据库管理系统（Database Management System，DBMS）。DBMS 必须提供以下几个方面的数据控制功能。

- 数据的并发控制：当多个用户同时存取、修改数据库时，可能会发生相互干扰而得到错误的结果或者使得数据库的完整性遭到破坏，利用 DBMS 可以对多用户的并发操作加以控制和协调。
- 数据的安全性保护：保护数据以防止不合法的使用造成数据的泄密和破坏，使每个用户只能按规定对指定的数据以指定的方式进行使用和处理。
- 数据的完整性检查：检查数据的正确性、有效性和相容性，将数据控制在有效的范围内，或保证数据之间满足一定的关系。
- 数据库故障恢复：计算机系统的硬件故障、软件故障、操作员的失误及故意破坏会影响数据库中数据的正确性，甚至造成数据库部分或全部数据的丢失。利用 DBMS 可以将数据库从错误状态恢复到某个已知的正确状态。

数据库系统阶段，应用程序与数据库的对应关系如图 1.3 所示。

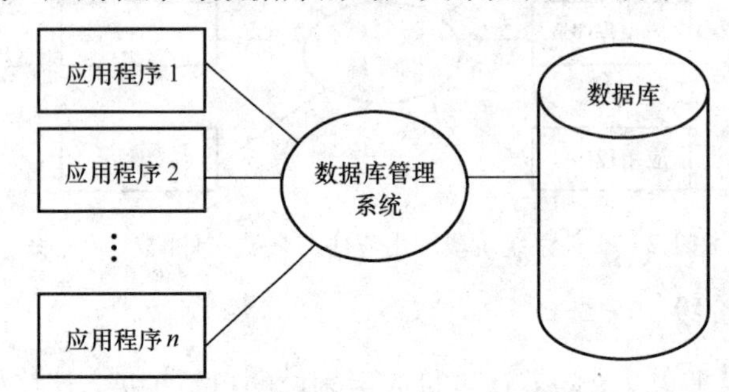

图 1.3　数据库系统阶段，应用程序与数据库的对应关系

目前，数据库已经成为现代信息系统不可分离的重要组成部分。数据库技术已经广泛应用于科学技术、工业、农业、商业、服务业等各个领域。20 世纪 80 年代后，多数计算机都配置了数据库管理系统（DBMS），使得数据库技术得到更加广泛的应用和普及。

1.1.2　数据库系统的地位和意义

数据库系统的出现是计算机应用的一个里程碑，它使得计算机应用从以科学计算为主转向以数据处理为主，从而使计算机得以在各行各业乃至家庭普遍使用。在这个转变过程中，数据库原理的深入研究和数据库技术的广泛应用起着非同寻常的作用。数据库技术作为计算机领域的基本学科，已经成为整个计算机信息系统与应用领域的核心技术和重要基础。

数据库系统之前的文件系统虽然也能处理持久数据，但是文件系统不提供对任意部分数据的快速访问，为了实现这样的访问，就要研究许多优化技术。这些优化技术往往很复杂，普通用户难以实现。而在数据库系统中，由于对数据库的操作都由数据库管理系统完成，所以数据库就可以独立于具体的应用程序而存在。而且数据库也可以为多个用户所共享。数据共享节省了大量人力和物力，为数据库系统的广泛应用奠定了基础。数据的独立性和共享性是数据库系统的重要特征。数据库系统的出现使得普通用户能够方便地将日常数据存入计算机，并在需要的时候快速访问它们，从而使计算机走出科研机构，进入各行各业，进入家庭。

数据库技术是计算机软件学科的一个独立分支，吸引着大量杰出人才献身其中，为计算机理论与技术发展做出了重要贡献。在数据库领域，先后有三位科学家获得图灵奖，该奖项被认为是计算机领域的诺贝尔奖。这在计算机的其他分支领域中是不多见的。

20 世纪 90 年代以来，计算机应用已经深入社会的各个方面。数据库技术不仅在传统商业领域、事务处理领域中发挥着极大作用，而且在非传统应用中也起到越来越重要的支撑作用，产生了新的智能数据库、知识数据库、图像数据库、面向对象数据库和可扩充数据库等。

近几年，计算机网络和多媒体技术已经成为信息技术的基本潮流。随着市场巨大的需求及技术条件的日益成熟，基于 Web 和多媒体技术的非传统复合类型数据的存储、查询和处理，将会成为 21 世纪数据库应用的主流技术。计算机新技术与数据库技术相互融合、相互促进，是新技术本身发挥作用和保持强劲发展势头的重要前提。

随着全球信息化的发展，信息已经成为经济发展的战略资源。数据库作为信息技术中最有效和最重要的方法，正在成为信息化社会中信息资源管理与开发的基础，对于一个国家而言，数据库使用的规模与水平是其现代化程度的重要标志。

1.1.3 数据库技术的主要研究领域

数据库学科的研究范围是非常广泛的，概括地讲可以包括以下三个领域。

1. 数据库管理系统软件的研制

数据库管理系统（DBMS）是数据库系统的基础，开发可靠性好、可用性强、效率高、功能全的 DBMS 始终是数据库技术的重要内容。DBMS 的研制包括研制 DBMS 本身及以 DBMS 为核心的一组相互联系的软件系统，如数据通信软件、报表书写系统、图表系统等。

随着应用领域不断扩大，数据库需要对图形、图像和声音等多媒体数据进行操作与管理，这些数据与传统数据在格式上有很大区别，处理要求也与传统数据不同。研究数据库在这方面的应用是一个新的课题，DBMS 需要为多媒体数据库管理系统研究提供相应的技术支持。

DBMS 核心技术的研究与实现是多年来数据库领域所取得的主要成果。

2．数据库设计

数据库设计的主要任务是在DBMS的支持下，按照应用的要求，为某一部门或组织设计一个结构合理、使用方便、效率较高的数据库及应用系统。其中，主要的研究包括数据库设计方法、设计工具和设计理论的研究，数据模型和数据建模的研究，计算机辅助数据库设计方法及其软件系统的研究，数据库设计规范和标准的研究等。

3．数据库理论

很长一段时间，数据库理论研究主要集中在关系数据库上，近年来也开始了对面向对象数据库、分布式数据库、多媒体数据库和时态数据库等的理论研究。随着人工智能技术与数据库理论的结合、并行计算技术等的发展，数据库逻辑演绎和知识推理、数据库中的知识发现（KDD）、并行算法等成为新的理论研究方向。

数据库技术与其他计算机技术的相互结合、相互渗透，使数据库中新的技术内容层出不穷，数据库的许多概念、技术内容、应用领域，甚至某些原理都有了重大的进展。

1.2 认识数据和数据库系统

数据库技术是现代信息科学与技术的重要组成部分，是计算机数据处理与信息管理系统的核心。数据库技术研究解决了计算机信息处理过程中大量数据有效地组织和存储，在数据库系统中减少数据存储冗余、实现数据共享、保障数据安全及高效地检索数据和处理数据的问题。

任务描述

任务名称：认识数据与数据库系统。

任务描述：数据库技术是信息系统的一个核心技术，它是一种计算机辅助管理数据的方法。数据库技术研究如何组织和存储数据，如何高效地获取和处理数据。它是通过研究数据库的结构、存储、设计、管理及应用的基本理论和实现方法，并利用这些理论来实现对数据库中的数据进行处理、分析和理解的技术。数据库技术涉及许多基本概念，其中，数据、数据库、数据库管理系统、数据库系统是与数据库技术密切相关的四个基本概念，认识这些概念是学习数据库技术的前提。

相关知识与技能

1．数据

数据（Data）是描述事物的符号记录，如字符、数字、文本、声音、图形、图表、图像等。这些符号都可以输入计算机中，由计算机进行存储和管理。

计算机领域中所说的数据是由原始数据经过提炼、加工而得到的用来决定行动、计划和决策的有价值的数据。对这些数据进行收集、组织、加工、储存、抽取、传播等的过程就是数据处理。

数据库技术要解决的主要问题就是如何科学地组织和存储数据，如何高效地获取、更新和加工处理数据，并保证数据的安全性、可靠性和持久性。

过去，软件系统以程序为主体，数据从属于软件，在系统中是分散和零乱的，从而产生数据冗余度高、缺乏一致性和安全性较差等弊病。如今，数据在软件系统中的地位已经发生了“质”的变化，在数据库应用系统中占据了主导位置，而程序则退居到了附属地位。人们通过对数据进行集中统一管理，使数据能够被一般的应用程序所共享。

2. 数据库

数据库（Database，DB）是数据的集合，具有统一的结构形式并存放于统一的存储介质内，并可被多个应用程序所共享。

数据库中的数据具有以下特性。

（1）持久性。数据库中的数据长期存储在外存储器上，用户只有向 DBMS 提出某些明确请求时，才能从数据库中将其改变或删除，这是数据库中的数据与一般计算机应用程序运行结束后产生的数据在本质上的区别。

（2）集成性。数据库集中了各种应用的数据，按照一定的数据模型进行统一的组织、描述和存储。

（3）共享性。数据库中的数据可以被多个不同的应用程序同时使用。

（4）较小的冗余度。数据库将多个应用数据统一存储并集中使用，将数据库中的多个文件高度组织起来，相互之间建立密切的联系，尽可能避免同一数据的重复存储，减少和控制了数据的冗余，保证了整个系统数据的一致性。

（5）独立性。数据库中的数据独立于应用程序，数据的存取操作由 DBMS 负责，有效地简化了应用程序的编制，大大减少了应用程序维护的成本。

（6）易扩展性。数据的共享性使得数据库中的数据可以被不断出现的新的应用程序所使用，数据库与网络的结合更加扩展了数据的使用范围，使数据信息发挥出更大的作用。

3. 数据库管理系统

数据库管理系统（DBMS）是数据库系统的核心软件，是数据库系统的一个重要组成部分。它是一种系统软件，负责数据库中的数据组织、数据操作、数据维护及控制、数据保护和数据服务等，其主要目标是使数据成为方便用户使用的资源，易于为各类用户所共享，并提高数据的安全性、完整性和可用性。它建立在操作系统的基础之上，对数据库进行统一的管理和控制。

DBMS 具有强大的功能，其中主要包括以下几点。

（1）数据库的定义。DBMS 提供数据定义语言（Data Definition Language，DDL）或操作命令，描述数据的结构、约束性条件和访问控制条件，为数据库构建数据框架，供以后操作和控制数据。

（2）数据操作。DBMS 提供数据操作语言（Data Manipulation Language，DML），以便用户对数据库中的数据进行插入、修改、删除、查询等操作，DBMS 对相应的操作过程进行确定和优化。

（3）数据控制。DBMS 提供数据控制语言（Data Control Language，DCL），以便多个用户共享数据库中的数据资源。及时发现和处理由于数据共享引发的访问冲突、安全性保护、完整性定义与检查、数据并发控制和故障恢复等问题。

（4）数据字典。数据字典（Data Dictionary，DD）中存放着对实际数据库结构的描述，数据库管理系统通过数据字典的管理，实现对数据及系统中其他实体的描述与定义，并通过查阅数据字典实现对数据库的使用和操作。

（5）数据库的建立和维护。DBMS 提供数据库初始数据的输入、转换功能，数据库的转储、恢复功能，数据库的重组织功能和性能监视、分析功能等。这些功能通常是由一些实用程序完成的。

（6）数据库接口功能。DBMS 提供数据库的用户接口，以适应各类不同用户（普通用户、应用程序开发用户和数据库管理员等）的不同需求。

4. 数据库系统

数据库系统（Database System，DBS）是计算机系统的重要组成部分，是指引入了数据库技术后的计算机系统。除了计算机硬件系统和操作系统之外，还包括以数据为主体的数据库、管理数据库的数据库管理系统及基于数据库管理系统而开发的用户应用程序。此外还包括数据库管理员、应用程序员和最终用户。整个数据库系统的层次结构关系如图 1.4 所示。

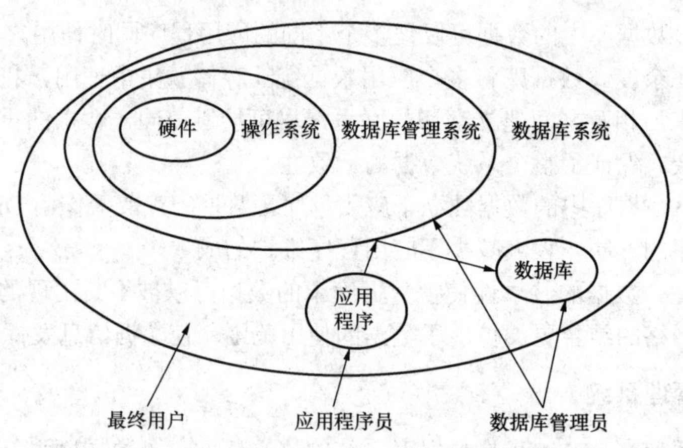

图 1.4 整个数据库系统的层次结构关系

在该层次结构中，主要包括以下部分。

（1）硬件。主要是指能够运行数据库系统，并且进行数据存储和数据处理所必不可少的磁盘、处理器和主存等，在网络环境中运行的数据库系统还包括必要的网络设备。

（2）操作系统。数据库系统运行的基础软件平台，目前常用的有 Windows 系列与 UNIX 系列等。另外还包括一些必要的数据库系统开发工具，如实用程序、应用程序设计语言等。

（3）数据库管理系统。数据库管理系统是数据库系统的核心和主体。完成对数据库的查询操作和优化处理，保证了数据库中数据的独立性和共享性。

（4）应用程序。由应用程序员开发，通过向数据库管理系统发出数据库操作语句来访问数据库，目的是使最终用户使用数据库中的数据。

（5）数据库。集中了各种应用的数据，并对其进行统一的构造和存储。数据库是具有持久性、有结构的、可以共享的数据集合。

（6）数据库管理员。数据库管理员（Database Administrator，DBA）是支持数据库系统的专业技术人员。DBA 的任务主要是决定数据库的内容，对数据库中的数据进行维护，对数据库的运行状况进行监督，并且管理账号，备份和还原数据，以及提高数据库的运行效率。

（7）应用程序员。应用程序员负责编写访问数据库的面向终端用户的应用程序，使用户可以很友好地使用数据库。可以使用 Visual Basic、Delphi、PHP、JSP、ASP 和 ASP.NET 等来开发数据库应用程序。这些应用程序通过 DBMS 来访问数据库。

（8）最终用户。最终用户只需操作应用程序软件来访问数据库，利用数据库系统完成日常的工作，而不需要关心数据库的具体格式及其维护和管理等问题。

1.3 认识数据模型

数据（Data）是描述事物的符号记录，模型（Model）是现实世界的抽象。数据模型（Data Model）是数据特征的抽象，是数据库管理的教学形式框架，是数据库系统中用以提供信息表示和操作手段的形式构架，是数据库系统的核心。数据模型的数据结构影响着系统的其他部分，它也是数据定义语言和数据操作语言的基础。

任务描述

任务名称：认识数据模型。

任务描述：到目前为止，数据库领域中最常用的数据模型有四种：层次模型、网状模型、关系模型和面向对象模型。其中层次模型和网状模型统称为非关系模型。层次模型发展较早，但由于其结构不符合大多数客观世界实际问题中数据间的联系，逐渐被淘汰；网状模型开发也较早，而且有一定优点，当前网状数据库系统的用户仍很多；关系模型的开发相对较晚，但有很多优点，具有很强的生命力，因此被广泛使用；20 世纪 80 年代以来，面向对象的方法和技术在计算机各个领域中都产生了深远的影响，也促进了数据库领域中面向对象数据模型的研究和发展。

本书中介绍的 Microsoft 的 SQL Server 2008 就是关系模型的数据库管理系统。

相关知识与技能

数据模型通常都是由数据结构、数据操作和完整性约束 3 个要素组成的。数据结构用于描述系统的静态特性，是刻画一个数据模型性质最重要的方面，在数据库系统中，人们按照数据结构的类型来命名数据模型；数据操作用于描述系统的动态特性，是指对数据库中各种对象的值所允许执行的操作的集合，包括操作方法及有关的操作规则，一般来说，数据库中主要有检索和更新两大类操作，数据模型定义这些操作的确切含义、操作符号、操作规则及实现操作的语言；完整性约束就是用一组完整性的规则来定义数据的约束条件，完整性规则是给定的数据模型中数据及其联系所具有的制约和依存规则，用于限定符合数据模型的数据库状态及状态的变化，以保证数据的正确、有效和兼容。

在数据模型中，用于数据描述的实体集有实体与属性之分。描述实体的数据称为记录，而描述属性的数据称为项，项包含了数据类型和数据长度两个特征。由于一个实体具有若干属性，所以记录也由若干项组成，而记录是项的一个序列。例如：

学号：20020001　　姓名：张三　　　性别：男　　　　出生年月：1980 年 12 月

该实体就是由四个项组合成的一条记录，每个项就是记录的一个属性，用于描述某个学生的基本情况。

1.3.1　层次模型

层次模型是数据库系统中最早出现的数据模型。层次模型通常用树形结构来表示各类实体及实体间的一对多联系。现实世界中的行政机构和家族关系等就是很自然的层次模型。典型的层次数据库管理系统是 IBM 公司在 20 世纪 60 年代推出的 IMS 系统。

1．层次模型的数据结构

在数据库中，满足以下两个条件的数据模型称为层次模型：

- 有且仅有一个节点无父节点，这个节点称为根节点；
- 其他节点有且仅有一个父节点。

在层次模型中，节点层次从根开始定义，根为第一层，根的子节点为第二层，根为其子节点的父节点，同一父节点的子节点称为兄弟节点，没有子节点的节点称为叶节点。

在如图 1.5 所示的层次模型样例中，n_1 为根节点，n_2 和 n_3 为兄弟节点，并且是 n_1 的子节点；n_2 是 n_4 和 n_5 的父节点，n_4 和 n_5 为兄弟节点，并且是 n_2 的子节点；n_3 是 n_6 的父节点，n_6 是 n_3 的子节点；n_4、n_5 和 n_6 为叶节点。

图 1.5　层次模型

2．层次模型的数据操作

层次模型的数据操作主要有查询、插入、删除和更新。层次模型的数据操作不仅要操作数据本身，还要反映出数据之间的层次联系。如果要存取或访问某一个记录，必须从根节点起，沿着层次路径逐层向下查找，直到找到为止，没有一个子节点的记录值能够脱离其父节点记录而独立存在。

3．层次模型的完整性约束

在层次模型中进行数据操作时，需要满足以下完整性约束条件。

- 如果没有指定父节点就不能插入子节点的值；
- 如果要删除父节点，则其相应的子节点也要同时删除；
- 要更新某一条记录，必须更新所有相应的记录，以保证数据的一致性。

层次数据模型本身比较简单，只需要很少几条命令就能操作数据库，而且如果实体间联系固定且是预先定义好的，采用层次模型的性能会不亚于其他模型。但是现实世界中很多联系是非层次性的，用这种数据模型很难表示多对多的复杂联系，另外，层次模型插入和删除操作的限制较多，查询操作必须从根节点开始，降低了效率。因此目前采用层次模型的数据库管理系统不是很多。

1.3.2　网状模型

网状数据模型是一种比层次模型更具普遍性的结构，它可以更直接地描述现实世界。

网状模型用网络图表示实体间的各种复杂联系，层次结构实际上是网状结构的一个特例。典型的网状数据库管理系统是美国数据系统研究会下属的数据库任务组在 20 世纪 70 年代推出的 DBTG 系统。

1. 网状模型的数据结构

在数据库中，满足以下两个条件的数据模型称为网状模型。

- 允许一个以上的节点无父节点；
- 一个节点可以有多于一个的父节点。

网状模型也是每个节点表示一个记录类型，每个记录类型可以包含若干项，节点之间的连线表示记录之间的父子关系。网状模型还允许两个节点之间有多种联系。网状模型有很多种，如图 1.6 所示是其中典型的样例。

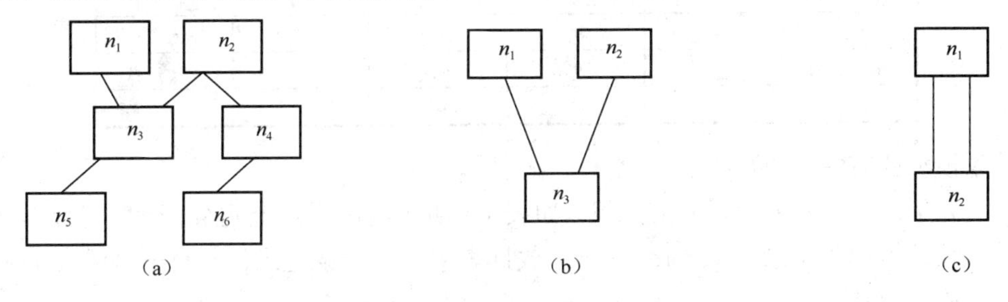

图 1.6　网状模型

在图 1.6（a）中，n_1 和 n_2 均为父节点；图 1.6（b）中的 n_3 有两个父节点；图 1.6（c）中的 n_1 和 n_2 之间具有两种以上的联系。

2. 网状模型的数据操作

网状数据模型的数据操作主要包括查询、插入、删除和更新数据。网状模型在存取记录时，允许从任意一个节点找起，经过指定的联系，就能在整个网内找到所需的数据。

3. 网状模型的完整性约束

网状数据模型没有层次模型那样具有严格的完整性约束条件，但具体的网状数据库系统对数据操作都加入了以下一些限制。

- 支持记录键的概念，键是唯一标识记录的数据项集合，在数据库的记录中，键的值是不能重复的。如学生情况记录中，学号可以设置为键，而姓名、性别等数据项都不能设置为键。
- 保证一个联系中父节点记录和子节点记录之间是一对多的联系。
- 支持父节点记录和子节点记录之间的某些约束条件，如子节点记录必须在父节点记录存在时才能插入，父节点记录删除时子节点记录被同时删除，等等。

网状模型能够直接地描述现实世界的多种复杂联系，具有良好的性能，存取效率高，能取代任何层次结构的系统。但是其数据独立性较差，且结构比较复杂，不利于最终用户掌握。

1.3.3　关系模型

关系模型是目前最重要的一种数据模型。尽管关系模型产生于层次模型和网状模型之后，但它对数据库理论和实践产生了重大而深远的影响，并且比层次模型和网状模型有更

加明显的优点。当今主流的DBMS如Oracle公司的Oracle 10g、IBM公司的DB2、Sun公司的MySQL及本书中将要介绍的Microsoft的SQL Server 2008等都是关系数据库管理系统。

1. 关系模型的数据结构

关系数据模型的数据结构就是人们熟悉的一张二维表，它由行和列组成。如表1.1所示就是一张学生基本情况的二维表格。

表1.1 学生基本情况关系表

学号	姓名	性别	籍贯	年龄	系名
20060001	张三	男	天津	18	信息管理
20060002	李四	女	北京	19	通信工程
20060003	王五	男	上海	18	土木工程
20060004	赵六	男	重庆	20	铁道运营
…	…	…	…	…	…

关系模型的有关术语如下。

- 元组。二维表中的行称为元组，如表1.1所示给出了4个元组。一般情况下，数据元组被称为记录（Record）。一个数据表中的每一条记录均具有一个唯一的编号，称为记录号。
- 属性。二维表中的列称为属性，也就是字段（Field），如表1.1所示给出了6个字段。一个数据表中的每一列字段均具有一个唯一的名字，称为字段名。字段的基本属性有字段名称、数据类型、字段大小等。
- 关键字。关键字的值能够唯一地确定一个元组。例如，表1.1中的学号就可以作为关键字，而姓名、系名等均不能作为关键字。
- 域。属性的取值范围称为域，表1.1中学生年龄属性的域可以是10～40，性别属性的域可以是（男、女），系别属性的域可以是该学校所有系名的集合。
- 数据表。具有相同字段的所有记录的集合称为数据表，如表1.1所示就是一个数据表。一个数据库中的每个数据表都有一个唯一的名字，称为数据表名。数据表是数据库的子对象。
- 数据库。传统的数据库主要表现为数据表的集合，但是随着数据库技术的发展，现代数据库已不再仅仅是数据的集合，而且还应包括针对数据进行各种基本操作的对象的集合。

关系模型要求关系必须是规范化的，即要求关系必须满足一定的规范条件，其中最基本的一条就是，每个属性值必须是不可分割的数据单元，即表中不能包含表。因此，如表1.2所示是不符合关系模型要求的表，如表1.3所示是符合关系模型要求的表。

表1.2 含子表的二维表

学号	姓名	成绩			
		数学	语文	英语	德育
20060001	张三	76	87	77	90
20060002	李四	79	97	67	87
20060003	王五	67	56	85	79

表1.3 符合要求的关系二维表

学号	姓名	数学	语文	英语	德育
20060001	张三	76	87	77	90
20060002	李四	79	97	67	87
20060003	王五	67	56	85	79

2．关系模型的数据操作

关系模型的数据操作主要包括查询和修改（插入、删除和更新）两大类。关系数据操作是集合操作，数据操作的对象和操作结果均为若干记录的集合。关系模型将操作的存取路径对用户屏蔽，用户只要说明“做什么”，而不必考虑“怎么做”，大大提高了用户对数据操作的效率。

3．关系模型的数据约束

关系模型的数据完整性约束条件包括三大类：实体完整性、参照完整性和用户定义的完整性。其具体含义将在本项目任务 2 中介绍。

关系模型与非关系模型不同，它建立在严格的数学概念的基础上。关系模型的数据结构简单、清晰，用户易懂易用。关系模型具有更高的数据独立性，更好的安全保密性，也简化了程序员的工作和数据库开发建立的工作。虽然关系模型出现较晚，但由于其用户界面简单、操作方便，因而发展迅速，已成为受到用户普遍欢迎的数据模型。

1.3.4 面向对象模型

面向对象模型是近几年来迅速崛起并得到很快发展的一种数据模型。该模型吸取了层次、网状和关系等各种模型的优点，并借鉴了面向对象的程序设计方法，可以表达上述几种模型难以处理的许多复杂数据结构。面向对象数据模型是面向对象概念与数据库技术相结合的产物。

面向对象模型中有如下一些核心概念。

（1）对象（Object）与对象标志（Object Identifier，OID）。对象是客观世界中概念化的基本实体，它可以是简单的实体，如一张桌子、一个人，也可以是复杂的实体，如飞机、星球。总之，能够相互区别的事物均可以视为对象。每个对象有一个唯一的标志，称为对象标志。

（2）封装（Encapsulation）。每一个对象是其状态与行为的封装，其中状态是该对象一系列属性值的集合，而行为是在对象状态上操作的集合。操作又称为方法。

（3）类（Class）。人们一般将具有相同属性、方法的对象集合在一起称为类，而此时类中的对象称为实例。例如，学生是一个类，张三、李四等人是学生类中的实例。类与类之间存在着某些联系。

（4）类层次。在一个面向对象数据库模型中，可以定义一个类的子类，例如，学生类的一个子类为大学生类，此时学生类称为大学生类的超类（或父类）。子类还可以再定义子类。这样面向对象数据库模型的一组类形成了一个有限的层次结构，称为类层次。

（5）消息（Message）。由于对象是封装的，对象与外部的通信一般只能通过显式的消息传递，即消息从外部传送给对象，存取和调用对象中的属性和方法，在内部执行所要求的操作。操作的结果仍以消息的形式返回。

面向对象模型能描述复杂的现实世界，具有较强的灵活性、可扩充性和可重用性。人们认为面向对象数据库系统将成为下一代数据库系统的典型代表，但是，面向对象数据库系统在奠定其新一代数据库系统地位之前要清除两个主要障碍：标准化的制定和性能的提高。

1.4 回顾与训练：认识数据库

本任务重点描述了数据库的发展过程、数据库系统的地位和意义、数据和数据库系统的一些基本概念、数据模型的分类及应用情况等内容。

自20世纪50年代以来，计算机的数据管理经历了人工管理、文件系统、数据库三个阶段。目前，利用数据库进行数据管理已经成为现代信息系统的重要组成部分。数据库技术不仅在传统商业领域、事务处理领域中发挥着极大的作用，还在一些非传统领域（如近年来日益成熟的计算机网络和多媒体技术等领域）起着越来越重要的支撑作用。

计算机中的数据是将原始数据经过加工、提炼而得到的有价值的、用来描述具体事物的符号记录。数据库是具有统一的结构形式，存放于统一的存储介质内，可被多个应用程序所共享的数据的集合。数据库管理系统是负责数据库中的数据组织、数据操作、数据维护及控制、数据保护和数据服务等任务的系统软件。数据库系统是指引入了数据库技术后的计算机系统，包括支持数据库系统的计算机硬件、操作系统、数据库、数据库管理系统、应用程序、数据库管理人员、应用程序员和最终用户等。

数据模型是数据库系统的核心，是数据定义和数据操作的基础，常用的数据模型有四种：层次模型、网状模型、关系模型、面向对象模型。目前应用最广泛的是关系模型，大多数主流的数据库管理系统都采用该模型。关系模型的数据结构实际上就是一张二维表格，由行（记录）和列（字段）组成，并满足一定的规范条件。

本任务的概念和术语较多，理解和掌握这些概念，可以为后续课程的学习打好基础。如果是刚开始学习数据库，可以在学习了后面的内容之后再回来理解和掌握这些概念。

下面，请根据所学知识，完成以下任务。

1. 选择题

（1）在计算机数据管理的三个阶段中，从______阶段开始，数据拥有了独立性和共享性。

（A）人工管理　　（B）文件系统
（C）数据库　　（D）数据至今没有独立性和共享性

（2）在数据库系统中，数据的最小存取单位是______。

（A）字段　　（B）记录
（C）数据表　　（D）数据库

（3）______是数据库系统的核心软件，是数据库系统的一个重要组成部分。

（A）操作系统　　（B）数据库
（C）数据库管理系统　　（D）应用程序

（4）数据库系统中最早出现的数据模型是______。

（A）层次模型　　（B）网状模型
（C）关系模型　　（D）面向对象模型

（5）微软公司的 SQL Server 2008 采用的是______数据模型的数据库管理系统。

（A）层次　　（B）网状
（C）关系　　（D）面向对象

2．填空题

（1）在数据库系统中，数据由________________统一进行管理和控制。

（2）数据的____________和____________是数据库系统的重要特征。

（3）DBMS 提供________________，用来描述数据库结构、约束性条件和访问控制条件，为数据库构建数据框架，供以后操作和控制数据使用。

（4）DBMS 提供________________，以便用户对数据库中的数据进行插入、修改、删除、查询等操作。

（5）数据模型通常都是由____________、____________和____________三个要素组成的。

（6）关系模型的数据完整性约束条件包括三大类：____________、____________和____________。

3．名词解释题

（1）数据库

（2）数据库管理系统

（3）数据库系统

（4）关系模型

4．简答题

（1）简述数据库系统在计算机领域中的地位和意义。

（2）简述数据库管理系统的主要功能。

（3）为什么关系模型会成为目前应用最广泛的数据模型？

任务 2 认识关系数据库

关系数据库是支持关系模型的数据库系统，是目前应用最广泛，也是最重要的数据库。本任务介绍关系数据库的一些基本理论，包括关系数据库的定义、关系数据库中的数据完整性约束、表、键、索引等概念，以及关系数据库的分析与设计等内容。

2.1 认识关系数据库的概念

关系数据库的概念是由美国 IBM 公司研究人员 E. F. Codd 博士提出的。1976 年 6 月他发表了题为《关于大型共享数据库数据的关系模型》的论文，在论文中，他阐述了关系数据库模型及其原理，并把它用于数据库系统中。关系模型的提出使得数据的组织、管理及使用等常规意义下的技术具有了科学的属性，带动了整个数据库理论与技术的蓬勃发展。自 20 世纪 80 年代以来，各个计算机厂商新研制的数据库管理系统（DBMS）几乎都是基于关系模型的。

关系数据库之所以能被广泛应用，是因为它将每个具有相同属性的数据独立地存储在一个二维表中。它解决了层次型数据库的横向关联不足的缺点，也避免了网状数据库关联过于复杂的问题。

任务描述

任务名称：认识关系数据库的概念。

任务描述：关系数据库是指一些相关的表和其他数据库对象的集合。在关系型数据库中，信息存放在二维的表格中。一个关系型数据库包含多个数据表，每一个表又包含行（记录）和列（字段）。关系数据库所包含的多个表之间是有关联的，关联性由主键、外键所体现的参照关系实现。关系数据库中不仅包含表，还包含其他数据库对象，如关系图、视图、存储过程和索引等。要设计一个关系数据库，首先应该了解这些基本概念。

相关知识与技能

2.1.1 表的相关概念

1. 表

关系数据库是由多个表和其他数据库对象组成的。表是一种最基本的数据库对象，类似于电子表格，由行和列组成。除第一行（表头）以外，表中的每一行通常称为一条记录，表中的每一列称为一个字段，表头各列给出了各个字段的名称。

如图 2.1 所示的“学生基本信息表”中，收集了部分学生的个人资料，这些资料在关系数据库中用一个表来存储，表名为 dbo.stu_info，表中的 stu_id（学号）、name（姓名）、sex（性别）、borndate（生日）、peop_id（身份证号）、class_id（班级编号）等内容为表的字段。如果要查找“王五”的学号，只需查看“王五”所在行与 stu_id 所在列的相交处即可。

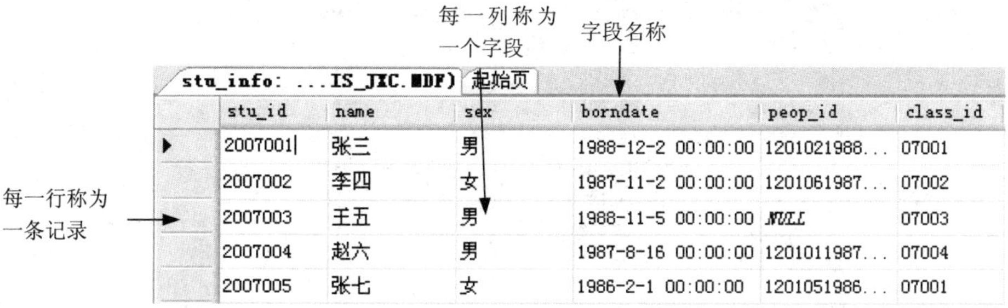

每一列称为一个字段

字段名称

stu_info: ...IS_JXC.MDF) 起始页

stu_id	name	sex	borndate	peop_id	class_id
2007001	张三	男	1988-12-2 00:00:00	1201021988...	07001
2007002	李四	女	1987-11-2 00:00:00	1201061987...	07002
2007003	王五	男	1988-11-5 00:00:00	NULL	07003
2007004	赵六	男	1987-8-16 00:00:00	1201011987...	07004
2007005	张七	女	1986-2-1 00:00:00	1201051986...	07001

每一行称为一条记录

图 2.1　学生基本信息表

在关系数据库中，如果有多个表存在，则表与表之间会因为字段的关系而产生关联。

2. 主键与外键

在关系数据库中，要求一个表中的每行记录都必须是唯一的，而不允许出现完全相同的记录。在设计表时，可以通过定义主键（PRIMARY KEY）来保证记录的唯一性。

一个表中的主键是由一个或多个字段组成（最多 16 个字段）的，其值具有唯一性，而且不允许取空值（NULL），主键的作用是唯一地标识表中的每一条记录。如果不在主键字段中输入数据，或输入的数据在前面已经输入过，则这条记录将被拒绝。

例如，在图 2.1 提供的“学生基本信息表”中，可以用 stu_id（学号）字段作为主键，但不能使用 name（姓名）字段作为主键，因为同名同姓的情况屡见不鲜，也不能使用 peop_id（身份证号）字段作为主键，因为有的学生（如“王五”）未登记身份证号，其字段的值为空（NULL）。

每个数据表都应当有一个主键，而且只能有一个主键。有时表中可能没有一个字段具有唯一性，没有任何一个字段可以单独成为表的主键。在这种情况下，可以考虑使用两个或两个以上字段的组合作为主键。

一个关系型数据库可能包含多个表，可以通过外键（FOREIGN KEY）使这些表之间关联起来。如果在表 A 中有一个字段对应于表 B 中的主键，则该字段称为表 A 的外键。虽然该字段出现在表 A 中，但由于它所标识的主体的详细信息存储在表 B 中，对于表 A 来说这

些信息却是存储在表的外部，故称为外键。

外键字段与其他表中的主键字段相对应，其值必须在其对应的主键字段所在表中存在，而且外键字段所在表必须与主键字段所在表存放在同一个关系型数据库中。如果在外键字段中输入一个非空值，而该值在主键字段表中并不存在，则这条记录会被拒绝，因为这样会破坏两表之间的关联性。外键字段本身的值不要求是唯一的。

例如，如图 2.2 所示的 result_info（学生成绩表）中，包含 term_no（学期号），stu_id（学号），course_no（课程编号），result（成绩）四个字段。

可以看到，“学生成绩表”和“学生基本信息表”中均有 stu_id（学号）字段，如果将这两个表进行关联，则“学生成绩表”中的 stu_id 字段是外键，“学生基本信息表”中的 stu_id 字段是主键，这是因为“学生成绩表”中的学号所对应学生的详细信息存储在“学生基本信息表”中。这两个表中的 stu_id 字段的数据类型及字段宽度必须完全一样，字段的名称可以相同，也可以不同。

表 - dbo.result_info

term_no	stu_id	course_no	result
01	2007001	001	86
01	2007001	002	89
01	2007001	003	67
01	2007001	004	87
01	2007002	001	89
01	2007002	002	98
01	2007002	003	65
02	2007001	011	98

图 2.2　学生成绩表

思考：*在如图 2.2 所示的“学生成绩表”中，所有字段的值都有可能出现重复数据，那么如何为该表设置主键呢？*

3．字段约束

设计数据表时，可以对表中的一个或多个字段的组合设置约束条件，让数据库管理系统检查该字段的输入值是否符合这个约束条件。在前面已经介绍了主键（PRIMARY KEY）和外键（FOREIGN KEY）两种约束条件，除此之外，还有下面几种比较常见的约束形式。

（1）NULL 和 NOT NULL。如果一个字段中允许不输入数据，则可以将该字段定义为 NULL，例如，“学生基本信息表”中的 peop_id 字段（身份证号）；如果一个字段必须输入数据，则应当将该字段定义为 NOT NULL，如“学生成绩表”中的 term_no、course_no 等字段。一个字段出现 NULL 意味着用户还没有为该字段输入值，NULL 值既不等价于数值型数据中的 0，也不等价于字符型数据中的空字符串。

（2）UNIQUE。如果一个字段的值不允许重复，则应当对该字段添加 UNIQUE 约束。与主键不同的是，在 UNIQUE 字段中允许出现 NULL，但最多只能出现一次。

（3）CHECK。CHECK 约束用于检查一个字段或整个表的输入值是否满足指定的检查条件，在表中插入或修改记录时，如果不符合这个检查条件，则这条记录将被拒绝。例如，“学生基本信息表”中的 sex 字段只能为“男”或“女”两个值中的一个，可以将该条件设置为 CHECK 约束。

（4）DEFAULT。DEFAULT 约束用于指定一个字段的默认值，当尚未在该字段中输入数据时，该字段中将自动填入这个默认值。若对一个字段添加了 NOT NULL 约束，但又没有设置 DEFAULT 约束，就必须在该字段中输入一个非 NULL 值，否则将会出现错误。例如“学生成绩表”中的 result 字段，就可以设置默认值为“–1”，这样可以反映出该学生由于缺考或其他原因没有参加某一科目的考试。

2.1.2 数据完整性约束

数据完整性约束是为了保证关系数据库的正确性、有效性和相容性，其主要目的是防止错误的数据进入数据库。

- 正确性：是指数据的合法性，如数值型数据中只能含有数字而不能含有字母。
- 有效性：是指数据是否属于所定义的有效范围。
- 相容性：是指表示同一事实的两个数据应当一致，不一致即不相容。

例如，在图 2.1 提供的“学生基本信息表”中，stu_id（学号）字段已经存在“2007001”这个值，那么在整个表中就不能再有其他学生使用该学号了；sex（性别）字段的取值只能是“男”或“女”两个值中的一个，而不能有第三种值出现；class_id（班级编号）字段的取值必须是该学校已经设立班级的编号，不能随意取值。

数据库管理系统必须提供一种功能使得数据库中的数据合法，以确保数据的正确性；同时还要避免非法的不符合语义的错误数据输入和输出，以保证数据的有效性；另外，还要检查先后输入数据是否一致，以保证数据的相容性。检查数据库中的数据是否满足规定的条件称为“完整性检查”。数据库中的数据应当满足的条件称为“完整性约束条件”。

关系模型数据库的完整性约束条件包括三大类：实体完整性、参照完整性和用户定义完整性。

1．实体完整性（Entity Integrity）

实体完整性用于保证关系数据库的数据表中的每一条记录都是唯一的，建立主键的目的就是为了实现实体完整性。一个数据表中的主键不能取重复的值，也不能取空值。主键是唯一标识一条记录的，因而它也是唯一标识该记录所表示的某个实体的。如果某个记录的主键为空值，将很难判断该记录与其他记录的区别。例如，在“学生基本信息表”中取 stu_id 字段作为主键时，每一条记录中的 stu_id 字段都应输入一个非空值，而且必须是各不相同的。

2．参照完整性（Referential Integrity）

参照完整性用于确保相关联的数据表间的数据保持一致。当向一个数据表中添加、删除或修改记录时，必须保证与之相关联的数据表中数据的一致性。建立外键的目的就是为了实现参照完整性。例如，若在“学生基本信息表”中修改了某个学生的学号，就必须在“学生成绩表”和其他相关联的表中进行相同的修改，否则其他表中的相关记录就会变成无效记录。

3．用户自定义完整性（User-defined Integrity）

任何关系数据库系统都应该支持实体完整性和参照完整性。除此之外，不同的关系数

据库系统根据其应用环境的不同，往往还需要一些特殊的约束条件，用户自定义完整性就是针对某一具体关系数据库的约束条件并由其应用环境决定的。它反映某一具体应用所涉及的数据必须满足的语义要求。例如，sex 字段只能接受“男”和“女”两值中的一个，result 字段只能接受 0～100 的数字等。系统提供定义和检验这类完整性的机制，以便用统一的方法处理它们，而不再由应用程序承担这项工作。

2.1.3　表的关联

表是关系数据库中存储数据的对象，一个关系数据库可以同时包含多个表，但是这些表并不是相互独立的，通过建立外键可以使不同的表关联起来。表与表之间的关联方式分为以下三种类型。

1．一对一关联（one-to-one）

设在一个数据库中有 A、B 两个表，对于表 A 中的任何一条记录，在表 B 中只能有一条记录与之相对应；反之，表 B 中的任何一条记录，表 A 中也只能有一条记录与之对应，则称这两个表是一对一关联的。

例如，将“学生基本信息表”分解成两个数据表。其中一个数据表中包含 stu_id、name、sex 字段，另一个数据表中包含 stu_id、borndate、peop_id 和 class_id 字段，两个数据表中均包含 stu_id 字段。两个数据表通过 stu_id 字段建立的关联即为一对一关联。

2．一对多关联（one-to-many）

设在一个数据库中有 A、B 两个表，对于表 A 中的任何一条记录，表 B 中可能有多条记录与之对应；反过来，对于表 B 中的任何一条记录，表 A 中却只能有一条记录与之对应，则称这两个表是一对多的关联。

例如，由于一个学生要在多个学期学习多门课程，所以如图 2.1 所示的“学生基本信息表”中的一条记录可以对应于如图 2.2 所示的“学生成绩表”中的多条记录，而“学生成绩表”中的一条记录只能对应于“学生基本信息表”中的一条记录，因此，“学生基本信息表”和“学生成绩表”之间建立的关联是一对多关联。

3．多对多关联（many-to-many）

设在一个数据库中有 A、B 两个表，对于表 A 中的任何一条记录，表 B 中可能有多条记录与之对应；反过来，对于表 B 中的任何一条记录，表 A 中也有多条记录与之对应，则称这两个表是多对多关联的。

例如，如图 2.3 中的 course_info（课程情况表）中，包含 course_no（课程编号）、course_name（课程名称）、course_type（课程类型）、course_score（课程学分）等字段。该数据表与“学生基本信息表”就是多对多关联，一个学生需要学习多门课程，一门课程可以被多名学生学习。

两个表之间的多对多关联比较复杂，通常将一个多对多关联转换为多个一对多关联来进行处理。例如，“学生基本信息表”和“学生成绩表”是一对多的关系，“课程情况表”和“学生成绩表”也是一对多的关系，可以利用这两个一对多关联的操作替代多对多关联的复杂操作。

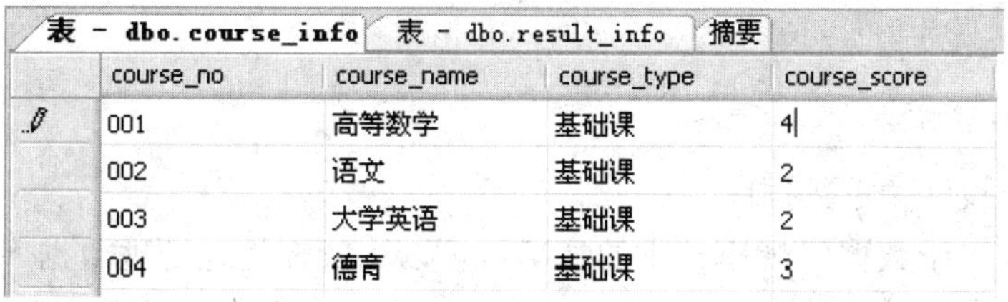

表 - dbo.course_info	表 - dbo.result_info	摘要	
course_no	course_name	course_type	course_score
001	高等数学	基础课	4
002	语文	基础课	2
003	大学英语	基础课	2
004	德育	基础课	3

图 2.3　课程情况表

2.1.4　索引

用户对数据库最频繁的操作是进行数据查询。一般情况下数据库在进行查询操作时，需要对整个表进行数据搜索。当表中的数据很多时，搜索数据就需要很长的时间，造成了服务器的资源浪费。为了提高检索数据的能力，数据库引入了索引的概念。

数据库中的索引类似于书籍中的目录，对于一个没有索引的表进行数据查询，系统将检索每一行记录，这就好比在一本没有目录的书中查找内容。

在数据表中建立索引具有如下特点。

（1）索引块小。索引块是独立的数据单位，在索引块中只存储关键字和记录号，即索引只包含表中用来建立索引的列信息，不包含表中所有列信息。因此，索引块要比对应的数据表小得多。

（2）查询速度快。存储在数据表中的数据没有特别的顺序，插入的记录依次保存在下一个可用位置上。当用户查询某个记录时，数据库系统需要遍历表中所有的行。如果用户根据查询条件在表中相关的列上建立一个索引，那么通过索引查找记录的速度就要快得多。

（3）自动维护。索引和数据表具有直接对应关系，如果数据库记录顺序发生变化，索引表的存储顺序也将自动改变。

（4）索引可以保证数据唯一性。用户可以建立两种类型的索引：唯一性索引和非唯一性索引。唯一性索引不允许数据重复，非唯一性索引允许数据重复。

（5）多索引。一个数据表可以建立多个索引，索引关键字也可以有多个。一个索引关键字可能对应一个或多个记录，这些处理由数据库系统自动完成。

不过，数据表中的索引并不是越多越好，索引的建立需要耗费更多的物理空间，此外，索引虽然会提高查询的速度，但是会降低在数据表中插入、更新及删除记录的速度，因为进行这些操作时需要同时更新索引。因此，要根据实际的需要建立适当的索引。

2.2　设计关系数据库

关系型数据库是当前广泛应用的数据库类型，关系数据库设计是对数据进行组织化和结构化的过程，核心问题是关系模型的设计。

在数据库系统应用中，数据由 DBMS 进行独立的管理，对程序的依赖性大大降低，数据库的设计也逐渐成为一项独立的开发活动。

任务描述

任务名称：设计关系数据库。

任务描述：对于数据库规模较小的情况，可以比较轻松地处理数据库中的表结构。然而，随着项目规模的不断增长，相应的数据库也变得更加复杂，关系模型表结构更为庞大。如果关系数据库设计不合理，会导致在更新数据时造成数据的不完整。因此，有必要学习和掌握数据库设计方法和过程，并对关系数据库的规范化进行分析，这样可以指导我们更好地设计数据库的表结构，减少冗余的数据，为此可以提高数据库的存储效率、数据完整性和可扩展性。

相关知识与技能

2.2.1 数据库设计过程

一般来说，数据库的设计都要经过需求分析、概念设计、逻辑设计和物理设计几个阶段。

1. 需求分析

需求分析是整个数据库设计过程中的第一步，也是最为关键的一步，它是后面各个阶段的基础。从数据库设计的角度来看，需求分析的任务是：对现实世界要处理的对象进行详细的调查，从数据库的所有用户那里收集对数据库的需求和对数据处理的要求，把这些需求写成用户和设计人员都能接受的说明书，并将说明书反馈给用户。反馈时，设计者与用户一起检查那些没有如实反映现实世界的错误或遗漏，并反复修改，直至最终取得用户的认可。

2. 概念设计

将需求分析得到的用户需求抽象为信息结构及概念模型的过程就是数据库的概念结构设计，它的主要目的就是分析数据之间的内在关联，并在此基础上建立数据的抽象模型。概念设计要求能够真实、充分地反映现实世界中事物与事物之间的联系；应当易于理解，从而可以和非计算机专业用户交换意见；当应用环境和应用要求改变时，应当很容易地进行修改和扩充。

概念结构的描述工具是 E-R 图，首先根据单个应用的需求，画出能反映每一个应用需求的局部 E-R 图，然后把这些 E-R 图合并起来，消除冗余和可能存在的矛盾，得到系统总体的 E-R 模型。

3. 逻辑设计

概念设计的结果是一个与计算机系统的具体性能无关的全局概念模型。数据库逻辑设计的任务是将概念结构转换成特定数据库管理系统所支持的数据模型。E-R 图所表示的概念模型可以转换成任何一种数据库管理系统所支持的数据模型，如层次模型、网状模型、关系模型、面向对象模型等。这里只讨论关系数据库的逻辑设计问题，即如何把经过优化的综合 E-R 图转换成关系模型。关系数据库的逻辑设计过程如下。

首先，从综合 E-R 图及有关说明出发，导出初始关系模型，无论是实体还是实体间的联系都用关系来表示。

然后，对数据库的初始逻辑模型进行规范化处理，确定规范化的级别，使所有的关系模型都达到某一种范式。

最后，通过模式评价来检查所设计的数据库是否满足用户的功能要求以及效率如何，确定需要修改的部分。

经过反复多次的评价和修正之后，最终得到全局逻辑数据库结构。

4. 物理设计

数据库的物理设计是为给定的逻辑数据模型选取一个最适合应用环境的物理结构的过程，其主要任务包括：确定数据库文件和索引文件的记录格式和物理结构，选择存取方法，决定访问路径和外存储器的分配策略等。这些工作大部分可以由数据库管理系统来完成，仅有一小部分由设计人员完成，如确定字段的类型和数据库文件的长度等。

对于一个程序编制人员，需要了解最多的应该是实现设计阶段。因为数据库不管设计的好坏，都可以存储数据，但在存取的效率上可能有很大的差别。可以说，实现设计阶段是关系到数据库存取效率的非常重要的阶段。

2.2.2 E-R 模型

E-R 模型（Entity-Relationship Model）是实体-联系模型的简称，它是以图形的方式表现的，因此又被称为实体-联系图，或 E-R 图。其中 E 就是一个一个的实体，这些实体用数据表来描述，表的字段就是这些实体的属性，R 就是不同实体之间的关系。E-R 模型是人们描述数据及其联系的概念数据模型，是数据库应用系统的设计人员进行数据建模和沟通与交流的有力工具，使用起来直观易懂，简单易行。该模型被广泛用于数据库设计中。

一个 E-R 图由实体、属性和联系三种基本要素组成。

（1）实体：即现实世界中存在的，可以相互区别的人或物。一个实体的集合对应于数据库中的一个数据表，一个实体则对应于表中的一条记录。在 E-R 图中，实体用矩形表示，矩形框内写明实体的名称。

（2）属性：表示实体或联系的某种特征。一个属性对应于数据表中的一列，即一个字段。在 E-R 图中，属性用椭圆形表示，并用直线与其相应的实体连接起来。

（3）联系：表示实体之间存在的联系。在 E-R 图中，联系用菱形表示，菱形内写明联系名，并用直线与相关的实体连接起来，同时在直线旁标注联系的类型（1∶1，1∶n 或 m∶n）。如果一个联系具有属性，则这些属性也要用直线与该联系连接起来。

例如，如图 2.1 所示的“学生基本信息表”中，一个学生就可以看成一个实体，学号、姓名、性别、生日、身份证号、班级编号则是这个实体的属性，可以用 E-R 图表示，如图 2.4 所示。

在设计比较复杂的数据库应用系统时，往往需要多种实体，对每个实体都需要画出一个 E-R 图，并且要画出实体与实体之间的联系。

画 E-R 图的一般步骤是：先确定实体集与联系集，把参加联系的实体集连接起来，然

后分别连接所有实体和联系的属性。当实体集与联系较多时，为了 E-R 图的整洁和可读性，可以略去部分属性。

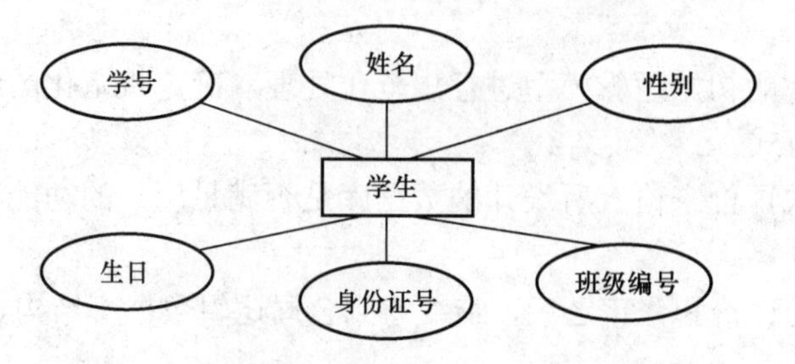

图 2.4　学生基本信息 E-R 图

例如，以前面介绍的“学生基本信息表”、“学生成绩表”及“课程情况表”三个数据表为例，画 E-R 图。

“学生基本信息表”可以作为“学生”的实体集，相关信息如“学号”、“姓名”、“性别”、“身份证号”等可以作为其属性。“课程情况表”可以作为“课程”的实体集，“课程编号”、“课程名称”、“课程学分”等作为其属性。“学生成绩表”可以看做“学生”与“课程”之间多对多的联系，可以将此联系命名为“选课”，对“选课”联系也有属性，如“学号”、“课程编号”、“分数”等。“学生”实体与“选课”联系之间是一对多的关系，“课程”实体与“选课”联系之间也是一对多的联系。根据以上的描述，可以画出学生课程成绩情况的 E-R 图，如图 2.5 所示。

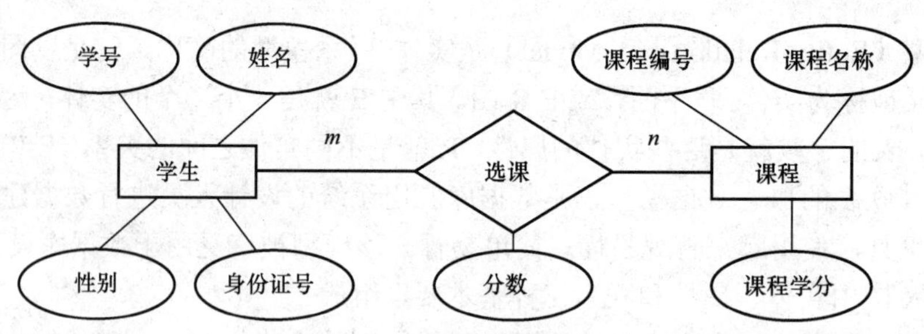

图 2.5　学生课程成绩情况 E-R 图

2.2.3　关系数据库规范化分析

在设计关系数据库时，如果随意建立关系模式，可能会带来诸多弊病。好的关系模式必须满足一定的规范化要求。E.F.Codd 在 1971—1972 年提出了关系数据库设计的三条规则，通常称为三范式，即第一范式（1NF）、第二范式（2NF）和第三范式（3NF）。这三个范式有高低之分，其中第一范式最低，第三范式最高。在第一范式的基础上又满足某些特性才能达到第二范式的要求，同样，在第二范式的基础上再满足一些要求才能达到第三范式的要求。将这三个范式应用到关系数据库设计中，能够简化设计过程，并达到减少数据冗余、提高查询效率的目的。

1. 第一范式（1NF）

如果一个关系数据表中每一个字段值都是不可分解的数据量，则称这个表属于第一范式。第一范式规定，在同一个表中，同类字段不允许重复出现，在一个字段内也不允许放入多个数据项。这样要求的意义在于可以做到起始结构简单，为以后的复杂情形带来方便。第一范式是对关系数据库最起码的要求。

例如，如表 2.1 所示的数据表就是一个非 1NF。该表中的“课程编号”和“课程成绩”两个字段中分别放入了多个数据项，这不符合第一范式的要求。

表 2.1　非 1NF 的数据表 1

学　号	课程编号	课程成绩
2007001	001，002	79，84
2007002	001，002	65，78
2007003	001，002	94，86
…	…	…

如表 2.2 所示的数据表也是一个非 1NF。该表中的“课程编号 1”和“课程编号 2”，“课程成绩 1”和“课程成绩 2”分别属于同类字段，而第一范式要求同类字段是不允许重复出现的。

表 2.2　非 1NF 的数据表 2

学　号	课程编号 1	课程成绩 1	课程编号 2	课程成绩 2
2007001	001	79	002	84
2007002	001	65	002	78
2007003	001	94	002	86
…	…	…	…	…

可以将以上两个数据表调整为如表 2.3 所示的数据表形式，用多条记录存储一个学生的不同课程的成绩，这样就满足了第一范式的要求。

2. 第二范式（2NF）

满足第一范式的关系仍可能出现问题，下面通过一个简单的例子来说明。

表 2.3　符合 1NF 的数据表

学　号	课程编号	课程成绩
2007001	001	79
2007001	002	84
2007002	001	65
…	…	…

表 2.4　符合 1NF，但不符合 2NF 的数据表

学　号	课程编号	课程学分	课程成绩
2007001	001	4	79
2007001	002	2	84
2007002	001	4	65
…	…	…	…

如表 2.4 所示的数据表中，可能会出现以下问题。

（1）数据冗余。每当一名学生选修一门课程时，该课程的学分就会重复存储一次，一门课程有 100 名学生选修，学分就重复 100 次。不仅浪费了存储空间，更重要的是如果输入错误容易造成数据不一致。

（2）更新异常。如果调整某一门课程的学分，则该课程的每条记录都要调整。这不仅增加了更新的时间，而且有潜在的数据不一致的危险。如果某些记录没有同时修改，会造成同一门课程有两种不同学分的现象。

（3）插入异常。如果开设新的课程供学生选修，则在不知道哪些学生选修该课程时，不能将该课程编号和学分插入该数据表中，因为缺少学生的学号。只有在确定某个学生选修该课程后，才能完成插入操作。

为了克服上述弊病，需要进一步提高范式的级别，由此提出了第二范式。

如果一个数据表满足第一范式的要求，而且它的每个非主键字段完全依赖于主键，则称这个数据表符合第二范式。第二范式仅用于以两个或多个字段的组合作为数据表的主键的场合。

按照第二范式的要求，在一个数据表中，每一个非主键字段必须完全依赖于整个主键（即几个字段的组合），而不能只依赖于构成主键的个别字段（部分依赖）。

不难看出，如表 2.4 所示的数据表是以“学号”和“课程编号”两个字段的组合作为主键的，但“课程学分”作为非主键字段只依赖于主键中的“课程编号”一个字段。所以，该数据表不符合第二范式的要求。

为了实现第二范式，可以将表 2.4 分割为“学生成绩表”和“课程信息表”两个数据表，在“学生成绩表”中包含“学号”、“课程编号”和“课程成绩”三个字段，在“课程信息表”中包含“课程编号”和“课程学分”两个字段。将“学生成绩表”中的“课程编号”作为外键，与“课程信息表”中的“课程编号”相对应，建立一对多的联系，很明显，这样的修改，两个数据表均符合第二范式。

3．第三范式（3NF）

在有些情况下，满足第二范式的数据表仍然可能出现问题。同样举一个简单的例子来说明。

如表 2.5 所示的数据表中，只有“学号”一个字段是主键，不存在部分依赖的问题，所以该数据表符合 2NF。但是该数据表仍然存在大量的冗余，学生班级名称将重复存储，且重复值随着学生人数的增加而增加。在插入、删除或修改记录时也将产生更新异常或插入异常的错误。因此，有必要进一步提高范式的级别，由此提出了第三范式。

表 2.5　符合 2NF，但不符合 3NF 的数据表

学　号	姓　名	班级编号	班级名称
2007001	张三	D01	电算 01 班
2007002	李四	T01	土建 01 班
2007003	王五	Y01	运输 01 班
2007004	赵六	D01	电算 01 班
2007005	冯七	T01	土建 01 班
…	…	…	…

如果一个数据表满足第二范式的要求，而且该表中的每一个非主键字段不传递依赖于主键，则称这个数据表属于第三范式。

所谓传递依赖就是指在一个数据表中有 A、B、C 三个字段，如果字段 B 依赖于字段 A，字段 C 又依赖于字段 B，则称字段 C 传递依赖于字段 A，并称在该数据表中存在传递依赖关系。

在一个数据表中，如果一个非主键字段依赖于另一个非主键字段，则该字段必然传递依赖于主键，此时该数据库就不符合第三范式。第三范式的实际含义是要求非主键字段之间不应该有从属关系。

在表 2.5 所示的数据表中，“班级编号”和“班级名称”两个字段均为非主键字段，而“班级名称”字段可以由“班级编号”字段来决定，即这两个非主键字段存在着依赖关系，

那么这个数据表就不符合第三范式。

要对这个数据表实施第三范式，可以将此表分割成两个表，一是“学生信息表”，包含“学号”、“姓名”和“班级编号”三个字段，主键是“学号”；另一个是“班级信息对照表”，包含“班级编号”、“班级名称”两个字段，主键是“班级编号”。这样，这两个数据表就都不存在非主键的依赖关系，从而都符合第三范式。

2.3 回顾与训练：认识关系数据库

本任务重点介绍关系数据库的基本概念、关系数据库的设计过程、E-R 图的绘制及关系数据库的规范化分析。

关系数据库之所以被广泛应用，是因为它将具有相同属性的数据独立地存储在一个二维表中，从而避免了层次型数据库的横向关联不足的缺点，同时也解决了网状数据库关联过于复杂的问题。在关系型数据库中，信息存放在二维表结构的数据表中，一个关系型数据库包含多个数据表，每一个表包含记录和字段。设计数据表时，可以对表中的一个字段或多个字段的组合设置约束条件，常见的字段约束形式包括主键、外键、NULL 和 NOT NULL、UNIQUE、CHECK 及 DEFAULT。为了保证关系数据库的正确性、有效性和相容性，关系模型数据库提供了实体完整性、参照完整性和用户自定义完整性三大类完整性约束条件。一个关系数据库可以同时包含多个表，这些表之间可以拥有一对一关联、一对多关联和多对多关联三种关联方式。由于用户对数据库最频繁的操作是进行数据查询，为了提高查询的速度和能力，关系数据库还引入了索引的概念。

数据库的设计要经过需求分析、概念设计、逻辑设计和物理设计几个阶段。需求分析阶段设计人员对现实世界要处理的对象进行详细的调查，写出需求说明书，并取得用户的认可；概念设计阶段要分析数据之间的内在关联，并建立数据的抽象模型；逻辑设计阶段将抽象模型转换成特定数据库管理系统所支持的数据模型；物理设计阶段要确定数据库文件的记录格式和物理结构并选择存取方法、决定访问路径等。E-R 模型是实体-联系模型的简称，它是人们描述数据及其联系的概念数据模型，一个 E-R 图由实体、属性和联系三种基本要素组成，使用起来直观易懂、简单易行。在设计关系数据库时，必须满足一定的规范化要求。通常采用三条规则（三个范式），并将其应用到关系数据库设计中，从而简化设计过程，达到减少数据冗余、提高查询效率的目的。

下面，请大家根据所学知识，完成以下任务。

1. 选择题

（1）一个数据表中，有姓名、年龄、家庭住址和身份证号四个字段，在这几个字段中能够作为主键的是______字段。

（A）姓名　　（B）年龄

（C）家庭住址　　（D）身份证号

（2）一个数据表中的主键最多可以由______个字段组成。

（A）1　　（B）2

（C）8　　（D）16

（3）在一个数据表中输入身份证号时，如果只输入了 10 位数字，则该输入违反了关系数据库完整性

约束条件中的______。

（A）实体完整性　　（B）参照完整性

（C）用户自定义完整性　　（D）（A）和（C）

（4）如果建立教师信息表（教师编号、姓名、教授班级）和学生信息表（学号、姓名、班级编号），则这两个数据表是______的关联。

（A）一对一　　（B）一对多

（C）多对多　　（D）不能建立

（5）为了提高数据检索的能力，引入了索引的概念。数据库的索引应该______。

（A）越多越好　　（B）越少越好

（C）一个最好　　（D）根据实际情况适当建立

（6）E-R 图是数据库设计时______阶段的主要应用工具。

（A）需求分析　　（B）概念设计

（C）逻辑设计　　（D）物理设计

（7）现有教师信息表（教师编号、任课班级编号 1、任课班级名称 1、任课班级编号 2、任课班级名称 2），该数据表不符合______的要求。

（A）第一范式　　（B）第二范式

（C）第三范式

（8）现有学生信息表（学号、姓名、课程编号、课程成绩），该数据表不符合______的要求。

（A）第一范式　　（B）第二范式

（C）第三范式

（9）现有学生信息表（学号、姓名、班级编号、班主任姓名），该数据表不符合______的要求。

（A）第一范式　　（B）第二范式

（C）第三范式

2．填空题

（1）主键的作用是__________。其值具有__________，而且不允许取__________值。

（2）一个字段出现 NULL 意味着__________，NULL 值既不等价于数值型数据中的__________，也不等价于字符型数据中的__________。

（3）在 UNIQUE 字段约束中允许出现 NULL，但最多只能出现__________。

（4）关系数据库的正确性是指__________，有效性是指__________，相容性是指__________。

（5）在关系数据库中，实体完整性用于保证__________，参照完整性用于确保__________。用户自定义完整性是针对__________。

（6）在数据表中建立__________的目的是为了实现实体完整性，建立__________的目的是为了实现参照完整性。

（7）一个 E-R 图中一般用矩形表示__________，椭圆形表示__________，菱形表示__________。

（8）____________________，则称这个数据表属于第一范式。

（9）____________________，则称这个数据表符合第二范式。第二范式仅用于__________的场合。

（10）____________________，则称这个数据表属于第三范式。

3．名词解释

（1）主键

（2）一对一关联

（3）实体

（4）属性

（5）传递依赖

4．简答题

（1）简述设计数据表时常用的字段约束。

（2）简述索引的特点。

（3）简述 E-R 图的绘制步骤。

（4）现有学生信息表（学号、姓名、班级编号、家庭住址、邮编）、班级信息表（班级编号、班级名称、班主任编号）和教师信息表（教师编号、教师姓名、性别、学历），试绘制这三个表的完整的 E-R 图。

任务 3 应用关系数据库语言 SQL

结构化查询语言（Structured Query Language，SQL），是一个通用的、功能极强的关系数据库语言，目前已经成为关系数据库的标准语言。本任务描述了 SQL 语言的产生、发展及其特点和功能。重点掌握利用 SQL 语言进行数据定义、数据查询和数据操作的操作方法。

3.1 认识 SQL 语言

SQL 是在 20 世纪 70 年代由 IBM 公司开发出来的，被最先应用于该公司研制的关系数据库管理系统原型 System R 中。由于它功能丰富、语言简洁而备受用户及计算机工业界欢迎，被众多计算机公司和软件公司所采用，并不断被修改和完善。

目前，几乎所有著名的数据库管理系统都相继实现了 SQL 语言，特别是近年来，随着 Internet 的迅猛发展和快速普及，人们在 HTML 和 XML 中也嵌入了 SQL 语句，通过 WWW 访问数据库的技术日益成熟。

任务描述

任务名称：认识 SQL 语言。

任务描述：SQL 语言的使用是本教材的重点内容之一，SQL Server 2008 的所有操作均可以利用 SQL 语句实现。了解 SQL 语言的特点，掌握 SQL 语言的功能是学习 SQL 语言的前提条件。

相关知识与技能

1．SQL 语言的特点

SQL 语言之所以能够被用户和业界所接受，并成为国际标准，是因为它是一个综合的、功能极强同时又简洁易学的语言。其主要特点如下。

（1）高度综合统一。SQL 语言集数据定义语言 DDL、数据操作语言 DML、数据控制语言 DCL 的功能于一体，语言风格统一。利用 DDL 功能，SQL 语言可以完成定义数据库、表、视图和索引等数据库对象的操作；利用 DML 功能，SQL 语言可以查询数据表中的内容，在表中插入、修改和删除记录；利用 DCL 功能，可以在需要的情况下，一次处理多条 SQL 语句，并在执行过程中进行必要的控制。

（2）高度非过程化。SQL 和其他数据库操作语言的不同之处在于 SQL 是非过程语言，即用户依据“做什么”来说明操作，而无须说明“怎么做”，存取路径的选择和 SQL 语句的操作过程都由系统自动完成，大大减轻了用户负担，有利于提高数据的独立性。

（3）视图操作方式。SQL 语言可以对两种基本数据结构进行操作，一种是“表”（Table)，另一种是“视图”（View)。视图由数据库中满足一定约束条件的数据所组成，用户可以像对基本表一样对视图进行操作。当对视图操作时，由系统转换成对基本关系的操作。视图可以作为某个用户的专用数据部分，这样便于用户使用，提高了数据的独立性，有利于数据的安全保密。

（4）统一的语法结构，两种使用方式。SQL 语言提供联机交互使用与嵌入高级语言中使用两种方式。在联机交互使用中，用户可以在终端直接输入 SQL 命令对数据库进行操作；在嵌入高级语言中使用时，用户可以将 SQL 语句直接嵌入高级语言的程序中，如 C、C++、Visual Basic、Delphi、ASP、ASP.NET 等。在两种不同的使用方式下，SQL 的语法结构基本一致，便于最终用户和程序设计人员之间的通信，具有极大的灵活性与方便性。

（5）语言简洁，易学易用。SQL 语言功能极强，但由于设计巧妙，语言十分简洁，完成核心功能只用了 9 个动词，如表 3.1 所示。SQL 语言接近英语口语，因此初学者经过短期的学习就可以使用 SQL 语言进行数据库的存取等操作，易学易用是它的最大特点。

表 3.1　SQL 语言的动词

SQL 功能	动　词
数据查询	SELECT
数据定义	CREATE，DROP，ALTER
数据操作	INSERT，UPDATE，DELETE
数据控制	GRANT，REVOKE

（6）支持三级模式结构。SQL 语言支持关系数据库三级模式结构：外模式、模式和内模式。其中，外模式对应于视图和部分基本表，模式对应于基本表，内模式对应于存储文件，如图 3.1 所示。

视图是从一个或几个基本表中导出的表。它本身不独立存储在数据库中，因此视图是一个虚表。基本表是本身独立存在的表，一个或多个基本表对应一个存储文件，一个表可以带若干索引，索引也存放在存储文件中。存储文件的逻辑结构组成了关系数据库的内模

式。存储文件的物理结构是任意的，对用户是透明的。

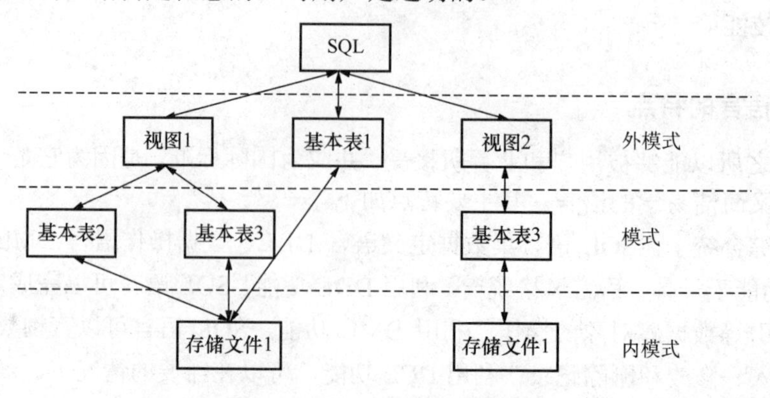

图 3.1　SQL 支持三级模式结构

2. SQL 语言的功能

SQL 语言集数据定义（Data Definition）、数据查询（Data Query）、数据操作（Data Manipulation）和数据控制（Data Control）等数据库必需的基本功能于一体，充分体现了关系数据库的本质特点和巨大优势。

（1）数据定义功能。SQL 的数据定义功能包括基本表、视图和索引的创建、删除和修改。由于索引依附于基本表，视图是由基本表导出的，所以 SQL 通常不提供视图和索引的修改操作，用户如果需要修改视图和索引，必须先将它们删除，然后重新创建。

（2）数据查询功能。数据查询是数据库的核心操作。SQL 语言提供了 SELECT 语句进行数据库的查询，该语句具有灵活的使用方式和丰富的功能。利用该语句可以进行单表查询、多表查询、嵌套查询，以及查询所需的附加功能，如求和、求平均值、计算记录个数等。

（3）数据操作功能。SQL 语言提供数据操作功能，包括在数据库中进行数据删除、插入和修改等操作。

（4）数据控制功能。SQL 语言提供数据库保护功能，包括安全性和完整性的保护；提供事务管理功能，包括数据库故障恢复和并发事务处理。

以上是 SQL 语言的基本功能。为了在实际应用中发挥更大作用，SQL 语言还具有其他一些功能。如 SQL 提供了游标语句解决 SQL 与主语言之间因数据不匹配所引起的接口问题；SQL 提供存储过程，将多条 SQL 语句组合在一起，存储过程被应用程序调用后将执行 SQL 的语句序列，并将结果返回应用程序。存储过程可以被多个应用程序所共享。

本任务将重点描述 SQL 语言的数据定义、数据查询及数据操作这三大功能。数据控制和存储过程等功能将在后面的任务中继续学习。

3.2　数据定义

SQL 的数据定义包括基本表、视图和索引的创建、删除和修改。本任务主要介绍 SQL 的基本数据类型及如何定义基本表和索引。

任务描述

任务名称：数据定义。

任务描述：学院教务处需要掌握每名学生的基本信息和每名学生在每个学期各科的学习成绩，通过前面任务中所学的内容可以知道，设计关系数据库时，要充分考虑数据库设计的规则（三个范式）。为了满足教务处的实际需求，可以创建两个数据表 stu_info（学生基本信息表）和 result_info（学生成绩表）。

由于教务处需要经常根据学号或姓名来查询学生信息，因此还要在学生基本信息表上建立相应的索引，从而提高查询速度，并获得最佳性能。

任务分析

建立数据表之前，必须要分析以下内容。

- 数据表中需要包含哪些字段；
- 每个字段存放的内容是什么，是若干文本还是一个日期；
- 文本字段的长度是多少，长度是否固定；
- 数据表中，哪一个或几个字段的组合可以作为主键；
- 字段的内容是否还有其他的约束条件等。

建立索引之前，要考虑以下内容。

- 用户经常根据哪个或哪几个字段查询信息；
- 用户在利用索引查询内容时，希望建立索引的字段是升序排列还是降序排列；
- 索引值是否只对应唯一的一条记录等。

相关知识与技能

3.2.1 SQL 的基本数据类型

SQL 在定义表的各个属性时，要求指明数据类型和长度。SQL Server 提供了一系列系统定义的基本数据类型，也可以让用户根据需要在基本数据类型的基础上创建用户定义的数据类型。这里介绍了 SQL Server 2008 数据库管理系统定义的基本数据类型，如表 3.2 所示。

表 3.2　SQL Server 所定义的基本数据类型

分　类	数据类型	介　绍
二进制数据	Binary	固定长度的二进制数据，其最大长度为 8KB
	Varbinary	可变长度的二进制数据，其最大长度为 8KB
	Image	可变长度的二进制数据，其最大长度为（$2^{31}-1$）B，一般用于存放图像数据、Word 文档等
字符数据	Char	固定长度的非 Unicode 字符数据，最多可存储 8KB
	Varchar	可变长度的非 Unicode 字符数据，最多可存储 8KB
	Text	可变长度的非 Unicode 字符数据，最多可存储（$2^{31}-1$）B

续表

分　类	数据类型	介　绍
Unicode 数据	Nchar	固定长度的 Unicode 数据，最多可存储 4KB
	Nvarchar	可变长度的 Unicode 数据，最多可存储 4KB
	Ntext	可变长度的 Unicode 数据，最多存储（$2^{30}-1$）B
日期时间数据	Datetime	使用 4 字节存放日期数据，4 字节存放时间数据。表示范围是 1753 年 1 月 1 日到 9999 年 12 月 1 日的日期和时间，精确度为 0.03s
	Smalldatetime	使用 2 字节存放日期数据，2 字节存放时间数据。表示范围是 1900 年 1 月 1 日到 2079 年 6 月 6 日的日期和时间，精确到分钟
整型数据	Bigint	使用 8 字节保存数值很大的整型数据，范围为-2^{63}～$2^{63}-1$
	Int	使用 4 字节保存数值较大的整型数据，范围为-2^{31}～$2^{31}-1$
	Smallint	使用 2 字节保存数值较小的整型数据，范围为-2^{15}～$2^{15}-1$
	Tinyint	使用 1 字节保存 0～255 范围内的整型数据
	Bit	保存 1 或 0 的整型数据
小数数据	Decimal	保存固定精度和小数位的数字数据。使用最大精度时，有效值从$-10^{38}+1$～$10^{38}-1$
	Numeric	功能等同于 Decimal
近似数字数据	Float	使用科学记数法表示浮点数字数据，范围为-1.79E+308～1.79E+308
	Real	使用 4 字节表示-3.40E+38～3.40E+38 之间的浮点数字数据
货币数据	Money	使用 8 字节表示-2^{63}～$2^{63}-1$ 之间的货币
	Smallmoney	使用 4 字节表示-214 748.3648～214 748.3647 之间的货币
其他	Cursor	游标的引用
	Sql_variant	可以存储 SQL Server 支持的各种数据类型值的数据类型（text、ntext、timestamp 和 sql_variant 除外）
	Timestamp	更新或插入一行时，系统自动记录的日期时间类型
	Table	一种特殊的数据类型，存储供以后处理的结果集

数据类型主要包括以下几个属性。

- 数据类别，如字符数据、整型数据、日期和时间数据等；
- 存储数据值的长度或大小；
- 数值的精度；
- 数值的小数位数。

3.2.2　基本表的创建、删除和修改

1．基本表的创建

SQL 语言使用 CREAT TABLE 语句创建基本表，一般格式为：

```
CREATE TABLE <表名>
  ( <列名>  <数据类型>  [列级完整性约束条件]
    [,<列名>  <数据类型>  [列级完整性约束条件]]...
    [,<表级完整性约束条件>]
  )
```

在该类语句格式中，“[ ]”中的内容是可选项，“< >”中的内容是必选项，“ | ”表示其前后的内容可以任选一个（后面的语句格式也按此规定，不再重复说明）。

在该语句格式中，各参数含义如下。

<表名>：用户所要定义的基本表的名称，它可以由一个或多个列（字段）组成。

<列名>：字段名，列名在同一个表中具有唯一性。

<数据类型>：字段的数据类型，字符型数据和 Unicode 数据需要填写数据长度。同一列的数据属于同一种数据类型。

[完整性约束条件]：当表被创建的时候，通常还需要定义与该表相关的完整性约束条件，这些约束条件被存储在 DBMS 中。当用户操作基本表中的数据时，由 DBMS 自动检查该操作是否违反了预先设定的完整性约束条件。如果完整性约束条件涉及表中的多个列，则必须将其定义在表级，否则可以定义在列级，也可以定义在表级。常见的完整性约束条件如下。

- PRIMARY KEY：主键约束，可以将表中的一列或多列设置为表的主键，以唯一地标识表中的每一行；
- UNIQUE：唯一性约束，用以确保在非主键列中不输入重复值，一个表可以定义多个 UNIQUE 约束，但只能定义一个 PRIMARY KEY 约束，UNIQUE 约束允许列为空值；
- NULL | NOT NULL：空值约束，可以设置是否允许当前字段为空或不为空，默认情况下是 NULL；
- FOREIGN KEY：外键约束，用于建立当前表的外键字段，并与另一个表的主键字段之间的数据链接；
- CHECK：限制输入约束，可以限制输入到列中的值，通过逻辑表达式依次检查每一个要进入数据库的数据，只有符合条件的数据才允许通过；
- DEFAULT：默认值约束，可以使用户能够定义一个值，每当用户没有在某一列中输入值时，则将所定义的值提供给这一列。

2．基本表的修改

随着应用环境需求的变化，有时需要修改已建立好的基本表，SQL 用 ALTER 语句修改基本表，其一般格式为：

```
ALTER  TABLE  <表名>
   [ADD <新列名><数据类型> [完整性约束条件]]
   [ALTER  COLUMN  <列名>  <数据类型>[完整性约束条件]]
   [DROP  COLUMN  <列名>]
   [DROP  <完整性约束名>]
```

对该语句格式说明如下。

- ADD 子句：用于增加新列，并指定其数据类型和完整性约束条件；
- ALTER COLUMN 子句：用于修改原有列的数据类型和完整性约束条件；
- DROP COLUMN 子句：用于删除指定的列；
- DROP 子句：用于删除指定的完整性约束，在 SQL Server 2008 中，除了 NULL 约束和 NOT NULL 约束以外，所有的完整性约束都会由系统自动建立一个约束名或键名，在 DROP 子句后面输入指定的约束名或键名，即可将该完整性约束删除。

3. 基本表的删除

当某个基本表不再需要时，可以使用DROP TABLE语句进行删除，其一般格式为：

```
DROP TABLE <表名>
```

3.2.3 索引的创建、删除

建立索引是加快查询速度的有效手段。用户可以根据应用环境的需要，在基本表上建立一个或多个索引，以加快查找速度。一般来说，建立与删除索引是由数据库管理员DBA负责完成的。系统在存取数据时会自动选择合适的索引作为存取路径，用户不必也不能选择索引。

一般在那些经常被用来查询的表的列上建立索引以获得最佳性能。例如，用户需要经常根据学号或姓名来查询学生信息，那么可以在学生基本信息表上建立两个索引：一个基于学号列的索引和一个基于姓名列的索引，做查询操作时，系统会根据查询的条件自动进行选择。

索引虽然有优点，但也有缺点。索引在数据库中也需要占用空间，表越大，建立的包含该表的索引也越大。另外，数据库一般都是动态的，经常会有记录的增加、修改和删除操作。当一个含有索引的表被改动时，索引也要更新以反映改动。这样增加、修改和删除记录的速度可能会减慢。所以不要在表中建立太多且很少用到的索引。

1. 索引的创建

在SQL语言中，建立索引使用CREATE INDEX语句，其一般格式为：

```
CREATE [UNIQUE] [CLUSTERED] INDEX <索引名> ON <表名>
(<列名> [<排序方式>] [,<列名> [<排序方式>]]...)
```

对该语句格式说明如下。

- <表名>：要建立索引的基本表的名字；
- <列名>：建立索引的字段，索引可以创建在数据表的一列或多列上；
- <排序方式>：用来指定索引值按升序（ASC）还是降序（DESC）的方式排列，默认值为ASC；
- UNIQUE：表示此索引的每一个索引值只对应唯一的一条记录；
- CLUSTERED：表示要创建的索引为聚集索引，即索引项的顺序与表中记录的物理顺序一致的索引组织。在实际应用中，一般为定义成主键的字段建立这类索引。

用户在创建和使用索引时应注意以下事项。

- 建有包含UNIQUE选项索引的表在执行插入和更新记录的操作时，SQL Server将自动检查新的数据中是否存在重复值，如果存在，将返回错误信息。
- UNIQUE索引既可以采用聚集索引的结构，也可以采用非聚集索引的结构。如果不指定CLUSTERED选项，SQL Server将视为UNIQUE索引默认采用非聚集索引的结构。
- 具有相同组合列，不同组合顺序的复合索引彼此是不同的。
- 如果表中已有数据，那么在创建UNIQUE索引时，SQL Server将自动检验是否存在重复的值，若有重复值，则不能创建 UNIQUE 索引。

- 在一个数据表中只能创建一个聚集索引。在 SQL Server 2008 中，创建主键的同时会为主键建立一个聚集索引。

2. 索引的删除

索引一经建立，就由系统使用和维护它，不需要用户干预。建立索引是为了减少查询操作的时间，但如果数据增加删改频繁，系统会花费许多时间来维护索引。这时，可以删除一些不必要的索引。

在 SQL 语言中，删除索引使用 DROP INDEX 语句，其一般格式为：

```
DROP INDEX <表名>.<索引名>[,<表名>.<索引名>...]
```

对该语句格式说明如下。

- <表名>：索引所在的表名称；
- <索引名>：要删除的索引名称。

在使用 DROP INDEX 语句删除索引时，需要注意以下两点。

- 不能用 DROP INDEX 语句删除由 PRIMARY KEY 约束或 UNIQUE 约束创建的索引。要删除这些索引必须先删除 PRIMARY KEY 约束或 UNIQUE 约束。
- 在删除聚集索引时，表中的所有非聚集索引都将被重建。

实践操作

1. 利用 SQL 语句创建学生基本信息表和学生成绩表

（1）创建 stu_info（学生基本信息表），该表字段要求如表 3.3 所示。

表 3.3 stu_info 数据表字段要求

字 段 名	含 义	字 段 类 型	长 度	其 他 要 求
stu_id	学号	固定长度字符型数据	7	主键，不允许为空
name	姓名	不固定长度字符型数据	8	不允许为空
sex	性别	固定长度字符型数据	2	其值只能为“男”或“女”
borndate	生日	日期型数据		允许为空
peop_id	身份证号	不固定长度字符型数据	18	允许为空，不允许重复
class_id	班级编号	固定长度字符型数据	5	不允许为空

创建该数据表的语句为：

```
CREATE TABLE stu_info
(
  stu_id CHAR(7) NOT NULL PRIMARY KEY,
  name VARCHAR(8) NOT NULL,
  sex CHAR(2)CHECK (sex='男'or sex='女'),
  borndate SMALLDATETIME,
  peop_id VARCHAR(18)NULL UNIQUE,
  class_id CHAR(5)NOT NULL
)
```

说明：在该数据表中，stu_id 等几个字段采用 CHAR 的字符类型，这类字段在输入内

容时，如果输入的字符个数不足设置的位数，会用“空格”补足，而VARCHAR字符类型则不会补充“空格”。另外，peop_id设置了唯一性约束（UNIQUE）和允许空约束（NULL），在实际使用过程中，只能允许一条记录的该字段内容为NULL。

（2）创建result_info（学生成绩表），该表字段要求如表3.4所示。

表3.4 result_info数据表字段要求

字 段 名	含 义	字 段 类 型	长 度	其 他 要 求
term_no	学期编号	固定长度字符型数据	2	主键为这三个字段的组合，stu_id 字段作为外键，与stu_info表中的主键stu_id建立数据链接
Stu_id	学号	固定长度字符型数据	7	
course_no	课程编号	固定长度字符型数据	3	
Result	成绩	短整型数据		范围为–1～100，默认值为–1

创建该数据表的语句为：

```
CREATE  TABLE  result_info
(
  term_no CHAR(8)NOT NULL,
  stu_id  CHAR(7)NOT  NULL,
  course_no  CHAR(3)NOT  NULL,
  result  SMALLINT CHECK(result between -1 and 100)DEFAULT -1,
  PRIMARY KEY(term_no,stu_id,course_no),
  FOREIGN KEY (stu_id) REFERENCES stu_info(stu_id)
)
```

说明：在该数据表中，主键由三个字段组成，所以将其定义为表级完整性约束条件。result字段规定了取值范围，利用between…and…语句来完成，其默认值为–1，采用了默认值约束（DEFAULT）。在表级完整性约束中，还定义了stu_id字段为外键，与stu_info表中的主键stu_id字段建立数据链接。此时，如果在result_info表中添加或修改一条记录，其stu_id字段的值必须存在于stu_info表中的stu_id字段里。

2．利用SQL语句修改学生基本信息表

（1）向stu_info数据表中添加comedate（入学日期）字段，其数据类型为日期型，允许为空。

修改语句为：

```
ALTER  TABLE  stu_info ADD comedate SMALLDATETIME NULL
```

说明：向已有的数据表中添加新字段时，新字段必须约束为允许空，而且如果数据表中原来已有数据，新增加的字段的值一律为空值。

（2）将stu_info数据表中的name字段的数据类型修改为varchar(10)，完整性约束条件修改为“允许为空”。

修改语句为：

```
ALTER  TABLE  stu_info ALTER COLUMN name VARCHAR(10) NULL
```

说明：在修改原有字段的完整性约束条件时，如果原有约束条件为“不允许为空”，修改为“允许为空”，则可以进行修改。而将原有约束条件“允许为空”修改为“不允许为空”，则要看当前数据表中该字段是否已有NULL的值，如果有则不能进行修改，并报错。

（3）将 stu_info 数据表中的 comedate 字段删除。

修改语句为：

```
ALTER  TABLE  stu_info DROP COLUMN comedate
```

说明：在删除数据表中的字段时，不能删除进行过数据完整性约束的字段（NULL 或 NOT NULL 约束除外）。

3．利用 SQL 语句删除学生成绩表

删除 result_info 表。

删除语句为：

```
DROP  TABLE  result_info
```

说明：基本表定义一旦删除，表中的数据及此表上建立的索引和视图都将自动被删除掉。因此执行删除基本表的操作时一定要格外小心。另外，如果该数据表与其他数据表存在某种依赖关系（如通过外键建立的链接关系），则该数据表不能被删除。

4．利用 SQL 语句为学生基本信息表和学生成绩表建立索引

（1）为 stu_info（学生基本信息表）建立索引，要求按学号升序建立唯一索引。

创建索引的语句为：

```
CREATE UNIQUE INDEX stu_in ON stu_info(stu_id)
```

说明：在该语句中，stu_in 为索引名，UNIQUE 表示建立唯一索引，即索引字段 stu_id 的值不能出现重复。语句中没有指定排序方式，默认为升序。

（2）为 result_info（学生成绩表）建立索引，要求按学期编号升序、课程编号和学号降序建立唯一索引。

创建索引的语句为：

```
CREATE UNIQUE INDEX res_in ON result_info
(term_no ASC,course_no DESC,stu_id DESC)
```

说明：在该语句中，res_in 为索引名。该索引是包含三个索引字段的复合索引。排序时，先按学期编号升序排列，学期编号出现相同内容时再按课程编号降序排列，课程编号出现相同内容时再按学号降序排列。如果改变三个索引字段的组合顺序，则索引的含义会发生变化。

5．利用 SQL 语句删除学生成绩表的索引

删除 result_info（学生成绩表）中的索引 res_in。

删除索引的语句为：

```
DROP INDEX result_info.res_in
```

3.3　数据查询

数据库查询是数据库的核心操作。SQL 语言提供了 SELECT 语句进行数据库的查询，

该语句可以从数据表中检索数据，并将查询结果以表格的形式返回，还能实现统计查询结果，合并结果文件，做多表查询和对结果排序等操作。该语句具有灵活的使用方式和丰富的功能。

任务描述

任务名称：数据查询。

任务描述：教务处建立了学生基本信息表和学生成绩表两个数据表，录入了部分记录内容（见图 3.2 和图 3.3）。

新建数据表 course_info（课程信息表），该表的数据结构与记录信息如图 3.4 所示。该数据表字段含义为 course_no（课程编号，char(3)，主键）、course_name（课程名称，varchar(10)）、course_type（课程类型，varchar(10)）、course_score（课程学分，int），该数据表一共有 5 条记录。

表 - dbo.stu_info

stu_id	name	sex	borndate	peop_id	class_id
2007001	张三	男	1988-12-2 0:00:00	1201021988120...	07001
2007002	李四	女	1987-11-2 0:00:00	1201061987110...	07002
2007003	王五	男	1988-11-5 0:00:00	NULL	07003
2007004	赵六	男	1987-8-16 0:00:00	1201011987081...	07004
2007005	张七	女	1986-2-1 0:00:00	1201051986020...	07001

图 3.2　stu_info（学生基本信息表）数据结构与记录信息

term_no	stu_id	course_no	result
01	2007001	001	86
01	2007001	002	89
01	2007001	003	67
01	2007001	004	87
01	2007002	001	89
01	2007002	002	98
01	2007002	003	65
02	2007001	011	98

图 3.3　result_info（学生成绩表）数据结构与记录信息

course_no	course_name	course_type	course_score
001	高等数学	基础课	4
002	语文	基础课	2
003	大学英语	基础课	2
004	德育	基础课	3
011	数据库基础	专业课	4

图 3.4　course_info（课程信息表）数据结构与记录信息

根据实际工作需要，教务处希望在这三个数据表中检索一些指定的数据，还希望对数据表进行统计和计算操作，这些操作均需要利用 SELECT 语句实现。

任务分析

利用 SELECT 语句，可以实现以下内容。

- 从一个表中检索指定数据（单表查询）；
- 从两个或更多的表中取得数据（连接查询）；
- 将一个条件嵌套在另一个条件里进行查询（嵌套查询）；
- 在查询中进行统计计算等。

相关知识与技能

1. SELECT 语句的基本格式

```
SELECT  [ALL|DISTINCT]<列名>[,<列名>]...
FROM  <基本表名或视图名>[,<基本表名或视图名>]...
[WHERE<条件表达式>]
[GROUP BY<分组字段>[HAVING<分组条件表达式>]]
[ORDER BY<排序字段>[ASC|DESC]]
```

该语句提供的子句很多，分别说明如下。

- SELECT：该命令的主要关键字。
- ALL | DISTINCT：两个选项任选其一，ALL 表示选择所有的记录，DISTINCT 表示去掉重复记录。
- 列名：表示查询后显示结果中的属性列，可以是数据表中的字段名，也可以是一些统计函数。多个列之间可以用逗号分隔。
- FROM<基本表名或视图名>：表示被检索的基本数据表或视图，基本表名或视图名之间用逗号分隔。
- WHERE <条件表达式>：表示查询时依据的检索条件。
- GROUP BY<分组字段>：表示检索时，可以按照某个或多个字段进行分组汇总，各分组字段之间用逗号分隔。
- HAVING<分组条件表达式>：表示进行分组汇总时，可以根据分组条件表达式检索出某些组记录。
- ORDER BY<排序字段>：表示检索时，可以按照指定的字段进行排序。
- ASC | DESC：两个选项可以选择一个，ASC 表示检索时按照排序字段升序排列，DESC 表示按照排序字段降序排列，默认时为 ASC（升序）。

SELECT 语句操作的是记录的集合（一个表或多个表），而不是单独的一条记录。语句返回的也是满足 WHERE 条件的记录集合，即结果表。

2. WHERE 子句常用的条件表达式

要查询满足指定条件的记录可以通过 WHERE 子句实现。WHERE 子句必须紧跟在 FROM 子句的后面。WHERE 子句常用的条件表达式如表 3.5 所示。

表 3.5 WHERE 子句常用的条件表达式

表达式类别	运 算 符 号	含 义
关系表达式	=	等于
	<	小于
	<=	小于等于
	>	大于
	>=	大于等于
	!= 或 <>	不等于
逻辑表达式	OR	或（或者）
	AND	与（并且）
	NOT	非（否）

续表

表达式类别	运 算 符 号	含 义
特殊表达式	%	通配符，代表任意长度（包含 0 个）的字符串
	_（下画线）	通配符，代表任意单个字符
	[ ]	指定范围或集合中的任何单个字符
	[^]	不属于指定范围或集合中的任何单个字符
	BETWEEN…AND	确定范围区间
	IS NULL	测试字段值是否为空值
	LIKE	字符串匹配操作符
	IN	检查字段值是否属于指定的数据集合

3．连接查询（多表查询）

前面讲到的查询都是针对一个表进行的。在很多情况下，查询要求从两个或更多的表中取得数据。若一个查询同时涉及两个以上的表，则称为连接查询。连接查询中用来连接两个表的条件称为连接条件或连接短语。

连接查询是关系数据库中最主要的查询，包括等值连接查询、非等值连接查询、自然连接查询、自身连接查询、外连接查询。

（1）等值与非等值连接查询。在连接中，如果连接短语为比较运算符，则称为等值连接或非等值连接。连接短语的一般格式为：

```
[<表名 1>. ]<列名 1>  <比较运算符>  [<表名 2>. ]<列名 2>
```

其中比较运算符主要有=、>、<、>=、<=、!=。当连接运算符为“=”时，称为等值连接。使用其他运算符称为非等值连接。

连接格式中的列名称为连接字段。在连接条件中，各连接字段类型必须是具有可比性的，但不必是相同的。

从概念上讲，DBMS 执行连接操作的过程是：首先在表 1 中找到第 1 条记录，然后从头开始扫描表 2，逐一查找满足条件的记录，找到后就将表 1 中的第一条记录与该记录拼接起来，形成结果表中的第一条记录，之后再接着查找和拼接，直到表 2 全部查找完成。再找表 1 中的第 2 条记录，然后再从头开始扫描表 2，找到满足条件的记录后进行拼接。重复上述的操作，直到表 1 中的全部记录都处理完毕为止。

（2）自然连接查询。在上面的实例中，显示了多个表中的所有字段，包括重复的字段。实际使用中，有些字段是无须显示的，而有些字段只需要显示一次。

在等值连接中去除结果表中相同的字段名称为自然连接。在自然连接的条件表达式中，往往是将各表的主键和外键进行等值连接。

（3）自身连接查询。有时在查询中需要对相同的表进行连接，即同一个表与其自身进行连接，称为自身连接。在自身连接中，为了区别两张相同的表，需要对一个表使用两个表名。

（4）外连接查询。在一般的连接操作中，只有满足连接条件的记录才能作为结果输出。如后边图 3.31 的结果表中，只有“张三”和“李四”两名学生的记录，其他学生由于在 result_info 表中没有相应的成绩记录，导致他们的基本信息也没有出现在结果表中。如果希望以 stu_info 表为主体列出每个学生的基本情况及其选课情况，当某个学生没有选课时，则只显示其基本情况信息，其选课信息为空值，这时就需要使用外连接。

利用外连接，可以使结果表中不仅包含满足条件的记录，还包含指定表中的所有记录。外连接共有三种形式。

- 左向外连接（LEFT OUTER JOIN）：即结果表中除了满足连接条件的记录，还包括 JOIN 子句左边表中的所有行。
- 右向外连接（RIGHT OUTER JOIN）：即结果表中除了满足连接条件的记录，还包括 JOIN 子句右边表中的所有行。
- 完整外连接（FULL OUTER JOIN）：即结果表中除了满足连接条件的记录，还包括两个表中的所有行。

外连接的一般格式为：

```
SELECT <字段列表> FROM <左表> <JOIN 子句> <右表> ON <外连接条件>
```

4．嵌套查询

在 SQL 语言中，一个 SELECT-FROM-WHERE 语句称为一个查询块。将一个查询块嵌套在另一个查询块的 WHERE 子句或 HAVING 子句的条件中的查询称为嵌套查询。在 WHERE 子句或 HAVING 子句中的查询块称为内层查询或子查询，其上层的查询块称为外层查询或父查询。SQL 语言允许多层嵌套查询，即一个子查询中还可以嵌套其他子查询。需要注意的是，子查询中不能使用 ORDER BY 子句进行排序。

嵌套查询一般的执行方式是由里向外的，即每个子查询在其上级查询处理之前执行，子查询的结果用于建立其父查询的查询条件。嵌套查询使用多个简单的查询组合成复杂的查询，从而增强 SQL 的查询能力。

（1）带有 IN 的子查询。IN 子查询用于在子查询的结果集合中查找是否存在指定值，其格式为：

```
表达式 [NOT] IN（子查询）
```

（2）带有比较运算符的子查询。带有比较运算符的子查询是指父查询与子查询之间用比较运算符进行连接。当用户能确切知道子查询返回的是单值时，可以用=、>、<、>=、<=、!=或<>等比较运算符。

（3）带有 ANY 或 ALL 的子查询。子查询中带有 ANY 或 ALL，可以对比较运算符进行限制。

ALL 是指表达式要与子查询的结果集中的每个值都进行比较，当表达式与每个值都满足比较的关系时，才返回 TRUE。

ANY 是指表达式只要与子查询的结果集中的某个值满足比较的关系时，就返回 TRUE。

例如，“>ALL”表示大于子查询中的所有值，而“>ANY”表示大于子查询中的某个值。

（4）带有 EXISTS 的子查询。使用 EXISTS 测试子查询的结果是否为空表。如果子查询的结果集不为空，则返回 TRUE。EXISTS 还可以与 NOT 结合使用，其返回值与 EXISTS 正好相反。

由 EXISTS 引出的子查询，其字段列表通常都用“*”，因为带 EXISTS 的子查询只返回真值或假值，给出字段名没有实际意义。

（5）带有 UNION 的集合查询。使用 UNION 运算符可以将两个或多个 SELECT 语句的结果组合成一个结果集。使用 UNION 将多个查询结果合并起来时，系统会自动去掉重复记录。需要注意的是，参加 UNION 操作的各结果表的列数必须相同，对应项的数据类型也必须相同。

（6）在查询的基础上创建新表。在 SQL Server 中，提供了 INTO 子句，可以将结果表中的数据插入一个新的数据表中，新表的字段名、字段的顺序、字段的数据类型都由 SELECT 的列表确定。

5. 查询中的统计计算

为了进一步方便用户，增强检索功能，SQL 的查询语句中可以添加一些具有统计功能的函数。

- COUNT（[DISTINCT | ALL]*）：统计记录个数。
- COUNT（[DISTINCT | ALL]<列名>）：统计指定列中值的个数。
- SUM（[DISTINCT | ALL]<列名>）：计算指定列中值的总和，该列必须是数值型。
- AVG（[DISTINCT | ALL]<列名>）：计算指定列中值的平均值，该列必须是数值型。
- MAX（[DISTINCT | ALL]<列名>）：求指定列中的最大值。
- MIN（[DISTINCT | ALL]<列名>）：求指定列中的最小值。

在函数中，DISTINCT 表示在计算时要取消指定列中的重复值，ALL 表示不取消重复值，默认为 ALL。

实践操作

3.3.1 单表查询

这里的单表查询以 stu_info（学生基本信息表）为操作对象进行操作。

（1）显示 stu_info 表中的 stu_id、class_id 和 name 字段。

查询语句为：

```
select stu_id,class_id,name from stu_info
```

执行结果如图 3.5 所示。

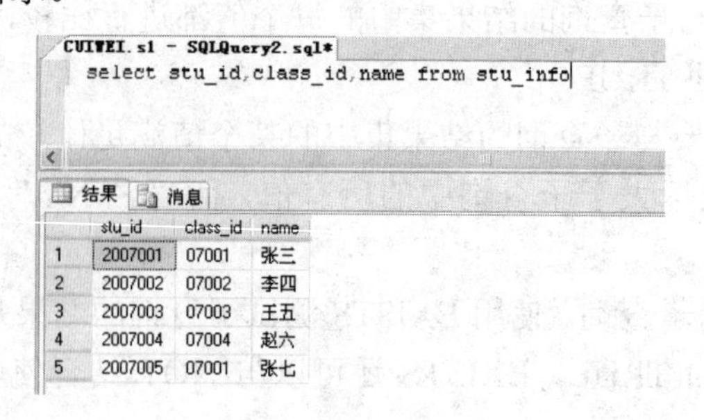

图 3.5 显示部分字段

说明：很多情况下，用户只对表中的一部分字段感兴趣，通过 SELECT 语句，可以“过滤”掉某些字段，只显示用户需要的数据。

从该例题中可以看到，SELECT 子句后的列名可以与原表中的顺序不一致，在结果表中，字段显示的顺序是按照 SELECT 子句后的列名顺序显示的。

（2）显示 stu_info 表中的所有字段。

查询语句为：

```
select * from stu_info
```

执行结果如图 3.6 所示。

CUITEI.s1 - SQLQuery1.sql* 摘要

select * from stu_info

结果 消息

	stu_id	name	sex	borndate	peop_id	class_id
1	2007001	张三	男	1988-12-02 00:00:00	120102198812012323	07001
2	2007002	李四	女	1987-11-02 00:00:00	120106198711023232	07002
3	2007003	王五	男	1988-11-05 00:00:00	NULL	07003
4	2007004	赵六	男	1987-08-16 00:00:00	120101198708163232	07004
5	2007005	张七	女	1986-02-01 00:00:00	120105198602011212	07001

图 3.6　显示所有字段

说明：将表中所有字段都显示出来，可以有两种方法。一种是在 SELECT 关键字后面列出所有字段的名称，当字段较多时，显然这种方法比较烦琐。另一种方法是使用通配符“*”，采用这种方法列出字段，其顺序与基表中的顺序完全一致。

（3）显示 stu_info 表中的 stu_id、name 和 sex 字段。字段名称分别指定为“学号”、“姓名”和“性别”。

查询语句为：

```
select stu_id as 学号,name 姓名,性别=sex  from stu_info
```

执行结果如图 3.7 所示。

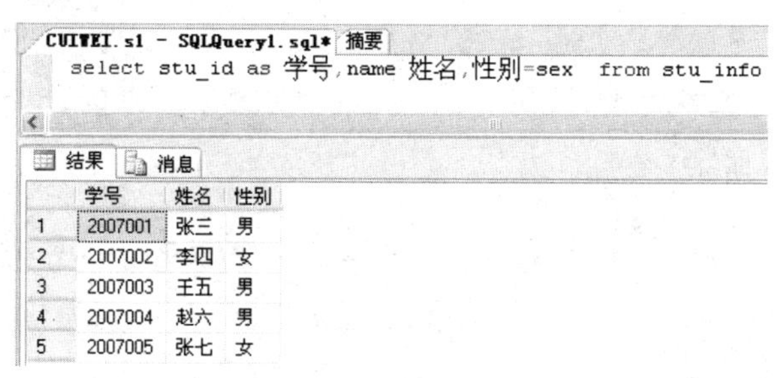

CUITEI.s1 - SQLQuery1.sql* 摘要

select stu_id as 学号,name 姓名,性别=sex from stu_info

结果 消息

	学号	姓名	性别
1	2007001	张三	男
2	2007002	李四	女
3	2007003	王五	男
4	2007004	赵六	男
5	2007005	张七	女

图 3.7　指定别名代替字段名

说明：在原始数据表中，字段的名称可能只是一个简单的代码，如学生基本信息表中的学号字段采用 stu_id 作为其名称。有时用户无法理解这类字段名的具体含义。

利用 SELECT 语句，可以在显示结果时指定别名来代替原始的字段名称。指定别名共有三种格式。

- 字段名称　AS　别名
- 字段名称　别名
- 别名=字段名称

这里的别名可以用单引号括起来，也可以不用。

在该操作的语句中，采用了三种不同的方式指定别名，这是为了演示效果。在实际的操作中，可以选择其中的一种方式进行指定。

（4）显示 stu_info 表中的所有学生的姓名和年龄。

查询语句为：

```
select name as 姓名,year(getdate())-year(borndate)as 年龄 FROM stu_info
```

执行结果如图 3.8 所示。

CUIWEI.s1 - SQLQuery1.sql* 摘要

select name as 姓名,year(getdate())-year(borndate) as 年

结果 消息

	姓名	年龄
1	张三	20
2	李四	21
3	王五	20
4	赵六	21
5	张七	22

图 3.8　显示经过计算的值

说明：SELECT 子句后面不仅可以是数据表中的字段，也可以是表达式，甚至可以是字符串常量和函数等。

本操作中，计算学生的年龄时用到了两个函数。

- year( )：用于得到日期型数据的年份。
- getdate( )：用于得到当前的系统时间。

因此，year(getdate())-year(borndate)的含义是用当前系统时间的年份减去学生 borndate（出生日期）字段的年份，得到学生的年龄。

（5）显示 stu_info 表中的所有学生的姓名和身份证号。

查询语句为：

```
select name as 姓名,'身份证号:',peop_id as 身份证号 from stu_info
```

执行结果如图 3.9 所示。

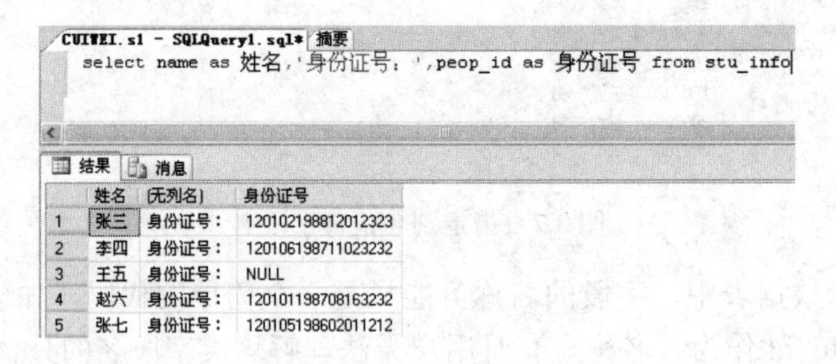

CUIWEI.s1 - SQLQuery1.sql* 摘要

select name as 姓名,'身份证号：',peop_id as 身份证号 from stu_info

结果 消息

	姓名	(无列名)	身份证号
1	张三	身份证号：	120102198812012323
2	李四	身份证号：	120106198711023232
3	王五	身份证号：	NULL
4	赵六	身份证号：	120101198708163232
5	张七	身份证号：	120105198602011212

图 3.9　增加指定内容的字段

说明：在 SELECT 语句中，可以在一个字段的前面加上一个字符串常量，该常量用单引号括起来，对后面的字段可以起到说明的作用。

（6）显示 stu_info 表中的所有学生的班级编号。

不去掉重复记录的查询语句为：

```
SELECT ALL class_id FROM stu_info
```

或

```
SELECT class_id FROM stu_info
```

执行结果如图 3.10（a）所示。

去掉重复记录的查询语句为：

```
SELECT DISTINCT class_id FROM stu_info
```

执行结果如图 3.10（b）所示。

如果只需显示前三个班级的编号，可以使用以下查询语句：

```
SELECT TOP 3 class_id FROM stu_info
```

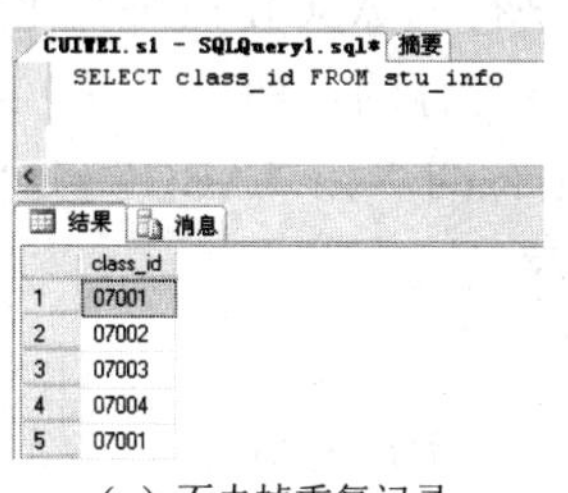

（a）不去掉重复记录

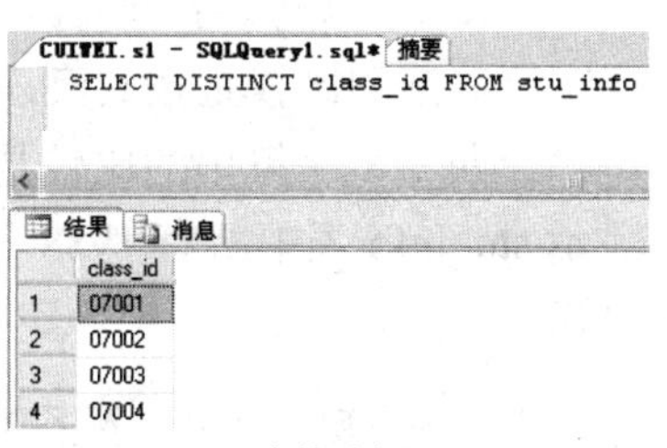

（b）去掉重复记录

图 3.10　使用 ALL 和 DISTINCT 关键字

说明：使用 TOP 关键字可以在结果表中只显示符合条件的前若干条记录，使用 ALL 关键字可以在结果表中显示符合条件的所有记录。

在数据表中，几个本来并不完全相同的记录，在指定显示某些字段后，就可能变成相同的记录了。利用 DISTINCT 关键字能够从结果表中去掉重复的记录。

在原始数据表中，学生的记录共有 5 条，其中两条 class_id（班级编号）字段的值相同。加入 DISTINCT 关键字，可以对相同的班级编号只保留一个。

（7）显示 stu_info 表中所有男生的记录。

查询语句为：

```
SELECT * FROM stu_info WHERE sex='男'
```

执行结果如图 3.11 所示。

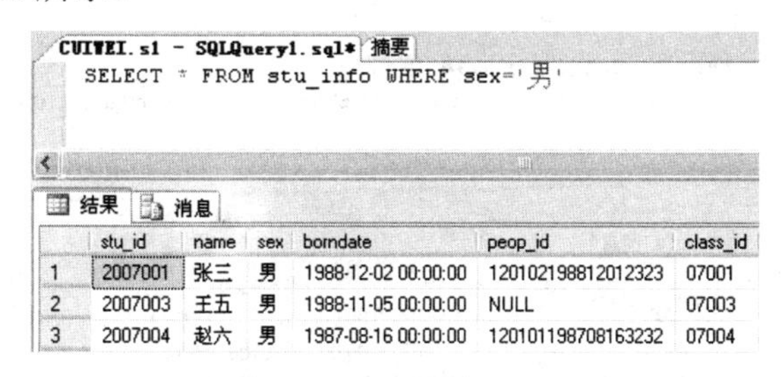

	stu_id	name	sex	borndate	peop_id	class_id
1	2007001	张三	男	1988-12-02 00:00:00	120102198812012323	07001
2	2007003	王五	男	1988-11-05 00:00:00	NULL	07003
3	2007004	赵六	男	1987-08-16 00:00:00	120101198708163232	07004

图 3.11　显示所有男生记录

说明：在本操作中，字符常量必须加单引号。

（8）显示 stu_info 表中所有班级编号不是“07001”的学生记录。

查询语句为：

```
SELECT * FROM stu_info WHERE class_id<>'07001'
```

执行结果如图 3.12 所示。

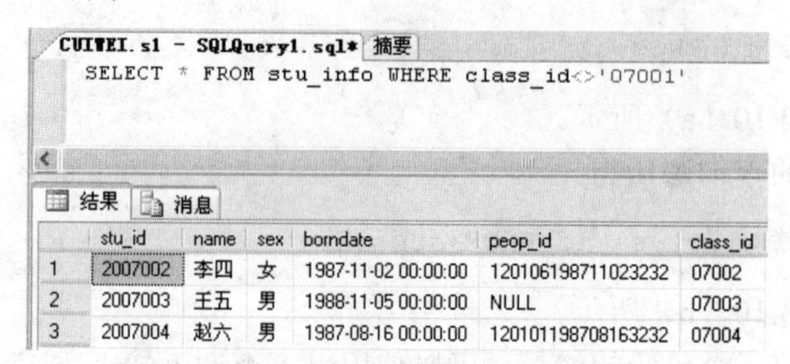

	stu_id	name	sex	borndate	peop_id	class_id
1	2007002	李四	女	1987-11-02 00:00:00	120106198711023232	07002
2	2007003	王五	男	1988-11-05 00:00:00	NULL	07003
3	2007004	赵六	男	1987-08-16 00:00:00	120101198708163232	07004

图 3.12 显示班级编号不为“07001”的记录

说明：在关系表达式中，字符数据之间的比较是对字符的 ASCII 值进行比较，如 A＜B、b＞a。汉字字符数据的比较是按其汉语拼音的 ASCII 值进行的，如“张三”＜“赵六”，“王五”＞“李四”。字符串的比较是从左向右依次进行的，如“ABC”＜“ABD”。

（9）显示 stu_info 表中所有 1988 年出生的男生记录。

查询语句为：

```
SELECT * FROM stu_info WHERE sex='男'and year(borndate)=1988
```

执行结果如图 3.13 所示。

	stu_id	name	sex	borndate	peop_id	class_id
1	2007001	张三	男	1988-12-02 00:00:00	120102198812012323	07001
2	2007003	王五	男	1988-11-05 00:00:00	NULL	07003

图 3.13 显示所有 1988 年出生的男生记录

（10）显示 stu_info 表中班级编号为“07001”或者性别为女的学生记录。

查询语句为：

```
SELECT * FROM stu_info WHERE sex='女' OR class_id='07001'
```

执行结果如图 3.14 所示。

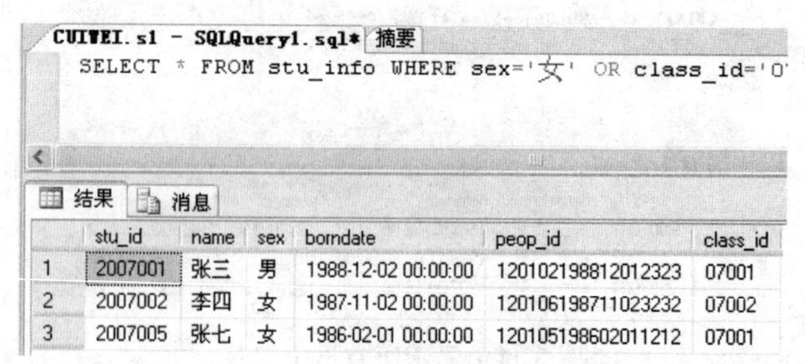

	stu_id	name	sex	borndate	peop_id	class_id
1	2007001	张三	男	1988-12-02 00:00:00	120102198812012323	07001
2	2007002	李四	女	1987-11-02 00:00:00	120106198711023232	07002
3	2007005	张七	女	1986-02-01 00:00:00	120105198602011212	07001

图 3.14 显示班级编号为“07001”或者性别为女的学生记录

（11）显示 stu_info 表中户籍不是天津市的学生记录。

查询语句为：

```
SELECT * FROM stu_info WHERE NOT substring(peop_id,1,3)='120'
```

说明：本操作中，利用身份证号码来判断学生的户籍。身份证号码中前三位为省（直辖市）代码，其中 120 代表天津市。函数 substring(peop_id,1,3)的含义是截取 peop_id（身份证号码）字段的前三位。

当然采用这种方法不一定能够得到学生的真实户籍，如有的学生户籍为天津，而身份证号码却是其他省市的。最好的方法是在数据表中增加户籍字段。

（12）显示 stu_info 表中所有姓“张”的学生记录。

查询语句为：

```
SELECT * FROM stu_info WHERE name like '张%'
```

执行结果如图 3.15 所示。

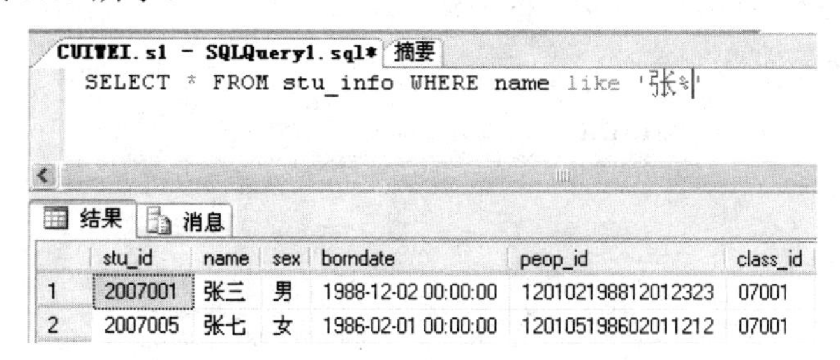

CUIWEI.s1 - SQLQuery1.sql* 摘要

```
SELECT * FROM stu_info WHERE name like '张%'
```

结果 消息

	stu_id	name	sex	borndate	peop_id	class_id
1	2007001	张三	男	1988-12-02 00:00:00	120102198812012323	07001
2	2007005	张七	女	1986-02-01 00:00:00	120105198602011212	07001

图 3.15　显示所有姓“张”的学生记录

（13）显示 stu_info 表中所有姓“张”和姓“李”的学生记录。

查询语句为：

```
SELECT * FROM stu_info WHERE name like  '张%'  or name like  '李%'
```

或

```
SELECT * FROM stu_info WHERE name like  '[张,李]%'
```

执行结果如图 3.16 所示。

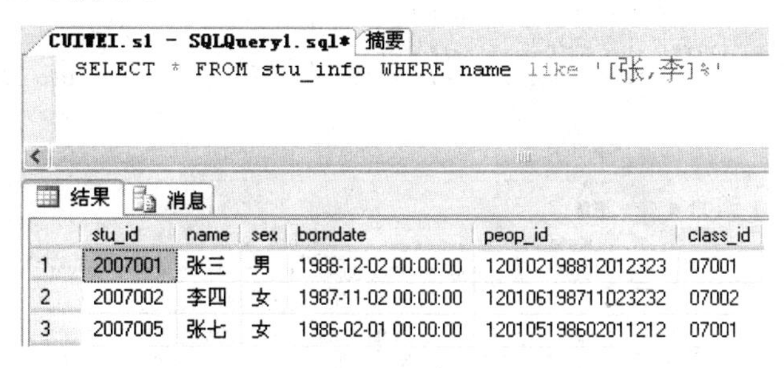

CUIWEI.s1 - SQLQuery1.sql* 摘要

```
SELECT * FROM stu_info WHERE name like '[张,李]%'
```

结果 消息

	stu_id	name	sex	borndate	peop_id	class_id
1	2007001	张三	男	1988-12-02 00:00:00	120102198812012323	07001
2	2007002	李四	女	1987-11-02 00:00:00	120106198711023232	07002
3	2007005	张七	女	1986-02-01 00:00:00	120105198602011212	07001

图 3.16　显示所有姓“张”和姓“李”的学生记录

（14）显示 stu_info 表中年龄在 18～20 岁学生的姓名和性别的记录。

查询语句为：

```
SELECT name,sex FROM stu_info
WHERE year(getdate())-year(borndate)  BETWEEN 18 AND 20
```

执行结果如图 3.17 所示。

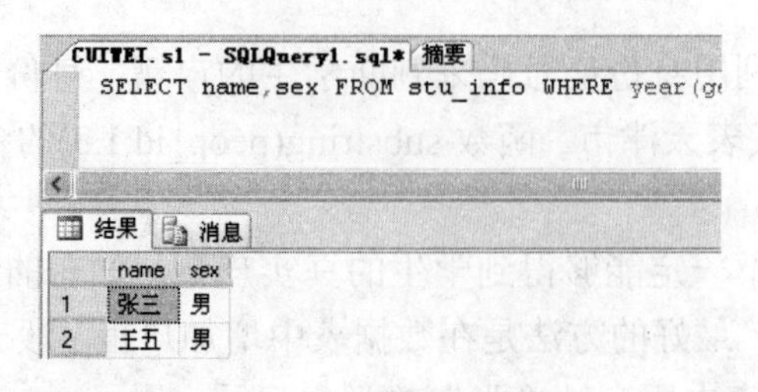

	name	sex
1	张三	男
2	王五	男

图 3.17　显示年龄在 18～20 岁学生的姓名和性别的记录

（15）显示 stu_info 表中身份证号码内容为空的学生记录。

查询语句为：

```
SELECT * FROM stu_info WHERE peop_id IS NULL
```

执行结果如图 3.18 所示。

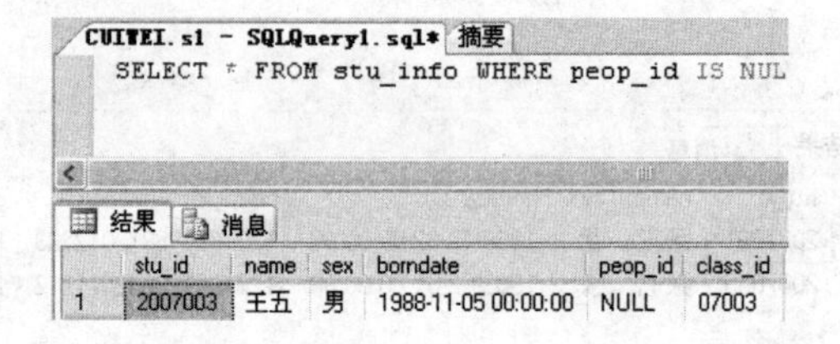

	stu_id	name	sex	borndate	peop_id	class_id
1	2007003	王五	男	1988-11-05 00:00:00	NULL	07003

图 3.18　显示身份证号码内容为空的学生记录

（16）显示 stu_info 表中班级编号为 07001 和 07002 的学生记录。

查询语句为：

```
SELECT * FROM stu_info WHERE class_id='07001' OR class_id='07002'
```

或

```
SELECT * FROM stu_info WHERE class_id IN (07001,07002)
```

执行结果如图 3.19 所示。

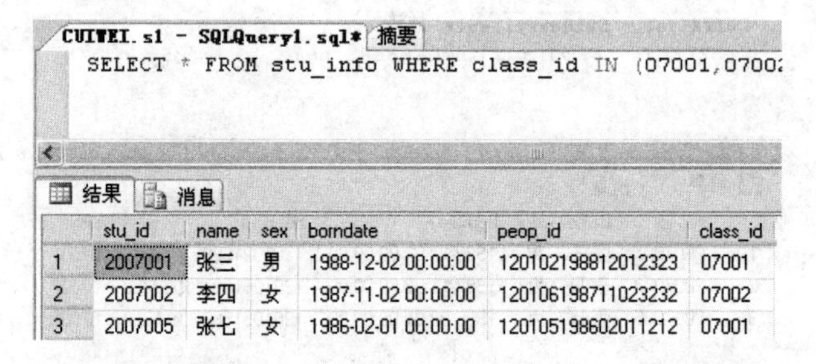

	stu_id	name	sex	borndate	peop_id	class_id
1	2007001	张三	男	1988-12-02 00:00:00	120102198812012323	07001
2	2007002	李四	女	1987-11-02 00:00:00	120106198711023232	07002
3	2007005	张七	女	1986-02-01 00:00:00	120105198602011212	07001

图 3.19　显示班级编号为 07001 和 07002 的学生记录

说明：本操作中，IN 的作用类似于“逻辑或”，但比“逻辑或”更加方便灵活。

（17）显示 stu_info 表中班级编号不是 07001 和 07002 的学生记录。

查询语句为：

```
SELECT * FROM stu_info WHERE class_id NOT IN(07001,07002)
```

或

```
SELECT * FROM stu_info WHERE NOT class_id IN(07001,07002)
```

（18）显示 stu_info 表中的学生记录，查询结果按姓名进行升序排序。

查询语句为：

```
SELECT * FROM stu_info ORDER BY name
```

执行结果如图 3.20 所示。

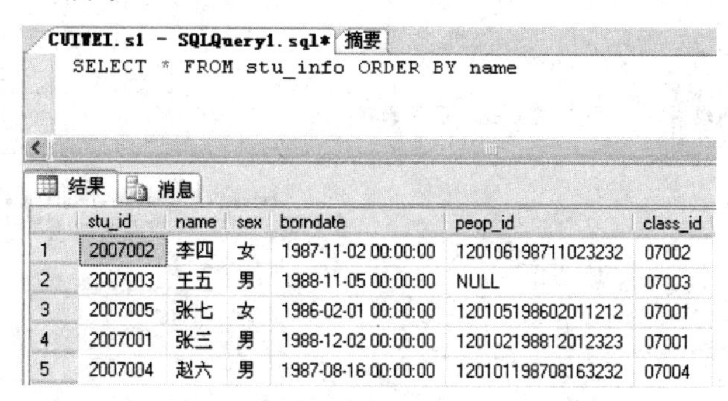

	stu_id	name	sex	borndate	peop_id	class_id
1	2007002	李四	女	1987-11-02 00:00:00	120106198711023232	07002
2	2007003	王五	男	1988-11-05 00:00:00	NULL	07003
3	2007005	张七	女	1986-02-01 00:00:00	120105198602011212	07001
4	2007001	张三	男	1988-12-02 00:00:00	120102198812012323	07001
5	2007004	赵六	男	1987-08-16 00:00:00	120101198708163232	07004

图 3.20　查询结果按姓名进行升序排序

说明：在 SELECT 语句中，使用 ORDER BY 子句可以对查询结果按照一个或多个字段的值进行升序（ASC）或降序（DESC）排列，默认值为升序。

（19）显示 stu_info 表中的学生记录，查询结果按班级编号进行升序排序，同一班级的学生按照学号降序排序。

查询语句为：

```
SELECT * FROM stu_info ORDER BY class_id,stu_id DESC
```

执行结果如图 3.21 所示。

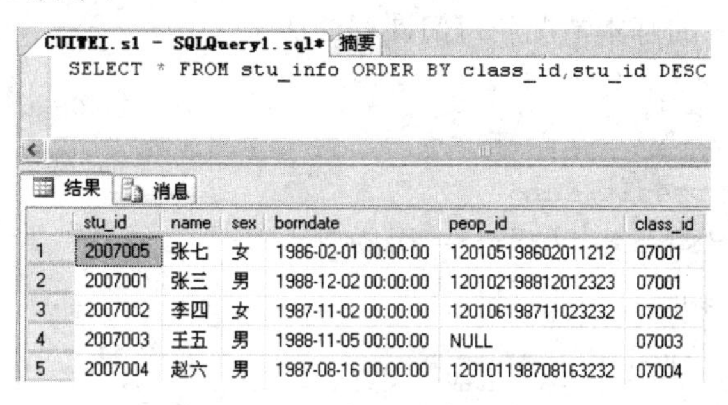

	stu_id	name	sex	borndate	peop_id	class_id
1	2007005	张七	女	1986-02-01 00:00:00	120105198602011212	07001
2	2007001	张三	男	1988-12-02 00:00:00	120102198812012323	07001
3	2007002	李四	女	1987-11-02 00:00:00	120106198711023232	07002
4	2007003	王五	男	1988-11-05 00:00:00	NULL	07003
5	2007004	赵六	男	1987-08-16 00:00:00	120101198708163232	07004

图 3.21　按指定字段进行排序

（20）统计 stu_info 表中各班的人数，在查询结果中显示班级编号和该班人数。

查询语句为：

```
SELECT class_id as 班级编号,count(class_id)as 人数
FROM stu_info GROUP BY class_id
```

执行结果如图 3.22 所示。

说明：GROUP BY 子句将查询结果按照某一个字段或多个字段的值进行分组，值相同的记录为一组。

本操作中，使用了统计函数 count (class_id) 统计班级的人数，GROUP BY 子句一般与 SQL 的统计函数一起使用。

（21）将 stu_info 表中总人数大于或等于 2 人的班级编号和人数显示出来。

查询语句为：

```
SELECT class_id as 班级编号,count(class_id)as 人数
FROM stu_info GROUP BY class_id HAVING count(class_id)>=2
```

执行结果如图 3.23 所示。

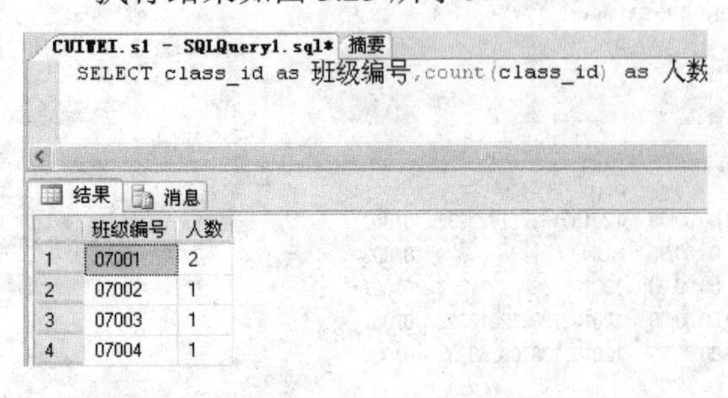

	班级编号	人数
1	07001	2
2	07002	1
3	07003	1
4	07004	1

图 3.22　统计各班人数

	班级编号	人数
1	07001	2

图 3.23　统计总人数大于或等于 2 人的班级

说明：在实际应用中，如果分组后还要求按一定的条件对这些组进行筛选，最终只输出满足指定条件的组，则可以使用 HAVING 子句指定筛选条件。

WHERE 子句与 HAVING 子句的区别在于作用的对象不同，WHERE 子句的作用对象是表，利用它可以从整个表中选择出满足条件的记录。HAVING 子句的作用对象是组，利用它可以从组中选择出满足筛选条件的记录。

3.3.2　连接查询（多表查询）

（1）查询每个学生的基本情况和每门课程的成绩。

查询语句为：

```
SELECT stu_info.*,result_info.*
FROM stu_info,result_info
WHERE stu_info.stu_id=result_info.stu_id
```

执行结果如图 3.24 所示。

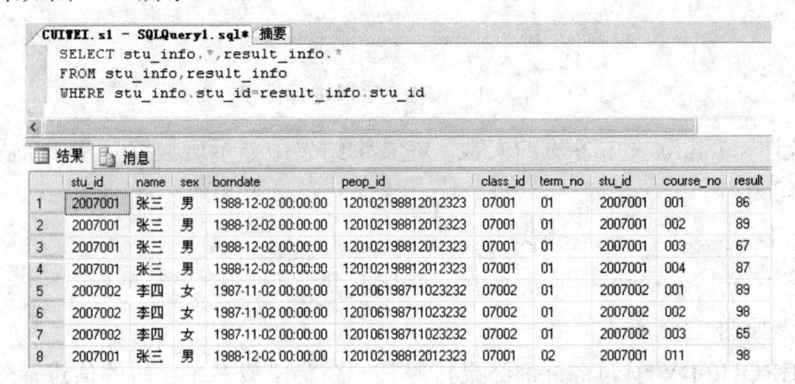

	stu_id	name	sex	borndate	peop_id	class_id	term_no	stu_id	course_no	result
1	2007001	张三	男	1988-12-02 00:00:00	120102198812012323	07001	01	2007001	001	86
2	2007001	张三	男	1988-12-02 00:00:00	120102198812012323	07001	01	2007001	002	89
3	2007001	张三	男	1988-12-02 00:00:00	120102198812012323	07001	01	2007001	003	67
4	2007001	张三	男	1988-12-02 00:00:00	120102198812012323	07001	01	2007001	004	87
5	2007002	李四	女	1987-11-02 00:00:00	120106198711023232	07002	01	2007002	001	89
6	2007002	李四	女	1987-11-02 00:00:00	120106198711023232	07002	01	2007002	002	98
7	2007002	李四	女	1987-11-02 00:00:00	120106198711023232	07002	01	2007002	003	65
8	2007001	张三	男	1988-12-02 00:00:00	120102198812012323	07001	02	2007001	011	98

图 3.24　查询每个学生的基本情况和每门课程的成绩

说明：学生情况存放在 stu_info 表中，学生成绩存放在 result_info 表中，所以本操作中的查询实际上涉及两个表。这两个表之间的联系是通过公共字段 stu_id（学号）实现的。

（2）查询每个学生每门课程的成绩，结果表中要显示 course_info（课程信息表）中的课程名称等内容。

查询语句为：

```
SELECT stu_info.*,course_info.*,result_info.*
FROM stu_info,course_info,result_info
WHERE stu_info.stu_id=result_info.stu_id  AND  result_info.course_no=course_
info.course_no
```

执行结果如图 3.25 所示。

表 - dbo.course_info　表 - dbo.course_info　CUIWEI.s1 - SQLQuery1.sql*　摘要

```
SELECT stu_info.*,course_info.*,result_info.*
FROM stu_info,course_info,result_info
WHERE stu_info.stu_id=result_info.stu_id AND result_info.course_no=course_in
```

结果　消息

	stu_id	name	sex	borndate	peop_id	class_id	course_no	course_name	course_typ
1	2007001	张三	男	1988-12-02 00:00:00	120102198812012323	07001	001	高等数学	基础课
2	2007001	张三	男	1988-12-02 00:00:00	120102198812012323	07001	002	语文	基础课
3	2007001	张三	男	1988-12-02 00:00:00	120102198812012323	07001	003	大学英语	基础课
4	2007001	张三	男	1988-12-02 00:00:00	120102198812012323	07001	004	德育	基础课
5	2007002	李四	女	1987-11-02 00:00:00	120106198711023232	07002	001	高等数学	基础课
6	2007002	李四	女	1987-11-02 00:00:00	120106198711023232	07002	002	语文	基础课
7	2007002	李四	女	1987-11-02 00:00:00	120106198711023232	07002	003	大学英语	基础课
8	2007001	张三	男	1988-12-02 00:00:00	120102198812012323	07001	011	数据库基础	专业课

图 3.25　查询每个学生每门课程的成绩（显示课程名称）

说明：本操作中涉及三个数据表的内容，其中 stu_info 表与 result_info 表通过 stu_id（学号）字段进行连接，result_info 表和 course_info 表通过 course_no（课程编号）字段进行连接。

（3）查询每个学生每门课程的成绩，结果表中只显示学号、姓名、学期编号、课程编号和成绩几个字段。

查询语句为：

```
SELECT stu_info.stu_id,name, term_no,course_no,result
FROM stu_info,result_info
WHERE stu_info.stu_id=result_info.stu_id
```

执行结果如图 3.26 所示。

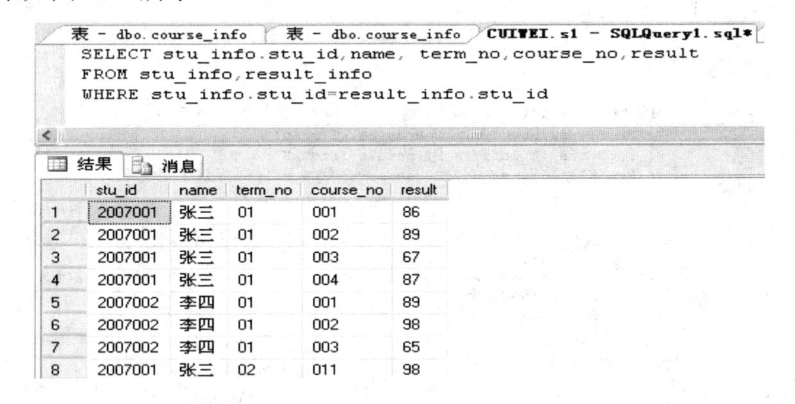

表 - dbo.course_info　表 - dbo.course_info　CUIWEI.s1 - SQLQuery1.sql*

```
SELECT stu_info.stu_id,name, term_no,course_no,result
FROM stu_info,result_info
WHERE stu_info.stu_id=result_info.stu_id
```

结果　消息

	stu_id	name	term_no	course_no	result
1	2007001	张三	01	001	86
2	2007001	张三	01	002	89
3	2007001	张三	01	003	67
4	2007001	张三	01	004	87
5	2007002	李四	01	001	89
6	2007002	李四	01	002	98
7	2007002	李四	01	003	65
8	2007001	张三	02	011	98

图 3.26　查询每个学生每门课程的成绩（显示指定字段）

说明：本操作中，两个数据表中的 stu_id 学号字段只保留了一个。语句中，由于 stu_id

（学号）字段在两个数据表中都有可能出现，所以在引用时需要加上对应的基本表名称，如 stu_info.stu_id，而其他几个字段在两个表中是唯一的，因此在引用时可以去掉表名的前缀。

（4）查询每个学生每门课程的成绩，结果表中显示学号、姓名、课程名和成绩几个字段。

查询语句为：

```
SELECT stu_info.stu_id as 学号,name as 姓名,
course_name as 课程名称,result as 成绩
FROM stu_info,course_info,result_info
WHERE stu_info.stu_id=result_info.stu_id AND
result_info.course_no=course_info.course_no
```

执行结果如图 3.27 所示。

	学号	姓名	课程名称	成绩
1	2007001	张三	高等数学	86
2	2007001	张三	语文	89
3	2007001	张三	大学英语	67
4	2007001	张三	德育	87
5	2007002	李四	高等数学	89
6	2007002	李四	语文	98
7	2007002	李四	大学英语	65
8	2007001	张三	数据库基础	98

图 3.27　查询每个学生每门课程的成绩，利用别名指定字段名

说明：在本操作中，实现了三个表的自然连接，并利用别名重新指定字段名。

（5）在 result_info（学生成绩表）中进行查询，结果表中显示与学号为“2007001”的学生修读同一门课程的学生的学号、课程编号及成绩。

查询语句为：

```
SELECT r2.stu_id,r2.course_no,r2.result
FROM result_info AS r1,result_info AS r2
WHERE r1.stu_id='2007001' AND r1.course_no=r2.course_no
AND r2.stu_id<>'2007001'
```

执行结果如图 3.28 所示。

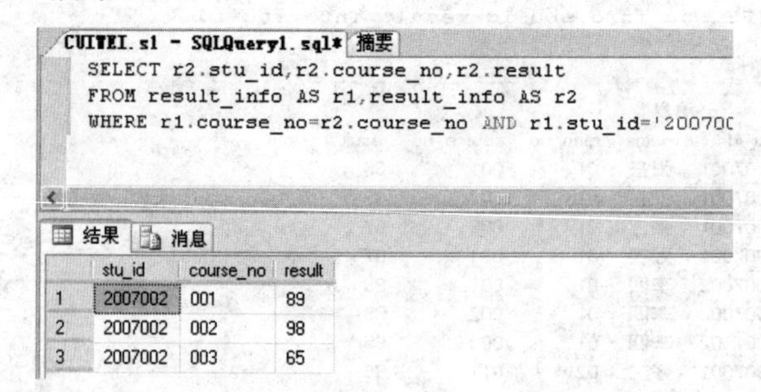

	stu_id	course_no	result
1	2007002	001	89
2	2007002	002	98
3	2007002	003	65

图 3.28　显示与学号为“2007001”的学生修读同一门课程的学生的学号、课程编号及成绩

说明：本操作中，基本表 result_info 需要在语句的同一层出现两次。为了加以区别，

分别指定别名 r1 和 r2，语句中利用别名对字段加以限制。在 WHERE 子句中，共有三个条件，第一个条件是指在表 r1 中查找学号为“2007001”的记录，第二个条件是指表 r1 和表 r2 的课程编号应当相同，第三个条件是指在表 r2 中排除学号为“2007001”的记录。

（6）查询显示每个学生的学号、姓名、性别等基本信息及其选修课程的课程编号和成绩，如果某个学生没有选修课程，则只显示其基本信息。

查询语句为：

```
SELECT stu_info.stu_id,name,sex,course_no,result
FROM stu_info LEFT OUTER JOIN result_info
ON stu_info.stu_id=result_info.stu_id
```

执行结果如图 3.29 所示。

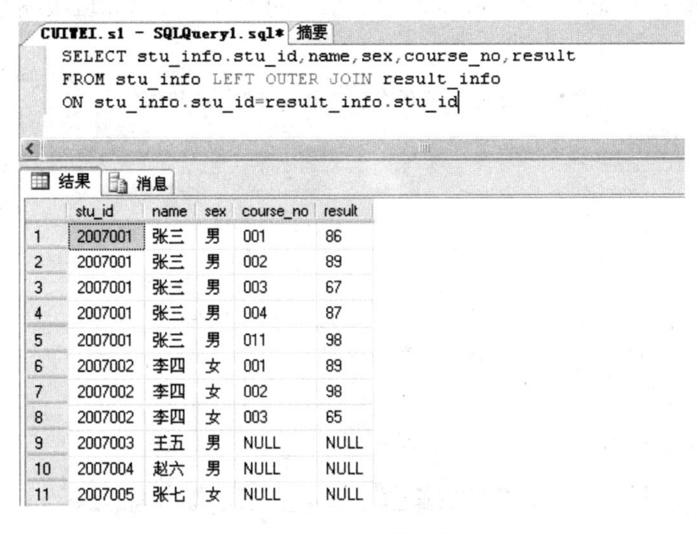

	stu_id	name	sex	course_no	result
1	2007001	张三	男	001	86
2	2007001	张三	男	002	89
3	2007001	张三	男	003	67
4	2007001	张三	男	004	87
5	2007001	张三	男	011	98
6	2007002	李四	女	001	89
7	2007002	李四	女	002	98
8	2007002	李四	女	003	65
9	2007003	王五	男	NULL	NULL
10	2007004	赵六	男	NULL	NULL
11	2007005	张七	女	NULL	NULL

图 3.29　显示外连接查询结果

说明：在本操作中，采用左向外连接的方式。在结果表中，除了显示满足条件的记录之外，还显示了左表（即 stu_info 表）中的所有记录，右表的相应位置显示 NULL。

3.3.3　嵌套查询

（1）查询选修了课程编号为“001”的课程的学生的基本信息。

查询语句为：

```
SELECT * FROM stu_info
WHERE stu_id IN
(SELECT stu_id FROM result_info
 WHERE course_no='001')
```

执行结果如图 3.30 所示。

说明：本操作中的查询也可以利用等值连接查询完成，其查询语句为：

```
SELECT stu_info.*
FROM stu_info,result_info
WHERE stu_info.stu_id=result_info.stu_id AND course_no='001'
```

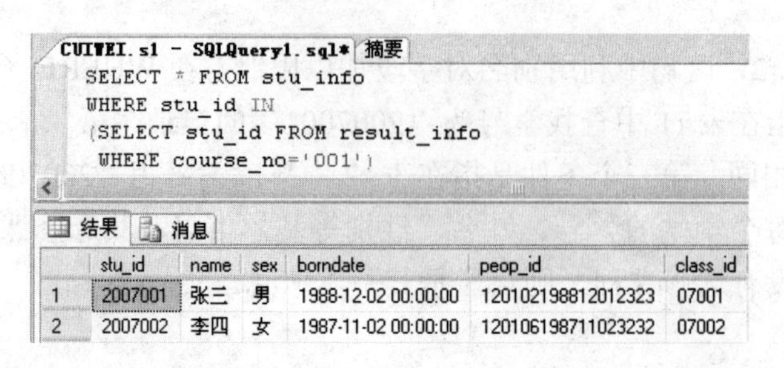

图 3.30　查询选修了课程编号为“001”的课程的学生的基本信息

可见，实现一个查询可以有多种方法，当然不同的方法其执行效率可能会有差别，甚至有时差别很大。

（2）查询选修了课程名称为“高等数学”学生的学号、姓名和班级编号。

查询语句为：

```
SELECT stu_id as 学号,name as 姓名,class_id as 班级编号
FROM stu_info
WHERE stu_id IN
  (SELECT stu_id
   FROM result_info
   WHERE course_no IN
     (SELECT course_no
      FROM course_info
      WHERE course_name='高等数学')
   )
```

执行结果如图 3.31 所示。

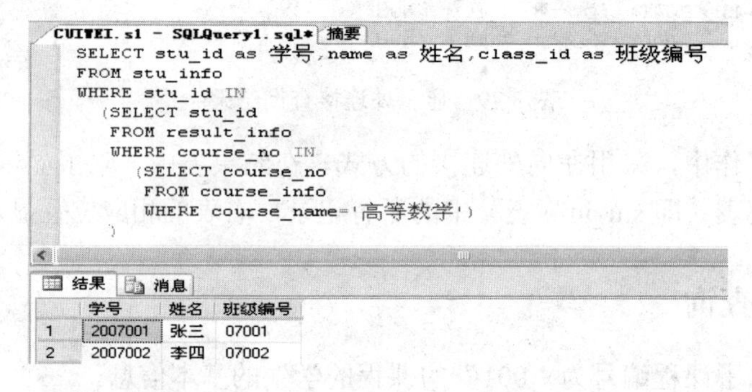

图 3.31　查询选修了课程名称为“高等数学”的学生的学号、姓名和班级编号

（3）查询与“张三”同班的学生信息。

查询语句为：

```
SELECT * FROM stu_info
WHERE class_id=(SELECT class_id FROM stu_info WHERE name='张三')
```

执行结果如图 3.32 所示。

说明：本操作中，由于一个学生只可能在一个班级学习，也就是说内查询的结果只能是一个值，因此可以用“=”代替 IN。应当注意，子查询一定要跟在比较运算符之后，下列写法是错误的。

```
SELECT * FROM stu_info
```

```
WHERE (SELECT class_id FROM stu_info WHERE name='张三')=class_id
```

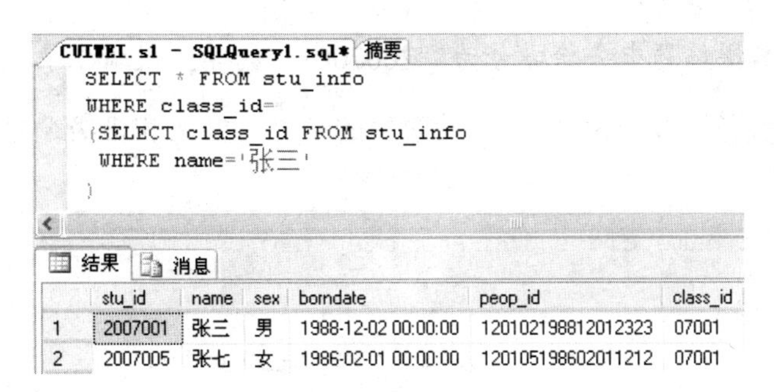

图 3.32　查询与“张三”同班的学生信息

（4）查询比学号为“2007001”的学生的所有成绩都低的学生成绩信息。

查询语句为：

```
SELECT * FROM result_info
WHERE result<ALL
(SELECT result FROM result_info WHERE stu_id='2007001')
```

执行结果如图 3.33 所示。

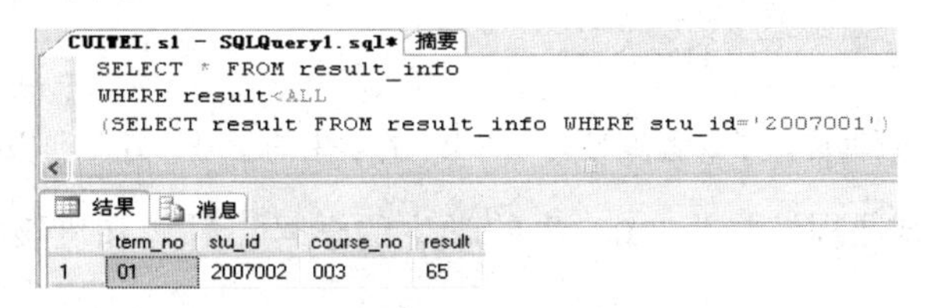

图 3.33　查询比学号为“2007001”的学生的所有成绩都低的学生成绩信息

说明：从本操作的结果表中可以看到，只有一名学生的一个科目的成绩比学号为“2007001”的学生的所有成绩都低。

（5）查询比学号为“2007001”的学生的某一科成绩低的学生成绩信息。

查询语句为：

```
SELECT * FROM result_info
WHERE result<ANY
(SELECT result FROM result_info WHERE stu_id='2007001')
```

执行结果如图 3.34 所示。

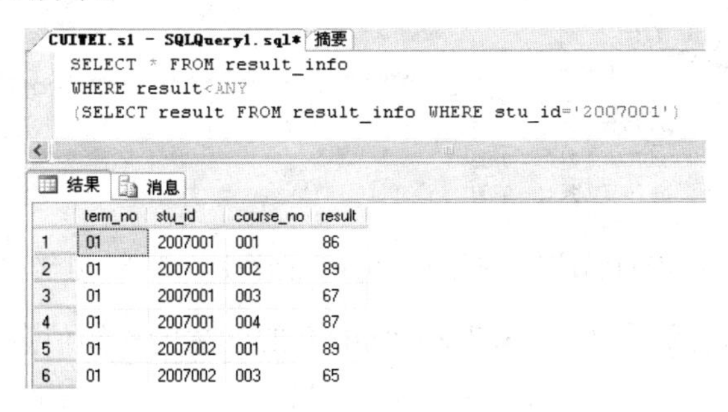

图 3.34　查询比学号为“2007001”的学生的某一科成绩低的学生成绩信息

说明：在本操作的结果表中可以看到，只要比学号为“2007001”的学生的各科最高分

（98 分）低的记录都被显示出来了。

思考：如何在本操作题中去除学号为“2007001”的学生成绩记录。

（6）查询选修了课程编号为“001”的学生的学号、姓名和班级编号。

查询语句为：

```
SELECT stu_id,name,class_id FROM stu_info
WHERE EXISTS
(SELECT * FROM result_info
 WHERE stu_id=stu_info.stu_id AND course_no='001')
```

执行结果如图 3.35 所示。

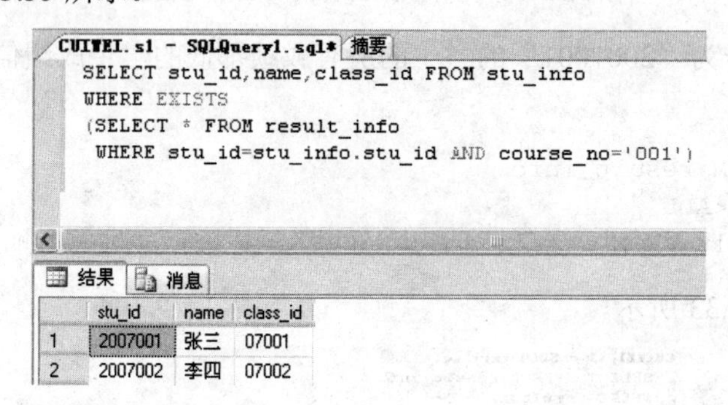

图 3.35 查询选修了课程编号为“001”的学生的学号、姓名和班级编号

（7）查询没有选修课程编号为“001”的学生的学号、姓名和班级编号。

查询语句为：

```
SELECT stu_id,name,class_id FROM stu_info
WHERE NOT EXISTS
(SELECT * FROM result_info
 WHERE stu_id=stu_info.stu_id AND course_no='001')
```

执行结果如图 3.36 所示。

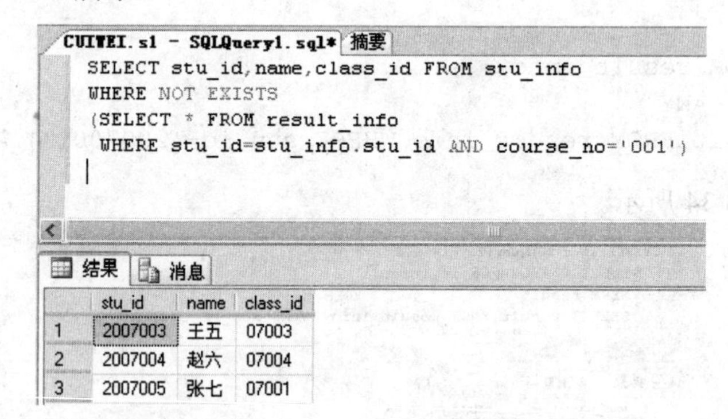

图 3.36 查询没有选修课程编号为“001”的学生的学号、姓名和班级编号

（8）查询选修了课程编号为“001”和“002”的学生的成绩信息。

查询语句为：

```
SELECT stu_id,course_no,result FROM result_info WHERE course_no='001'
UNION
```

```
SELECT stu_id,course_no,result FROM result_info WHERE course_no='002'
```

执行结果如图 3.37 所示。

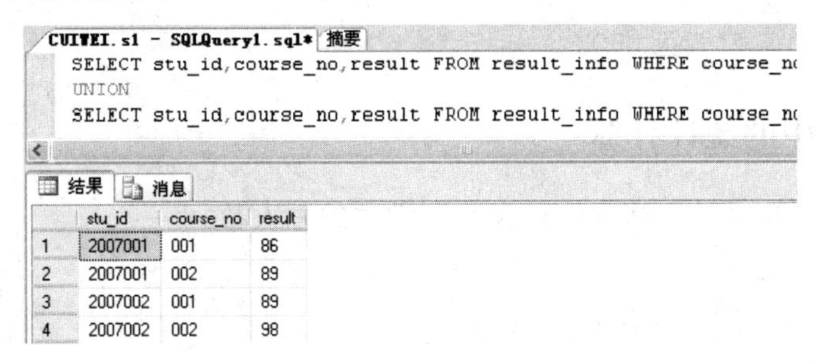

	stu_id	course_no	result
1	2007001	001	86
2	2007001	002	89
3	2007002	001	89
4	2007002	002	98

图 3.37　查询选修了课程编号为“001”和“002”的学生的成绩信息

（9）在三个数据表中进行查询，将得到的学生学号、姓名、课程名称、课程成绩四个字段和相应的记录，保存到新表 stu_result 中。

查询语句为：

```
SELECT stu_info.stu_id,name,course_info.course_name,result
INTO stu_result
FROM stu_info,result_info,course_info
WHERE stu_info.stu_id=result_info.stu_id AND
result_info.course_no=course_info.course_no
```

执行结果如图 3.38 所示。

```
表 - dbo.stu_result  CUIWEI.s1 - SQLQuery1.sql*  摘要
SELECT stu_info.stu_id,name,course_info.course_name,resul
INTO stu_result
FROM stu_info,result_info,course_info
WHERE stu_info.stu_id=result_info.stu_id AND result_info.
消息
(8 行受影响)
```

图 3.38　将查询结果保存到新表 stu_result 中

说明：本操作执行后，将在当前数据库中创建一个新的数据表 stu_result，该数据表的数据结构和记录内容与 SELECT 后字段列表的内容完全一致。

利用 INTO 子句，可以为原表创建一个空的副本，只保留原表的结构，而不保留原表的任何记录。

（10）为 stu_info 表创建一个空的副本。

查询语句为：

```
SELECT * INTO stu_backup
FROM stu_info WHERE 0
```

说明：本操作中，采用了在 WHERE 子句中输入一个永远不成立的条件“0”的方法。

利用 INTO 子句，还可以创建一个临时表，临时表的使用方法与基本表完全相同，不过，临时表中的内容在数据库中并没有保存，退出 SQL Server 后，其自动消失。要创建临时表，可在创建的表名前加上一个“#”号。

（11）为 stu_info 表创建一个临时表。

查询语句为：

```
SELECT * INTO #temp FROM stu_info
```

3.3.4　查询中的统计计算

（1）统计 stu_info（学生基本信息表）中学生的总人数。

查询语句为：

```
SELECT COUNT(*) AS 总人数 FROM stu_info
```

执行结果如图 3.39 所示。

说明：本操作中，采用 COUNT（*）的方法统计数据表的记录总数，并为统计结果指定了别名。

（2）统计 result_info（学生成绩表）中有成绩的学生人数。

查询语句为：

```
SELECT COUNT(DISTINCT stu_id) AS 有成绩的人数 FROM result_info
```

执行结果如图 3.40 所示。

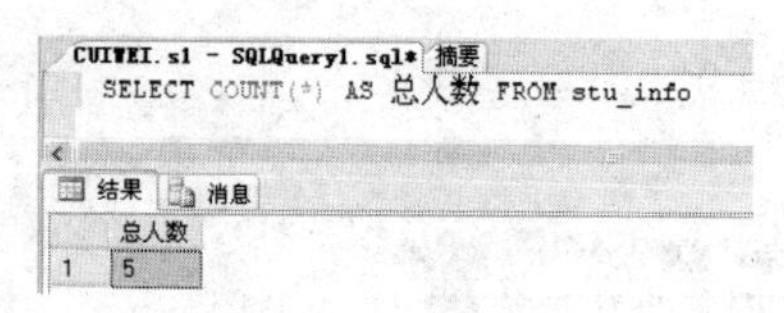

图 3.39　统计学生总数

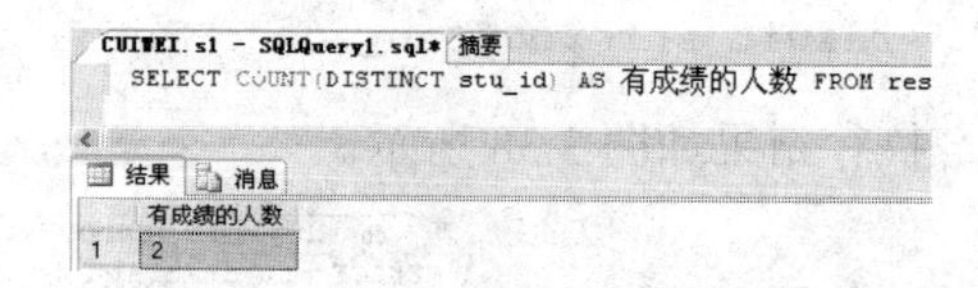

图 3.40　统计有成绩的学生人数

说明：本操作中，学生有一科成绩，在 result_info 表中就有一条相应记录，而一般情况下，一个学生有多个课程的成绩。为了避免重复计算学生的人数，必须在 COUNT 函数中加入 DISTINCT 短语。

（3）计算课程编号为"001"的课程的学生的平均成绩。

查询语句为：

```
SELECT AVG(result) AS 课程 001 的平均成绩 FROM result_info
WHERE course_no='001'
```

执行结果如图 3.41 所示。

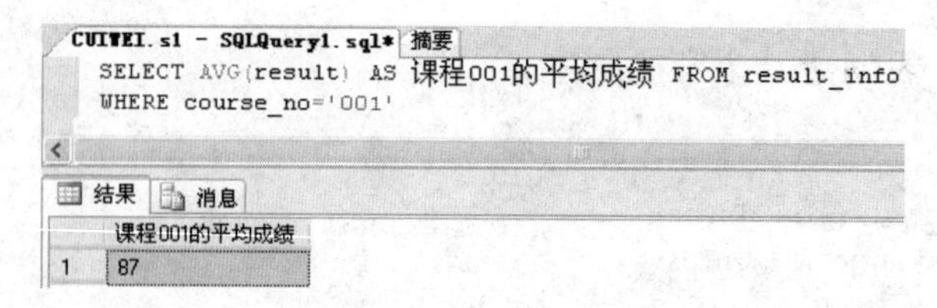

图 3.41　计算平均成绩

（4）查询姓名为"张三"的学生在第 01 学期的最高分。

查询语句为：

```
SELECT MAX(result) AS 张三在第 01 学期的最高分 FROM result_info,stu_info
```

```
WHERE name='张三' AND term_no='01' AND
result_info.stu_id=stu_info.stu_id
```

执行结果如图 3.42 所示。

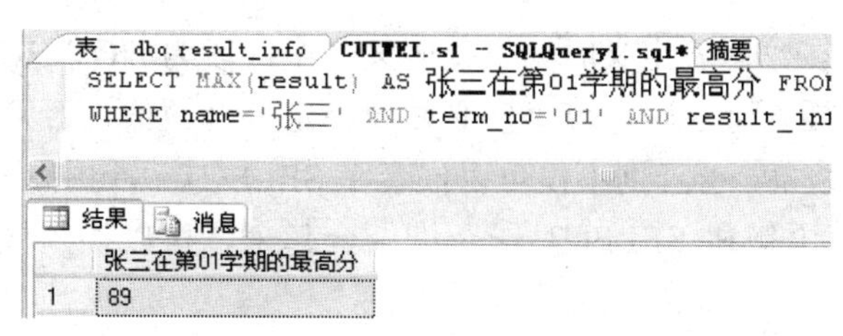

图 3.42　查询某学期的最高分

说明:本操作中,采用了两个数据表的等值连接查询方法,在 stu_info 表中取得“张三”的学号，然后根据该学号在 result_info 表中找到相应的记录。

3.4　数据操作

SQL 中的数据操作包括插入数据、修改数据和删除数据三种。

任务描述

任务名称：数据操作。

任务描述：教务处在进行数据表操作时，除了检索数据外，还经常需要对学生的数据进行插入、修改和删除操作，为了完成这些操作，可以利用相应的 SQL 语句进行。

任务分析

- 在数据表中插入数据一般使用 INSERT 语句；
- 在数据表中修改数据一般使用 UPDATE 语句；
- 在数据表中删除数据一般使用 DELETE 语句。

相关知识与技能

1. 插入数据

在数据表中插入数据一般使用 INSERT 语句，它通常有两种形式，一种是插入一条记录，另一种是插入子查询结果。

（1）插入一条记录。插入一条记录的 INSERT 语句的格式为：

```
INSERT  INTO  <数据表名>  [(列名1[, 列名2...])]
   VALUES  ( 常量1 [, 常量2...] )
```

对该格式说明如下。

- 数据表名：指将要插入记录的表名。
- [(列名 1[，列名 2...])]：指要插入字段值的字段名。该部分可以不写，此时表明该

表的所有字段都要插入数据。

- (常量 1[，常量 2...])：指所要插入的字段值，这些值必须与列名所指的字段一一对应。

需要注意的是，在数据表定义时如果说明某一个字段为 NOT NULL，并且该字段没有指定默认值，那么在插入记录时，该字段必须要指定一个数值，否则会出错。

（2）插入子查询结果。子查询不仅可以嵌套在 SELECT 语句中，也可以嵌套在 INSERT 语句中。将 INSERT 语句和 SELECT 子查询结合起来，可以插入批量的记录，其基本格式为：

```
INSERT  INTO  <数据表名 1>  [ ( 列名 1 [, 列名 2... ] ) ]
   SELECT  [ ( 列名 A [, 列名 B... ] ) ]  FROM <数据表名 2>
   [WHERE <条件表达式>]
```

2. 修改数据

修改数据的语句一般格式为：

```
UPDATE  <数据表名>
   SET  <列名 1>=<表达式 1>[, <列名 2>=<表达式 2>]...
   [WHERE  <条件表达式>]
```

其主要功能是修改指定数据表中满足 WHERE 子句条件的记录。用 SET 子句中表达式的值替换其对应的字段的当前值。如果省略 WHERE 子句，则表示要修改表中的所有记录。

子查询也可以嵌套在 UPDATE 语句中，用来指定记录修改的条件。

3. 删除数据

删除语句的一般格式为：

```
DELETE  FROM  <数据表名>
   [WHERE  <条件表达式>]
```

删除语句的功能是从指定的数据表中删除满足 WHERE 子句条件的记录。如果省略 WHERE 子句，表示删除表中全部记录，只保留数据表的字段定义。DELETE 语句只删除数据表中的数据，而不删除表的定义。

子查询同样可以嵌套在 DELETE 语句中，用以指定记录删除的条件。

实践操作

1. 插入数据

（1）在学生基本信息表中插入一条新学生的记录（学号：2007006，姓名：钱八，性别：女，生日：1984 年 5 月 25 日，身份证号码：140102198405250048，班级编号：07001）。

插入语句为：

```
INSERT INTO stu_info
VALUES('2007006','钱八','女','1984-5-25','140102198405250048','07001')
```

说明：在本次添加的记录中，由于要对所有字段都指定内容，所以列名可以省略。数据表中的 borndate（出生日期）字段的类型为日期型数据，其余字段均为字符型数据，向日期型和字符型字段中添加的内容需要用单引号。

（2）在学生成绩表中插入一条新学生的记录（学期编号：01，学号：2007006，课程编号：001，成绩：采用默认值（–1））。

插入语句为：

```
INSERT INTO result_info(term_no,stu_id,course_no)
VALUES('01','2007006','001')
```

说明：在本次添加的记录中，由于不是对所有字段都指定内容，所以列名不可以省略。成绩字段设置了默认值（–1），记录添加后，该字段的值自动取该默认值。

（3）新建一个 result_01（学生成绩表），包含三个字段：stu_id（学号），course_no（课程编号），result（成绩）。将原学生成绩表中学期编号为“01”的记录全部插入新表中。

建立新表的语句为：

```
CREATE  TABLE  result_01
(
  stu_id  CHAR(7)  NOT  NULL,
  course_no  CHAR(3) NOT  NULL,
  result  SMALLINT CHECK (result between -1 and 100) DEFAULT -1
)
```

将记录插入新表的语句为：

```
INSERT INTO result_01 (stu_id,course_no,result)
SELECT stu_id,course_no,result FROM result_info
WHERE term_no='01'
```

2. 修改数据

（1）将学生基本信息表中“张三”的学号修改为“2006001”。

修改语句为：

```
UPDATE stu_info
SET stu_id='2006001'
WHERE name='张三'
```

（2）将学生基本信息表中所有学号以“2007”开头的学生的学号改为以“2006”开头。

修改语句为：

```
UPDATE stu_info
SET stu_id='2006'+substring(stu_id,5,3)
WHERE stu_id LIKE '2007%'
```

说明：用 WHERE stu_id LIKE '2007%'作为条件筛选出学号以“2007”开头的学生，用字符串运算符“+”，将字符串“2006”与原学号的后三位进行字符串合并，生成以“2006”开头，后几位保持不变的新学号。

（3）将张三的所有成绩置“0”。

修改语句为：

```
UPDATE result_info
SET result=0
WHERE stu_id =
```

```
(SELECT stu_id FROM stu_info
WHERE name='张三')
```

说明：本次操作涉及两个数据表，在 stu_info 表中查询到“张三”的学号，然后在 result_info 表中修改张三的学号所对应的记录。

注意 如果执行本操作之前已经运行过上一个操作，则需要将学生基本信息表中张三的学号再改回以“2007”开头，否则本次操作将无法完成。

从这一点中可以看到，对两个有关联的数据表中一个表的数据进行增、删、改的操作，而另一个表中的数据没有做相应的调整，有可能会造成两个表数据不一致的情况，为今后的操作带来麻烦。因此，相互关联的数据表的增、删、改的操作必须同时进行，保持数据的一致性。

3．删除数据

（1）删除学生基本信息表中“钱八”的记录。

删除语句为：

```
DELETE FROM stu_info
WHERE name='钱八'
```

（2）删除课程信息表中的所有记录。

删除语句为：

```
DELETE FROM course_info
```

说明：这条 DELETE 语句将使课程信息表成为空表，只保留表的结构定义。

（3）删除学生成绩表中的“张三”的所有记录。

删除语句为：

```
DELETE FROM result_info
WHERE stu_id=
(SELECT stu_id FROM stu_info
WHERE name='张三')
```

说明：本次操作涉及两个数据表，在 stu_info 表中查询到“张三”的学号，然后在 result_info 表中删除张三的学号所对应的记录。

3.5 回顾与训练：应用 SQL 语言

本任务介绍了 SQL 语言的发展过程及其特点和功能，讲解了利用 SQL 语言实现关系数据库的数据定义、数据查询和数据控制三大功能的方法。

SQL 语言的全称是结构化查询语言，由于它功能丰富，语言简洁而备受用户的欢迎，被众多计算机公司和软件公司所采用。SQL 语言具有高度综合统一、高度非过程化、支持视图操作方式、易学易用等特点。它将关系数据库的数据定义、数据查询、数据操作和数据控制等基本功能集于一身，充分体现了关系数据库的本质特点和巨大优势。

SQL 语言的数据定义功能主要包括基本表、视图及索引的创建、修改和删除，分别采用 CREATE 语句、ALTER 语句和 DROP 语句完成。在定义数据表时应指定各个字段的数据类型和长度。本任务以 SQL Server 为例列举了一些常用的基本数据类型。

数据库查询是数据库的核心操作。SQL 语言提供了 SELECT 语句进行数据库的查询，该语句具有灵活的使用方式和丰富的功能，不仅可以完成数据检索的操作，还可以实现统计查询结果、多数据表的查询和对查询结果排序等操作。

利用 SQL 语言进行的数据操作主要包括向数据表中插入数据、修改数据和删除数据三种，分别采用 INSERT、UPDATE 和 DELETE 语句实现。在进行数据操作时要注意相互关联的数据表的增、删、改的操作必须同时进行，从而保证数据的一致性。

下面，请大家根据所学知识，完成以下任务。

1．选择题

（1）SQL 语言可以在数据表中进行数据的插入、修改和删除操作，这些操作是 SQL 语言提供的____________功能。

（A）数据定义　　（B）数据查询

（C）数据操作　　（D）数据控制

（2）SQL 语言可以在数据库中进行数据表的插入、修改和删除操作，这些操作是 SQL 语言提供的____________功能。

（A）数据定义　　（B）数据查询

（C）数据操作　　（D）数据控制

（3）在数据表中定义“年龄”字段时，采用下列____________数据类型最合理。

（A）Char　　（B）Datetime

（C）Int　　（D）Tinyint

（4）在数据表中定义“学生学号”字段时，采用下列____________数据类型最合理。

（A）Char　　（B）Text

（C）Int　　（D）Datetime

（5）若一个字段设置为唯一性约束（UNIQUE）且允许空（NULL），在实际使用中，该字段中的内容可以允许____________记录为空。

（A）0 条　　（B）1 条

（C）2 条　　（D）全部

（6）若数据表 1 和数据表 2 已经通过外键建立了链接关系，则在对数据表 1 进行删除操作时，____________。

（A）数据表 1 和数据表 2 会被同时删除

（B）仅删除数据表 1

（C）仅删除数据表 2

（D）数据表 1 和数据表 2 都不会被删除

（7）利用 SELECT 语句，可以在显示结果时指定别名来代替原始的字段名称。以下指定别名的格式中错误的是____________。

（A）字段名称　AS　别名　　（B）字段名称　别名

（C）字段名称　OF　别名　　（D）别名=字段名称

（8）假设在数据表中某列的数据类型为 Varchar(10)，而输入的字符为 ABCD，则存储的是＿＿＿＿＿＿。

（A）ABCD　　（B）ABCD 及 6 个空格

（C）6 个空格和 ABCD　　（D）ABCD 及 2 个空格

（9）假设在数据表中某列的数据类型为 Char(10)，而输入的字符为“计算机”，则存储的是＿＿＿＿＿＿。

（A）计算机　　（B）计算机及 7 个空格

（C）7 个空格和计算机　　（D）计算机及 4 个空格

（10）修改数据表中的记录，使用＿＿＿＿＿＿命令动词。

（A）INSERT　　（B）UPDATE

（C）DELETE　　（D）SELECT

2．填空题

（1）SQL 语言支持关系数据库三级模式结构：＿＿＿＿＿＿、＿＿＿＿＿＿和＿＿＿＿＿＿。其中＿＿＿＿＿＿对应于视图和部分基本表，＿＿＿＿＿＿对应于基本表，＿＿＿＿＿＿对应于存储文件。

（2）在 SQL Server 提供的基本数据类型中，Char 和 Varchar 均为＿＿＿＿＿＿类型，其中在 Char 类型的字段中输入内容时，如果输入的字符个数不足，将会＿＿＿＿＿＿。

（3）向已有数据的数据表中添加新字段时，新字段必须约束为＿＿＿＿＿＿。

（4）利用＿＿＿＿＿＿关键字能够去除 SELECT 查询结果表中的重复记录。

（5）在 SELECT 语句中，利用＿＿＿＿＿＿子句可以从整个表中选择出满足条件的记录，利用＿＿＿＿＿＿子句可以从指定的组中选择出满足筛选条件的记录。

（6）连接查询是关系数据库中最主要的查询，包括＿＿＿＿＿＿、＿＿＿＿＿＿、＿＿＿＿＿＿、＿＿＿＿＿＿和＿＿＿＿＿＿。

（7）若一个查询同时涉及两个或两个以上的数据表，则该查询称为＿＿＿＿＿＿。

（8）在嵌套查询中，使用带有 IN 的子查询用于＿＿＿＿＿＿，使用带有 EXISTS 的子查询用于＿＿＿＿＿＿。

（9）在数据表中插入或修改数据时，日期型和字符型字段中的内容需要用＿＿＿＿＿＿括起来。

3．简答题

（1）简述 SQL 语言的特点和功能。

（2）为什么说索引应当根据实际情况适当建立，而不是越多越好？

（3）在多表查询时，什么情况下要使用自然连接查询？什么情况下要使用外连接查询？

（4）自己举例设计数据表，进一步加深对本任务讲解的 SQL 语言数据定义、数据查询及数据操作功能的认识。

4．操作题

利用本任务中建立的 stu_info（学生基本信息表）、result_info（学生成绩表）、course_info（课程信息表）三个数据表进行数据查询和数据操作的练习。三个数据表的数据结构和原始记录分别如图 3.2、图 3.3 和图 3.4 所示。

（1）显示 stu_info 表中性别为“男”的记录，只显示 name 和 sex 字段。字段名称分别指定为“姓名”和“性别”。

（2）显示 stu_info 表中所有不足 20 岁的学生姓名和年龄。

（3）显示 stu_info 表中所有学生的户籍编码，并去掉重复记录。（提示：户籍编码为身份证号码的前 6 位）

（4）显示 stu_info 表中所有 2007 级的男生的记录。（提示：学生的年级是学号的前 4 位）

（5）显示 stu_info 表中所有 1986 年—1988 年出生的学生记录。

（6）显示 stu_info 表中所有不姓“张”和“李”的学生记录。

（7）显示 stu_info 表中的学生记录，查询结果按年龄进行降序排序。

（8）显示 stu_info 表中的学生记录，查询结果按班级编号进行降序排序，同一班级的学生按照性别进行降序排序。

（9）统计 stu_info 表中各班的男生和女生的人数，在查询结果中显示班级编号、性别和人数，查询结果按班级编号升序排序。

（10）查询每个学生每门课程中成绩超过 90 分的记录，结果表中显示学号、姓名、课程名和成绩 4 个字段。

（11）查询选修了“高等数学”和“语文”课程的学生学号、姓名和班级编号。

（12）查询与“李四”不同班的学生信息。

（13）查询比学号为 2007001 的学生的某一科成绩高的学生成绩信息。

（14）在三个数据表中进行查询，得到的学生学号、姓名、班级编号、课程名称、课程成绩 5 个字段和相应的记录，并创建新表 stu_class_result 用于保存结果。

（15）分别计算每个班级男生和女生的总分数，结果表中显示班级编号、性别和总分数 3 个字段。

（16）统计所有学生的总成绩，并进行降序排序。结果表中显示班级编号、姓名和总成绩。

（17）在学生基本信息表中插入一条新学生的记录（学号：2007009，姓名：李九，性别：男，生日：1984 年 8 月 25 日，身份证号码：120101198408250077，班级编号：07002）。

（18）将学生基本信息表中“李九”的生日修改为“1988 年 8 月 25 日”。

（19）将所有 2007 级的学生修改为 2008 级，即将学号前 4 位修改为 2008，班级编号前两位修改为 08，并修改相关的数据表。

（20）删除学生基本信息表中“李九”的记录。

任务 4

认识常用数据库产品

本任务将对几款常用的数据库产品进行介绍，并对各数据库产品加以比较，以帮助大家能够选择出符合自己实际情况的产品。

4.1 认识几种常用数据库产品

任务描述

任务名称：认识几种常用数据库产品。

任务描述：在着手进行数据库应用程序的编写之前，要对所采用的数据库产品做出选择。目前，常见的数据库产品包括 Oracle 公司的 Oracle 10g、IBM 公司的 DB2、Microsoft 公司的 SQL Server 2008 及 SUN 公司的 MySQL。各种数据库产品各有优缺点，可以根据工作的实际情况选择数据库。

相关知识与技能

1. Oracle 数据库管理系统

Oracle 数据库管理系统是 Oracle 公司（甲骨文股份有限公司）的产品，该公司成立于 1977 年，总部位于美国加州的红木滩。经过三十年的不断发展，Oracle 公司现已经成为全球最大的信息管理软件及服务供应商，目前是仅次于微软的全球第二大软件公司。根据 IDC 的研究报告，2006 年全球数据库市场规模达到了 165 亿美元。其中，甲骨文的销售额为 73 亿美元，占到了 44.4%，排名首位。而在亚太地区的关系数据库市场，甲骨文占据了 49% 的市场份额，是第二名的两倍多。

Oracle 公司在数据库领域一直处于领先地位。Oracle 数据库管理系统是 20 世纪 70 年代推出的最早的关系数据库系统。1984 年，Oracle 将关系数据库转到了个人计算机上。Oracle 5 率先推出了分布式数据库、客户机/服务器结构等崭新的概念；Oracle 6 首创行锁定模式及多处理器计算机的支持。

1997 年，Oracle 公司推出了全球第一个面向对象的关系数据库管理系统——Oracle 8，在维持 Oracle 7 关系数据库管理系统的基础上，通过引入对象类型，Oracle 8 增加了对面向对象的支持，使得在数据库中开发音频、视频、多媒体、空间序列等应用更加容易。

1999 年，Oracle 公司推出了全球第一个 Internet 数据库——Oracle 8i。在原有 Oracle 8 的基础上，Oracle 8i 在数据库中集成了 Java 虚拟机，使得开发人员可以使用 Java 语言在数据库中开发 Java 存储过程及 Java Server Page 等。

2001 年，Oracle 公司推出了 Oracle 9i。在原有 Oracle 8i 的基础上，Oracle 9i 增强了对数据库的支持，并且将 XML 完全集成到了数据库中，使得开发人员可以在数据库中存储 XML 数据，开发 XML 应用程序。

2004 年，Oracle 公司推出了 Oracle 10g。Oracle 10g 增加了 Grid 控制支持，并且将 Oracle Enterprise Manager 完全集成到了 Web 页面中。

Oracle 的最新版本是 2007 年 7 月 12 日推出的 Oracle 11g。该版本在性能、可升级性、可管理性上有了提升，并增加了有关数据分区存储的功能。此外，甲骨文引入了新的数据压缩技术，用户的存储空间可以减少三分之二。

Oracle 数据库管理系统具有以下特点。

（1）无范式要求，可根据用户的实际系统需求构造数据库。

（2）采用标准的 SQL 语言。

（3）具有丰富的开发工具，覆盖开发周期的各个阶段。

（4）支持大型数据库，数据类型可以支持大约 4GB 的二进制数据，为数据库的面向存储提供数据支持。

（5）具有第四代语言的开发工具。

（6）具有字符界面和图形界面，易于开发。

（7）可以控制用户权限，提供数据保护功能，可以监控数据库的运行状态，调整数据缓冲区的大小。

（8）分布优化查询功能。

（9）数据透明、网络透明，支持异种网络、异构数据库系统。

（10）支持客户机/服务器体系结构及混合的体系结构。

（11）实现了两阶段提交、多线索查询手段。

（12）支持多种操作系统平台（UNIX、Windows、OS/2 等）。

（13）数据安全保护措施：没有读锁，采取快照 SNAP 方式完全消除了分布读、写冲突，自动检测死锁和冲突并解决。

（14）数据安全级别为 C2 级（最高级）。

（15）支持多字节码制，支持多种语言文字编码。

（16）具有面向制造系统的管理信息系统和财务应用系统。

2. IBM 公司的 DB2

DB2 是 IBM 公司开发的一种大型关系型数据库平台，起源于 System R 和 System R*。

它支持多用户或应用程序在同一条 SQL 语句中查询不同数据库甚至不同数据库管理系统中的数据。

DB2 有多种不同的版本，如 DB2 工作组版（DB2 Workgroup Edition）、DB2 企业版（DB2 Enterprise Edition）、DB2 个人版（DB2 Personal Edition）和 DB2 企业扩展版（DB2 Enterprise-Extended Edition）等，这些产品基本的数据管理功能是一样的，区别在于支持远程客户能力和分布式处理能力。

个人版适用于单机使用，即服务器只能由本地应用程序访问；工作组版提供了本地和远程客户访问 DB2 的功能（远程客户要安装相应客户应用程序开发部件）；企业版包括工作组版中的所有部件外再增加对主机连接的支持；企业扩展版允许将一个大的数据库分布到同一类型的多个不同计算机上，这种分布式功能尤其适用于大型数据库的处理。

DB2 可运行在 OS/2、Windows NT、UNIX 操作系统上，通常将运行在这些平台上的 DB2 产品统称为 DB2 通用数据库，这主要是强调这些产品运行环境类似，并共享相同的源代码。

DB2 通用数据库主要组件包括数据库引擎（Database Engine）、应用程序接口和一组工具。数据库引擎提供了关系数据库管理系统的基本功能，如管理数据、控制数据的访问（包括并发控制）、保证数据完整性及数据安全。所有数据访问都通过 SQL 接口进行。

DB2 数据库核心又称为 DB2 公共服务器，采用多进程、多线索体系结构，可以运行于多种操作系统之上，并分别根据相应平台环境进行了调整和优化，以便能够达到较好的性能。该数据库管理系统具有以下特点。

（1）支持面向对象的编程。DB2 支持复杂的数据结构，如可以对无结构文本对象进行布尔匹配、最接近匹配和任意匹配等搜索。可以建立用户数据类型和用户自定义函数。

（2）支持多媒体应用程序。DB2 支持二进制大对象，允许在数据库中存取二进制大对象和文本大对象。其中，二进制大对象可以用来存储多媒体对象。

（3）具有较强的备份和恢复能力。

（4）支持存储过程和触发器，用户可以在建立数据表时定义复杂的完整性规则。

（5）支持递归的 SQL 查询。

（6）支持异构分布式数据库访问。

（7）支持数据复制。

3．Microsoft 公司的 SQL Server

SQL Server 诞生于 1988 年。第一个版本是 Sybase 公司和 Microsoft 公司合资开发的，只能在 OS/2 上运行，在市场上是完全失败的。1993 年，SQL Server 4.2 for Windows NT 发布了。这个版本在市场上取得了一些进展，但离一个企业级关系数据库系统的要求还差很多。

Microsoft 和 Sybase 在 1994 年分道扬镳。1995 年，微软发布了 SQL Server 6.0。1996 年发布了 SQL Server 6.5。SQL Server 6.5 具备了市场所需的速度快、功能强、易使用、价格低等特点。除了上述特点外，SQL Server 的成功一部分要归功于它的发布与市场方向的同步改变。在很大程度上，SQL Server 的市场在向更快、更便宜、基于 Intel 芯片、在 Windows NT 系统上运行的方向发展。这就意味着，放弃其他网络操作系统后，如果需要一个关系数据库管理系统（RDBMS），那么 SQL Server 便成了自然的选择。

1999 年初 Microsoft 公司发布的 SQL Server 7.0，使 SQL Server 跻身于企业级数据库的行列。

2000 年 Microsoft 公司推出了 SQL Server 2000 数据库管理系统。该版本继承了 SQL Server 7.0 版本的优点，同时又比 SQL Server 7.0 增加了许多更先进的功能，具有使用方便、伸缩性好、与相关软件集成度高等优点。可跨越从运行 Microsoft Windows 98 的个人计算机到运行 Microsoft Windows 2003 的大型多处理器的服务器等多种平台使用。如今，SQL Server 2000 被广泛应用于很多电子商务网站、企业内部信息化平台等。

2005 年 11 月，微软推出了新一代数据库 Microsoft SQL Server 2005， 它增加了多项数据管理、开发工具和商业智能等功能。

2008 年 8 月，在微软 2008 新一代企业应用平台与开发技术发布大会上，微软宣布向企业用户大众同时发布三款核心应用平台产品：Windows Server 2008、Visual Studio 2008、SQL Server 2008，此次微软发布的三大产品推动企业实现了“动态 IT”愿景。随着 Windows Server 2008、Visual Studio 2008 和 SQL Server 2008 的推出，数据库系统开启了一个新的时代。

微软的 SQL Server 数据库系统具有以下特点。

（1）SQL Server 是一项成熟的客户机/服务器系统，SQL Server 在服务器端的软件运行平台是 Windows NT、Windows 2000 等，在客户端可以是 Windows NT、Windows XP，也可以采用其他厂商开发的系统如 UNIX、Apple Macintosh 等。SQL Server 可以让用户在客户端进行数据库的建立、维护及存取等操作。

（2）SQL Server 所使用的数据库查询语言称为 Transact-SQL，它是 SQL Server 的核心，Transact-SQL 强化了原有的 SQL 关键字以进行数据的存取、储存及处理等功能，扩充了流程控制指令，可以使用户方便地编写功能强大的存储过程，这些存储过程存放在服务器端，并预先编译过，执行速度非常快。触发是一种特殊的存储过程，用来确保 SQL Server 数据库引用的完整性，用户可以建立插入、删除和更新触发以控制相关的表格中对数据列的插入、删除和更新，还可以使用规则（Rule）、默认（Default）及限制（Constraints）来协助将新的数值套用到表格中去。

（3）SQL Server 容易上手。目前大多数的中小企业日常的数据应用是建立在 Windows 平台上的。SQL Server 与 Windows 界面风格完全一致，且有许多“向导（Wizard）”帮助，易于安装和学习。从另一个角度来讲，学习 SQL Server 是掌握其他平台及大型数据库（如 Oracle、DB/2 等）的基础。因为这些大型数据库对于设备、平台、人员知识的要求往往较高，而并不是每个人都具备这样的条件，且有机会去接触它们。但有了 SQL Server 的基础，再去学习和使用它们就容易多了。

（4）SQL Server 的兼容性良好。由于今天 Windows 操作系统占领着主导的地位，选择 SQL Server 一定会在兼容性方面取得一些优势。另外，SQL Server 除了具有扩展性、可靠性以外，还具有可以迅速开发新的互联网系统的功能。尤其是它可以直接存储 XML 数据，可以将搜索结果以 XML 格式输出等特点，有利于构建异构系统的互操作性，奠定了面向互联网的企业应用和服务的基石。这些特点在.NET 战略中发挥着重要的作用。

（5）SQL Server 采用二级安全验证、登录验证及数据库用户账号和角色的许可验证，提高了安全性。SQL Server 支持两种身份验证模式：Windows NT 身份验证和 SQL Server 身份验证。7.0 版本之后支持多种类型的角色，“角色”概念的引入方便了权限的管理，也

使权限的分配更加灵活。

（6）提供数据仓库服务。从 Microsoft SQL Server 2000 版本开始，SQL Server 非常明显的改进就是增加了联机分析处理（OLAP）功能，这可以让很多中小企业用户也可以使用数据仓库的一些特性进行分析。OLAP 可以通过多维存储技术对大型、复杂的数据集执行快速、高级的分析工作。数据挖掘功能能够揭示出隐藏在大量数据中的趋势，它允许组织或机构最大限度地从数据中获取价值。通过对现有数据进行有效分析，可以对未来的趋势进行预测。

SQL Server 经历多年后发展到了今天的产品。表 4.1 概述了这一发展历程。

表 4.1　SQL Server 发展历程

年　份	版　本	说　明
1988	SQL Server	与 Sybase 共同开发的、运行于 OS/2 上的联合应用程序
1993	SQL Server 4.2 一种桌面数据库	一种功能较少的桌面数据库，能够满足小部门数据存储和处理的需求。数据库与 Windows 集成，界面易于使用并广受欢迎
1994		微软与 Sybase 终止合作关系
1995	SQL Server 6.0 一种小型商业数据库	对核心数据库引擎做了重大的改写。这是首次“意义非凡”的发布，性能得以提升，重要的特性得到增强。在性能和特性上，尽管以后的版本还有很长的路要走，但这一版本的 SQL Server 具备了处理小型电子商务和局域网应用程序的能力，而在花费上却少于其他的同类产品
1996	SQL Server 6.5	SQL Server 逐渐凸显实力，以至于 Oracle 推出了运行于 NT 平台上的 7.1 版本作为直接的竞争
1999	SQL Server 7.0 一种 Web 数据库	再一次对核心数据库引擎进行了重大改写。这是相当强大的、具有丰富特性的数据库产品的明确发布，该数据库介于基本的桌面数据库（如 Microsoft Access）与高端企业级数据库（如 Oracle 和 DB2）之间（价格上也如此），为中小型企业提供了切实可行（并且廉价）的可选方案。该版本易于使用，并提供了对于其他竞争数据库来说需要额外附加的昂贵的重要商业工具（如分析服务、数据转换服务），因此获得了良好的声誉
2000	SQL Server 2000 一种企业级数据库	SQL Server 在可扩缩性和可靠性上有了很大的改进，成为企业级数据库市场中重要的一员（支持企业的联机操作，其所支持的企业有 NASDAQ、戴尔和巴诺等）。虽然 SQL Server 在价格上有很大的上涨（算起来还只是 Oracle 售价的一半左右），减缓了其最初被接纳的进度，但它卓越的管理工具、开发工具和分析工具赢得了新的客户。2001 年，在 Windows 数据库市场（2001 年价值 25.5 亿美元），Oracle（34%的市场份额）不敌 SQL Server（40%的市场份额），最终将其市场第一的位置让出。2002 年，差距继续拉大，SQL Server 取得 45%的市场份额，而 Oracle 的市场份额下滑至 27%（来源于 2003 年 5 月 21 日的 Gartner Report）
2005	SQL Server 2005	对 SQL Server 的许多地方进行了改写，例如，通过名为集成服务（Integration Service）的工具来加载数据，不过，SQL Server 2005 最伟大的飞跃是引入了.NET Framework。引入.NET Framework 将允许构建.NET SQL Server 专有对象，从而使 SQL Server 具有灵活的功能，正如包含 Java 的 Oracle 所拥有的那样
2008	SQL Server 2008	SQL Server 2008 以处理目前能够采用的许多种不同的数据形式为目的，通过提供新的数据类型和使用语言集成查询（LINQ），在 SQL Server 2005 的架构的基础之上打造出了 SQL Server 2008。SQL Server 2008 同样涉及处理像 XML 这样的数据、紧凑设备（Compact Device），以及位于多个不同地方的数据库安装。另外，它提供了在一个框架中设置规则的能力，以确保数据库和对象符合定义的标准，并且，当这些对象不符合该标准时，还能够就此进行报告

4．MySQL 数据库管理系统

MySQL 是一个小型关系型数据库管理系统，开发者为瑞典 MySQL AB 公司。2008 年 1 月 16 日，Sun Microsystems 宣布收购 MySQL AB，出价约 10 亿美元现金外加期权。目前 MySQL 被广泛地应用在 Internet 上的中小型网站中。由于其体积小、速度快、总体拥有成本低，尤其是开放源码这一特点，许多中小型网站为了降低网站总体拥有成本而选择了 MySQL 作为网站数据库。

MySQL 具有以下一些特性。

（1）MySQL 是开源的。开源意味着任何人都可以使用和修改该软件，任何人都可以从 Internet 上下载和使用 MySQL 而不需要支付任何费用。用户可以研究其源代码，并根据自己的需要修改它。

（2）平台独立性。不仅 MySQL 客户应用程序可以在多种操作系统下运行，MySQL 本身（即 MySQL 服务器）也可以在多种操作系统下运行。其中最主要的是 Apple Macintosh OS X、Linux、Microsoft Windows 和数不胜数的 UNIX 变体，如 AIX、BSDI、FreeBSD、HP-UX、OpenBSD、Net BSD、SGI Iris 和 Sun Solaris 等。

（3）MySQL 服务器是一个快速的、可靠的和易于使用的数据库服务器。MySQL 服务器原本就是开发比已存在的数据库更快的用于处理大的数据库的解决方案，并且已经成功用于高苛刻生产环境多年。尽管 MySQL 仍在开发中，但它已经提供了一个丰富和极其有用的功能集。它的连接性、速度和安全性使 MySQL 非常适合访问在 Internet 上的数据库。

（4）MySQL 使用 C 和 C++编写，并使用了多种编译器进行测试，保证了源代码的可移植性。

（5）MySQL 支持多线程，充分利用 CPU 资源。MySQL 采用优化的 SQL 查询算法，有效地提高了查询速度。

（6）MySQL 既能够作为一个单独的应用程序应用在客户机/服务器网络环境中，也能够作为一个库而嵌入其他软件中。

（7）提供 TCP/IP、ODBC 和 JDBC 等多种数据库连接途径。

（8）提供用于管理、检查、优化数据库操作的管理工具。

（9）可以处理拥有上千万条记录的大型数据库。

与其他大型数据库（如 Oracle、DB2、SQL Server 等）相比，MySQL 有它的不足之处，如规模小、功能有限、不支持视图（已经被列入 5.1 版的开发计划）、事件等，但是这丝毫也没有降低它受欢迎的程度。对于一般的个人使用者和中小型企业来说，MySQL 提供的功能已经绰绰有余，而且由于 MySQL 是开放源码软件，可以大大降低总体拥有成本。

目前 Internet 上流行的网站构架方式是 LAMP（Linux+Apache+MySQL+PHP），即使用 Linux 作为操作系统，Apache 作为 Web 服务器程序，MySQL 作为数据库管理系统，PHP 作为服务器端脚本解释器。由于这 4 个软件都是遵循 GPL 的开放源码软件，因此使用这种方式不用花一分钱就可以建立起一个稳定、安全的网站系统。

4.2 选择和比较数据库产品

任务描述

任务名称：选择和比较数据库产品。

任务描述：目前数据库产品有很多，可以将这些产品分为以下 4 个层次：在小型机、大型机上运行的大型数据库系统（如 DB2 和 Oracle）、在微型机上运行的大型数据库系统（如 SQL Server）、在微型机上运行的主流小型数据库系统（如 Access）和一些非主流的数据库系统（如 MySQL）。实际工作中，必须根据需要加以比较，并且在选择数据库产品时考虑一些必要的因素。

相关知识与技能

选择数据库产品时，要考虑以下因素。

1．数据库应用的规模、类型和用户数量

用户首先应该分析自己的应用需求、应用规模、应用类型和用户数量。如果应用于一个很简单的应用环境，数据量很少（少于 10 万条记录），那么选择一个小型数据库系统（如 Access）即可。如果数据库将应用于稍大规模的应用环境时，可以选取 DB2、Oracle 和 SQL Server 这样的主流数据库系统，也可以选择 MySQL 这样的非主流数据库系统。

2．速度指标

多个机构的测试结果表明，目前常用的几个数据库系统中，MySQL 的速度最快，其次是 SQL Server，再次是 DB2 和 Oracle。不过速度这个指标并不是选择数据库的唯一指标，必须综合一系列因素来进行选择。

3．软、硬件平台

从硬件平台上看，DB2 和 Oracle 这一类数据库可以运行在大型机上，因此这些数据库产品在大规模数据库应用方面具有很大的优势。不过，随着 Intel CPU 的性能迅速提升和价格不断下降，建立在微型机、小型机基础上的数据库市场也在进一步扩大。

从软件平台看，目前数据库运行的操作系统主要分为两大类：Windows 系列和 UNIX 系列（包括 Linux）。微软的所有产品都基于 Windows 系列平台，SQL Server 也不例外，而且由于 Windows 系列操作系统的界面良好，使得在此基础上的数据库安装、管理和维护都相对容易掌握，用户数量也非常庞大，所以各个数据库厂商都在争夺这个领域。另外，DB2、Oracle 和 MySQL 等数据库产品还支持 UNIX 系列操作系统。

4．价格

价格因素主要包括产品的购买价格、维护价格、额外工具价格、开发成本及技术支持等价格。在几个主要的数据库产品中，MySQL 的费用很低，甚至是免费的。SQL Server 的

价格经过调整后相对较低。DB2 相对较高，但由于 SQL Server 等数据库产品价格的下调，其价格已经有所调整。Oracle 的成本和维护费用比较高。

5. 目前的相对优势和应用领域

微软的 SQL Server 主要用于 Windows 平台，市场份额正在进一步加强。DB2 主要应用于在 UNIX 平台下的大型机领域并且具有决定性的优势。Oracle 主要用于 UNIX，但其高端市场和低端市场都受到了一定程度的挤压。MySQL 主要用于密集查询、更新较少的无须事务支持的高速轻量级数据库。

如表 4.2 列出了 Oracle、DB2 和 SQL Server 这几个主流数据库在各性能方面的比较。

表 4.2　主流数据库性能比较

各性能因素	Oracle	DB2	SQL Server
开放性	能在所有主流平台上运行（包括 Windows）。完全支持所有的工业标准。采用完全开放策略。可以使客户选择最适合的解决方案。对开发商全力支持	能在所有主流平台上运行（包括 Windows）。最适用于海量数据。DB2 在企业级的应用最为广泛，在全球的 500 家最大的企业中，85%以上用 DB2 数据库服务器	只能在 Windows 上运行，没有丝毫的开放性。Windows 平台的可靠性、安全性和伸缩性是有限的。它不如 UNIX 那样久经考验，尤其是处理大数据库
可伸缩性，并行性	可扩展 Windows NT 的能力，提供高可用性和高伸缩性的解决方案。如果 Windows 不能满足需要，用户可以把数据库移到 UNIX 中，具有很好的伸缩性	具有很好的并行性。把数据库管理扩充到了并行的、多节点的环境。数据库分区是数据库的一部分，伸缩性有限	以前版本的并行实施和共存模型并不成熟。很难处理大量的用户数和数据卷。伸缩性有限。新版本性能有了较大的改善，并超过了主要竞争对手
安全性	获得最高认证级别的 ISO 标准认证	获得最高认证级别的 ISO 标准认证	Microsoft 的服务器平台获得最高安全认证。新版本的 SQL Server 的安全性有了极大的提高
操作性	较复杂，同时提供 GUI 和命令行，在 Windows NT 和 UNIX、Linux 下操作相同。对数据库管理人员要求较高	操作简单，同时提供 GUI 和命令行，在 Windows NT 和 UNIX 下操作相同	操作简单，采用图形界面（GUI）。管理也很方便，而且编程接口特别友好
使用风险	长时间的开发经验，完全向下兼容，可以安全地进行数据库的升级，在企业、政府中得到了广泛的应用	在巨型企业得到广泛的应用，向下兼容性好。风险小	完全重写的代码，性能和兼容性有了较大的提高。经历了长期的测试，为产品的安全和稳定进行了全面的检测，安全稳定性有了明显的提高
易维护性和价格	从易维护性和价格体来说 Oracle 的价格是比较高的，管理比较复杂，由于 Oracle 的应用很广泛，经验丰富的 Oracle 数据库管理员可以比较容易地找到，从而实现 Oracle 的良好管理。因此 Oracle 的性价比在商用数据库中是最好的	价格高，管理员少，在中国的应用较少，运行管理费用都很高，适用于大型企业的数据仓库应用	从易维护性和价格上讲 SQL Server 明显占有优势。SQL Server 基于 Microsoft 的一贯风格采用图形管理界面带来了明显的易用性，数据库管理费用比较低，总体来说 SQL Server 的价格在商用数据库中是最低的
数据库二次开发	数据库的二次开发工具很多，涵盖了数据库开发的各个阶段，开发容易	在国外巨型企业得到了广泛的应用，中国的经验丰富的人员很少	数据库的二次开发工具很多，包括 Visual C++、Visual Basic 等开发工具，可以实现很好的 Windows 应用。开发容易

经过以上比较，得出结论如下：一般的中小型企业或中小型的应用中，采用 MS SQL

Server 作为数据平台，既可以节约资金，又便于维护管理。小型应用主要考虑的是资金问题，SQL Server 的资金投入最小，是中小型应用的最佳选择。大型应用系统要求有较高的数据处理能力，一般应该采用高性能的大型数据库管理系统——Oracle，大型数据库应用中，系统的安全稳定性是首要考虑的因素，Oracle 能够提供很高的安全稳定的性能，因此 Oracle 是在国内的大型数据库的必然选择。在国外的巨型企业中很多采用全套 IBM 解决方案，使用 DB2 作为公司的数据仓库，可以达到几乎与 Oracle 相同的安全稳定性和相近的性能，但是国内使用 DB2 的人很少，经验丰富的管理员更少，很难实现很好的数据库管理。随着 SQL Server 2008 的发布和完善，在大型数据库应用中 Microsoft 也将占一席之地。

4.3 回顾与训练：数据库产品比较

本任务主要描述了几个目前比较常用的数据库管理系统的发展和主要特点，介绍了用户在选择数据库时应当考虑哪些因素，并对几个主流数据库在性能方面做出了详细的比较。

Oracle 数据库管理系统采用标准的 SQL 结构化查询语言，支持大型数据库，数据类型支持大约 4GB 的二进制数据，支持多种系统平台（UNIX、Windows、OS/2 等），数据安全级别为最高级，支持多种语言文字编码。

DB2 数据库管理系统是 IBM 公司开发的一种大型关系型数据库平台，它支持面向对象的编程，支持多媒体应用程序，具有较强的备份和恢复能力，支持递归的 SQL 查询。支持多种系统平台，数据安全级别为最高级。

微软的 SQL Server 数据库系统是一个成熟完美的客户机/服务器系统，SQL Server 在服务器端的软件运行平台必须是微软公司的操作系统。由于 SQL Server 与 Windows 界面风格完全一致，且有许多“向导”帮助，因此掌握起来比较容易，目前被很多中小企业所采用。

MySQL 是一个小型关系型数据库管理系统。MySQL 体积小、速度快，可以在多种操作系统下运行，可以处理拥有上千万条记录的数据库。而且 MySQL 是开放源码的软件，因此可以大大降低数据库系统的总体拥有成本。

在选择数据库系统时，应当综合考虑数据系统的应用规模和用户数量、数据库系统的速度指标、其能够支持的软硬件平台，以及购买、开发维护该数据库系统的成本价格等因素。

下面，请大家根据所学知识，完成以下任务。

1．填空题

（1）SQL Server 所使用的数据库查询语言称为________________________。

（2）目前 Internet 上流行的网站构架方式是 LAMP，即使用___________作为操作系统，_________作为 Web 服务器程序，___________作为数据库，___________作为服务器端脚本解释器。

（3）几种常用的数据库管理系统中，SQL Server 可以在_____________操作系统下运行，MySQL 可以在__________________操作系统下运行。

2．简答题

（1）简单描述几种常用数据库管理系统的特点。

（2）选择数据库产品应当考虑哪些因素？

项目 2

创建和管理停车场数据库

本项目主要完成了认识 SQL Server 2008 和应用 SQL Server 2008 解决简单的数据库应用，包括 SQL Server 2008 的新特性、安装过程、数据库服务的启动及主要管理工具的简介，并以停车场数据库为例，讲解了 SQL Server 2008 的基本操作，包括数据库、表的设计和使用，数据表之间的关系，视图的简单应用，以及数据库的备份和恢复。

本项目共有 2 个任务，分别完成了认识 SQL Server 2008 和创建与管理停车场数据库。

通过本项目的训练，应达到以下目标。

★ 了解 SQL Server 2008 的新特性；

★ 了解 SQL Server 2008 的安装过程；

★ 了解 SQL Server 2008 主要管理工具；

★ 学会 SQL Server 2008 服务启动的方法；

★ 学会 SQL Server 2008 数据库的备份和恢复操作；

★ 学会数据库的创建方法；

★ 学会数据库对象的创建方法；

★ 理解数据表的关系；

★ 学会视图的初步使用。

任务5

认识 SQL Server 2008

前面几个任务主要学习了数据库系统概论和主流数据库比较。本任务将学习 SQL Server 2008 的新特性，其组件使用、安装需要注意的事项，以及数据库主要管理工具的使用。通过本任务的学习，能够建立对 SQL Server 2008 的正确认识。

5.1 安装 SQL Server 2008

微软在 2008 年 8 月正式发布了新一代的数据库产品 SQL Server 2008。与之前的 SQL Server 2005 版本相比，SQL Server 2008 功能有了很大提高，它拥有管理、审核、大规模数据仓库、空间数据、高级报告与分析服务等新特性。

SQL Server 2008 与之前版本一样分为 32 位和 64 位两种，拥有以下 7 种版本：企业版（Enterprise）、标准版（Standard）、工作组版（Workgroup）、网络版（Web）、开发者版（Developer）、免费精简版（Express）及免费的集成数据库（SQL Server Compact 3.5）。

SQL Server 2008 支持 Windows XP SP3、Windows Vista SP1、Windows Server 2003 SP2、Windows Server 2008 等操作系统，需要预先安装.NET Framework 2.0 和 Windows Installer 4.5 等组件，根据用途不同可能还需要 SQL Server 2000 DSO 或客户端组件。

微软的官方网站提供了 SQL Server 2008 功能包下载，以下为下载地址：http://www.microsoft.com/downloads/details.aspx?displaylang=zh-cn&FamilyID=228de03f-3b5a-428a-923f-58a033d316e1。

任务描述

任务名称：安装 SQL Server 2008。

任务描述：SQL Server 2008 有不同版本，可用于多个 Windows 版本的操作系统，本任务选择在 Windows Server 2003 服务器上安装 SQL Server 2008。

相关知识与技能

1．实例

所谓实例，就是一个 SQL Server 数据库引擎。SQL Server 2000 以后的版本支持在同一台计算机上同时运行多个 SQL Server 数据库引擎实例。每个 SQL Server 数据库引擎实例各有一套不为其他实例共享的系统及用户数据库。应用程序连接同一台计算机上的 SQL Server 数据库引擎实例的方式与连接其他计算机上运行的 SQL Server 数据库引擎的方式基本相同。由于实例各有一套不为其他实例共享的系统及用户数据库，所以各实例的运行是独立的，一个实例的运行不会受其他实例运行的影响，也不会影响其他实例的运行。在一台计算机上安装多个 SQL Server 实例，就相当于把这台计算机模拟成多个数据库服务器，而且这些模拟的数据库服务器是独立且同时运行的。

实例包括默认实例和命名实例两种。一台计算机上最多只有一个默认实例，也可以没有默认实例，默认实例名与计算机名相同，修改计算机名会同步修改默认实例名。客户端连接默认实例时，将使用安装 SQL Server 实例的计算机名。

一台计算机上可以安装多个命名实例，客户端连接命名实例时，必须使用以下计算机名称与命名实例的实例名组合的格式：computer_name\instance_name。

2．SQL Server 2008 定义的强密码要求

具体要求如下。

（1）强密码不能使用禁止的条件或字词，这些条件或字词包括以下几种。

- 空条件或 NULL 条件；
- “Password”；
- “Admin”；
- “Administrator”；
- “sa”；
- “sysadmin”。

（2）强密码不能是与安装计算机相关联的下列字词。

- 当前登录到计算机的用户的名称。
- 计算机名称。
- 强密码的长度必须多于 8 个字符，并且强密码至少要满足下列四个条件中的三个：必须包含大写字母；必须包含小写字母；必须包含数字；必须包含非字母数字字符，如 #、% 或 ^。

输入的密码必须符合强密码策略要求。如果存在任何使用 SQL Server 身份验证的自动化过程，请确保该密码符合强密码策略要求。

完成身份验证模式的选择后，再添加一个或多个账户作为 SQL Server 管理员，SQL Server 管理员对数据库引擎具有无限制的访问权限。

3．配置默认目录

在 SQL Server 的安装过程中用户可配置的默认目录如表 5.1 所示。

表 5.1　SQL Server 安装过程中用户可配置的默认目录

说　明	默 认 目 录	建　议
数据根目录	C:\Program Files\Microsoft SQL Server\	SQL Server 安装程序将为 SQL Server 目录配置 ACL 并在配置过程中中断继承
用户数据库目录	C:\Program Files\Microsoft SQL Server\MSSQL10.<实例 ID>\Data	用户数据目录的最佳实践取决于工作量和性能要求。对于故障转移群集安装，应确保数据目录位于共享磁盘上
用户数据库日志目录	C:\Program Files\Microsoft SQL Server\MSSQL10.<实例 ID>\Data	确保日志目录有足够的空间
临时数据库目录	C:\Program Files\Microsoft SQL Server\MSSQL10.<实例 ID>\Data	Temp 目录的最佳实践取决于工作量和性能要求
临时数据库日志目录	C:\Program Files\Microsoft SQL Server\MSSQL10.<实例 ID>\Data	确保日志目录有足够的空间
备份目录	C:\Program Files\Microsoft SQL Server\MSSQL10.<实例 ID>\Backup	设置合适的权限以防止数据丢失，并确保 SQL Server 服务的用户组具有写入备份目录的足够权限。不支持对备份目录使用映射的驱动器

向现有安装中添加功能时，不能更改先前安装的功能的位置，也不能为新功能指定位置。

如果指定非默认的安装目录，请确保安装文件夹对于此 SQL Server 实例是唯一的。此对话框中的任何目录都不应与其他 SQL Server 实例的目录共享。

在下列情况下，不能安装程序文件和数据文件。

- 在可移动磁盘驱动器上；
- 在使用压缩的文件系统上；
- 在系统文件所在的目录上；
- 在故障转移群集实例的共享驱动器上。

4．文件流（FILESTREAM）

SQL Server 2008 推出了一个新的特性叫做文件流（FILESTREAM），它使得基于 SQL Server 的应用程序可以在文件系统中存储非结构化的数据，如文档、图片、音频、视频等。文件流主要将 SQL Server 数据库引擎和新技术文件系统（NTFS）集成在一起；它主要以 varbinary（max）数据类型存储数据。使用这个数据类型，非结构化数据存储在 NTFS 文件系统中，而 SQL Server 数据库引擎管理文件流字段和存储在 NTFS 的实际文件。使用 TSQL 语句，用户可以插入、更新、删除和选择存储在可用文件流的数据表中的数据。

实践操作

5.1.1　安装前的准备

当存在低版本的 SQL Server 程序时，SQL Server 2008 支持升级安装，此时将原有实例升级到 SQL Server 2008。当然也可以全新安装，使多版本共存，此时必须在安装时添加新的实例名，这样就有多个实例并存。

在安装 SQL Server 2008 程序之前需要做一些准备工作。首先检查当前的计算机是否符合下述的硬件和软件要求。

SQL Server 2008 企业版（Enterprise）要求必须安装在 Windows Server 2003 及 Windows Server 2008 系统上，其他版本还可以支持 Windows XP 系统。还有以下两点值得注意。

- SQL Server 2008 已经不再提供对 Windows 2000 系列操作系统的支持；
- 64 位的 SQL Server 程序仅支持 64 位的操作系统。

当前操作系统满足上述要求以后，下一步就需要检查系统中是否包含以下必备软件组件。

- .NET Framework 3.5 SP1；
- SQL Server Native Client；
- SQL Server 安装程序支持文件；
- SQL Server 安装程序要求使用 Microsoft Windows Installer 4.5 或更高版本；
- Microsoft Internet Explorer 6 SP1 或更高版本。

其中所有的 SQL Server 2008 安装都需要使用 Microsoft Internet Explorer 6 SP1 或更高版本。Microsoft 管理控制台（MMC）、SQL Server Management Studio、Business Intelligence Development Studio、Reporting Services 的报表设计器组件和 HTML 帮助都需要 Internet Explorer 6 SP1 或更高版本。

在安装 SQL Server 2008 的过程中，Windows Installer 会在系统驱动器中创建临时文件。在运行安装程序以安装或升级 SQL Server 之前，请检查系统驱动器中是否有至少 2.0 GB 的可用磁盘空间用来存储这些文件。即使在将 SQL Server 组件安装到非默认驱动器中时，此项要求也适用。

实际硬盘空间需求取决于系统配置和要安装的功能。表 5.2 提供了 SQL Server 2008 各组件对磁盘空间的要求。

表 5.2 SQL Server 2008 各组件对磁盘空间的要求

功 能	磁盘空间要求
数据库引擎和数据文件、复制及全文搜索	280MB
Analysis Services 和数据文件	90MB
Reporting Services 和报表管理器	120MB
Integration Services	120MB
客户端组件	850MB
SQL Server 联机丛书和 SQL Server Compact 联机丛书	240MB

除了上述的软硬件要求外对 CPU 和内存（RAM）等其他的要求参见以下链接内容：http://msdn.microsoft.com/zh-cn/library/ms143506.aspx。为了减少在安装过程中出现错误的概率，应注意以下事项。

- 以系统管理员身份进行安装；
- 尽量使用光盘或将安装程序复制到本地进行安装，避免从网络共享进行安装；
- 尽量避免存放安装程序的路径过深；
- 尽量避免路径中包含中文名称。

5.1.2　安装配置过程

检查当前系统的环境已经符合要求后，接下来就可以执行安装程序进行产品的安装了。本任务以 SQL Server 2008 在 Windows Server 2003 SP2 环境按照安装向导的指引对产品的安装过程进行详细说明。

首先，确保以管理员身份登录，从而能够在机器上创建文件和文件夹，这显然是成功安装所必需的。接下来，看一下安装的过程。

（1）如果是使用 CD-ROM 进行安装，并且安装进程没有自动启动，就打开 Windows 资源管理器并双击 autorun.exe（位于 CD-ROM 根目录）。如果不使用 CD-ROM 进行安装，则双击根文件夹中的 setup.exe。

（2）如果当前没有安装 Microsoft .NET Framework 3.5 版，则会出现该版本的安装对话框。.NET 是微软创建的一种框架，允许用不同编程语言（如 VB .NET、C#及其他）编写的程序有一个公共编译环境。SQL Server 2008 在其自身内部的一些工作要使用.NET。当然，开发人员也可以用任何微软的.NET 语言编写.NET 代码，放入 SQL Server 中。在 SQL Server 2008 中，除了可以用 T-SQL 以外，还能够使用.NET 和 LINQ 来查询数据库。

此时安装程序将自动检查当前计算机上是否缺少安装 SQL Server 必备组件，如当前系统缺少.NET Framework 3.5 SP1，那么将出现.NET Framework 3.5 SP1 安装对话框，如图 5.1 所示。

图 5.1　.NET Framework 3.5 SP1 安装对话框

（3）单击“确定”按钮，将进行必备组件的安装，现在将开始.NET Framework 3.5 SP1 的安装，在出现接受许可协议窗口后，选中相应的复选框以接受.NET Framework 3.5 SP1 许可协议。单击“安装”按钮，安装向导弹出安装进度界面，单击“取消”按钮将退出安装。

（4）.NET Framework 3.5 SP1 的安装完成后，单击“退出”按钮。Windows Installer 4.5 也是必需的，如缺少也将由安装向导进行安装。图 5.2 所示是安装向导界面，单击“下一步”按钮，接受许可协议，完成安装。

（5）如图 5.3 所示，如果系统提示重新启动计算机，则重新启动计算机，然后再次启动 SQL Server 2008 setup.exe。当必备组件安装完成后，安装向导会立即启动 SQL Server 安装中心。

（6）开始安装，启动将出现了一个 CMD 窗口，用命令行程序做载入和系统检查，而且这个 CMD 窗口会一直持续到安装结束。之后会出现“SQL Server 安装中心”窗口，如图 5.4 所示，该窗口涉及计划一个安装。设定安装方式（包括全新安装。从以前版本的 SQL Server 升级）及用于维护 SQL Server 安装的许多其他选项。

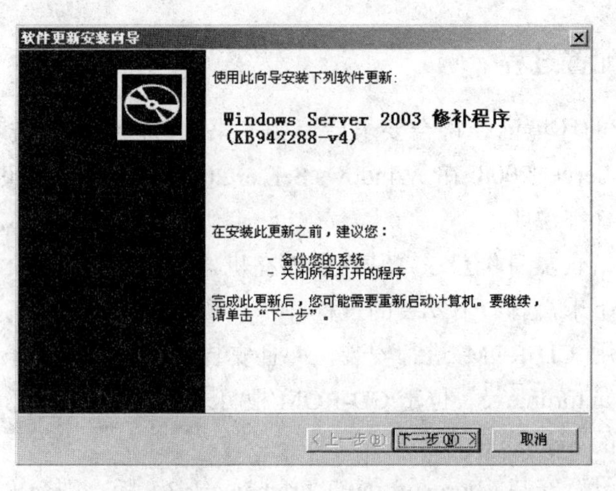

图 5.2　Windows Installer 安装向导界面

图 5.3　重新启动计算机界面

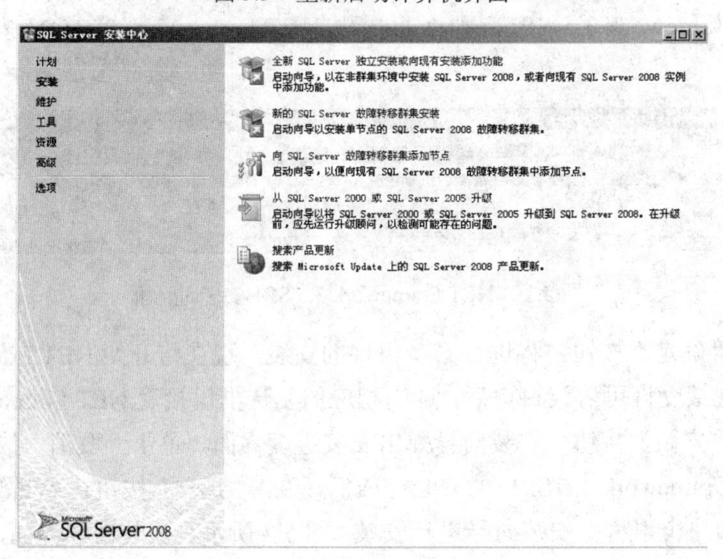

图 5.4　SQL Server 安装中心

单击安装中心左边的“安装”条目，然后从“安装”选项列表中选择第一个项目，即“全新 SQL Server 独立安装或向现有安装添加功能”，这样就开始了 SQL Server 2008 的安装。

（7）在输入产品密钥并接受 SQL Server 许可条款之前，将进行快速的系统检查。在 SQL Server 的安装过程中，要使用大量的支持文件。此外，支持文件也用来确保无瑕的和有效的安装。在图 5.5 中，可以看到快速系统检查过程中有一个警告，但仍可以继续安装。假如检查过程中没出现任何错误，则单击“下一步”按钮。

SQL Server 2008 安装程序

安装程序支持规则

安装程序支持规则可确定在您安装 SQL Server 安装程序支持文件时可能发生的问题。必须更正所有失败，安装程序才能继续。

安装程序支持规则
功能选择
实例配置
磁盘空间要求
服务器配置
数据库引擎配置
错误和使用情况报告
安装规则
准备安装
安装进度
完成

操作完成。已通过: 10。失败 0。警告 1。已跳过 0。

隐藏详细信息(S) <<
重新运行(R)
查看详细报表(V)

规则	状态
合成活动模板库(ATL)	已通过
不支持的 SQL Server 产品	已通过
性能计数器注册表配置单元一致性	已通过
早期版本的 SQL Server 2008 Business Intelligence Develo...	已通过
早期 CTP 安装	已通过
针对 SQL Server 注册表项的一致性验证	已通过
计算机域控制器	已通过
Microsoft .NET 应用程序安全性	已通过
版本 WOW64 平台	已通过
Windows PowerShell	已通过

< 上一步(B)　下一步(N) >　取消　帮助

图 5.5　“安装程序支持规则”界面

（8）然后输入产品序列号，这是 SQL Server 首次采用此种授权管理方式。从微软网站下载的版本其实和正式版本无异，如果有正式的序列号，在此输入即可成为正式版。当然在此处也可以选择安装企业评估版，待以后通过安装中心界面将试用版升级为其他版本的正式版，如图 5.6 所示。单击“下一步”按钮。

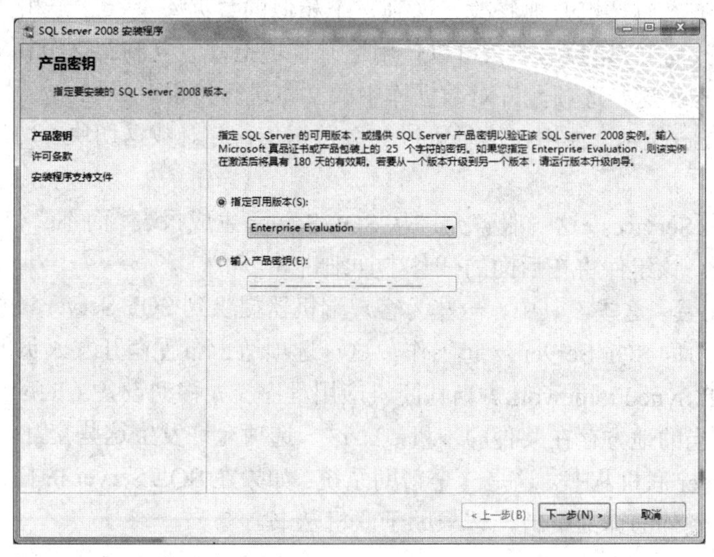

图 5.6　“产品密钥”界面

（9）选择“我接受许可条款”，单击“下一步”按钮，选择要安装的功能，在“功能选择”界面，需要作出一些决定，如图 5.7 所示，默认会安装所有的功能，因为这将是一个开发实例，开发者将脱离所有正在进行的项目开发来测试 SQL Server 的各个方面。不过，也可以根据需要，有选择性地安装各种组件。在本任务中，需要安装“数据库引擎服务”、“Reporting Services”、“客户端工具”，以及用来创建报表的“Business Intelligence Development Studio”，因此，请确保至少选中了这些功能。

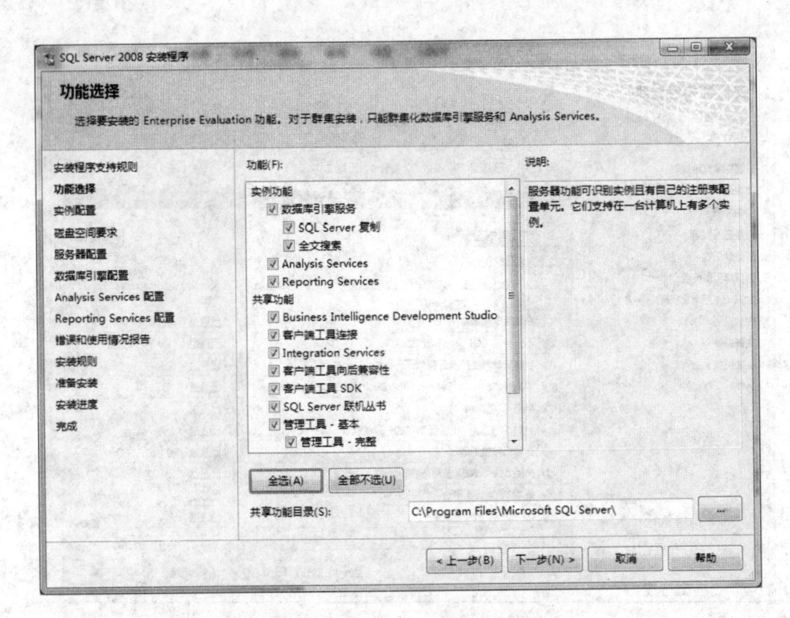

图 5.7 “功能选择”界面

下面简要说明一下图 5.7 中的几个组件。

① 数据库引擎服务。这是 SQL Server 2008 的主要核心，安装 SQL Server 运行所需的主要引擎、数据文件等。

- SQL Server 复制。当在数据库上执行数据修改时，如果不仅想要把修改发送到该数据库上，而且想要把修改发送到一个相似的数据库上（这个相似数据库是为了复制修改而创建的），那么可以使用这一选项把修改复制到这个相似的数据库上。
- 全文搜索。这一选项允许对数据库中的文本进行搜索。

② Analysis Services。使用该工具可以获取数据集，并对数据切块、切片，分析其中所包含的信息。

③ Reporting Services。这一服务允许从 SQL Server 生成报表，而不必借助第三方工具，如 Crystal Report。该组件将在后面的任务中详细讲述。

④ 客户端工具。这些工具中，一些为客户端机器提供到 SQL Server 的图形化界面，另一些则在客户端协同 SQL Server 一起工作。这一选项适于布置在开发人员的机器上。

⑤ Microsoft Sync Framework。当与脱机应用程序（如移动设备上的应用程序）一起工作时，必须在适当的地方存在某种同步机制。这一选项允许发生这些交互。

⑥ SQL Server 联机丛书。这是一个帮助系统。如果在 SQL Server 的任何方面需要更多的信息、说明或额外的详细资料，请求助于联机丛书。

⑦ Business Intelligence Development Studio。如果想要使用基于分析的服务来分析数据，那么可以使用这个图形用户界面与数据库进行交互。本书不介绍这个选项。

⑧ Integration Services。最后这个选项能够创建完成行动的过程，如从其他数据源导入数据并使用这些数据。

此刻，SQL Server 不再提供安装示例数据库的选项。微软也改变了示例数据库和示例的交付方式，因而可以在 SQL Server 网站上(http://www.microsoft. com/sql 或 http://www.codeplex.com/SqlServerSamples) 找到更新的版本。

（10）单击“下一步”按钮，进行实例设置，可直接选择默认实例进行安装，若同一台服务器中有多个数据服务实例，可按不同实例名进行安装，如图 5.8 所示。

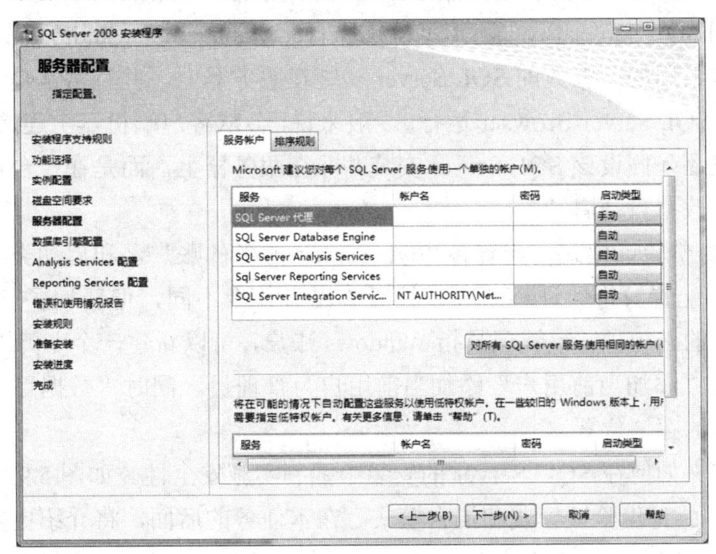

图 5.8　服务器配置

众所周知，SQL Server 是安装在计算机上的，那么在一台计算机上多次安装 SQL Server 是完全有可能的。如果服务器功能强大，有足够的资源（如内存、处理器等）运行两三个不同的应用程序，这种情形就可能出现。这些不同的应用程序都想拥有自己的 SQL Server。每一个安装称为一个实例（Instance）。现在应该为安装的实例命名。每一个实例必须有一个属于它的唯一的名字，就连“无名”的默认实例（Default Instance），其“无名”也算是一个唯一的名字。

作为建立外部环境的第一步，为实例命名是很重要的。例如，可能有一个实例用于开发，一个实例用于系统测试，最后还有一个实例用于用户测试。让除了生产数据库之外的任何东西与生产数据库共享生产服务器硬件，这是一种很糟糕的习惯。如果无视这种提醒，当出现不当的开发行为并导致服务器崩溃时，将会使连续的生产停顿下来。虽然，眼下的安装过程在一开始就应该做出决定，但是在为实例命名时再次提醒注意，也是有帮助的。

当没有为安装指定明确的名字时，将选定为默认实例。一旦在学习环境之外安装 SQL Server，则应避免这种情况，因为这样会导致没有命名的安装，因而关于它的使用也没有任何提示。因为目前尚在学习阶段，而最易于理解的选项是使用默认实例，所以在图 5.8 中选择“默认实例”。一旦在服务器上安装了实例，就会在这里列出已安装的实例。另外，对于前一步中所选的 3 个服务，还可以在这里看到每一个服务的目录的详细路径。

（11）选择服务账户，正如用户在使用系统前必须先登录到 Windows 一样，SQL Server 和在“功能选择”界面中定义的其他服务在启动前也必须先登录到 Windows。SQL Server、Reporting Services 等服务不需要任何人登录到安装 SQL Server 的计算机上就可以运行，只要计算机成功启动即可。当 SQL Server 安装在位于远程服务器机房中的服务器上时，这种情况极为平常。

以后，通过“控制面板”中“管理工具”里的“服务”图标，也能对此进行更改。然

而，使用“配置工具”中的“SQL Server 配置管理器”或许会更好些。通过使用“SQL Server 配置管理器”，将会把账户添加到正确的组中，并给予恰当的权限。单击“下一步”按钮。

如果注意到 SQL Server Browser（即 SQL Server Management Studio 的另一个名字），会发现它默认是被禁用的。多数的 SQL Server 安装在服务器上，并且常常是远程服务器上，因此，没必要让 SQL Server Browser 运行。一般来说，会从客户端机器上连接到 SQL Server。尽管如此，这里还是假设该 SQL Server 安装并非在服务器上，而是在一台本地计算机上，因此将该选项更改为自动启动。

（12）选择身份验证模式，配置各 SQL Server 服务的账户名和启动类型，对开发人员来说非常实用。配置身份验证模式和以往版本没有什么不同，但新增了一个“指定 SQL Server 管理员”的必填项，该管理员指 Windows 账户，可以新建一个专门用于 SQL Server 的账户，或单击“添加当前用户”添加当前用户为管理员。同时“数据目录”页可指定各种类型数据文件的存储位置。

现在，将定义如何在 SQL Server 的安装中强制实施安全性。如图 5.9 所示，这里有两个选择：Windows 身份验证模式和混合模式。在本任务的后面，将介绍更多关于模式的知识。十分简单明了，Windows 身份验证模式表明将使用 Windows 的安全机制维护 SQL Server 的登录，混合模式则或者使用 Windows 的安全机制，或者使用 SQL Server 定义的登录 ID 和密码。此外，如果使用混合模式，还需要为名为 sa 的特殊登录 ID 设置密码。关于这些，很快就会了解到更多，但目前必须为其输入一个有效的密码。请使用有意义的、难以猜测的密码，同时自己要记牢。

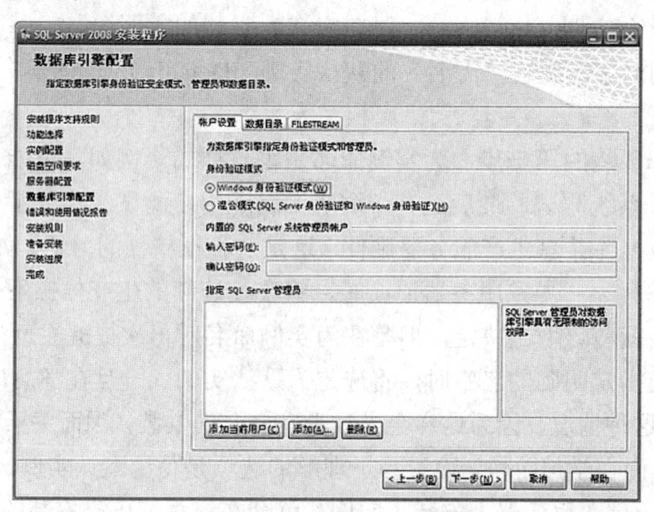

图 5.9　身份验证模式

另外，还必须指定 SQL Server 管理员账户。这是一个特殊的账户，在极其紧急的情况下（如当 SQL Server 拒绝连接时）能够使用这个账户进行登录。你可以用这个特殊的账户登录，对当前的情形进行调试，并让 SQL Server 恢复运行。通常，管理员账户是某个服务器账户 ID，但此处使用登录到计算机上的这个当前账户。

Analysis Services 也会有类似的界面，并且也使用相同的设置。

（13）单击“下一步”按钮，将会出现关于安装规则详细信息的界面。单击“下一步”

按钮，将出现“准备安装”界面，如图 5.10 所示。

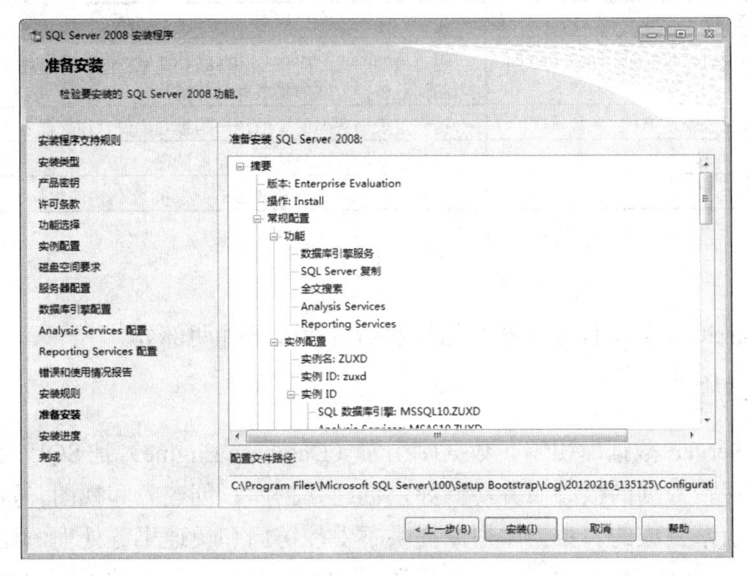

5.10　准备安装页面

（14）安装信息汇总，安装前的最后一步，单击“安装”按钮就可以了，这时将显示最终的界面，如图 5.11 所示。现在完成了设置收集，已经准备好进行安装了。

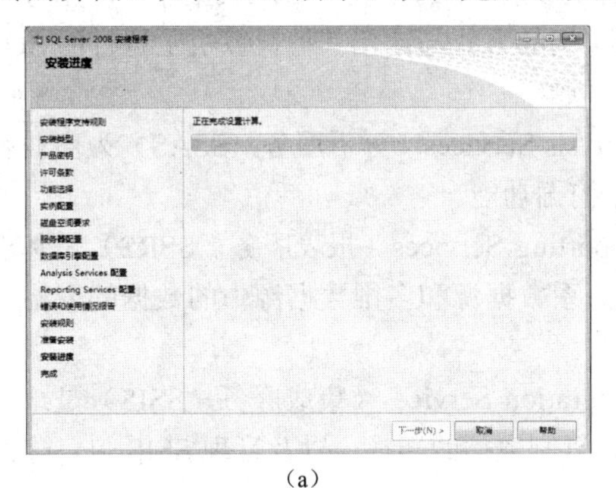

（a）

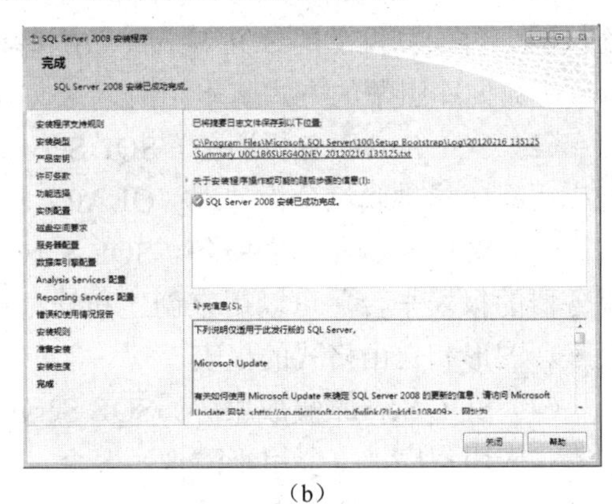

（b）

图 5.11　安装信息汇总

（15）开始安装到安装完成用时大约 1 小时，当然这取决于用户安装的组件。Microsoft SQL Server 2008 安装后，可在“开始”菜单中查看安装了哪些工具。另外，还可以使用这些图形化工具和命令实用工具进一步配置 SQL Server。表 5.3 列举了用来管理 SQL Server 2008 实例的工具。

表 5.3　管理 SQL Server 2008 实例的工具

管 理 工 具	说　明
SQL Server Management Studio	用于编辑和执行查询，并用于启动标准向导任务
SQL Server Profiler	提供用于监视 SQL Server 数据库引擎实例或 Analysis Services 实例的图形用户界面
数据库引擎优化顾问	可以协助创建索引、索引视图和分区的最佳组合

续表

管理工具	说明
SQL Server Business Intelligence Development Studio	用于 Analysis Services、Integration Services 和 Reporting Services 项目在内的商业解决方案的集成开发环境
Reporting Services 配置管理器	提供报表服务器配置的统一的查看、设置和管理方式
SQL Server 配置管理器	管理服务器和客户端网络配置设置
SQL Server 安装中心	安装、升级或更改 SQL Server 2008 实例中的组件

知识扩展

SQL Server 2008 的组件分为核心结构和后台服务组件两部分。

1．核心结构

（1）SQL Server 数据库引擎。数据库引擎（Database Engine）是 SQL Server 2008 用于存储、处理和保护数据的核心服务，例如，创建数据库、创建表和视图、数据查询等操作都是由数据库引擎完成的。数据库引擎提供了受控访问和快速事务处理，还提供了大量支持以保持可用性。Service Broker（服务代理）、Replication（复制技术）和 Full Text Search（全文搜索）都是数据库引擎的一部分。

SQL Server 2008 支持在同一台计算机上同时运行多个 SQL Server 数据库引擎实例。每个 SQL Server 数据库引擎实例各有一套不为其他实例共享的系统及用户数据库，应用程序连接同一台计算机上的 SQL Server 数据库引擎实例的方式与连接其他计算机上运行的 SQL Server 数据库引擎的方式基本相同。

（2）SQL Server 分析服务。SQL Server Analysis Services（分析服务，SSAS）为商业智能应用程序提供联机分析处理（OLAP）和数据挖掘功能。

（3）SQL Server 报表服务。SQL Server Reporting Services（报表服务，SSRS）是基于服务器的报表平台，可以用来创建和管理包含关系数据源和多维数据源中的数据的表格、矩阵、图形和自由格式的报表。

（4）SQL Server 集成服务。SQL Server Integration Services（集成服务，SSIS）是一个嵌入式应用程序，主要用于清理、聚合、合并、复制数据的转换，以及管理 SSIS 包。除此之外，它还提供包括生产并调试 SSIS 包的图形向导工具、执行 FTP 操作、电子邮件消息传递等工作流功能的任务。

SSIS 代替了 SQL Server 2000 的 DTS 集成服务功能，既包含了实现简单的导入/导出包所必需的 Wizard 向导插件、工具和任务，也有非常复杂的数据清理功能。SQL Server 2008 SSIS 的功能有很大的改进和增强，比如它的执行程序能够更好地并行执行。在 SSIS 2005，数据管道不能跨越两个处理器，而 SSIS 2008 能够在多处理器机器上跨越两个处理器。而且它在处理大件包方面的性能得到了提高。SSIS 引擎更加稳定，锁死率更低。

2．后台服务组件

SQL Server 2008 中还有一些组件作为服务运行。

（1）SQL Server 代理。SQL Server 代理是一种 Windows 服务，主要用于执行作业、监视 SQL Server、激发警报，以及允许自动执行某些管理任务。SQL Server 代理的配置信息主要存放在系统数据库 msdb 的表中。在 SQL Server 2008 中，必须将 SQL Server 代理配置成具有 sysadmin 固定服务器角色的用户才可以执行其自动化功能。而且该账户必须拥有诸如服务登录、批处理作业登录、以操作系统方式登录等 Windows 权限。

（2）SQL Server Browser（浏览器）。此服务将命名管道和 TCP 端口信息返回给客户端应用程序。在用户希望远程连接 SQL Server 2008 时，如果用户通过使用实例名称来运行 SQL Server 2008，并且在连接字符串中没有使用特定的 TCP/IP 端口号，则必须启用 SQL Server Browser 服务以允许远程连接。

（3）SQL Full-Text Filter Daemon Launcher（全文搜索）。用于快速构建结构化或半结构化数据的内容和属性的全文索引，以允许对数据进行快速的语言搜索。

其中，SQL Server 代理和 SQL Full-Text Filter Daemon Launcher 默认是禁用的。

5.2 SQL Server 2008 数据库引擎的启动和停止

Microsoft SQL Server 2008 Database Engine 是存储、处理和保证数据安全的核心服务。数据库引擎提供控制访问和进行快速的事务处理，满足企业中最需要占用数据的应用程序的要求。数据库引擎还为高可用性提供了大量的支持。

任务描述

任务名称：启动和停止 SQL Server 2008 数据库引擎服务。

任务描述：SQL Server 2008 数据库提供了多种服务，在实际工作中应根据需要开启或停止相关服务，本任务只学习 SQL Server 2008 数据库服务启动和停止方法。

任务分析

Microsoft SQL Server 2008 可以作为服务在 Microsoft Windows 7 或 Microsoft Windows Server 2003 操作系统中运行。服务是一种在系统后台运行的应用程序。服务通常提供一些核心操作系统功能，如 Web 服务、事件日志或文件服务。运行的服务可以不在计算机桌面上显示用户界面。SQL Server Database Engine、SQL Server 代理和一些其他 SQL Server 组件都作为服务运行。这些服务通常会在操作系统启动时自动启动。但是，也有些服务默认情况下不会自动启动，这取决于安装过程中如何进行指定，如果想启动这些服务可使用 SQL Server 配置管理器。

相关知识与技能

SQL Servers 所涉及的常见系统服务如下。

（1）SQL Server（MSSQLSERVER）数据库引擎的默认实例。

（2）SQL Server（instancename）数据库引擎的命名实例，其中 instancename 是实例的名称。

（3）SQL Server 代理（MSSQLSERVER）的默认实例。SQL Server 代理可以运行作业、监视 SQL Server、激发警报及允许自动执行某些管理任务。

图 5.12　SQL Server 配置管理器的启动

（4）SQL Server 代理（instancename）的命名实例，其中 instancename 是实例的名称。

（5）Analysis Services （MSSQLSERVER）的默认实例。

（6）Analysis Services 代理（instancename）的命名实例，其中 instancename 是实例的名称。

（7）Microsoft Reporting Services 的默认实例。

实践操作

SQL Server 配置管理器允许用户停止、启动或暂停各种 SQL Server 2008 服务。主要操作步骤如下。

（1）在“开始”菜单上，依次选择“所有程序”| Microsoft SQL Server 2008 |“配置工具”菜单项，然后选择“SQL Server 配置管理器”菜单项，如图 5.12 所示。

（2）启动 SQL Server（MSSQLSERVER）服务，图中服务器名称旁的图标上出现红色方框，表示服务器是停止的。右击 SQL Server（MSSQLSERVER）图标，再单击“启动”菜单项，则启动了 SQL Server 服务，如图 5.13 所示。图中服务器名称旁的图标上出现绿色三角，表示服务器已成功启动。

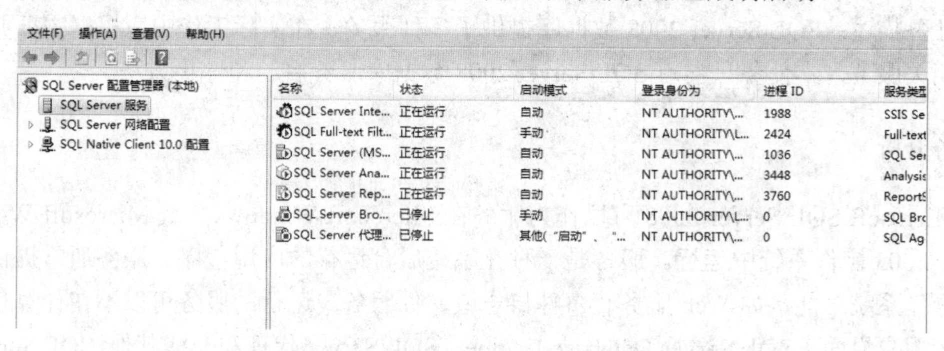

图 5.13　SQL Server（MSSQLSERVER）服务启动的状态

（3）停止 SQL Server（MSSQLSERVER）。右击 SQL SERVER （MSSQLSERVER）图标，再在弹出快捷菜单中单击“停止”菜单项，则停止了 SQL SERVER 服务，如图 5.14 所示。图中服务器名称旁的图标上出现红色方框，表示服务器已成功停止。

（4）自动启动 SQL Server（MSSQLSERVER）服务。

若由于某种原因，在安装期间没有启动该服务，可以设置自动启动，右击 SQL Server（MSSQLSERVER），在弹出的快捷菜单中选择“属性”命令打开如图 5.15 所示对话框，选择“服务”|“启动模式”选项，选择“自动”，单击“确定”按钮即可。

其他服务的启动和停止与 SQL Server（MSSQLSERVER）相同。

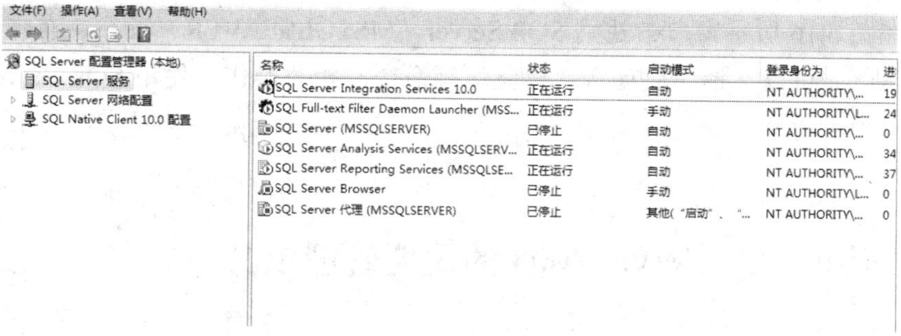

名称	状态	启动模式	登录身份为	进
SQL Server Integration Services 10.0	正在运行	自动	NT AUTHORITY\...	19
SQL Full-text Filter Daemon Launcher (MSS...	正在运行	手动	NT AUTHORITY\L...	24
SQL Server (MSSQLSERVER)	已停止	自动	NT AUTHORITY\...	0
SQL Server Analysis Services (MSSQLSERV...	正在运行	自动	NT AUTHORITY\...	34
SQL Server Reporting Services (MSSQLSE...	正在运行	自动	NT AUTHORITY\...	37
SQL Server Browser	已停止	手动	NT AUTHORITY\L...	0
SQL Server 代理 (MSSQLSERVER)	已停止	其他("启动" 、 "...	NT AUTHORITY\...	0

图 5.14　SQL Server（MSSQLSERVER）服务停止的状态

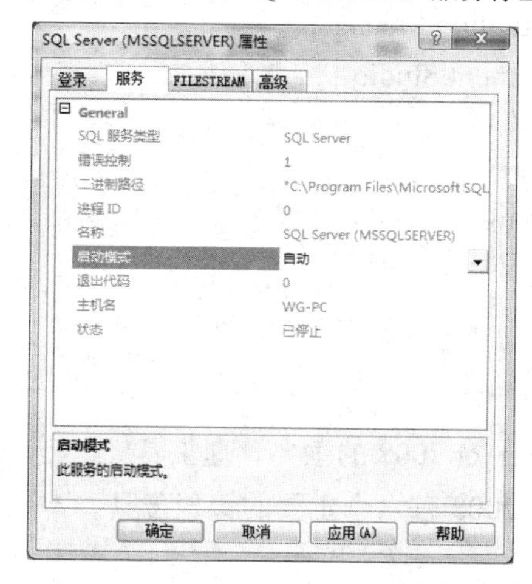

图 5.15　SQL Server 自动启动的设置

知识扩展

启动服务也可以使用其他方法，如使用管理工具启动服务，步骤如下。

（1）在“开始”菜单上，依次选择“所有程序”|“管理工具”菜单项，双击“服务”快捷方式后打开“服务”窗口，如图 5.16 所示。

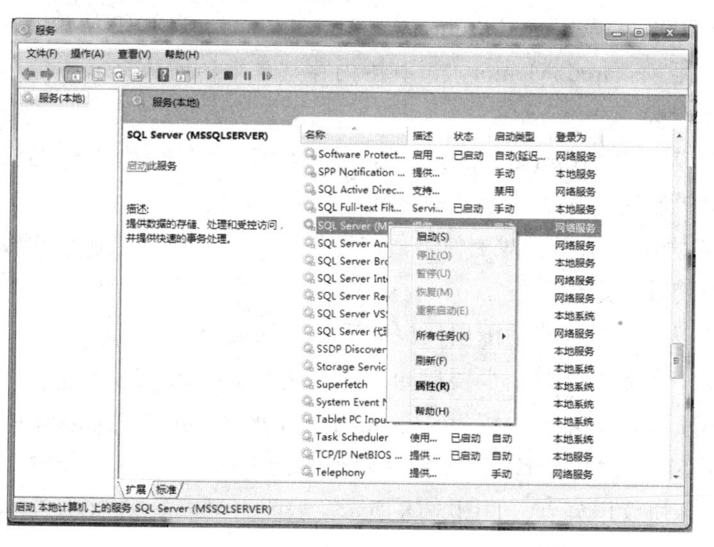

图 5.16　“服务”窗口

（2）在图 5.16 所示窗口中找到 SQL Server（MSSQLSERVER）项后，右击该项，弹出快捷菜单，此时可以选择“启动”、“停止”等命令，相关操作与使用 SQL Server 配置管理器相同。

5.3 认识 SQL Server 2008 的主要管理工具

SQL Server 2008 中的主要管理工具如下。

- SQL Server Configuration Manager
- SQL Server Management Studio
- SQL cmd
- SQL Server Profiler
- 数据库引擎优化顾问
- 联机丛书和教程

任务描述

任务名称：认识 SQL Server 2008 的主要管理工具。

任务描述：SQL Server 2008 有六个主要的管理工具，本任务学习这六个管理工具的使用方法及配置过程。

实践操作

1. SQL Server Configuration Manager 的使用

SQL Server Configuration Manager 除了可以配置 SQL Server 2008 的各种服务外，还可以进行服务器网络配置和 SQL Native Client（客户端）配置。

SQL Server 2008 支持 Shared Memory、Named Pipes、TCP/IP 协议及 VIA 协议。

（1）共享内存（Shared Memory）。利用内存共享来传递数据，本地客户机和服务器通过统一内存进行连接。

（2）命名管道协议（Named Pipes）。是早期 UNIX 网络采用的分布式进程间通信机制，通过特定的共享机制在客户机与服务器之间进行通信。

（3）TCP/IP 协议。是互联网上使用最广泛的协议，虽然传输速度比较慢，但是它的三次握手的机制，使其稳定性最好。

（4）VIA 协议。虚拟接口适配器协议，适合于局域网内部使用。

这 4 种协议中在服务器端至少要启动一种，SQL Server 2008 才能正常工作。

单击“MSSQLSERVER 的协议”节点，如图 5.17 所示。从图中可以看到 SQL Server 2008 服务器端启动了 Shared Memory 和 TCP/IP 两个协议。

单击“客户端协议”节点，如图 5.18 所示，从图中可以看到 SQL Server 2008 客户端启动了 Shared Memory、TCP/IP 和 Named Pipes 三个协议。

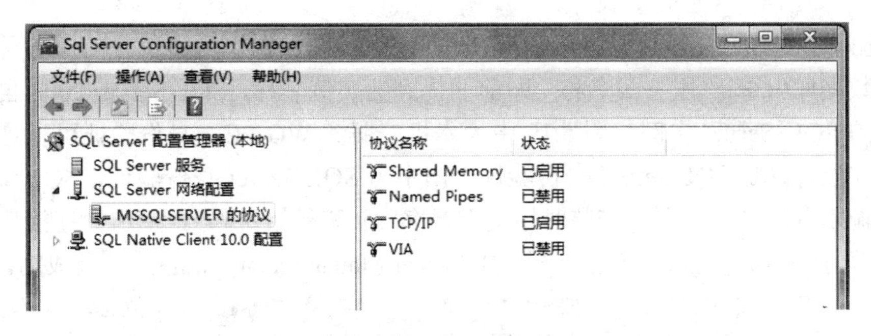

图 5.17 SQL Server 2008 的网络配置及其支持的协议

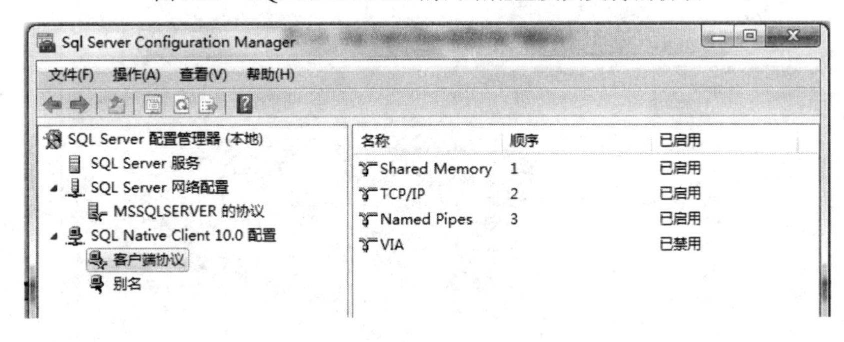

图 5.18 SQL Native Client 配置的客户端协议

2．SQL Server Management Studio（SSMS）的使用

SSMS 是一种集成环境，用于访问、配置、控制、管理和开发 SQL Server 的所有组件。SQL Server Management Studio 将一组多样化的图形工具与多种功能齐全的脚本编辑器组合在一起，可为各种技术级别的开发人员和管理员提供对 SQL Server 的访问。

SSMS 将早期版本的 SQL Server 中所包含的企业管理器、查询分析器和 Analysis Manager 功能整合到单一的环境中。此外，SSMS 还可以和 SQL Server 的所有组件协同工作，如 Reporting Services、Integration Services 和 SQL Server Compact 3.5 SP2。开发人员可以获得熟悉的体验，而数据库管理员可获得功能齐全的单一实用工具，其中包含易于使用的图形工具和丰富的脚本撰写功能。

（1）打开 SSMS。

① 选择“开始”|“所有程序”|“Microsoft SQL Server 2008”|“SQL Server Management Studio”命令，打开如图 5.19 所示的“连接到服务器”对话框。

图 5.19 SQL Server Management Studio“连接到服务器”对话框

② 选择连接的“服务器类型”是 SQL Server 2008 数据平台所包含的服务种类，当前的连接是数据库引擎；“服务器名称”即前面提到的实例名称，SQL Server 2008 自动扫描当前网络中的 SQL Server 实例，图 5.19 中为本机的服务 WG-PC；身份验证可以是 Windows 身份验证，也可以是 SQL Server 身份验证，图中为 SQL Server 身份验证，SQL Server 身份验证需要输入登录名和密码（安装时用的登录名 sa 和初始密码）。单击“连接”按钮进入如图 5.20 所示的窗口，显示已经打开 SQL Server Management Studio，登录成功。

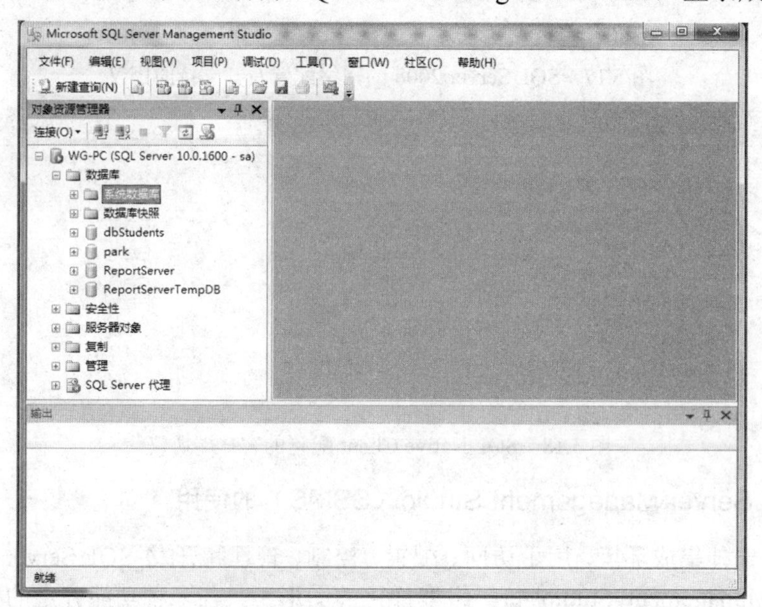

图 5.20　Microsoft SQL Server Management Studio 窗口

（2）SSMS 组件。

SSMS 在专用于特定信息类型的窗口中显示信息。数据库信息显示在对象资源管理器和文档窗口中。

对象资源管理器是服务器中所有数据库对象的树视图。此树视图可以包括 SQL Server 数据库引擎、Analysis Services、Reporting Services、Integration Services 和 SQL Server Compact 3.5 SP2 的数据库。对象资源管理器包括与其连接的所有服务器的信息。打开 SQL Server Management Studio 时，系统会提示您将对象资源管理器连接到上次使用的设置。可以在“已注册的服务器”组件中双击任意服务器进行连接，但无须注册要连接的服务器。

文档窗口是 SQL Server Management Studio 中的最大部分。文档窗口可能包含查询分析器和浏览器窗口。默认情况下，将显示已与当前计算机上的数据库引擎实例连接的“摘要”页。

SQL Server Management Studio 是数据库操作和管理的最主要工具，也是日常操作必不可少的工具。在后面的章节中，大多数的操作都是基于该工具进行的。

3. SQLCMD 的使用

SQLCMD 实用工具（Microsoft Win32 命令提示实用工具）用来运行特殊的 T-SQL 语句和脚本。

（1）启动 SQLCMD。选择“开始”|“所有程序”|“附件”|“命令提示符”命令。闪烁的下画线字符即为命令提示符。在命令提示符处，输入 sqlcmd，按【Enter】键出现如图 5.21 所示窗口。

图 5.21　SQLCMD 启动后的窗口

其中“1>”是 sqlcmd 提示符，可以指定行号。每按一次【Enter】键，显示的数字就会加 1。现在，使用可信连接连接到计算机上运行的默认 SQL Server 实例。要终止 sqlcmd 的话，在 sqlcmd 提示符处输入 EXIT 命令。

（2）使用 sqlcmd 连接到 SQL Server 的命名实例。打开命令提示符窗口，输入 sqlcmd -S myServer，按【Enter】键。此时将显示 sqlcmd 提示符。现在，已连接到名为 myServer 的 SQL Server 实例。

Windows 身份验证是默认的身份验证。若要使用 SQL Server 身份验证，必须使用-U 和-P 选项指定登录名和密码。请用要连接的 SQL Server 实例名称替换上述 myServer。

4. SQL Server Profiler

Microsoft SQL Server Profiler 是 SQL 用于跟踪的图形用户界面，用于监视 SQL Server Database Engine 或 SQL Server Analysis Services 的实例。利用它可以捕获有关每个事件的数据并将其保存到文件或表中供以后分析。如可以对生产环境进行监视，了解哪些存储过程由于执行速度太慢影响了性能。

（1）启动 Microsoft SQL Server Profiler 方法。

方法一：选择“开始”|“所有程序”|“Microsoft SQL Server 2008”|“性能工具”|“SQL Server Profiler”命令，弹出如图 5.22 所示窗口。

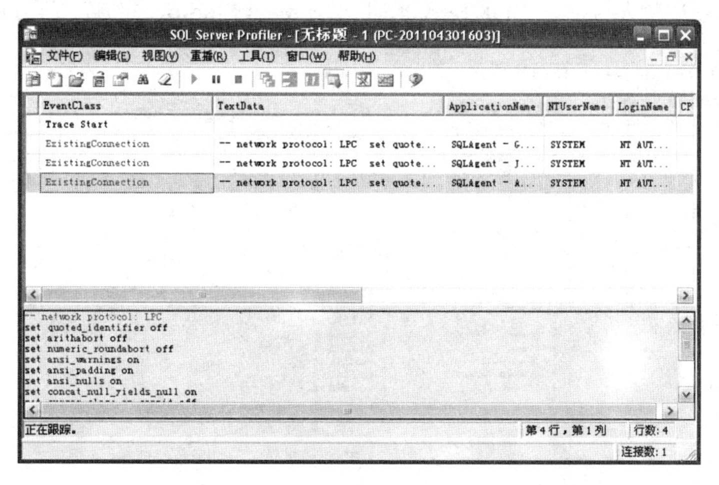

图 5.22　Microsoft SQL Server Profiler 启动后的窗口

方法二：在 Microsoft SQL Server Management Studio 窗口中，选择“工具”|“SQL Server Profiler”命令，启动 Microsoft SQL Server Profiler。

（2）Microsoft SQL Server Profiler 的操作。SQL Server Profiler 可显示 SQL Server 如何在内部解析查询。使管理员能够准确查看提交到服务器的 Transact-SQL 语句或多维表达式，以及服务器是如何访问数据库或多维数据集以返回结果集的。它可以执行以下操作。

- 创建基于可重用模板的跟踪；
- 当跟踪运行时监视跟踪结果；
- 将跟踪结果存储在表中；
- 根据需要启动、停止、暂停和修改跟踪结果；
- 重播跟踪结果。

使用 SQL Server Profiler 只监视感兴趣的事件。如果跟踪变得太大，可以基于所需的信息进行筛选，以便只收集部分事件数据。监视过多事件会增加服务器和监视进程的开销，尤其是当监视进程持续很长时间时可能导致跟踪文件或跟踪表变得很大。有关 SQL Server Profiler 详细内容，请参考后面的章节。

5．数据库引擎优化顾问的使用

数据库引擎优化顾问是 Microsoft SQL Server 2008 中的新工具，使用该工具可以优化数据库，提高查询处理的性能。数据库引擎优化顾问检查指定数据库中处理查询的方式，然后建议如何通过修改物理设计结构（如索引、索引视图和分区）来改善查询处理性能。

数据库引擎优化顾问取代了 Microsoft SQL Server 2000 中的索引优化向导，并提供了许多新增功能。如数据库引擎优化顾问提供两个用户界面：图形用户界面（GUI）和 dta 命令提示实用工具。使用 GUI 可以方便快捷地查看优化会话结果，而使用 dta 实用工具则可以轻松地将数据库引擎优化顾问功能并入脚本中，从而实现自动优化。此外，数据库引擎优化顾问可以接受 XML 输入，该输入可对优化过程进行更多控制。

启动数据库引擎优化顾问方法有以下两种方法。

方法一：选择“开始”|“所有程序”｜“Microsoft SQL Server 2008”｜“性能工具”|“数据库引擎优化顾问”命令，弹出如图 5.23 所示窗口。启动数据库引擎优化顾问需要连接到服务器，连接方法与启动 SQL Server Management Studio 时的连接相同。

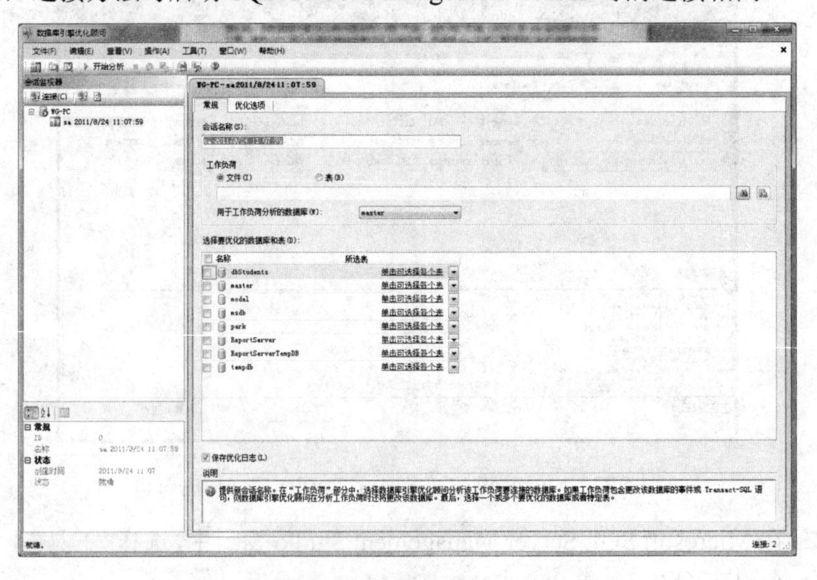

图 5.23　“数据库引擎优化顾问”启动后的窗口

方法二：在 Microsoft SQL Server Management Studio 窗口中，依次选取“工具”|“数据库引擎优化顾问”菜单，启动数据库引擎优化顾问。

6．SQL Server 教程的使用

SQL Server 2008 提供了一个非常详细实用的联机丛书和教程。

选择“开始”|“所有程序”|“Microsoft SQL Server 2008”|“文档和教程”|“教程”|“SQL Server 教程”命令，弹出如图 5.24 所示窗口。SQL Server 2008 中提供的教程可以帮助用户了解 SQL Server 技术和开始项目。单击左侧目录选项卡，在目录窗口中单击节点左边的加号（+）展开节点，选择一个主题查看内容，单击减号（–）折叠节点。

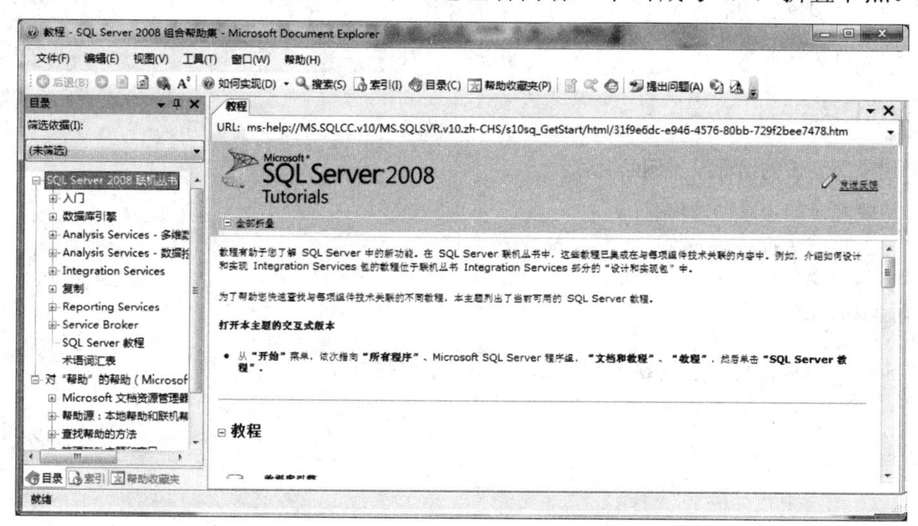

图 5.24　教程启动后的窗口

5.4　回顾与训练：SQL Server 2008 的安装与入门

通过任务 5 的学习，了解了 SQL Server 2008 的新特性、安装过程及数据库引擎的启动方法，简单介绍了其主要管理工具的启动方法及其特点。

SQL Server 2008 是整合了数据库、商业智能、报表服务、分析服务等多种技术的数据平台。其主要的新特性包括 Notifications Service、Reporting Services、Services Broker、Analysis Services、数据访问接口的增强、工具和应用程序的增强、数据库引擎功能的增强等。

SQL Server 2008 的组件分为核心结构和后台服务组件两部分。核心结构包括 Database Engine（数据库引擎）、分析服务（Analysis Services）、报表服务（Reporting Services）、集成服务（Integration Services）；后台服务组件包括服务代理（Services Broker）、数据库复制服务（Replication Services）、全文搜索（Full-Text Searchs）、通知服务（Notification Services）。

SQL Server 2008 中的主要管理工具有 SQL Server Configuration Manager、SQL Server Management Studio、SQLcmd、SQL Server Profiler、数据库引擎优化顾问、联机丛书和教程。

下面，请大家根据所学知识完成以下任务。

1．任务

（1）安装 SQL Server 2008；

（2）将数据库引擎设置成自动启动；

（3）启动 Microsoft SQL Server Management Studio 并查看 Model 数据库的结构；

（4）查看 SQL Server 教程。

2．要求和注意事项

（1）注意安装目录的选择；

（2）数据库引擎启动的方式；

（3）注意身份验证模式。

3．操作记录

（1）记录所安装的组件及实例的名称；

（2）记录登录的登录名等信息；

（3）记录常用工具的基本操作。

4．思考和总结

SQL Server 2008 能提供哪些数据库服务？你安装了哪些组件？

任务 6 创建并管理停车场数据库

在任务 5 中简单介绍了 SQL Server 2008 新功能和主要工具的使用，在本任务中以停车场简单的管理为例介绍数据库的创建和管理。停车场简单的管理主要完成根据不同的车型按小时进行收费管理工作，因为本任务只是简单的数据库入门操作，所以只完成两个数据表创建，分别是费率标准表和车辆进出登记表，对于这两个表的创建和使用主要由操作界面完成，目的是掌握数据库与表创建方法及简单视图的使用。

6.1 停车场数据库分析设计

一个好的数据库产品不等于就有一个好的应用系统，如果不能设计一个合理的数据库模型，不仅会增加客户端和服务器端的编程和维护的难度，而且将会影响系统实际运行的性能。

任务描述

任务名称：分析设计停车场数据库。

任务描述：停车场数据库要记录车辆驶入、驶出时间，然后根据车型费率计算车辆停车费用。

任务分析

根据任务要求，停车场数据库要满足以下数据存储和功能要求。

- 停车费率标准信息；
- 车辆进出登记信息；
- 停车费用统计；
- 统计日驶入车辆、日驶出车辆、当前车辆信息、日收入、月收入、年收入等。

E-R 图是数据库分析设计的重要工具，通过 E-R 图能够表示数据之间的联系。

实践操作

创建数据库之前首先应进行需求分析。

1．停车场概念结构分析

将需求分析抽象为概念模型，主要目的就是分析数据之间的内在关联，在此基础上建立数据的抽象模型，画出 E-R 图。费率标准实体如图 6.1 所示，车辆进出登记实体如图 6.2 所示，实体间的关系如图 6.3 所示。

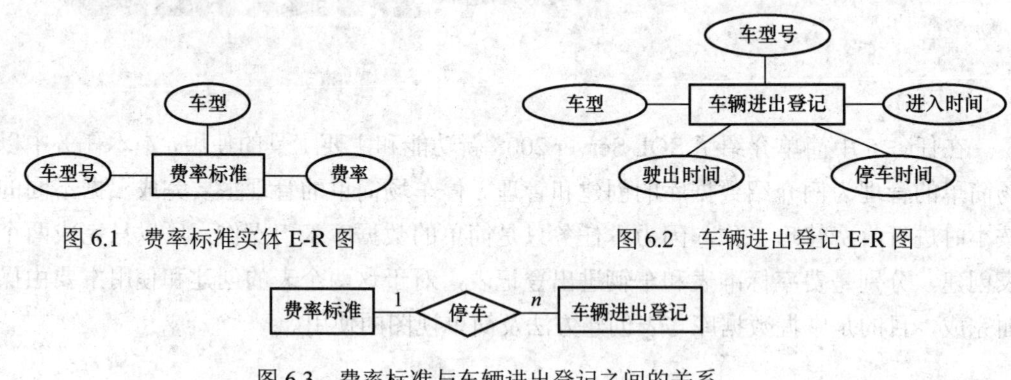

图 6.1　费率标准实体 E-R 图

图 6.2　车辆进出登记 E-R 图

图 6.3　费率标准与车辆进出登记之间的关系

2．停车场逻辑结构的设计

数据库逻辑设计的任务是将概念结构转换成特定数据库管理系统所支持的数据模型。从 E-R 图出发，得到关系模型，实体与实体间的联系都用关系来表示。

（1）费率标准表 tblRates。如表 6.1 所示是费率标准表，表名 tblRates，主要给出每种车型每小时的停车费用，其中 modelsID（车型号）为主键，自动增 1 填充。

表 6.1　费率标准表 tblRates

编　号	列　名	字 段 类 型	长　度	字 段 描 述
1	modelsID	int		车型号（主键）
2	models	Nchar	10	车型
3	rates	real		费率（每小时）

（2）车辆进出登记表 tblInOut。如表 6.2 所示是车辆进出登记表，表名 tblInOut，主要记录每辆车的进入与驶出日期时间，自动计算停车时间，ID 为主键，自动增 1 填充，modelsID 为外键（用它与费率标准表 tblRates 建立关系）。

表 6.2 车辆进出登记表 tblInOut

编号	列　名	字段类型	长　度	字段描述
1	ID	int		序号（主键）
2	modelsID	int		车型号（外键）
3	intime	datetime		进入时间
4	outtime	datetime		驶出时间
5	parktime	int		停车时间

6.2 数据库的规划和建立

数据库的规划与建立是实现“停车场”信息化管理的基础，在数据库规划设计的基础上完成“停车场”的规划和建立是重要环节。

任务描述

任务名称：规划并创建停车场数据库。

任务描述：在数据库物理平台上创建停车场数据库。

任务分析

根据前面停车场数据库的分析和数据预测，停车场数据库可以建立在 Microsoft SQL Server 2008 数据库系统平台下。该停车场数据库包括两个数据表，即费率标准表和车辆进出登记表。

Microsoft SQL Server 2008 是企业广泛应用的大型数据库管理平台，可以满足停车场数据库的日常管理和使用的要求。

通过 Microsoft SQL Server 2008 Management Studio 提供的图形化管理界面，对数据库及表的创建等日常管理操作非常方便快捷。

实践操作

使用 Microsoft SQL Server Management Studio 创建停车场数据库，主要操作步骤如下。

（1）打开 Microsoft SQL Server Management Studio，右击“数据库”主题，弹出如图 6.4 所示的快捷菜单。

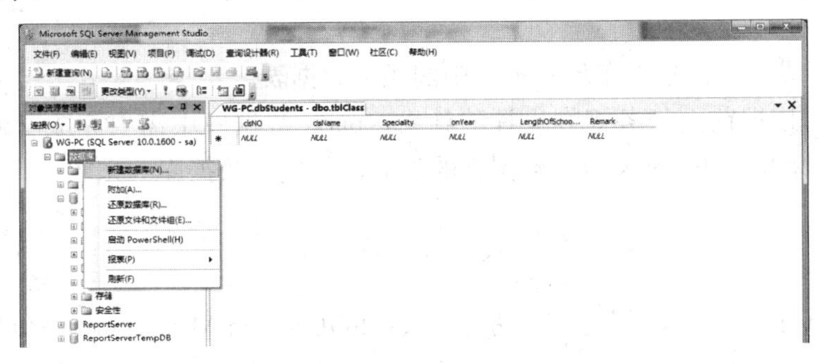

图 6.4 新建数据库

（2）选择“新建数据库”命令，打开如图 6.5 所示的“新建数据库”窗口。

图 6.5　新建数据库启动后的窗口

（3）在“数据库名称”处填写 park，单击“确定”按钮，完成数据库的创建。此时在对象资源管理器中可以看到新建的 park 数据库。

知识扩展

可以使用 Microsoft SQL Server Management Studio 创建停车场数据库，但是，通常 DBA 都习惯使用 T-SQL 来创建和管理数据库。

（1）停车场数据库创建的命令如下：

```
CREATE  DATABASE  park
    ON  （NAME=停车场数据库，
    FILENAME=“d:\sql\parkDB.dbf”，
    SIZE=10，FILEGROWTH=10%
    ）
```

（2）停车场数据库删除的命令如下：

```
    DROP  DATABASE  PARK
```

6.3　数据表的设计和创建

在创建数据表之前需要打开数据库，在对象资源管理器中双击要创建数据表的数据库，如 park，就可以在此数据库中创建数据表。

任务描述

任务名称：设计并创建停车场数据库中的相关数据表。

任务描述：依据前面任务规划设计的结果，park 数据库中需要完成车辆进出登记表 tblInOut 和费率标准表 tblRates 两个数据表的建立，并创建数据库关系图。

任务分析

在 SQL Server 2008 中，创建表有两种方式：SQL Server Management Studio 和 T-SQL。本任务采用 SQL Server Management Studio 来创建表和关系图。

实践操作

1．创建费率标准表 tblRates

（1）在对象资源管理器中打开 park 数据库，如图 6.6 所示，右击“表”节点，在弹出的快捷菜单中选择“新建表”命令，创建数据表 tblRates。

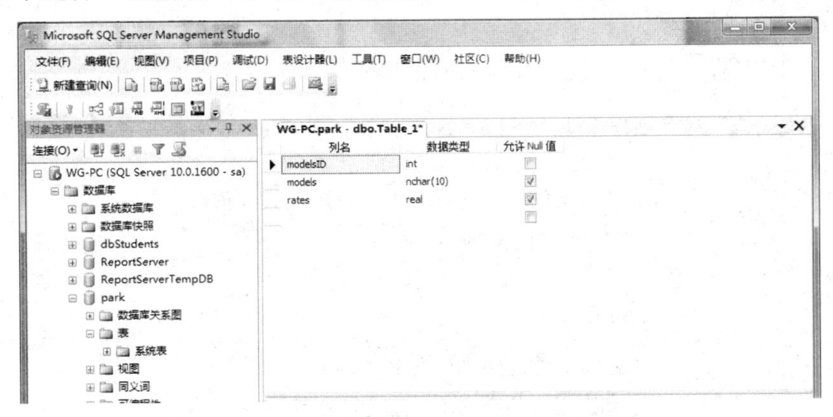

图 6.6　费率表（tblRates）设计窗口

（2）在表设计器窗口中，右击 ModelsID 列，在弹出的快捷菜单中选择“设置主键”命令将其设置为主键，此时列前面出现黄色的小钥匙，如图 6.7 所示。

（3）选择 ModelsID 列，在列属性选项卡中设置“标识规范”选项为“是”，设置“标识增量”为 1，“标识种子”为 1，如图 6.8 所示。本设置用来保证主键非空并且可以唯一地来标识车型的费率。

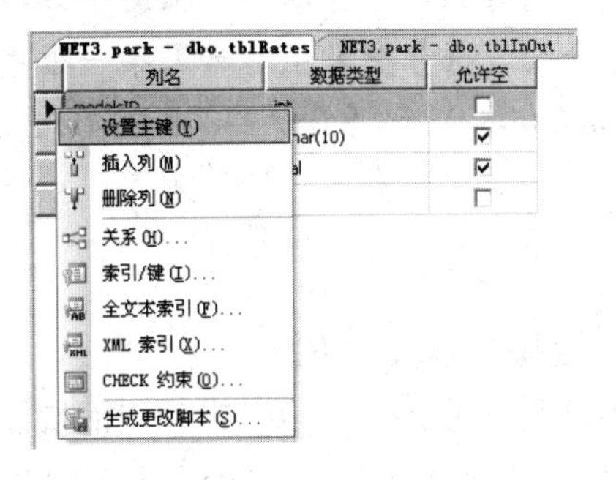

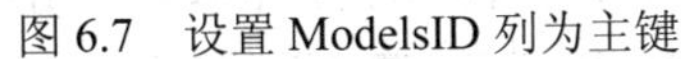

图 6.7　设置 ModelsID 列为主键

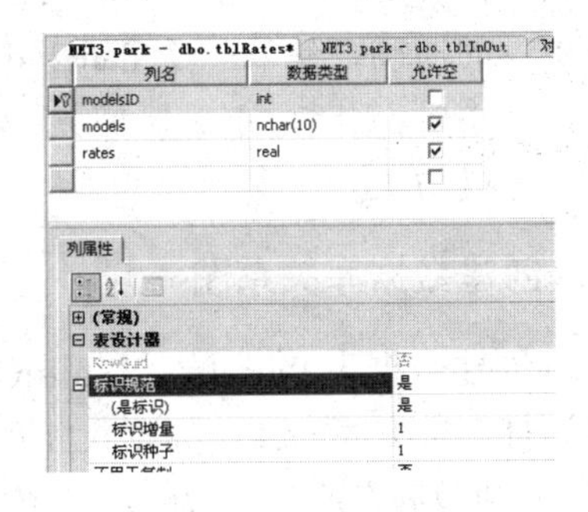

图 6.8　设置 ModelsID 为自动增 1 填充

（4）将 models 和 rates 列设为允许空，在列名后“允许空”复选框中单击即可实现。

2．创建车辆进出登记表 tblInOut

车辆进出登记表 tblInOut 的创建与费率标准表类似，如图 6.9 所示。

将车辆进出登记表中的序号 ID 设置为非空、主键、自动增 1 填充。停车时间列 parktime 为计算列，设置方法如图 6.10 所示。

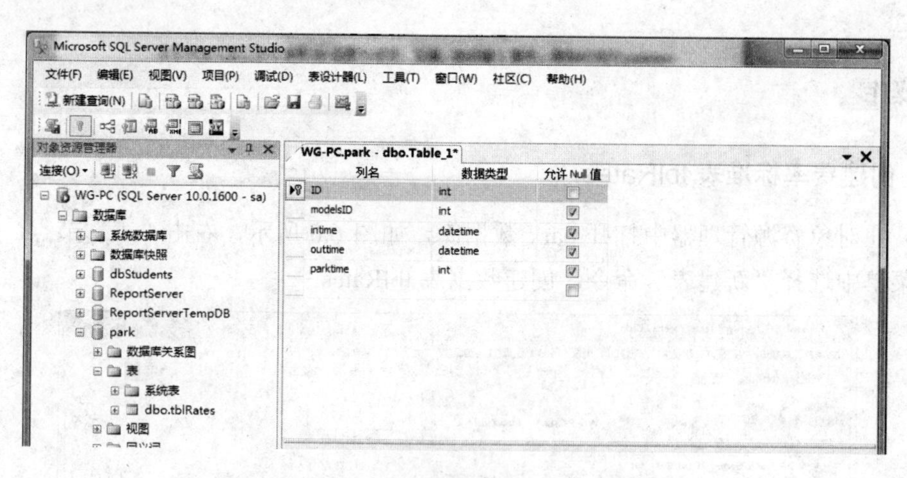

图 6.9 车辆进出登记表（tblInOut）设计窗口

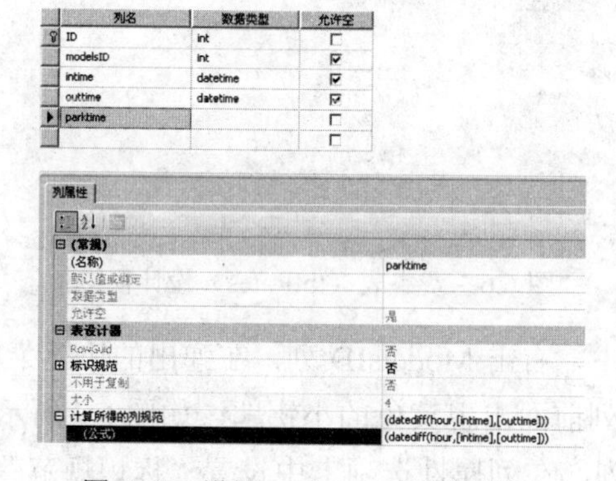

图 6.10 设置 parktime 列为计算列

在停车时间列 parktime 中使用了 datediff 函数计算指定的两个日期中第二个日期与第一个日期的时间差的日期部分。换句话说，它可以计算出两个日期之间的间隔，结果等于 date2-date1 的日期部分的带符号整数值。如果第一个参数是小时，则返回小时时间差，如 datediff(hour, '2008-03-09 8:0:0', '2008-03-09 20:0:0') 返回 12。

3. 创建数据库关系图

可以创建数据表 tblRates 与 tblInOut 的关系，主要操作步骤如下。

（1）打开数据库 park，如图 6.11 所示，右击“数据库关系图”节点，在弹出的快捷菜单中选择“新建数据库关系图”命令，在数据库关系图窗口添加数据表 dbo.tblRates 和 dbo.tblInOut。

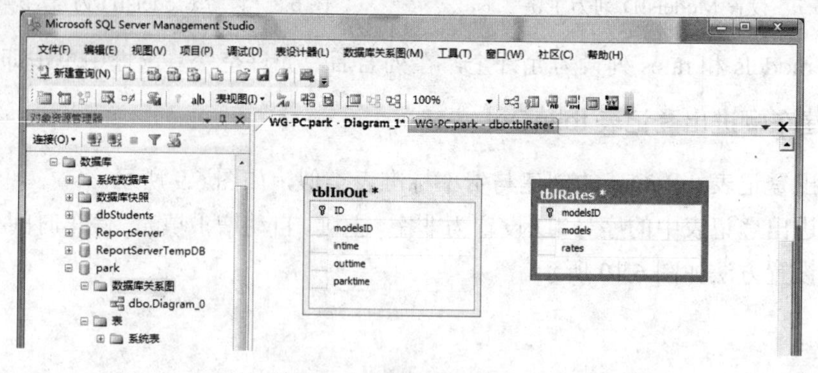

图 6.11 数据库关系图

（2）选择 dbo.tblRates 表中的 modelsID 列，并将其拖到 tblInOut 表中的 modelsID 列上，建立主键与外键的关系，如图 6.12 所示。

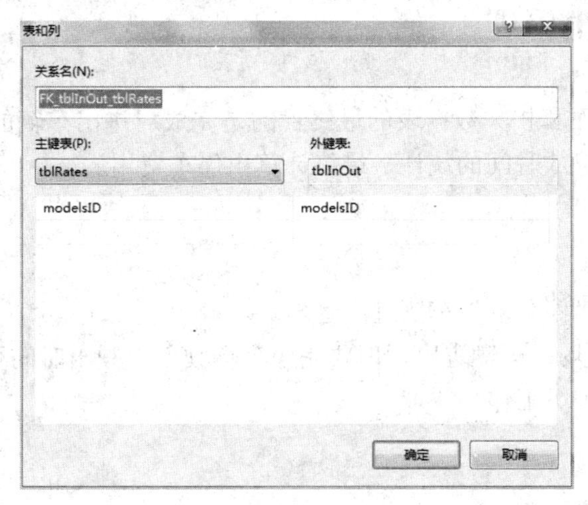

图 6.12　设置主键与外键的表和列

（3）单击“确定”按钮，即可创建两个表之间的关系，如图 6.13 所示。

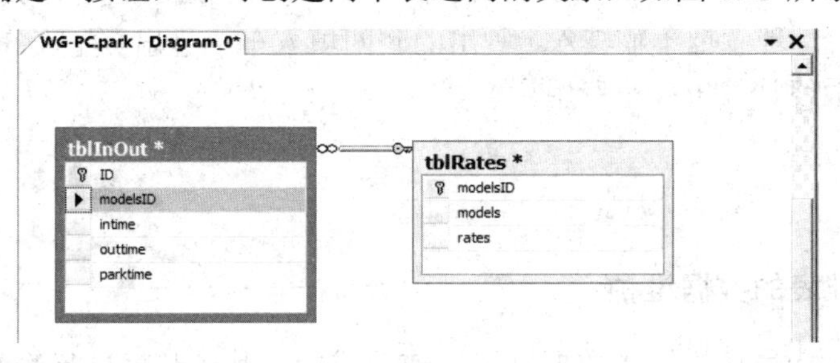

图 6.13　设置数据库关系后

知识扩展

使用 T-SQL 来创建和管理数据表的方法如下。

（1）打开停车场数据库：

```
USE  PARK
```

（2）创建费率标准表 tblRates，命令如下：

```
CREATE  TABLE  tblRates
    (modelsID  INT  PRIMARY KEY,
     modell  Nchar (10),
     rates  real
    )
```

（3）创建车辆进出登记表 tblInOut，命令如下：

```
CREATE  TABLE  tblInOut
    (ID  INT  PRIMARY KEY,
     modelsID  INT  FOREIGE  KEY,
     intime   datetime,
     outtime  datetime,
     parktime  int
    )
```

6.4 车辆进出管理

创建停车场数据库和相关数据表的最终目的是完成对进出车辆的管理，这要求数据库系统能完成进出车辆停放时间的统计，最终计算出停车费用。

任务描述

任务名称：实现“停车场”车辆进出管理。

任务描述：“停车场”车辆进出管理要完成车辆驶入、驶出时间登记，存车费用计算，费率标准表的数据维护等工作。

任务分析

实现“停车场”进出车辆管理，要求计算出车辆的停放时间及发生的费用。由于收费标准时常会发生变化，所以系统应该能实现费率标准表的数据维护。另外还应能完成车辆停放时间的统计，管理者把车辆驶入、驶出的时间填入车辆进出登记表 tblInOut，由数据库系统进行处理并最终计算出停车费用。

实践操作

1. 费率标准表的数据维护

数据表创建完毕后还需输入数据供用户使用或者对某条数据进行修改或删除。费率标准表里存放的是每种车型每小时停车收费的费用，其中数据维护主要有以下几个方面。

（1）选择 dbo.tblRates 数据表，右击，弹出快捷菜单，选择“编辑前 200 行”命令，打开数据表，如图 6.14 所示，表中 modelsID 列自动增 1 填充，models 列和 rates 列按要求填写。

（2）选择其中的某列数据，可以直接进行修改操作。关闭窗口前选择“文件”|“保存”命令即可保存修改的结果。

（3）将鼠标移到某条记录的最左侧，右击，弹出快捷菜单，选择“删除”命令，可以直接删除此条记录。

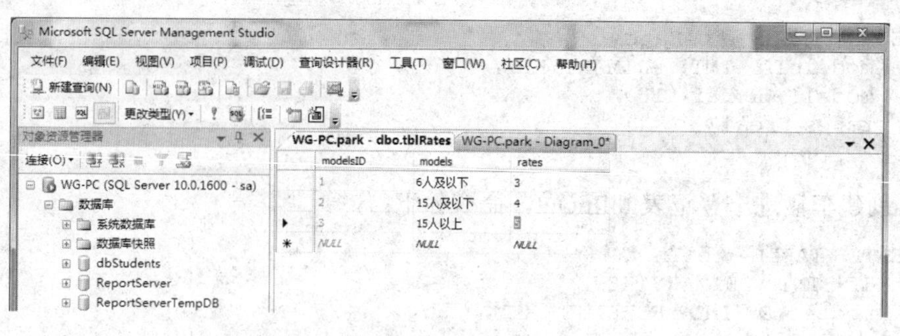

图 6.14 表 dbo.tblRates 的维护

2．车辆进入与驶出

车辆进出登记表 dbo.tblInOut 与费率标准表 dbo.tblRates 数据维护类似，首先将车辆进入与驶出的数据添加到数据表中，可以进行修改及删除操作，如图 6.15 所示。

在实际应用中，数据维护通常使用专门的应用程序进行，具体内容在后续的任务中会学习到。

NET3.park - dbo.tblInOut　对象资源管理器详细信息

	ID	modelsID	intime	outtime	parktime
	1	1	2008-4-3 8:00:00	2008-4-4 17:00:00	33
	2	2	2008-3-5 12:00:00	2008-3-6 17:00:00	29
	3	3	2008-4-2 22:00:00	NULL	NULL
	4	1	2008-4-2 20:00:00	2008-4-3 15:00:00	19
	5	2	2008-3-7 15:00:00	NULL	NULL
▶*	NULL	NULL	NULL	NULL	NULL

图 6.15　车辆进出登记表 dbo.tblInOut

3．费用计算

视图作为一种快捷的数据查询方式，可以从一个或多个基本表中进行查询（有关视图更详细的信息请参考后续的任务 8）。下面以费用计算为例简单介绍操作方法。

（1）打开数据库，右击“视图”节点，在弹出的快捷菜单中选择“新建视图”命令，在“添加表”对话框中添加表 tblInOut 和表 tblRates，如图 6.16 所示。

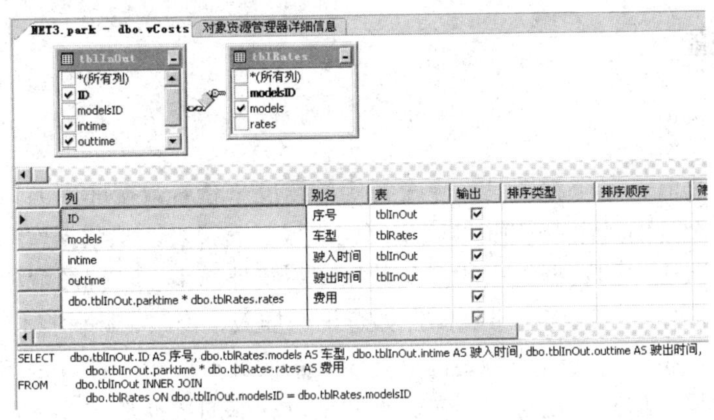

图 6.16　费用计算视图

（2）在条件窗格中对要输出的列给出相应的别名，在 SQLServer 窗格中，显示以下代码：

```
    SELECT dbo.tblInOut.ID AS 序号,dbo.tblRates.models AS 车型,dbo.tblInOut.
intime AS 进入时间,dbo.tblInOut.outtime AS 驶出时间,
    dbo.tblInOut.parktime * dbo.tblRates.rates AS 费用
    FROM   dbo.tblInOut INNER JOIN dbo.tblRates ON dbo.tblInOut.modelsID=
dbo.tblRates.modelsID
```

（3）单击工具栏中的“执行”按钮，执行结果如图 6.17 所示。

（4）单击工具栏中的“保存”按钮，保存视图为 dbo.vCosts。

	序号	车型	驶入时间	驶出时间	费用
▶	1	6人及以下	2008-4-3 8:00:00	2008-4-4 17:00:00	99
	2	15人以下	2008-3-5 12:00:00	2008-3-6 17:00:00	116
	3	15人以上	2008-4-2 22:00:00	NULL	NULL
	4	6人及以下	2008-4-2 20:00:00	2008-4-3 15:00:00	57
	5	15人以下	2008-3-7 15:00:00	NULL	NULL

图 6.17　费用计算结果

6.5　日常数据查询和统计（视图应用）

创建停车场数据库和相关数据表的目的是计算出停车费用。此外还要完成对进出车辆的管理，包括进入、驶出车辆的查询，现存车辆的查询等。

任务描述

任务名称：实现“停车场”车辆日常数据的查询和统计。

任务描述：实现“停车场”车辆管理，要求统计出每日进入车辆数、驶出车辆数、当前停车数等信息，最终统计出日收入、月收入和年收入。实现统计和查询功能要建立一些相关的视图。

相关知识与技能

1．视图的含义

从用户角度来看，一个视图是从一个特定的角度来查看数据库中的数据。从数据库系统内部来看，一个视图是由 SELECT 查询语句组成的虚拟表。从数据库系统内部来看，视图是由一张或多张表中的数据组成的；从数据库系统外部来看，视图就如同一张表，对表能够进行的一般操作都可以应用于视图，如查询、插入、修改、删除操作等。

视图是一个虚拟表，其内容由查询语句定义。同真实的表一样，视图包含一系列带有名称的列和行数据。但是，视图并不在数据库中以存储的数据形式存在。行和列数据来自由定义视图的查询语句所引用的表，并且在引用视图时动态生成。对其中所引用的基础表来说，视图的作用类似于筛选。定义视图的筛选可以来自当前或其他数据库的一个或多个表，或者其他视图。分布式查询也可用于定义使用多个异类数据源的视图。

视图是存储在数据库中的查询的 SQL 语句，它主要出于两种原因：一个原因是安全原因，视图可以隐藏一些数据；另一原因是可使复杂的查询易于理解和使用。

2．视图的特点

（1）简单性。看到的就是需要的。视图不仅可以简化用户对数据的理解，也可以简化他们的操作。那些被经常使用的查询可以被定义为视图，从而使得用户不必每次为以后的操作指定全部的条件。

（2）安全性。通过视图，用户只能查询和修改自己所能见到的数据。数据库中的其他数据则既看不见也取不到。数据库授权命令可以使每个用户对数据库的检索限制到特定的数据库对象上，但不能授权到数据库特定的行和特定的列上。通过视图，用户可以被限制在数据的不同子集上。

（3）逻辑数据独立性。视图可帮助用户屏蔽真实表结构变化带来的影响。

（4）视图集中。视图集中是使用户只关心他们感兴趣的某些特定数据和他们所负责的特定任务。这样通过只允许用户看到视图中所定义的数据而不是视图引用表中的数据而提高了数据的安全性。

（5）简化操作。视图大大简化了用户对数据的操作。因为在定义视图时，若视图本身就是一个复杂查询的结果集，这样在每一次执行相同的查询时，不必重新写这些复杂的查询语句，只要一条简单的查询视图语句即可。可见视图向用户隐藏了表与表之间的复杂的连接操作。

（6）定制数据。视图能够实现让不同的用户以不同的方式看到不同或相同的数据集。因此，当有许多不同水平的用户共用同一数据库时，这显得极为重要。

（7）合并分割数据。在有些情况下，由于表中数据量太大，故在进行表的设计时常将表进行水平分割或垂直分割，但表的结构的变化却对应用程序产生不良的影响。如果使用视图就可以重新保持原有的结构关系，从而使外模式保持不变，原有的应用程序仍可以通过视图来重载数据。

实践操作

1. 日进入车辆统计

根据表 dbo.tblInOut 统计日进入车辆的辆数（系统时间 2008 年 4 月 2 日）。在添加表、视图、函数对话框中添加表 dbo.tbInOut，建立视图 dbo.vDIn，如图 6.18 所示。

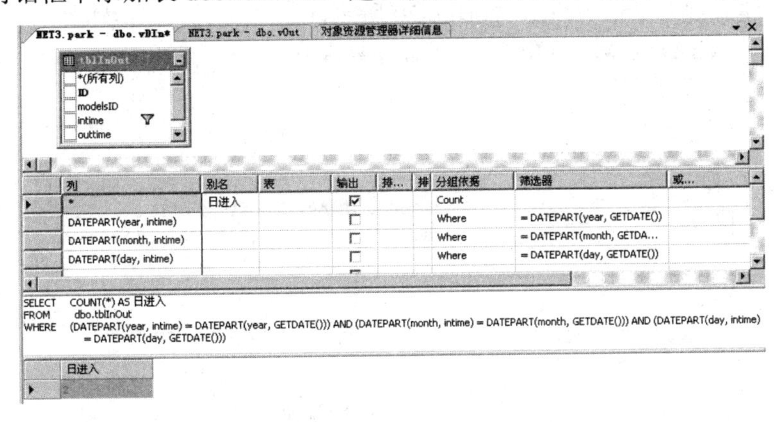

图 6.18　日进入车辆统计视图

SELECT 语句如下：

```
SELECT    COUNT(*)AS 日进入
FROM      dbo.tblInOut
WHERE     (DATEPART(year,intime)=DATEPART(year,GETDATE()))
AND       (DATEPART(month,intime)=DATEPART(month,GETDATE()))
AND       (DATEPART(day,intime)=DATEPART(day,GETDATE()))
```

2．日驶出车辆统计

根据表 dbo.tblInOut 统计日驶出车辆的辆数（系统时间 2008 年 4 月 2 日）。在添加表、视图、函数对话框中添加表 dbo.tbInOut，建立视图 dbo.vDOut，如图 6.19 所示。

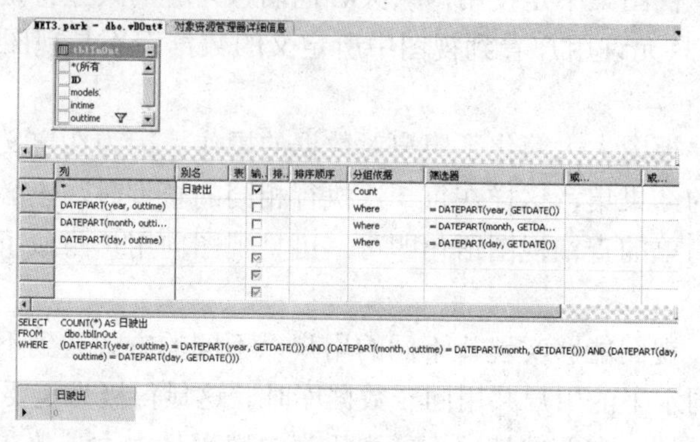

图 6.19　日驶出车辆统计视图

SELECT 语句如下：

```
SELECT      COUNT(*)AS 日驶出
FROM        dbo.tblInOut
WHERE       (DATEPART(year,outtime)=DATEPART(year,GETDATE()))
AND         (DATEPART(month,outtime)=DATEPART(month,GETDATE()))
AND         (DATEPART(day,outtime)=DATEPART(day,GETDATE()))
```

3．当前车辆信息统计

根据表 dbo.tblInOut 统计当前车辆的辆数，在添加表、视图、函数对话框中添加表 dbo.tbInOut，建立视图 dbo.vNow，如图 6.20 所示。

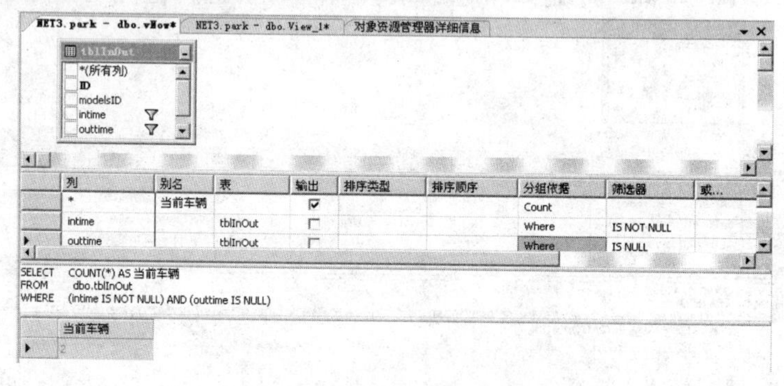

图 6.20　当前车辆数统计视图

SELECT 语句如下：

```
SELECT      COUNT(*)AS 当前车辆
FROM        dbo.tblInOut
WHERE       (intime IS NOT NULL)AND(outtime IS NULL)
```

4．日收入统计

根据视图 dbo.vCosts 统计日收入（系统时间为 2008 年 4 月 2 日），在添加表、视图、函数对话框中添加视图 dbo.vCosts，建立视图 dbo.vDIncome，如图 6.21 所示。

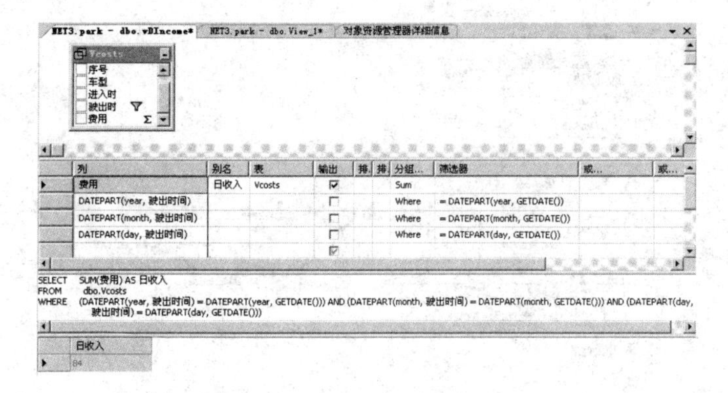

图 6.21　日收入统计视图

SELECT 语句如下：

```
SELECT    SUM(费用)AS 日收入
FROM      dbo.Vcosts
WHERE     (DATEPART(year,驶出时间)=DATEPART(year,GETDATE()))
AND       (DATEPART(month,驶出时间)=DATEPART(month,GETDATE()))
AND       (DATEPART(day,驶出时间)=DATEPART(day,GETDATE()))
```

5．月收入统计

根据视图 dbo.vCosts 统计月收入（系统时间为 2008 年 4 月 2 日），在添加表、视图、函数对话框中添加视图 dbo.vCosts，建立视图 dbo.vMIncome，如图 6.22 所示。

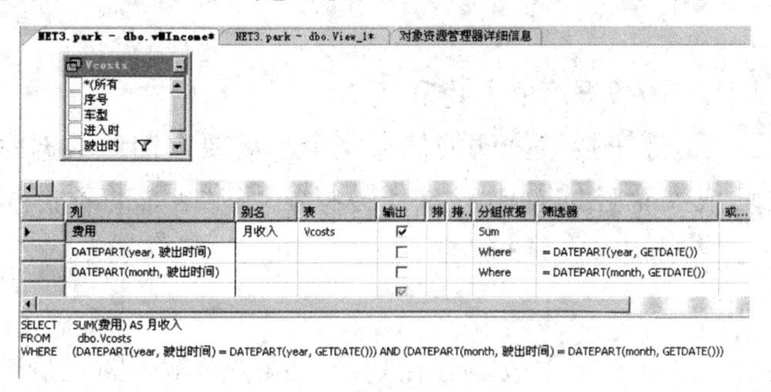

图 6.22　月收入统计视图

SELECT 语句如下：

```
SELECT    SUM(费用)AS 月收入
FROM      dbo.Vcosts
WHERE     (DATEPART(year,驶出时间)=DATEPART(year,GETDATE()))
AND       (DATEPART(month,驶出时间)=DATEPART(month,GETDATE()))
```

6．年收入统计

根据视图 dbo.vCosts 统计年收入，在添加表、视图、函数对话框中添加视图 dbo.vCosts，建立并以“dbo.vYIncome”为名保存视图，如图 6.23 所示。

SELECT 语句如下：

```
SELECT    SUM(费用)AS 年收入
FROM      dbo.Vcosts
WHERE     (DATEPART(year,驶出时间)=DATEPART(year,GETDATE()))
```

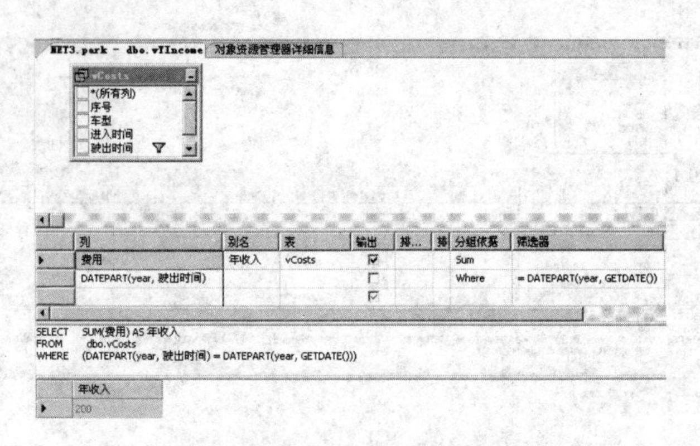

图 6.23　年收入统计视图

6.6　数据库的备份和还原

备份是数据的副本，用于在系统发生故障后还原和恢复数据。备份使用户能够在发生故障后还原数据。SQL Server 备份和还原组件是对数据提供的重要的保护手段，保护存储在 SQL Server 数据库中的关键数据，避免由于各种故障造成的数据损坏和丢失。备份文件可以随便迁移到任何地方，包括其他服务器。

任务描述

任务名称：实现停车场数据库的备份和还原。

任务描述：为了保证停车场数据库的信息安全，需要定期对数据库进行备份，防止发生意外故障对系统造成灾难性的打击。本任务将学习数据库的备份和还原操作方法。

任务分析

数据库系统在运行中可能发生故障，轻则导致系统异常中断，影响数据库中数据的正确性；重则破坏数据库，使数据库中的数据部分或全部丢失。因此，定时备份数据库是数据库日常管理特别重要的工作。因为本任务刚刚接触数据库，所以针对“停车场”数据库采用手工方式备份。备份方式有多种，如全备份、差异备份等。

相关知识与技能

1．数据库备份的必要性

在数据库运行过程当中，难免会遇到诸如人为错误、硬盘损坏、计算机病毒、断电或其他灾难，这些都会影响数据库的正常使用和数据的正确性，甚至破坏数据库，导致部分数据或全部数据的丢失，因此数据库的备份技术在于建立冗余数据，也就是备份数据。

一般数据库的故障可分为 4 类。

（1）事务内部故障。有些故障是可以通过事务程序处理的，如银行转账中的事务一致性；但是还有一些是不能由事务程序处理的，如运算过程中的溢出，并发控制中发生死锁等。

（2）系统故障。系统故障通常称为软故障，指造成系统停止运行的任何事件，如系统重启，操作系统故障，突然停电等。

（3）介质故障。介质故障也称为硬故障，如硬盘损坏，强磁场干扰等，发生概率较小，但是破坏最大。

（4）人为故障。人为故障是一种人为的故障或破坏方式，如病毒感染，用户操作失误等。

2．数据库备份的原理和方式

恢复故障的原理就是建立数据冗余，建立冗余数据的方式是进行数据转储和登记日志文件。数据转储在时间上又可分为静态转储和动态转储；在空间上可分为海量转储和增量转储。

（1）静态转储和动态转储。静态转储就是在转储期间不允许数据库进行任何存取和修改操作；动态转储可以进行存取和修改操作，因此转储和用户事务可以并发进行。

（2）海量转储和增量转储。海量转储是指每次转储全部的数据；增量转储是指只转储自上次转储以来更新过的数据。

（3）日志文件。在事务处理过程中，DBMS 把事务开始，事务结束和对数据库的插入、修改和删除的每一次操作写入日志。一旦故障发生，恢复系统利用日志文件撤销事务对数据库的改变，退回到事务的初始状态。

数据库文件损坏后，可重新装入备份文件恢复到数据库数据转储结束时刻的正确状态，再利用日志文件把已完成的事务进行重做。

实践操作

1．备份“停车场”数据库费率标准表的数据维护

数据库备份可以使用多种备份设备（磁盘设备、网络共享文件、磁带设备），磁盘设备是最常用的，其随技术的发展容量越来越大，价格越来越低，现已成为备份的首选设备。备份方法分为完整备份、差异备份和事务日志，下面以完整备份为例，介绍备份的过程。

右击数据库 park，在弹出的快捷菜单中选择“任务”|“备份”命令，弹出如图 6.24 所示窗口。

选择数据库、备份类型、备份组件、备份集的名称和备份集过期时间，单击“确定”按钮，备份数据库到默认目录（C:\Program Files\Microsoft SQL Server\MSSQL10.MSSQLSERVER\MSSQL\Backup）。

2．还原“停车场”数据库

还原是将备份好的数据还原到服务器，可以是本机（原数据库已经被删除）或其他服务器，具体方法如下：右击“数据库”节点，在弹出的快捷菜单中选择“还原”命令，弹出如图 6.25 所示窗口。

选择还原的目标和还原的源，单击“确定”按钮即可还原数据库。

图 6.24　备份数据库

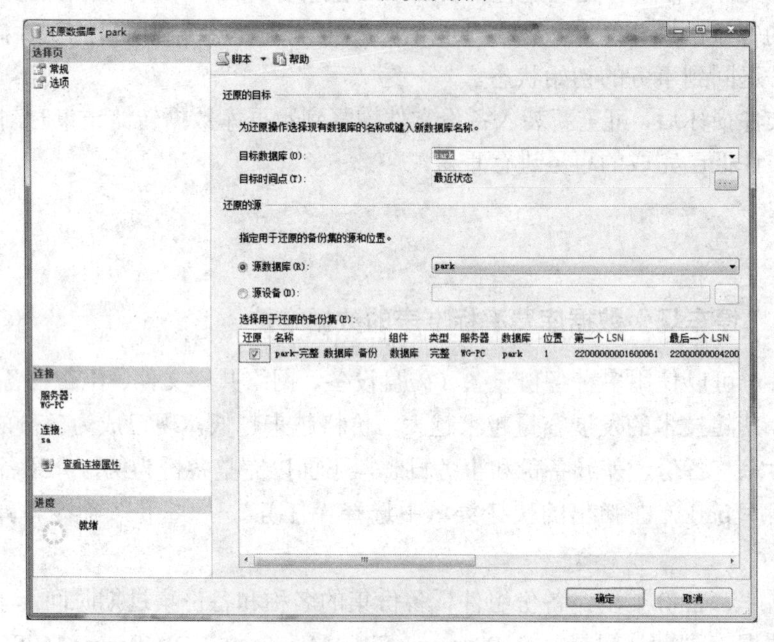

图 6.25　还原数据库

注意　　在本机上操作，应确定 park 数据库被删除。

6.7　回顾与训练：数据库的创建

本任务以简单的“停车场”数据库为例，首先介绍了数据库的分析、设计、创建的过程；然后介绍了表的设计和使用方法；并重点讲述了基于此数据库的简单应用；最后，简单介绍了数据库备份和恢复的基本操作。掌握数据库的创建方法、数据表的设计方法、数据表的数据维护方法。

下面，请根据所学知识完成以下任务。

1．任务

做一个简单的图书管理系统，建立数据库图书管理，其中包括三个表：图书信息表、读者信息表、借阅登记表，表结构如表 6.3～表 6.5 所示。

表 6.3　图书信息表

编　号	列　名	字 段 类 型	长　度
1	图书 ID	int	
2	书名	Nchar	30
3	作者	Nchar	8

表 6.4　读者信息表

编　号	列　名	字 段 类 型	长　度
1	读者 ID	Int	
2	姓名	Nchar	8
3	联系方法	Nchar	30

表 6.5　借阅登记表

编　号	列　名	字 段 类 型	长　度
1	图书 ID	int	
2	读者 ID	int	
3	借书时间	datetime	
4	还书时间	datetime	

基于以上所创建的数据库和表，进行图书入库、读者信息登记、图书借阅、还书和查询统计操作。

2．要求和注意事项

注意主键和外键的选择。

3．操作记录

（1）记录所建立的数据库；

（2）记录所建立的数据表及主键；

（3）记录所建立的数据表之间的关系；

（4）记录所做的日常数据查询和统计。

4．思考和总结

（1）如果需要增加图书进货信息，应怎样做？

（2）如果需要处理图书报废、丢失、损坏等情况，应怎么做？

项目 3 创建学生信息数据库

本项目以“学生信息数据库”开发为主线，从开发的角度介绍 SQL Server 2008 的数据库应用技术。

本项目共有 4 个任务，从开发数据库应用系统的角度，首先介绍数据库及表的分析、设计、创建和应用的方法和技术，其次介绍视图、存储过程、触发器等对象的创建及管理。

通过本项目的训练，应达到以下目标。

★ 理解数据库的系统分析设计方法及步骤；
★ 学会数据库及数据表的创建和管理方法；
★ 了解视图的概念和分类；
★ 学会创建及管理视图的方法；
★ 了解通过视图修改数据的方法；
★ 掌握 Transact-SQL 的常量、变量、运算符，表达式、流程控制语句的语法及其应用操作；
★ 了解存储过程的概念和分类；
★ 学会存储过程的创建及管理的方法；
★ 了解触发器的概念和分类；
★ 学会触发器的创建及管理方法；
★ 了解 ASP.NET 2.0 与 SQL Server 2008 的连接方法；
★ 了解利用 ASP.NET 2.0 技术开发数据库应用中的数据添加、修改、删除及图片存取的操作方法。

任务7

分析设计和创建学生信息数据库

前面已经介绍了 SQL Server 2008 数据库的基本概念和管理工具 SQL Server Management Studio 的基本操作，并利用 SQL Server Management Studio 创建了停车场数据库及相关数据表，并在此基础上进行了数据的基本操作。

在本任务中，将以学生信息管理系统数据库开发为例，首先对学生信息系统数据库进行分析，包括流程分析、概念结构分析、逻辑结构分析，之后简要介绍规划数据库时应注意的事项，以及利用 T-SQL 语句创建数据库及数据表的实现方法。

7.1 分析设计学生信息数据库

任务描述

任务名称：分析设计学生信息数据库

任务描述：创建数据库之前首先应进行需求分析，在调查、收集、整理的基础上进行分析，获得用户对数据库的需求。确定用户最终需求是一个反复的过程，数据库的设计合理与否将直接影响到后面各个阶段，并最终影响到数据库的性能和使用。如果需求分析做得不够完善，数据库在以后的使用过程中将不可避免地要进行较大的修改。

学生信息数据库是任何一所院校都不可缺少的部分，它对于学校的决策者和管理者来说至关重要。许多学校经过多年的发展，学校规模不断扩大，学生人数成倍增长，积累了大量的学生资料和管理经验。这些信息急需进行统一管理以防流失。因此，设计并开发一个功能全面的学生信息管理系统进行管理是非常必要的，这不仅有助于提高学生管理工作

的效率，也可以做到信息的规范管理、科学决策和快速查询。

下面就从学生选课的角度出发，对学生信息数据库进行分析和设计。

相关知识与技能

7.1.1 需求分析

学生信息管理系统的建设目标是快捷、高效、全面、及时地处理学生信息。学生信息管理系统主要实现对学生基本情况、班级、课程、教师等信息的管理，学生选课管理及数据的综合查询统计等功能。

学生信息管理系统的系统功能需求包括以下三个方面。

（1）基本信息管理。基本信息管理主要包括：

- 班级信息输入与维护，主要包括班级的添加、删除和修改；
- 学生基本信息输入与维护，主要包括学生基本信息的添加、删除和修改；
- 课程基本信息输入与维护，主要包括课程基本信息的添加、删除和修改；
- 教师基本信息输入与维护，主要包括教师基本信息的添加、删除和修改；
- 教室基本信息输入与维护，主要包括教室基本信息的添加、删除和修改。

（2）课程设置与选课管理。课程设置与选课管理主要包括：

- 学期课程设置，设定本学期所开设课程并安排相应的教师；
- 编制课程表，根据学期课程安排进行课程表的编制；
- 学生选课，根据学期课程安排和课程表的安排，学生进行选课。

（3）查询和统计。查询和统计主要包括：

- 课程表信息综合查询，可以根据班级、学生、课程类别、教师、教室、时间、考试方式等进行查询；
- 学生选课信息查询，可以根据班级、学生、课程类别、教师、教室、时间、考试方式进行查询；
- 课程开设查询，对学期课程开设情况进行查询；
- 学生选课信息统计，对学生选课信息进行统计和汇总；
- 教室状态查询，对教室的使用情况进行查询；
- 学生基本信息查询，对学生的基本信息进行查询，如学生姓名、籍贯等。
- 教师基本信息查询，对教师的基本信息进行查询，如教师姓名、籍贯、最高学历等。

由学生信息管理系统的功能需求入手，通过对学生管理的流程和数据结构分析，可以得到如下数据需求。

- 班级信息：班级编号、班级名称、专业、入学年度、学制、备注；
- 学生基本信息：学号、姓名、性别、出生日期、政治面貌、毕业学校、籍贯、照片、备注；
- 课程基本信息：课程编号、课程名称、类别、备注；
- 教师基本信息：教师编号、教师姓名、性别、系别、专业、特长、学历、毕业学校、备注；

- 教室基本信息：教室编号、教室名称、位置、容纳人数、备注；
- 班级学生表：班级编号、学号、状态、备注；
- 学期课程安排表：安排编号、学期、课程编号、教师编号、周课时数、上课周数、开始时间、结束时间、考试方式、班级编号、学分、备注；
- 课程表：课程表编号、安排编号、教室编号、上课时间、备注；
- 学生选课信息表：安排编号、学生编号、成绩、备注。

7.1.2 概念结构分析

将需求分析得到的数据需求抽象为信息结构，即概念模型的过程就是概念结构分析。这就得针对用户提出具体要求，对期望数据库执行的操作有一个透彻的理解。由上面的数据需求可以设计出能够满足用户要求的各种实体及它们之间的关系，为后面的逻辑结构设计打下基础。这些实体包含各种具体属性，通过相互之间的作用形成数据的流动。就本系统而言，通过分析、归纳、整理，可以得到具体的实体有学生、教师、课程、班级、教室、课程表等，如图 7.1～图 7.4 所示列出了部分实体 E-R 图，其他实体与此类似，不再重复给出。如图 7.5 所示为各实体间 E-R 图。

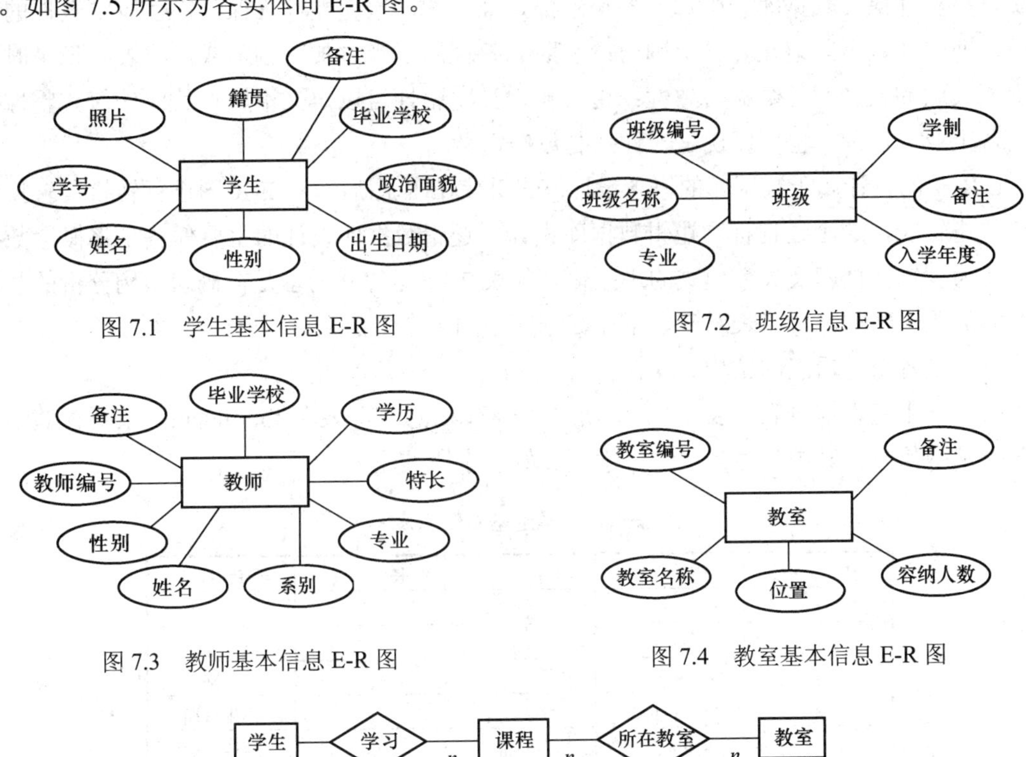

图 7.1　学生基本信息 E-R 图

图 7.2　班级信息 E-R 图

图 7.3　教师基本信息 E-R 图

图 7.4　教室基本信息 E-R 图

图 7.5　实体与实体之间关系 E-R 图

7.1.3 逻辑结构设计

数据库的逻辑结构设计是决定数据库性能的关键因素，也是进行关系数据库优化的核心。一个设计优良的逻辑数据库，可以为应用程序性能打下基础。如果逻辑数据库设计得不好，会影响整个系统的性能。

规范的逻辑数据库设计包括使用正规的方法来将数据分为多个相关的表。进行合理的、规范化的设计有助于提高性能。规范化规则指出了在设计良好的数据库中必须出现或不出现的某些属性。因此，在数据库设计时应遵循以下规则。

- 表应该有一个标识符；
- 表应只存储单一类型实体的数据；
- 表应尽量避免可为空的列，且表中不应有重复的值或列。

良好的数据库的设计不仅需要考虑其规范性，还要虑其完整性。数据完整性可保证数据库中数据的质量，主要包括实体完整性、域完整性、参照完整性、用户定义完整性。其中实体完整性保证数据库表中每一条记录都是唯一的；域完整性确保给定字段中数据的有效性，即保证数据取值在有效范围内；参照完整性用于当添加、删除或修改表中记录时，确保相关联的表之间的数据一致性；用户自定义完整性可以定义不属于其他任何完整性类别的特定业务规则，也可以说是一种强制数据定义。

E-R 图的设计属于数据库的概念设计。设计完 E-R 图后，对 E-R 图进行转换，转换为对应的逻辑表，这个过程称为逻辑数据库设计。逻辑数据库设计的主要任务是将概念数据库转化为逻辑数据库及关系模式的规范化。如表 7.1～表 7.9 所示是在概念结构分析的基础上得到的逻辑结构，每张表对应表示在数据库中的一个表。

下面是各个逻辑表的结构。

（1）学生基本信息表。表 7.1 所示是学生基本信息表，表名 tblStudent，主要存储学生的各种基本信息，其中学号是主键，学号、姓名字段非空。

表 7.1　学生基本信息表

编　号	列　名	字段类型	长　度	字段描述
1	stuNo	Nchar	8	学号（主键）
2	stuName	Nchar	8	姓名（非空）
3	Sex	Ncahr	2	性别
4	BirthDate	Datetime	8	出生日期
5	Polity	Nchar	10	政治面貌
6	GraduateSchool	Nvarchar	50	毕业学校
7	HomePlace	Nvarchar	50	籍贯
8	Photo	Image	16	照片
9	Remark	Nvarchar	100	备注

（2）班级信息表。表 7.2 所示是班级信息表，表名 tblClass，主要存储班级的基本信息，其中班级编号是主键，班级编号、班级名称字段非空。

表 7.2　班级信息表

编　号	列　名	字段类型	长　度	字段描述
1	clsNo	Nchar	8	班级编号（主键）
2	clsName	Nvarchar	50	班级名称（非空）
3	Speciality	Nvarcahr	50	专业
4	onYear	Nchar	8	入学年度
5	LengthOfSchooling	Int		学制
6	Remark	Nvarchar	100	备注

（3）班级学生表。表 7.3 所示是班级学生表，表名 tblClassStudent，主要存储学生所属的班级及状态，其中班级编号、学号为主键，状态分为在学（默认）、休学和毕业，班级编号、学号、状态字段非空。

表 7.3　班级学生表

编　号	列　名	字段类型	长　度	字段描述
1	clsNo	Nchar	8	班级编号（主键）
2	stuNo	Nchar	8	学号（主键）
3	State	Ncahr	2	状态（非空）
4	Remark	Nvarchar	100	备注

（4）课程基本信息表。表 7.4 所示是课程基本信息表，表名 tblCourse，主要存储课程的基本信息，其中课程编号为主键，类别分为专业课、基础课（默认）和专业基础课，课程编号、课程名称字段非空。

表 7.4　课程基本信息表

编　号	列　名	字段类型	长　度	字段描述
1	CourseNo	Nchar	6	课程编号（主键）
2	CouseName	Nvarchar	50	课程名称（非空）
3	Kind	Ncahr	5	类别
4	Remark	Nvarchar	100	备注

（5）教师基本信息表。表 7.5 所示是教师基本信息表，表名 tblTeacher，主要存储教师的基本信息，其中教师编号为主键，性别分为男（默认）、女，教师编号、姓名字段非空。

表 7.5　教师基本信息表

编　号	列　名	字段类型	长　度	字段描述
1	TeacherNo	Nchar	6	教师编号（主键）
2	TeacherName	Nvarchar	50	姓名（非空）
3	Sex	Ncahr	2	性别
4	Department	Nvarchar	20	系别
5	major	Nvarchar	50	专业
6	Speciality	Nvarchar	50	特长
7	Eduqua	Nchar	10	学历
8	GraduateSchool	Nvarchar	50	毕业学校
9	Remark	Nvarchar	100	备注

（6）教室基本信息表。表 7.6 所示是教室基本信息表，表名 tblRoom，主要存储教室的基本信息，其中教室编号为主键，教室编号、教室名称字段非空。

表 7.6 教室基本信息表

编 号	列 名	字段类型	长 度	字段描述
1	RoomNo	Nchar	6	教室编号（主键）
2	RoomName	Nvarchar	50	教室名称（非空）
3	Address	Nvarcahr	50	位置
4	Number	Int		容纳人数
5	Remark	Nvarchar	100	备注

（7）学期课程安排表。表 7.7 所示是学期课程安排表，表名 tblCourseSet，主要存储本学期所开设的课程，其中安排编号为主键，课程编号、教师编号、班级编号为外键，安排编号、教师编号、班级编号非空。

表 7.7 学期课程安排表

编 号	列 名	字段类型	长 度	字段描述
1	CourseSetId	Int		安排编号（主键）
2	semester	Nchar	10	学期
3	CourseNo	Ncahr	6	课程编号
4	TeacherNo	Nvarchar	6	教师编号（非空）
5	ClassOfWeek	Int		周课时数
6	BeginDate	DateTime	8	开始时间
7	EndDate	DateTime	8	结束时间
8	ModeOfExam	Nchar	4	考试方式
9	clsNo	Nchar	8	班级编号（非空）
10	Remark	Nvarchar	100	备注

（8）课程表。表 7.8 所示是课程表，表名 tblCourseTable，主要根据学期课程表进行课程表编制，其中课程表编号为主键，安排编号、教室编号为外键，课程表编号非空。

表 7.8 课程表

编 号	列 名	字段类型	长 度	字段描述
1	CourseTableId	Int		课程表编号（主键）
2	CourseSetId	Int		安排编号
3	RoomNo	Nchar	6	教室编号
4	TimeForClass	Nvarchar	50	上课时间
5	Remark	Nvarchar	100	备注

（9）学生选课信息表。表 7.9 所示是学生选课信息表，表名 tblStudentCourse，主要是学生进行选课的记录，其中安排编号、学号既是主键也是外键，安排编号、学号非空。

表 7.9 学生选课信息表

编 号	列 名	字段类型	长 度	字段描述
1	CourseSetId	Int		安排编号（主键）
2	stuNo	Nchar	8	学号（主键）
3	score	Nchar	4	成绩
4	Remark	Nvarchar	30	备注

7.2 创建学生信息数据库

任务描述

任务名称：创建学生信息数据库。

任务描述：前面任务中对数据库及数据表进行了分析，接下来就应对数据库进行规划并创建新的数据库，数据库创建有两种方式，分别是命令方式和图形方式。

下面对学生信息数据库进行创建。

相关知识与技能

1．数据库文件

在 SQL Server 2008 中，将数据库映射为一组操作系统文件，包括数据文件和日志信息文件。数据文件是数据库对象的物理存储容器，所有的数据库对象物理上都存储在数据文件中，日志文件记载着用户对数据库操作的历史记录。任何一个大型数据库都必须有日志文件，日志文件在数据库恢复方面起着非常重要的作用。SQL Server 是遵循先写日志，再进行数据修改的数据库系统。即使由于某种原因造成数据库系统崩溃，只要有保存完整的日志文件就可以进行数据库的恢复。数据文件和日志文件不能共用同一个文件，而且一个文件只由一个数据库使用。文件组是文件的命名集合，用于简化数据存放和管理任务。

2．数据库大小估计

设计数据库时需要估计填入数据后数据库的大小。估计数据库的大小可以确定是否需要修改数据库设计。如果数据库估计得太大，会造成资源的浪费，而如果数据库估计得太小，系统就会频繁地对数据库实施增长，降低系统的性能。

在估计数据库的大小时，从以下三个方面进行估计。

（1）数据大小评估。SQL Server 采用的是先分配空间后使用的方法，也就是先创建空数据库，然后再向其中保存对象。

数据是以表对象的形式存储在数据文件中的。SQL Server 采用的是先分配空间后使用的形式，实际上就是先创建数据文件并以空白页填充，然后再保存对象。在创建数据库之前，如果不对数据文件的初始大小进行评估，就可能导致过小或过大的空间分配。就好比要建设仓库之前必须先估计所要存储货物的多少，然后决定仓库的大小。仓库过大是一种资源浪费，过小又会导致在使用中需要扩建。同样，数据库在创建时，过小的空间分配会导致数据库不够用或者需要不停地动态增加空间，过大的空间又会产生浪费。所以在创建用户数据库之前，对数据库的数据文件的大小进行初步评估是一个很好的习惯。

数据文件中包含的主要数据是表和索引，通过评估这两者的数据量就可以评估出数据文件的初始大小。粗略估计单个表中的数据大小可以采用以下的步骤。

- 估计特定时期内数据的行数，用 Num_Rows 表示；
- 估算每行平均占用的存储空间，用 Row_Size 表示；

- 计算该表占用的存储空间，Table_Size=Num_Rows×Row_Size；
- 重复上面三个步骤，估算所有表占用的存储空间并累加计算出数据的大小。

（2）索引大小评估。SQL Server 中有两种类型的索引，即聚集索引和非聚集索引。

对于聚集索引，索引大小为数据大小的 1%以下是一个比较合理的取值；对于非聚集索引，索引大小为数据大小的 15%以下是一个比较合理的取值。所以在估计时可以使用以下规则。

聚集索引：索引的大小=数据大小*1%；

非聚集索引：索引的大小=数据大小*15%；

索引大小＝聚集索引+非聚集索引。

（3）评估数据文件的初始大小。将数据部分和索引部分相加就是数据文件的初始大小。

因此，估计数据库的大小，实际上是估计数据的大小，然后根据索引的类型和使用计算索引的大小，最后将各个值累加起来即可。

在创建数据库时，可以指定数据和日志文件的初始大小。数据文件的初始大小可以设定为数据估计的大小；日志文件的大小和数据库的类型、数据修改的频率等有关系，初始化以偏大为原则。

随着数据不断地添加到数据库，这些文件将逐渐变满。如果添加到数据库中的数据多于文件的容量，就需要考虑数据库在超过所分配初始空间的情况下是否增长及如何增长。

默认情况下，数据文件根据需要一直增长，直到没有剩余的磁盘空间为止。因此，如果不希望数据库文件的大小增长到大于创建时的初始值，就必须在使用 SQL Server Management Studio 或 CREATE DATABASE 语句创建数据库时指定其大小。

SQL Server 可以创建填充数据时能够自动增长的数据文件，但只能增长到预定义的最大值。这样做的优点是可以使数据库在添加超过预期的数据时增长，而不会填满磁盘驱动器。然而，如果不想使数据库增长超过其初始值，可将数据库增长的最大值设置为零。如果数据库文件已填满数据，那么只有为数据库添加更多的数据文件或扩展现有的文件后，才能添加更多的数据。

如果若干文件共享同一个磁盘，而且让文件自动增长可能会导致这些文件产生碎片。因此，应尽可能地在不同的本地物理磁盘上创建文件或文件组。

实践操作

通过以上的知识对数据库进行了规划，接下来就是创建数据库，在 SQL Server 2008 中，创建数据库有两种方式：一种是以图形界面的方式来创建，另一种是以 T-SQL 语句的方式来创建。图形界面直观方便，T-SQL 灵活快速。无论采用哪种方式创建的数据库结构都是一样的。多数情况下，DBA 多采用 T-SQL 语句的方式来操作数据库，这种方法相对来说比较灵活快捷，但对数据库的理解要比较专业。

创建数据库的 T-SQL 语句是 CREATE DATABASE，但是执行该语句的用户必须具有 CREATE DATABASE、CREATE ANY DATABASE 或 ALTER ANY DATABASE 的权限。该语句的语法结构如下：

```
CREATE DATABASE database_name
[     ON
```

```
[ PRIMARY ] [ <filespec> [ ,...n ]
            [ , <filegroup> [ ,...n ] ]
            [ LOG ON { <filespec> [ ,...n ] } ]
            ]
    [ COLLATE collation_name ]
    [ WITH <external_access_option> ]
]
[;]
<filespec> ::=
{
(
   NAME = logical_file_name ,
   FILENAME = 'os_file_name'
       [ , SIZE = size [ KB | MB | GB | TB ] ]
       [ , MAXSIZE = { max_size [ KB | MB | GB | TB ] | UNLIMITED } ]
       [ , FILEGROWTH = growth_increment [ KB | MB | GB | TB | % ] ]
) [ ,...n ]
}
```

下面使用 CREATE DATABASE 语句来创建学生信息库 dbStudents，其具体操作步骤如下。

（1）选择"开始" | "所有程序" | "MicroSoft SQL Server 2008" | "SQL Server Management Studio"命令，登录到 SQL Server Management Studio，单击"新建查询"按钮，打开如图 7.6 所示的查询编辑界面。

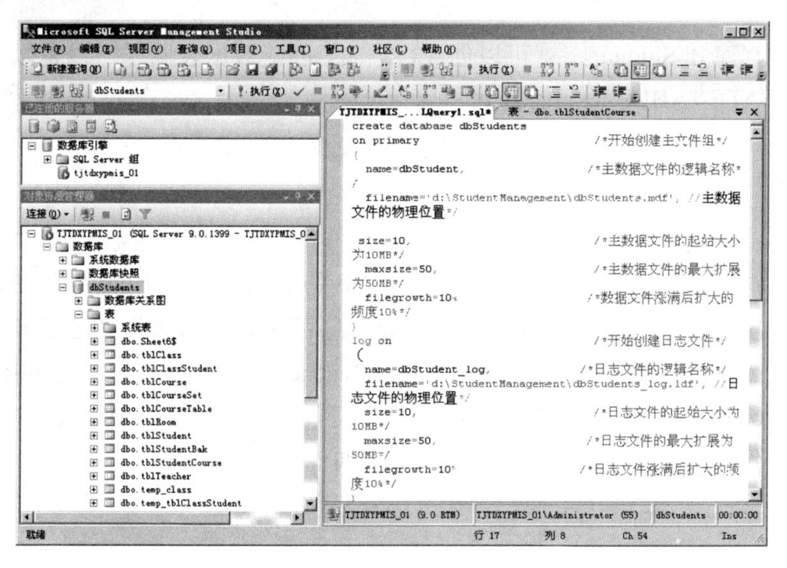

图 7.6　Management Studio 中的查询编辑界面

（2）在查询编辑界面输入代码：

```
create database dbStudents
on primary                                           --开始创建主文件组
(
 name=dbStudent,                                     --主数据文件的逻辑名称
 filename='d:\StudentManagement\dbStudents.mdf', --主数据文件的物理位置
```

```
  size=10,                                   --主数据文件的起始大小为10MB
  maxsize=50,                                --主数据文件的最大扩展为50MB
  filegrowth=10%                             --数据文件涨满后扩大的频度为10%
)
log on                                       --开始创建日志文件
(
  name=dbStudent_log,                        --日志文件的逻辑名称
  filename='d:\StudentManagement\dbStudents_log.ldf',
                                                   --日志文件的物理位置
  size=10,                                   --日志文件的起始大小为10MB
  maxsize=50,                                --日志文件的最大扩展为50MB
  filegrowth=10%                             --日志文件涨满后扩大的频度为10%
)
go
use dbStudents                               --打开数据库
go
```

（3）单击工具栏上的“执行”按钮或直接按快捷键【F5】即可执行。

命令执行完毕后，在 Management Studio 的对象浏览器上就可以看到一个新的数据库，名称为 dbStudents，至此数据库创建完毕。

7.3　创建数据表

创建完数据库 dbStudents，就可以创建数据表。创建数据表同样可以是以图形界面的方式或者以 CREATE TABLE 语句的方式。

任务描述

任务名称：创建数据表。

任务描述：前面已经介绍了 CREATE TABLE 的语法结构。下面使用 CREATE TABLE 语句分别创建学生基本信息表 tblStudent、班级信息表 tblClass、班级学生表 tblClassStudent、课程基本信息表 tblCourse、教师基本信息表 tblTeacher、教室基本信息表 tblRoom、学期课程安排表 tblCourseSet、课程表 tblCourseTable 及学生选课信息表 tblStudentCourse。

本任务中使用 CREATE TABLE 语句创建上面的各个数据表。

任务分析

创建数据表的 T-SQL 语句是 CREATE TABLE，执行该语句的用户需要在数据库中具有 CREATE TABLE 权限，对在其中创建表的架构具有 ALTER 权限。

在创建数据表之前使用 USE dbStudents 命令打开 dbStudents 数据库，然后在查询编辑界面输入创建数据表语句后执行即可完成。

实践操作

1. 学生基本信息表

学生基本信息表（tblStudent）包括学号、姓名、性别、出生日期、政治面貌、毕业学校、籍贯、照片、备注字段。

```
CREATE TABLE tblStudent(
stuNo           nchar(8)  primary key,
stuName         nchar(8) not null,
Sex             nchar(2) check (sex in ('男','女')) default '男',
BirthDate       datetime,
Polity          nchar(10),
GraduateSchool    nvarchar(50),
HomePlace       nvarchar(50),
Photo           image,
Remark          nvarchar(100)
)
```

2. 班级信息表

班级信息表（tblClass）包括班级编号、班级名称、专业、入学年度、学制、备注字段。

```
CREATE        TABLE tblClass(
clsNo         nchar(8) primary key,
clsName       nvarchar(50) not null,
Speciality    nvarchar(50) ,
onYear        nchar(8),
LengthOfSchooling  int default 3,
Remark        nvarchar(100)
)
```

3. 班级学生表

班级学生表（tblClassStudent）包括班级编号、学号、状态、备注字段，其中班级学生表（tblClassStudent）与班级信息表（tblClass）、学生基本信息表（tblStudent）关联。

```
CREATE TABLE tblClassStudent(
clsNo     nchar(8) not null,
stuNo     nchar(8)  not null,
state     nchar(2) check(state in ('在学','休学', '毕业')) default '在学',
Remark     nvarchar(100),
Constraint pk_tblClassStudent primary key(clsNo,stuNo),
Constraint FK_tblClassStudent_tblClass  Foreign key(clsNo)
 References tblClass(clsNo),
Constraint FK_tblClassStudent_tblStudent Foreign key(stuNo)
 References tblStudent(stuNo)
)
```

4. 课程基本信息表

课程基本信息表（tblCourse）包括课程编号、课程名称、类别、备注字段。

```
CREATE TABLE tblCourse(
CourseNo  nchar(6) primary key ,
CourseName  nvarchar(50) not null,
Kind  nchar(5) check (Kind in ('专业课','基础课','专业基础课')) default'基础
课',
Remark   nvarchar(100)
)
```

5. 教师基本信息表

教师基本信息表（tblTeacher）包括教师编号、姓名、性别、系别、专业、特长、学历、毕业学校、备注字段。

```
CREATE TABLE tblTeacher(
TeacherNo     nchar(6) primary key ,
TeacherName   nvarchar(50) not null,
Sex            nchar(2) check (sex in ('男','女')) default '男',
Department     nvarchar(20),
major          nvarchar(50),
Speciality     nvarchar(50),
Eduqua         nchar(10),
GraduateSchool nvarchar(50),
Remark         nvarchar(100)
)
```

6. 教室基本信息表

教室基本信息表（tblRoom）包括教室编号、教室名称、位置、容纳人数、备注字段。

```
CREATE TABLE tblRoom (
RoomNo        nchar(6) primary key ,
RoomName      nvarchar(50) not null,
Address       nvarchar(50),
Number        int,
Remark        nvarchar(100)
)
```

7. 学期课程安排表

学期课程安排表（tblCourseSet）包括安排编号、学期、课程编号、教师编号、周课时数、上课周数、开始时间、结束时间、考试方式、班级编号、备注字段，其中学期课程安排表（tblCourseSet）与课程基本信息表（tblCourse）、教室基本信息表（tblRoom）关联。

```
CREATE TABLE tblCourseSet(
CourseSetId    int identity(1,1) primary key,
semester       nchar(10),
CourseNo       nchar(6) ,
TeacherNo     nchar(6) not null,
ClassOfWeek    int,
BeginDate     Datetime,
EndDate        Datetime,
```

```
    ModeOfExam    nchar(4),
    clsNo             nchar(8) not null,
    Remark  nvarchar(100),
    Constraint  FK_tblCourseSet_tblClass  Foreign  key(clsNo)  References
tblClass(clsNo),
    Constraint  FK_tblCourseSet_tblCourse  Foreign  key(CourseNo)  References
tblCourse(CourseNo),
    Constraint  FK_tblCourseSet_tblTeacher Foreign key(TeacherNo) References
tblTeacher(TeacherNo)
    )
```

8．课程表

课程表（tblCourseTable）主要包括课程表编号、安排编号、教室编号、上课时间、备注字段，其中课程表（tblCourseTable）与学期课程安排表（tblCourseSet）、教室基本信息表（tblRoom）关联。

```
    CREATE TABLE tblCourseTable(
    CourseTableIdint identity(1,1) primary key,
    CourseSetId   int,
    RoomNo        nchar(6) ,
    TimeForClass  nvarchar(50),
    Remark        nvarchar(100),
    Constraint   FK_tblCourseTable_tblCourseSet   Foreign   key(CourseSetId)
References tblCourseSet(CourseSetId  ),
    Constraint FK_tblCourseTable_tblRoom Foreign key(RoomNo)
     References tblRoom(RoomNo))
```

9．学生选课信息表

学生选课信息表（tblStudentCourse）包括安排编号、学生编号、成绩、备注字段，其中学生选课信息表（tblStudentCourse）与学期课程安排表（tblCourseSet）、学生基本信息表（tblStudent）关联。

```
    CREATE TABLE tblStudentCourse (
    CourseSetId   int,
    stuNo          nchar(8),
    score         int default 0,
    Remark        nvarchar(30),
    Constraint pk_tblStudentCourse Primary key(CourseSetId, stuNo),
    Constraint  FK_tblStudentCourse_tblCourseSet   Foreign  key(CourseSetId)
References tblCourseSet(CourseSetId),
    Constraint Fk_tblStudentCourse_stuNo  Foreign key(stuNo)
     References tblStudent(stuNo))
```

10．表间关系

根据以上分析、构建，dbStudents 数据库中数据表间的关系如图 7.7 所示。

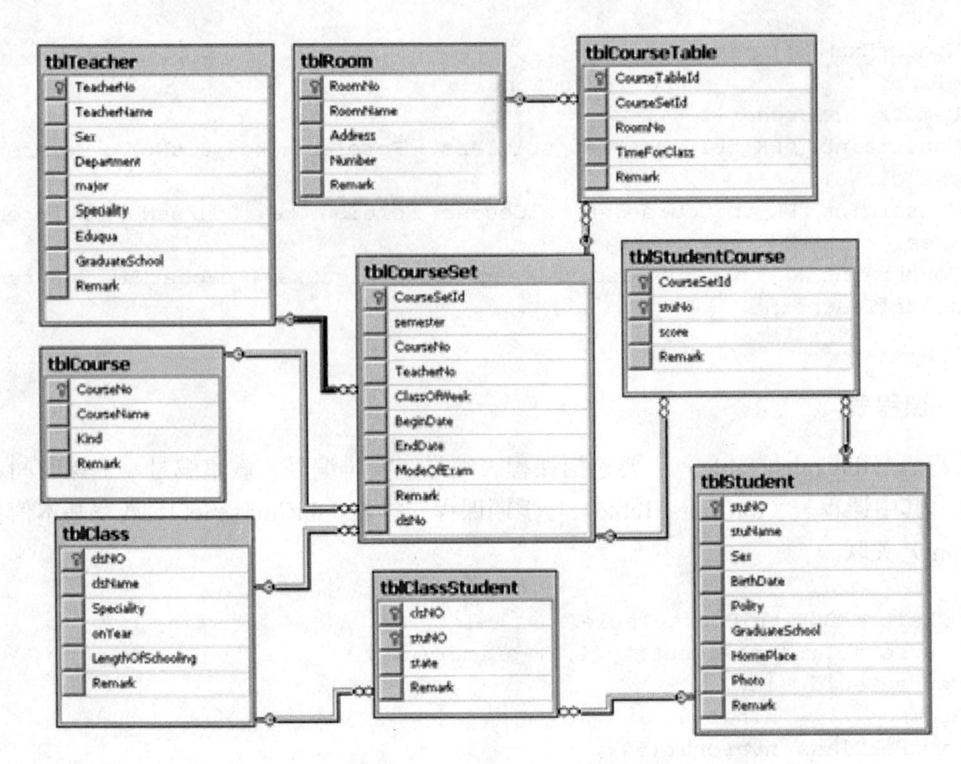

图 7.7　数据表间的关系

7.4　回顾与训练：创建数据库及数据表

本任务以学生信息管理系统数据库为例，讲述了数据库的分析设计、物理设计及表的创建等过程。

创建数据库之前首先应进行需求分析，在调查、收集、整理的基础上进行分析，获得用户对数据库的需求。确定用户最终需求是一个反复的过程，数据库的设计合理与否将直接影响到后面的各个阶段，并最终影响到数据库的性能和使用。如果需求分析做得不够完善，数据库在以后的使用过程中将不可避免地要进行较大的修改，这对数据库的应用会造成比较大的影响。

数据库在进行分析之后得到数据库的逻辑结构，在数据库逻辑结构基础上创建物理数据库。创建物理数据库之前，要进行物理数据库的规划，包括数据库的初始大小、文件存储等。在 SQL Server 中创建数据库可以使用图形界面，也可以使用 T-SQL 语言。

有了物理数据库，就可以在数据库中创建各种数据库对象，包括数据表等。

下面，请根据所学知识完成以下任务。

1．任务

（1）创建学生信息数据库 dbStudents。

（2）根据系统分析创建学生信息管理系统中的数据表。

2．要求和注意事项

（1）注意用户权限，创建数据库的用户必须是系统管理员或被授权使用 CREATE DATABASE 语句的用户。

（2）创建 dbStudents 数据库时，将主数据文件的初始大小设置为 50MB，最大扩展为 200MB，数据文件以 10%的速度增长。日志文件的起始大小为 30MB，最大扩展为 200MB，以 10%的速度增长。

（3）利用 CREATE TABLE 语句创建 dbStudents 数据库中的数据表，注意主键、外键和其他约束的使用。创建的数据表包括学生基本信息表（tblStudent）、班级信息表（tblClass）、班级学生表（tblClassStudent）、课程基本信息表（tblCourse）、教师基本信息表（tblTeacher）、教室基本信息表（tblRoom）、学期课程安排表（tblCourseSet）、课程表（tblCourseTable）、学生选课信息表（tblStudentCourse）等。

3. 操作记录

（1）记录所操作计算机的硬件配置。

（2）记录所操作计算机的软件环境。

（3）记录创建 dbStudents 数据库的过程及使用的命令。

（4）记录创建 dbStudents 数据库中数据表的过程及使用的命令。

（5）总结实验体会。

4. 思考和总结

（1）数据库在应用过程中会不断变大，如果数据库的大小超过最大值，会怎样？

（2）按照数据库分析设计的流程，试分析并创建人才管理数据库及数据表。

任务8 应用视图

8.1 创建视图

任务描述

任务名称：创建视图。

任务描述：在本任务中，首先了解什么是视图、视图的优点、视图的分析与设计、设计视图时注意的事项，之后利用 T-SQL 命令、SQL Server Management Studio、模板三种方法创建班级学生视图 vClassStudent、学生课程安排视图 vCourseSet、课程表视图 vCourseTable。

任务分析

视图是一个逻辑概念，它提供了另外一种查看数据的方法。视图实际上是虚表，对外部用户来说，视图与表的使用方式相同。使用视图主要是为用户提供一个快捷的访问方法，或者屏蔽用户对真实数据源的直接访问。

在实施本任务时，应注意创建视图时的注意事项及 T-SQL 命令的语法格式。SQL Server 2008 提供了以下几种方法来创建视图：

- 使用 SQL Server Management Studio 工具创建视图；
- 使用 T-SQL 语句中的 CREATE VIEW 命令创建视图；
- 使用视图模板来创建视图。

下面就来了解一下视图的概念、优点、分析及设计，并学习创建视图的这几种方法。

相关知识与技能

1. 视图的概念

视图是关系数据库系统提供给用户以多种角度观察数据库中数据的重要机制。

视图是从一个或几个基本表（或视图）导出的表，它与基本表不同，是一个虚拟表。视图内容由 SELECT 查询语句定义，一经定义便存储在数据库中，与其相对应的数据并不像数据表那样又在数据库中存储一份，通过视图看到的数据只是存放在基本表中的数据。与真实的表一样，仍然具有表的一些属性，对表中数据的添加、修改、删除操作一样可以作用于视图上。通过对视图进行修改，相应基表的数据也要发生变化，同时，若基表的数据发生变化，这种变化也可以自动地反映到视图中。从这个意义上讲，视图像一个窗口，通过它可以看到数据库中自己感兴趣的数据及其变化。

先举一个例子，在学生信息数据库中，如果要查看学生所属的班级、学号、姓名、性别、出生日期、政治面貌、毕业学校、籍贯、学生状态等信息，需要从班级信息表、学生基本信息表、班级学生表中进行查询，其查询代码如下：

```
SELECT  c.clsName, s.stuNO, s.stuName, s.Sex, s.BirthDate,
s.Polity, s.GraduateSchool,  s.HomePlace, cs.state
FROM dbo.tblClassStudent AS cs
INNER JOIN dbo.tblStudent  AS s  ON cs.stuNO = s.stuNO
INNER JOIN dbo.tblClass AS c ON cs.clsNO = c.clsNO
```

这一段查询代码本身很容易理解。如果经常需要查询相同的字段内容（只是条件不同，如上例中可能只是班级不同而已），那么每次都重复地写这么一大串相同的代码，无疑会增加工作量和影响工作效率。

查询就是对数据库内的数据进行检索请求。视图和查询有一定的区别，视图的存储是作为数据库开发者设计数据库的一部分，而查询仅仅是对表的查询，并非数据库设计的一部分。视图在每一次执行相同的查询时，不必重写这些复杂的查询语句，只要一条简单的查询视图语句即可，对视图的查询最终会转化为对基本表的查询。因此，视图实际是把一些查询语句封装起来呈现给数据库用户的。

2. 视图的优点

视图具有很多优点，主要表现在聚焦特定数据、简化数据操作、定制用户数据、合并分割数据和较高的安全性。

（1）聚焦特定数据。视图可以使用户只关心自己感兴趣的某些特定数据和所负责的特定任务，而那些不需要的或者无用的数据则不在视图中显示。这样对用户所关心的特定数据进行聚焦，同时也是对业务数据的一种整合。

（2）简化数据操作。视图大大地简化了用户对数据的操作。通过将复杂的查询（如多表查询）定义为视图，可以简化操作，不必在每次需要数据时都提供所需条件、限制等。

（3）定制用户数据。视图可以让不同的用户以不同的方式看到不同或相同的数据集，这一点对于有不同兴趣或技术水平的用户使用同一数据库时特别有用。

（4）合并分割数据。在某些情况下，由于表中数据量太大，因此在表的设计时常将表

进行水平或者垂直分割，但表结构的变化会对应用程序产生不良的影响。而使用视图可以重新组织数据，从而使外模式保持不变，原有的应用程序仍可以通过视图来重载数据。

（5）较高的安全性。视图提供了一个简单而有效的安全机制。通过视图用户只能查看和修改他们所能看到的数据。其他数据库或表既不可见也不可以访问。如果某一用户想要访问视图的结果集，必须授予其访问权限。视图所引用表的访问权限与视图权限的设置互不影响。

当然，视图并不是完美无缺的，对视图的查询，SQL Server 必须把视图转化成基本表的查询，如果这个视图由一个复杂的多表查询所构成，那么，即使是对视图的一个简单查询，SQL Server 也将把它变成一个复杂的结合体，这需要花费一定的时间，导致性能下降。同样，对视图进行数据修改，SQL Server 也必须把它转化为对与视图引用基表对应的数据修改。对于简单视图来说，这是很方便的，但是，对于比较复杂的视图，可能不可修改。

鉴于视图的特点，在定义数据库对象时，应合理地选择定义视图。

3．视图的分析与设计

数据库在设计时，要根据需要来规划和设计数据库的视图。规划时可以从用户使用的方便性、数据库的安全性等角度去分析和设计视图，包括哪些用户需要使用视图，哪些数据查询需要封装成视图等。对于每一个视图，都要明确进行定义，要有确切的用户和实际的意义。

对于“学生信息管理系统”数据库来说，若需要经常查看班级中的学生信息，就可以建立一个班级学生视图；若需要经常查看学期课程安排，则可以建立学期课程安排视图；无论老师还是学生，都需要查看课程表，则建立课程表视图等。

经过分析，在学生信息管理系统数据库中可以建立以下一些视图。

- 班级学生视图 vClassStudent：用于查看班级名称、学号、姓名、性别、出生日期、政治面貌、毕业学校、籍贯、状态字段。
- 学期课程安排信息视图 vCourseSet：用于查看学期、课程编号、课程名称、教师编号、姓名、性别、周课时数、开始时间、结束时间、考试方式、备注字段。
- 课程表信息视图 vCourseTable：用于查看学期、课程名称、教师姓名、教室名称、位置、上课时间、备注字段。
- 学生基本信息表视图 tblStudent：用于查看学号、姓名、性别、政治面貌字段。

上述创建的视图只是学生信息管理系统的一部分，其他所需视图读者可以根据实际需要，结合自己的理解去规划并创建。

4．设计视图时的注意事项

在设计并创建视图时，应注意以下几点。

- 命名必须遵循标识符的定义规则（可以参考任务 11 相关内容），且对于每个用户必须是唯一的。此外，该名称不得与该架构下的任何数据库对象的名称相同。
- 定义视图查询语句不能包含 ORDER BY、COMPUTE、COMPUTE BY 子句或 INTO 关键字。
- 如果视图引用的基表或视图被删除，则该视图不能再被使用，直到创建新的基表或视图。

- 如果视图中某一列函数、数学表达式、常量或者来自多个表的列名相同，则必须为列定义名称。
- 不能在视图上创建索引，不能在规则、默认、触发器的定义中引用视图。
- 当通过视图查询数据时，SQL Server 要检查以确保语句中涉及的所有数据库对象存在，语句在上下文中有效，而且数据修改语句不能违反数据完整性规则。
- 数据库所有者必须授予创建视图的权限，并且对视图定义中所引用的表或视图要有适当的权限。

实践操作

8.1.1 使用 SSMS 创建视图

在 SQL Server Management Studio 中创建视图的方法与创建数据表的方法不同，下面说明如何利用 SQL Server Management Studio 创建视图，具体操作步骤如下。

（1）启动 SQL Server Management Studio，连接到本地默认实例，在对象资源管理器窗口里，展开本地数据库实例“数据库” | “dbStudents” | “视图”节点。

（2）右击“视图”节点，在弹出的快捷菜单中选择“新建视图”命令，接着就打开添加表、视图、函数对话框，如图 8.1 所示。将引用的表添加到视图设计对话框中，在本操作中创建学生班级视图 vClassStudent，查看班级名称、学号、姓名、性别、出生日期、政治面貌、毕业学校、籍贯、状态字段，因此添加学生基本信息表、班级信息表、班级学生表。

图 8.1 “添加表”对话框

（3）添加完数据表之后，在“关系图”窗格里选中数据表字段前的复选框，可以设置视图要输出的字段。

（4）在“条件”窗格里还可以设置要过滤的查询条件。

（5）设置后的 SQL 语句会显示在 SQL 窗格里，这个 Select 语句也就是视图所要存储的查询语句。在 SQL 窗格里显示以下代码。

```
SELECT dbo.tblClass.clsName, dbo.tblStudent.stuNo,
dbo.tblStudent.stuName, dbo.tblStudent.Sex,
dbo.tblStudent.BirthDate, dbo.tblStudent.Polity,
dbo.tblStudent.GraduateSchool, dbo.tblStudent.HomePlace,
dbo.tblClassStudent.state
FROM dbo.tblClass INNER JOIN  dbo.tblClassStudent
ON dbo.tblClass.clsNo = dbo.tblClassStudent.clsNo
INNER JOIN  dbo.tblStudent
ON dbo.tblClassStudent.stuNo = dbo.tblStudent.stuNo
```

（6）所有查询条件设置完毕之后，单击视图设计器工具栏中的“执行 SQL”按钮即可运行所创建的视图，如图 8.2 所示。

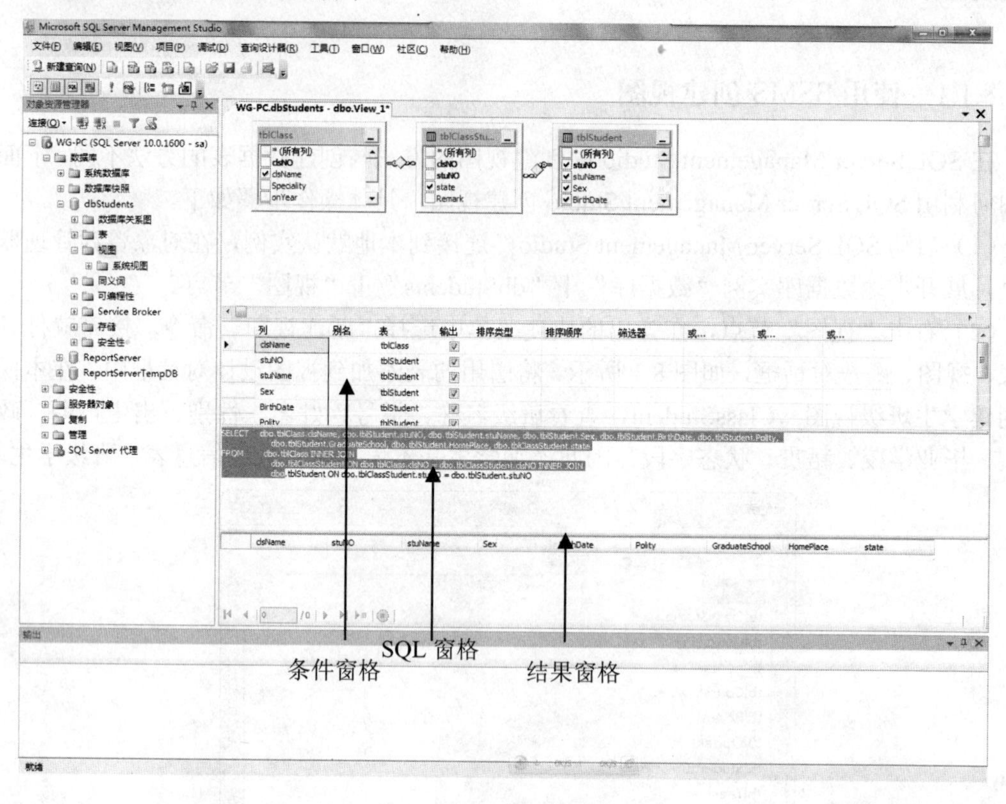

图 8.2　视图设计内容

（7）运行正常之后，单击标准工具栏中的“保存”按钮，在打开的对话框里输入视图名称，再单击“确定”按钮完成操作，如图 8.3 所示。

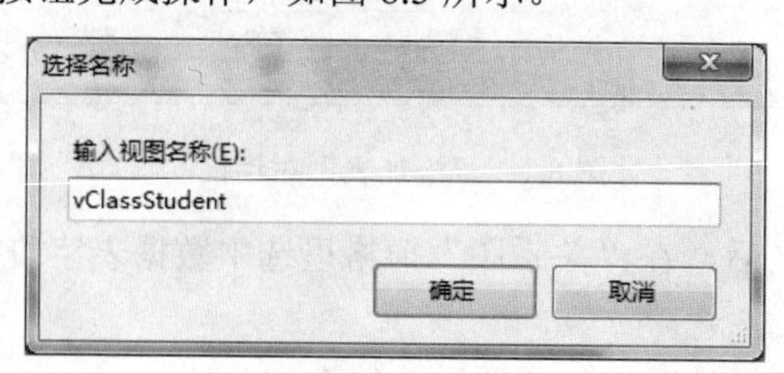

图 8.3　输入视图名称

（8）单击“关闭”按钮，返回“视图设计”窗口。如果还要添加新的数据表，可以右击“关系图”窗格的空白处，在弹出的快捷菜单中选择“添加表”命令，则会打开如图 8.1

所示的“添加表”对话框，然后继续为视图添加引用表或视图。如果要移除已经添加的数据表或视图，可以在“关系图”窗格里右击要移除的数据表或视图，在弹出的快捷菜单中选择“移除”命令，或者选中要移除的数据表或视图后，直接按【Delete】键移除。

8.1.2 使用 T-SQL 语句中的 CREATE VIEW 命令创建视图

1. 基本语法

利用 CREATE VIEW 命令创建视图的基本语法如下：

```
CREATE VIEW [ schema_name . ] view_name     --架构名.视图名
[ (column [ ,...n ] ) ]                     --列名
[ WITH <view_attribute> [ ,...n ] ]
AS select_statement [ ; ]                   --搜索语句
[WITH CHECK OPTION]
/*强制修改语句都必须符合在select_statement中设置的条件*/
<view_attribute> ::=
{
    [ ENCRYPTION ]                          --加密
    [ SCHEMABINDING ]                       --绑定架构
    [ VIEW_METADATA ]      }                --返回有关视图的元数据信息
```

对各参数说明如下。

- schema_name：视图所属架构名称。
- view_name：视图名称。
- column：视图中所使用的列名，一般只有列是从算术表达式、函数或常量派生出来的，或者列的指定名称不同于来源列的名称时，才需要使用，其中 n 是占位符，表示可以指定多列。
- AS：视图要执行的操作。
- select_statement：定义视图的搜索语句，可以用于多个表或其他视图。
- WITH CHECK OPTION：强制针对视图执行的所有数据修改语句都必须符合在 select_ statement 中设置的条件，在视图中修改数据行时，WITH CHECK OPTION 可保证提交修改后，仍可在视图中看到修改的数据。
- ENCRYPTION：加密视图。加密后可以防止视图作为 SQL Server 复制的一部分发布。
- SCHEMABINDING：将视图绑定到基础表的架构，禁止对表或列进行任何会使视图无效的修改。
- VIEW_METADATA：指定为引用视图的查询请求浏览模式的元数据时，SQL Server 实例将向 DB-Library、ODBC 和 OLE DB API 返回有关视图的元数据信息，而不返回基表的元数据信息。

2. 利用 T-SQL 语句中的 CREATE VIEW 命令创建视图

（1）基本用法。下面通过创建一个视图 vCourseSet 来说明 CREATE VIEW 的使用方法。vCourseSet 视图用来查看学期课程安排信息，其中包括学期、课程编号、课程名称、教师编号、姓名、性别、周课时数、开始时间、结束时间、考试方式、备注字段，创建该视图

的具体步骤如下。

① 启动 SQL Server Management Studio，单击标准工具栏中的“新建查询”按钮，出现查询编辑器界面，在其中输入以下代码：

```
Use dbStudents
Go
CREATE VIEW vCourseSet AS
SELECT cs.semester, cs.CourseNo,cr.CourseName,cs.TeacherNo,
t.TeacherName,t.Sex,cs.ClassOfWeek,cs.BeginDate,cs.EndDate,
cs.ModeOfExam,cs.Remark
FROM tblCourseSet AS cs
INNER JOIN tblCourse AS cr ON cs.CourseNo = cr.CourseNo
INNER JOIN  dbo.tblTeacher AS t ON cs.TeacherNo = t.TeacherNo
Go
Select * from vCourseSet
Go
```

② 运行代码，结果如图 8.4 所示。

结果 | 消息

	semester	CourseNo	CourseName	TeacherNO	TeacherName	sex	ClassOfWeek	BeginI
419	20012	1007	体育	t223	田振生	男	19	NULL
420	20012	1008	德育	t224	王宝明	男	19	NULL
421	20012	1010	健康教育	t225	刘林	男	19	NULL
422	20012	2009	计算机基础	t226	王珏	男	19	NULL
423	20012	1002	语文	t227	谢奕波	女	19	NULL
424	20012	1003	数学	t228	王英	女	19	NULL
425	20012	1004	物理	t229	王国迎	男	19	NULL
426	20012	1005	外语	t230	倪宇亮	女	19	NULL
427	20012	1007	体育	t008	李新奇	男	19	NULL
428	20012	1008	德育	t020	[illegible]	男	19	NULL

图 8.4　视图查询结果

（2）给视图字段加上别名。从图 8.4 中可以看出，视图字段是所查询基表中的英文字段名称，为了易于理解，可以给视图字段加上中文别名，在查询编辑器中输入以下代码：

```
CREATE VIEW vCourseSetSec (学期,课程编号,课程名称,教师编号,姓名,性别,周课时数,
开始时间,结束时间,考试方式,备注)
AS
SELECT cs.semester, cs.CourseNo,cr.CourseName,cs.TeacherNo,
t.TeacherName,t.Sex,cs.ClassOfWeek,cs.BeginDate,cs.EndDate,
cs.ModeOfExam,cs.Remark
FROM tblCourseSet AS cs
INNER JOIN tblCourse AS cr ON cs.CourseNo = cr.CourseNo
INNER JOIN  dbo.tblTeacher AS t ON cs.TeacherNo = t.TeacherNo
Go
Select * from vCourseSetSec
Go
```

运行结果如图 8.5 所示。

	学期	课程编...	课程名称	教师编...	姓名	性...	周课时...	开始时...	结束时...
1	20001	1001	政治	t008	李新奇	男	18	NULL	NULL
2	20001	1002	语文	t020	徐金昇	男	18	NULL	NULL
3	20001	1003	数学	t054	杨大进	女	18	NULL	NULL
4	20001	1004	物理	t092	部淑珍	女	18	NULL	NULL
5	20001	1005	外语	t008	李新奇	男	18	NULL	NULL
6	20001	1006	化学	t020	徐金昇	男	18	NULL	NULL
7	20001	1007	体育	t054	杨大进	女	18	NULL	NULL
8	20001	1010	健康教育	t092	部淑珍	女	18	NULL	NULL
9	20001	1001	政治	t008	李新奇	男	18	NULL	NULL
10	20001	1002	语文	t020	徐金昇	男	18	NULL	NULL

图 8.5 视图字段加上别名显示结果

8.1.3 使用模板创建视图

视图不仅可以使用图形工具和 CREATE VIEW 语句创建，还可以使用视图模板来创建。使用视图模板可以很方便地创建视图，比如创建一个 vCourseTable 视图，其具体操作步骤如下。

（1）启动 SQL Server Management Studio，选择“view” | “模板资源管理器”命令，弹出如图 8.6 所示的“模板资源管理器”面板。

（2）在“模板资源管理器”面板中，展开“SQL Server 模板” | “View”节点，双击 Create View 节点，或右击 Create View 节点后在快捷菜单中选择“编辑”命令。

（3）在“连接到数据库引擎”对话框中填写连接信息，单击“连接”按钮，打开已填充“创建视图”模板的新查询编辑器窗口，如图 8.7 所示。

图 8.6 模板资源管理器

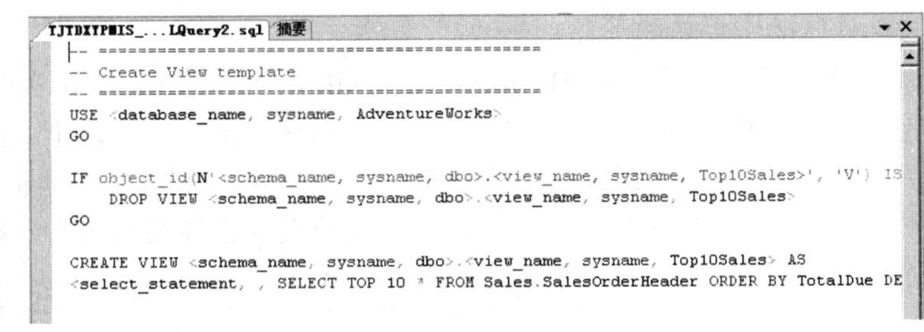

图 8.7 利用模板创建视图窗口

（4）按照模板的提示创建视图。在此创建一个查询课程表信息的视图 vCourseTable，其中包括查看学期、课程名称、教师姓名、教室名称、位置、上课时间、备注字段。输入以下代码：

```
USE dbstudents
GO
Create view  vCourseTable as  Select cs.semester, c.CourseName,
t.TeacherName,r.RoomName, r.Address ,ct.TimeForClass,ct.Remark
From tblCourseSet cs
Join tblCourseTable ct on ct.CourseSetId=cs.CourseSetId
join tblRoom r on ct.RoomNo=r.RoomNo
join tblCourse c on cs.CourseNo=c.CourseNo
```

```
join tblTeacher t on cs.TeacherNo=t.TeacherNo
```

（5）单击视图设计器工具栏中的“执行 SQL”按钮，运行正常之后，单击标准工具栏中的“保存”按钮。

8.2 管理视图

视图与数据表从使用角度来看类似，查看视图与查看数据表的操作也基本一样，但在视图中数据的修改有一些区别。

任务描述

任务名称：管理视图。

任务描述：在 8.1 节的任务中通过几种方法创建了视图。在日常工作中，查看、修改、删除视图是常见的操作。

在本任务中利用 SQL Server Management Studio 和 SQL 命令对刚刚创建的视图分别进行查看、修改、重命名、删除等管理。

实践操作

1. 查看视图

（1）使用 SQL Server Management Studio 查看视图。在 SQL Server Management Studio 中查看视图内容的方法与查看数据表内容的方法几乎一致。比如查看视图 vCourseSet 的数据，具体操作步骤如下。

① 启动 SQL Server Management Studio，连接到本地默认实例，在对象资源管理器窗口展开本地数据库实例的“数据库” | “dbStudents” | “视图” | “vCourseSet”节点。

② 右击 vCourseSet 节点，在弹出的快捷菜单中选择“编辑前 200 行”命令，将显示如图 8.8 所示的视图数据的结果，该视图数据结果界面与查看数据表的界面几乎一致。

视图 - dbo.vCourseSet　视图 - dbo.ClassStudent*　表 - dbo.tblStudent　摘要

seme...	CourseNo	CourseName	Teach...	TeacherN...	sex	Class...	BeginDate	EndDate
20001	1001	政治	t008	李新奇	男	18	NULL	NULL
20001	1002	语文	t020	倹金昇	男	18	NULL	NULL
20001	1003	数学	t054	杨大进	女	18	NULL	NULL
20001	1004	物理	t092	部淑珍	女	18	NULL	NULL
20001	1005	外语	t008	李新奇	男	18	NULL	NULL
20001	1006	化学	t020	倹金昇	男	18	NULL	NULL
20001	1007	体育	t054	杨大进	女	18	NULL	NULL
20001	1010	健康教育	t092	部淑珍	女	18	NULL	NULL
20001	1001	政治	t008	李新奇	男	18	NULL	NULL
20001	1002	语文	t020	倹金昇	男	18	NULL	NULL
20001	1003	数学	t054	杨大进	女	18	NULL	NULL
20001	1004	物理	t008	李新奇	男	18	NULL	NULL
20001	1005	外语	t020	倹金昇	男	18	NULL	NULL
20001	1006	化学	t054	杨大进	女	18	NULL	NULL
20001	1007	体育	t008	李新奇	男	18	NULL	NULL
20001	1010	健康教育	t020	倹金昇	男	18	NULL	NULL

3 / 1537

图 8.8　查看 vCourseSet 视图

（2）利用 SELECT 命令查看视图。使用 T-SQL 语句的 SELECT 命令也可以查看视图的内容，其用法与查看数据表内容的用法一样，区别只是把数据表名改为视图名，如查看视图 vCourseSet，在查询编辑器中输入以下代码：

```
Select * from vCourseSet
```

该语句执行的结果和使用 SQL Server Management Studio 来查看 vCourseSet 的结果一样，如图 8.8 所示。

（3）查看视图相关信息。

① 查看视图定义信息。如果视图定义时没有使用 ENCRYPTION 选项，那么就可获取该视图定义的有关信息。否则如果视图被加密，那么即使视图的拥有者和系统管理员都无法看到它的定义。

创建视图时，其名称存储在 sysobjects 表中。有关视图中所定义的列的信息添加到 syscolumns 表中，而与视图有关的信息添加到 sysdepends 表中。另外，CREATE VIEW 语句的文本添加到 syscomments 表中。

可以使用系统存储过程 sp_helptext 来显示视图的定义语句。在查询编辑器中输入以下代码可以查看 vCourseSet 定义的情况，显示如图 8.9 所示的视图定义信息。

```
execute sp_helptext vcourseset
```

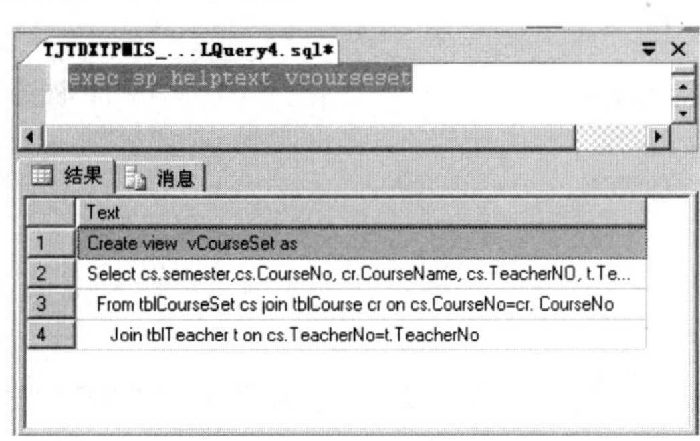

图 8.9　查看视图 vCourseSet 定义

② 查看视图属性信息。右击要查看的视图，在弹出的快捷菜单中选择“属性”命令，可以查看视图的属性，如图 8.10 所示。在属性窗口，有“常规”、“权限”和“扩展属性”3 个选项卡。“常规”选项卡中分别列出了当前连接服务器的名称、数据库的名称、用户、视图创建的日期、名称等参数。“权限”选项卡可以添加用户或角色，赋予它们不同的权限，如修改、删除、添加、选择、更新等。使用“扩展属性”选项卡，可以向数据库对象添加自定义属性，包括可以添加文本（如描述性或指导性内容）、输入掩码和格式规则等，将它们作为数据库中的对象或数据库自身的属性。

2. 修改视图

修改视图有以下两种方法。

（1）使用 SQL Server Management Studio 修改视图。

启动 SQL Server Management Studio，连接到本地默认实例，在对象资源管理器窗口里，右击要修改的视图，从弹出的快捷菜单中选择“设计视图”命令，打开视图修改对话框。此对话框与创建视图时的对话框相同，可以按照创建视图的方法修改视图。

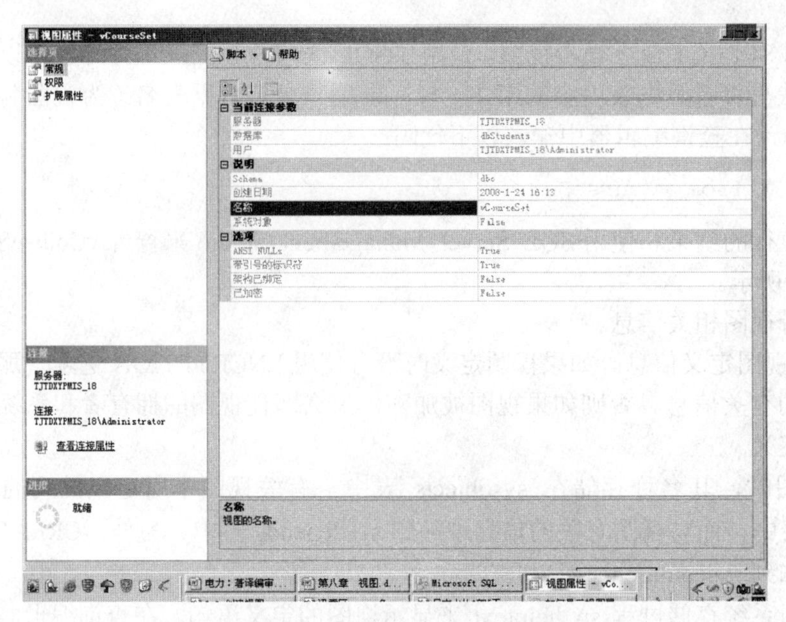

图 8.10　视图 vCourseSet 属性

（2）利用 ALTER VIEW 命令修改视图。使用 Transact-SQL 语句的 ALTER VIEW 可以修改视图，其基本语法如下：

```
ALTER VIEW view_name                      --view_name 视图名称
     [ (column[,...n]) ]
     [WITH ENCRYPTION]
AS
      select_statement
     [WITH CHECK OPTION]
```

从上面的代码可以看出，ALTER VIEW 语句的语法和 CREATE VIEW 语句完全一样，只不过是以 ALTER VIEW 开头，下面以前面的学期课程表视图为例，增加班级表中“专业”一列说明 ALTER VIEW 的用法，在查询编辑器中输入以下代码：

```
ALTER VIEW vCourseSet AS
SELECT cs.semester, cs.CourseNo,cr.CourseName,cs.TeacherNo,
t.TeacherName,t.Sex,cs.ClassOfWeek,cs.BeginDate,cs.EndDate,
cs.ModeOfExam,cs.Remark,t.speciality
FROM tblCourseSet AS cs
INNER JOIN tblCourse AS cr ON cs.CourseNo = cr.CourseNo
INNER JOIN  dbo.tblTeacher AS t ON cs.TeacherNo = t.TeacherNo
Go
```

3．重命名视图

重命名视图和修改视图一样，有以下两种方法。

（1）使用 SQL Server Management Studio 重命名视图。

启动 SQL Server Management Studio，连接到本地默认实例，在对象资源管理器窗口里，右击要重命名的视图，从弹出的快捷菜单中选择“重命名”命令。或者在视图上双击，也可以修改视图的名称。此时该视图的名称变成可输入状态，可以直接输入新的视图名称。

（2）利用 ALTER VIEW 命令重命名视图。

使用系统存储过程 sp_rename 可以修改视图的名称，其语法形式如下：

```
sp_rename 'old_name' , 'new_name'
```

其中 old_name 是要重命名的原视图名称，new_name 是新的视图名称。

如重命名视图，在查询编辑器中输入以下代码：

```
EXECUTE sp_rename 'vClassStudent','classstudenta'
/*其中'vClassStudent'为原视图名，'classstudenta'为新视图名*/
GO
```

4. 删除视图

对于不再需要的视图，可以进行删除。删除视图有以下两种方法。

（1）使用 SQL Server Management Studio 删除视图。

启动 SQL Server Management Studio，连接到本地默认实例，在对象资源管理器窗口里，右击要删除的视图，从弹出的快捷菜单中选择“删除”命令。或者选中将要删除的视图后按【Delete】键即可删除。

（2）利用 DROP VIEW 命令删除视图。

利用 T-SQL 语句中的 DROP VIEW 命令可以删除视图，其语法形式如下：

```
DROP VIEW  {view_name} [,…n]
```

可以使用该命令一次删除多个视图，只需在要删除的各视图名称之间用逗号隔开即可。如删除视图 vClassStudent，在查询编辑器中输入以下代码即可删除。

```
DROP VIEW vClassStudent
Go
```

8.3 通过视图修改数据

任务描述

任务名称：通过视图修改数据。

任务描述：在 8.2 节的任务中对视图进行了查看、修改、删除等操作，其实在视图的应用中，最重要的还是通过视图对数据进行修改，即通过视图对数据进行插入、修改、删除操作。从安全角度来说，如果不想让别人看到该视图里的内容，就得加密视图。

在本任务中，利用 SQL Server Management Studio 工具和 INSERT、UPDATE、DELETE 语句对前面创建的视图分别进行数据的修改，对班级学生视图 vClassStudent 加密并查看相关信息。

相关知识与技能

通过视图可以修改基表中的数据，修改方式与通过 UPDATE、INSERT 和 DELETE 语句修改表中的数据方式类似，但稍有不同。使用视图修改数据时，需要注意以下几点。

- 修改视图中的数据时，不能同时修改两个或多个基表，任何修改（包括 UPDATE、INSERT 和 DELETE 语句）都只能引用一个基表的列。
- 视图中被修改的列必须是直接引用表列中的基础数据。不能修改如聚合函数（AVG、COUNT、SUM、MIN、MAX 等）、集合运算符（UNION、UNION ALL）或通过表达式并使用列计算出的其他列。同时正在修改的列不受 GROUP BY、HAVING 或 DISTINCT 子句的影响。
- 如果在创建视图时指定了 WITH CHECK OPTION 选项，那么使用视图修改数据库信息时，必须保证修改后的数据满足视图定义的范围。
- 在引用的表中可以不用输入内容的字段，如可以为 NULL 的或有默认值的字段，在视图中也可以不输入内容。
- 在基础表的列中修改的数据必须符合对这些列的约束，如为空约束及 DEFAULT 定义等。例如，如果要删除一行，则相关表中的所有基础 FOREIGN KEY 约束必须得到满足，删除操作才能成功。

通过视图修改数据同样有两种方法，分别是图形界面和 T-SQL 语句。

实践操作

1. 在 SQL Server Management Studio 中操作视图数据

（1）添加记录。

在 SQL Server Management Studio 中，在视图中插入记录的方法与在数据表中插入记录的方法类似。

- 打开要添加记录的视图。
- 定位到最后一条记录下面，有一条所有字段都为 NULL 的记录，在此可以输入新记录的内容。

一般来说，不建议在视图中插入新记录，因为在视图中往往显示的是多个表中的几个字段。而在插入新记录时，除了要指定这些字段的内容之外，还可能要输入其他字段内容才能完成该数据表的记录插入工作。例如，在 vClassStudent 视图中，如果要在其中插入一条记录，只能在视图中输入班级名称、学号、姓名、性别、出生日期、政治面貌、毕业学校、籍贯、状态字段的内容，而班级基本信息表中专业、入学年度、学制等字段的内容并没有添加。

（2）编辑记录。

在 SQL Server Management Studio 中，可以像编辑数据表记录内容一样编辑视图中的数据。其操作如下。

- 打开要编辑记录的视图。
- 找到要修改的记录，在记录上直接修改字段内容。修改完毕之后，只需将光标从该记录上移开，定位到其他记录上，SQL Server 就会将修改的记录保存。

（3）删除记录。

在 SQL Server Management Studio 中删除视图记录的方法如下。

- 打开要删除记录的视图。

- 右击要删除的记录，在弹出的快捷菜单中选择“删除”命令，然后在弹出的警告对话框里单击“是”按钮，完成删除操作。

如果在视图中删除记录，而视图是多个数据表查询结果，删除可能失败，因为 SQL Server 无法判断要删除的究竟是哪个数据表里的记录。

2．用 INSERT、UPDATE 和 DELETE 语句操作视图数据

（1）使用 INSERT 命令添加数据。

① INSERT 语法结构。向视图中添加记录使用 INSERT 命令，基本语法如下：

```
INSERT  INTO VIEW_NAME(column_name1,column_name2,…)
Values(value1,value2,…)
```

对各参数说明如下。

- VIEW_NAME：视图名称。
- column_name1：插入视图数据的列名。
- value1：插入视图的数据。

② 利用 INSERT 命令向视图添加数据。为操作方便，首先创建一个基于学生基本信息表 tblStudent 的视图，查看学号、姓名、性别、政治面貌字段的内容，代码如下：

```
CREATE VIEW vStudent as
SELECT stuNo, stuName, Sex, Polity FROM tblStudent
GO
```

然后，利用 INSERT 命令向 vStudent 视图插入数据，代码如下：

```
use dbStudents
GO
INSERT INTO vStudent(stuNo,stuName,Sex,Polity)
VALUES('99881','张萌','女','团员')
GO
SELECT * FROM tblStudent WHERE stuName='张萌'
GO
SELECT * FROM vStudent  WHERE stuName='张萌'
GO
```

执行结果如图 8.11 所示。

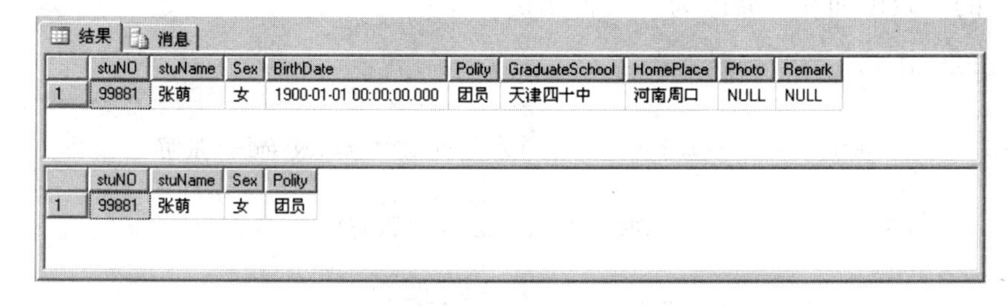
结果 | 消息

	stuNO	stuName	Sex	BirthDate	Polity	GraduateSchool	HomePlace	Photo	Remark
1	99881	张萌	女	1900-01-01 00:00:00.000	团员	天津四十中	河南周口	NULL	NULL

	stuNO	stuName	Sex	Polity
1	99881	张萌	女	团员

图 8.11　利用 INSERT 命令向视图添加记录

上面的代码仅仅向基于学生基本信息表的视图 vStudent 中插入了一条记录，如果同时向基于学生基本信息表、班级信息表的班级学生表视图 vClassStudent 中插入记录，代码如下：

```
use dbStudents
```

```
GO
INSERT INTO vClassStudent
(clsName, stuNo, stuName, Sex, BirthDate, Polity, GraduateSchool, HomePlace,
state)
VALUES
('网络3班','99889','张萌','女','','团员','天津四十中','河南周口','在学')
GO
SELECT * FROM vclass Student  WHERE stuName='张萌'
GO
```

执行结果如图 8.12 所示，从图中可以看出添加记录没有成功，它违背了在修改视图中的数据时，不能同时修改两个或多个基表的原则。

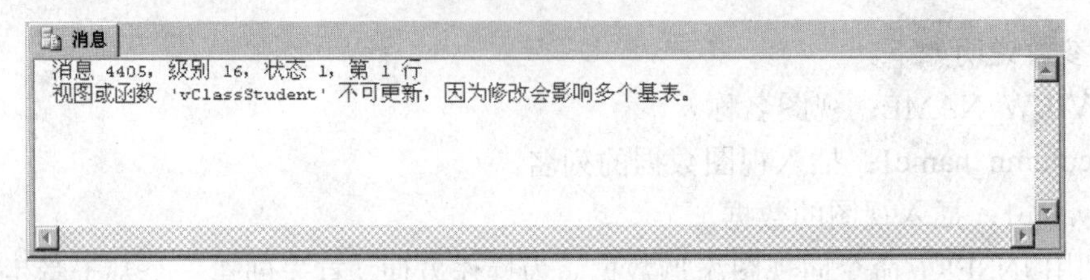

图 8.12　利用 INSERT 向视图中多个基表添加记录失败

（2）使用 UPDATE 命令修改数据。

① UPDATE 语法。使用 UPDATE 命令可以修改视图中数据，基本语法如下：

```
UPDATE VIEW_NAME
SET column_name1=<values>
[WHERE column_name2=<values>]
GO
```

对各参数说明如下。

- VIEW_NAME：视图名称。
- column_name 1：修改视图数据的列名。
- values：修改视图的数据。
- WHERE：修改数据的条件表达式

② 利用 UPDATE 命令修改 vStudent 视图中的数据。在查询编辑器中输入以下代码，将“张萌”的“政治面貌”修改为“共青团员”。

```
USE dbStudents
GO
UPDATE vStudent SET Polity='共青团员' WHERE stuName='张萌'
GO
SELECT * FROM tblStudent WHERE stuName='张萌'
GO
SELECT * FROM vStudent WHERE stuName='张萌'
GO
```

执行结果如图 8.13 所示。

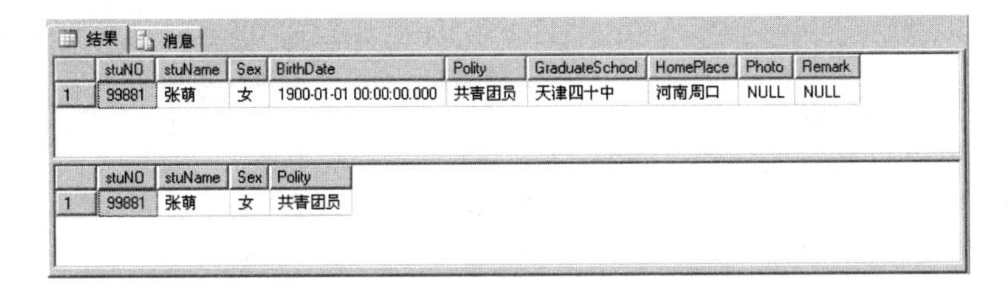

	stuNO	stuName	Sex	BirthDate	Polity	GraduateSchool	HomePlace	Photo	Remark
1	99881	张萌	女	1900-01-01 00:00:00.000	共青团员	天津四十中	河南周口	NULL	NULL

	stuNO	stuName	Sex	Polity
1	99881	张萌	女	共青团员

图 8.13　利用 UPDATE 修改视图数据

（3）利用 DELETE 命令删除视图中的数据。

① DELETE 语法。利用 DELETE 命令可以删除视图中的数据，基本语法如下：

```
DELETE FROM VIEW_NAME
[WHERE column_name=<values>]
GO
```

对各参数说明如下。

- VIEW_NAME：视图名称。
- WHERE：删除数据表达式。

② 利用 DELETE 命令删除 vStudent 视图中的数据。在查询编辑器中输入以下代码，删除姓名为“张萌”的同学的记录。

```
DELETE FROM vStudent WHERE stuName='张萌'
GO
```

3. 加密视图

在 SQL Server 2008 中，每个数据库的系统视图里都有一个名为 INFORMATION_SCHEMA.VIEWS 的视图，此视图记录了该数据库中所有视图的信息，使用 SELECT * FROM INFORMATION_SCHEMA.VIEWS 语句可以查看该视图内容，如图 8.14 所示。

	TABLE_CATALOG	TABLE_SCHEMA	TABLE_NAME	VIEW_DEFINITION
12	dbStudents	dbo	MSmerge_tsvw_0AB2EE0B6...	create view dbo. MSmerge_tsvw_
13	dbStudents	dbo	MSmerge_genvw_0AB2EE0...	create view dbo.MSmerge_genvw
14	dbStudents	dbo	ClassStudent	CREATE VIEW dbo.ClassStudent AS SELE
15	dbStudents	dbo	vClassStudent	Create view vClassStudent as Select c.clsN
16	dbStudents	dbo	vCourseSet	Create view vCourseSet as Select cs.semes
17	dbStudents	dbo	vRommCourse	Create view vRommCourse as Select cs.s
18	dbStudents	dbo	vStudent	CREATE VIEW vStudent as select stuNO, s
19	dbStudents	dbo	sysmergepartitioninfoview	create view dbo.sysmergepartitioninfoview as
20	dbStudents	dbo	sysmergeextendedarticlesview	create view dbo.sysmergeextendedartic
21	dbStudents	dbo	sysextendedarticlesview	create view dbo.sysextendedarticlesview

图 8.14　INFORMATION_SCHEMA.VIEWS 视图内容

如果不想让别人看到该视图里的内容，在创建或修改视图时可以使用 WITH ENCRYPTION 参数来为视图加密。

例如，对班级学生视图 vClassStudent 进行加密，代码如下。

```
ALTER VIEW vClassStudent
      WITH ENCRYPTION
AS
SELECT dbo.tblClass.clsName, dbo.tblStudent.stuNo,
dbo.tblStudent.stuName, dbo.tblStudent.Sex,
```

```
dbo.tblStudent.BirthDate, dbo.tblStudent.Polity,
dbo.tblStudent.GraduateSchool,dbo.tblStudent.HomePlace,
dbo.tblClassStudent.state
FROM  dbo.tblClass INNER JOIN dbo.tblClassStudent
ON dbo.tblClass.clsNo = dbo.tblClassStudent.clsNo
INNER JOIN  dbo.tblStudent
ON dbo.tblClassStudent.stuNo = dbo.tblStudent.stuNo
```

再次查看系统视图 INFORMATION_SCHEMA.VIEWS 中的内容，结果如图 8.15 所示。从图中可以看到视图 vClassStudent 中的内容为 NULL，实际上并非为 NULL，只是加密后用户无法修改，但并不影响视图的使用。

结果 | 消息

	TABLE_CATALOG	TABLE_SCHEMA	TABLE_NAME	VIEW_DEFINITION
10	dbStudents	dbo	MSmerge_repl_view_1242D28B7...	create view dbo.MSmerge_repl_view_12
11	dbStudents	dbo	MSmerge_ctsv_0AB2EE0B64454...	create view dbo.MSmerge_ct
12	dbStudents	dbo	MSmerge_tsvw_0AB2EE0B64454...	create view dbo. MSmerge_t
13	dbStudents	dbo	MSmerge_genvw_0AB2EE0B644...	create view dbo.MSmerge_g
14	dbStudents	dbo	ClassStudent	CREATE VIEW dbo.ClassStudent AS S
15	dbStudents	dbo	vClassStudent	NULL
16	dbStudents	dbo	vCourseSet	Create view vCourseSet as Select cs.se
17	dbStudents	dbo	vRommCourse	Create view vRommCourse as Select
18	dbStudents	dbo	vStudent	CREATE VIEW vStudent as select stuN
19	dbStudents	dbo	sysmergepartitioninfoview	create view dbo.sysmergepartitioninfovie

图 8.15　加密后的视图代码

视图加密之后，将在视图前的小图标上出现一把小锁，代表是加密视图。右击该视图名，若弹出的快捷菜单中的“修改”命令是灰色的就表示不能对此进行修改。如需对此视图进行修改，可以使用 ALTER VIEW 语句。修改时去掉加密参数 WITH ENCRYPTION 即可。

8.4　回顾与训练：视图的应用

本任务从几个方面对视图进行了介绍，分别是视图的作用及创建视图的注意事项，利用 T-SQL 命令、SQL Server Management Studio、模板创建视图，查看、修改、重命名、删除视图，通过视图修改数据（添加、修改、删除）及加密视图。

视图虽然提供给用户以多角度观察数据库中数据的方法，但并非完美无缺，用户应合理进行选择，尤其是用户利用视图添加、修改及删除数据等操作时应选择适当的视图，以免产生错误的结果。

下面，请大家根据所学知识完成以下任务。

1. 任务

（1）创建视图：班级学生视图 vClassStudent、学生课程安排视图 vCourseSet、课程表视图 vCourseTable。

（2）利用 SQL Server Management Studio 和 SQL 命令对（1）中创建的视图分别进行查看、修改、重命名、删除等管理。

（3）利用 SQL Server Management Studio 工具和 INSERT、UPDATE、DELETE 语句对（1）中创建的视图分别进行数据的修改。

（4）对班级学生视图 vClassStudent 加密并查看相关信息。

2．要求和注意事项

（1）创建视图时的注意事项。

（2）创建、查看、修改、重命名、删除视图应具有相应的权限，并注意 T-SQL 命令的语法格式。

（3）注意有关查看、重命名视图的系统存储过程的用法。

3．操作记录

（1）记录所操作计算机的硬件配置；

（2）记录所操作计算机的软件环境；

（3）记录创建班级学生视图 vClassStudent、学生课程安排视图 vCourseSet、课程表视图 vCourseTable 的过程和命令；

（4）记录对所创建视图进行管理的有关命令和过程；

（5）记录对所创建视图进行数据修改的有关命令和过程；

（6）记录对班级学生的视图 vClassStudent 加密的过程。

4．思考和总结

（1）视图作为查看数据的一种方法，有非常广泛的应用。但视图也并非完美无缺，如何根据应用程序的需要，合理地选择定义视图，通过视图添加、修改及删除数据值得思考。

（2）对创建人才管理数据库进行视图的分析和创建。

任务9 创建和管理存储过程

在 SQL Server 应用中，存储过程扮演相当重要的角色，基于其预编译并存储在 SQL Server 数据库中的特性，不仅能提高应用效率，确保一致性，更能提高系统执行速度。

本任务首先简要介绍了 Transact-SQL 语言，之后介绍存储过程作用，并讨论使用 SQL Server Management Studio 和 Transact-SQL 语句来创建、修改、删除存储过程的方法。

9.1 认识 T-SQL

国际化标准组织 ISO、ANSI 等为了避免各数据库厂商各自为政、产品语言混乱的局面，制定了一系列的国际标准。每个数据库厂商都会基于此标准来开发属于自己的 SQL 语言，以适应其数据库的功能需要。微软也基于 SQL 标准做了大幅度的扩充，开发了自己的数据库语言，称为 Transact-SQL，简称 T-SQL。它是标准 SQL 程序设计语言的增强版，是应用程序与 SQL Server 沟通的主要语言。T-SQL 作为 SQL Server 功能的核心，不仅可以完成数据库的查询，而且具有数据库管理的功能。根据 T-SQL 提供标准 SQL 的 DDL 和 DML 功能，加上延伸的函数、系统预存程序及程序设计结构（如 IF 和 WHILE），让程序设计更有弹性。

任务描述

任务名称：认识 T-SQL。

任务描述：在本任务中，首先要了解 T-SQL 语句的脚本定义及语法约定，掌握常量、变量、类型的相关知识，理解运算符的类型和优先级、表达式的定义，掌握流程控制语句的基本应用。在实践操作部分将完成以下任务。

（1）利用 IF…ELSE 语句在学生基本信息表中查询学号为 20082015 的同学的“政治面貌”，如果没找到，则显示“查无此人”；如果找到并且“政治面貌”是“共青团员”，则显示"×××（该生姓名）同学当前是共青团员。"；如果"政治面貌"是"中共预备党员"，则显示"×××（该生姓名）同学当前是中共预备党员。"；如果"政治面貌"是"群众"，则显示"×××（该生姓名）同学当前是群众。"。

（2）利用 CASE 语句显示学生基本信息，包括学号、姓名、性别等信息。显示时如果性别为"男"则显示M，如果为"女"则显示W。

（3）利用 CASE 语句将学生选课信息表中的数字形式的成绩以等级形式的方式显示出来。

（4）利用 WHILE 语句在学生基本信息表中分别统计"男"、"女"、"共青团员"、"中共预备党员"、"中共党员"的人数。

下面就来了解一下 T-SQL 的脚本、常量、变量、运算符、表达式及各种控制语句。

相关知识与技能

1. T-SQL 脚本

一系列 T-SQL 语句按照特定的顺序组织在一起称为脚本，如果将脚本存储在磁盘文件中，则该文件称为脚本文件。可以在 SQL Server Management Studio 代码编辑器、SQLcmd 等管理工具中输入或打开脚本文件，这些工具将按照脚本中 SQL 语句的先后顺序来执行。

SQL 脚本可以按照功能划分为若干代码段，每一段称为一个批处理，用 GO 命令表示批处理的结束。每一个脚本中可以包含一个或多个批处理，如果 SQL 脚本中没有 GO 命令，那么它将被作为单个批处理来执行。

SQL 脚本可以用来执行以下操作。

- 在服务器上保存用来创建和填充数据库的步骤永久副本，作为一种备份机制；
- 通过脚本可以实现在计算机间快速传递 SQL 语句；
- 可以通过脚本进行进一步分析，发现代码中的问题，了解代码或更改代码。

2. T-SQL 语法约定

如表 9.1 列出了 SQL 参考的语法关系图中使用的约定，并进行了说明。

表 9.1　SQL 语法约定

约　　定	说　　明
大写	SQL 关键字
斜体	用户提供的 SQL 语法的参数
粗体	数据库名、表名、列名、索引名、存储过程、实用工具、数据类型名，以及必须按所显示的原样输入的文本
下画线	指示当语句中省略了包含带下画线的值的子句时应用的默认值
|（竖线）	分隔括号或大括号中的语法项。只能使用其中一项
[ ]（方括号）	可选语法项。不要输入方括号
{ }（大括号）	必选语法项。不要输入大括号
[,...n]	指示前面的项可以重复 n 次。各项之间以逗号分隔
[;]	可选的 SQL 语句终止符。不要输入方括号
<label> :: =	语法块的名称。此约定用于对可在语句中的多个位置使用的过长语法段或语法单元进行分组和标记。可使用的语法块的每个位置由括在尖括号内的标签指示：<label>

3．常量

常量指在程序运行过程中值不变的量。常量的格式按其所代表的数据值的数据类型的不同而有所不同。根据常量值的不同类型，常量可分为字符串常量、整型常量、实型常量、日期时间常量、货币常量和唯一标识常量等。

（1）字符串常量。

字符串常量分为 ASCII 常量和 Unicode 常量，其中 ASCII 数据的每一个字符用一字节存储，Unicode 数据的每一个字符用两字节存储。

ASCII 常量必须包含在一对单引号中，由 ASCII 字符构成。如'SQL Server '，但是如果字符串本身就包含单引号，则将字符串包含在一对单引号中，以两个单引号来表示字符串本身所包含的单引号，如'This''s a book'。也可将字符串包含在一对双引号中，使字符串本身包含单引号，如"This's a book"。另外，连续两个单引号且中间不含任何空格等字符（即''），则代表空字符串。

Unicode 常量与字符串常量的格式类似，唯一差别是必须以大写的字母 N 作为前缀字符（N 必须大写），如 N'SQL Server'。

（2）整型常量。

整型常量由没有用引号括起来且不含小数点的一串数字表示，如 123，45。

（3）实型常量。

实型常量分为定点表示和浮点表示两种方式。

- 定点表示由没有用引号括起来且包含小数点的一串数字表示，如 45.67；
- 浮点表示使用科学记数法表示，如 13.2E2。

（4）日期时间常量。

日期时间常量使用特定格式的字符日期值表示，并被单引号括起来。日期时间常量可以包含日期、时间或日期时间都有，如'1/8/2007'，'15:30:20 PM'，'1/10/2008 13:45:20 PM'。

（5）货币常量。

货币常量以一个货币符号“$”作为前缀的数字组成，如$45.6，$27。

（6）唯一标识常量。

唯一标识常量以字符串常量或二进制常量的形式表示，若以字符串的形式表示，只需将全球性唯一标识包含在一对单引号中；若要以二进制常量表示，以 0x 作为前缀，再加上后面的 16 进制数值，如'00-0D-87-93-77-14'。

4．变量

变量是指在程序运行过程中其值可以发生变化的量，是 SQL 批处理和脚本中可以保存数据值的对象。声明或定义一个变量后，批处理中的某条语句可以给此变量赋予一个具体值，称为赋值，该语句称为赋值语句。该赋值语句后面的语句可以使用该变量中的值或重新给该变量赋值。因此，可以使用变量保存程序运行过程中的计算结果或输入/输出结果。使用变量时应注意以下几点。

- 遵循“先定义再使用”的原则；
- 定义一个变量包括用合法的标识符作为变量名和指定变量的数据类型；
- 建议给变量赋予能代表变量用途的标识符。

在 SQL Server 中有局部变量与系统变量两种。在使用方法及具体意义上，这两种变量有较大的区别。局部变量的作用域是在一定范围内使用，作为程序中各类型数据的最佳临时保存处。系统变量是由 SQL Server 系统提供的预先声明好的变量，以函数的形式出现，通过在名称前保留两个“@”符号区别于局部变量。

（1）局部变量的声明。

使用 DECLARE 声明局部变量基本语法如下：

```
DECLARE { @local_variable  data_type } [ ,...n]
```

对各参数说明如下。

- @local_variable：变量的名称。变量名必须以@开头。
- data_type：数据类型。变量不能是 text、ntext 或 image 数据类型。
- n：指示可以指定多个变量并对变量赋值的占位符。

有关 SQL Server 的数据类型，可以参考以前任务中的基本数据类型中的表所支持的常用基本数据类型。

（2）变量赋值。

通过 SET 和 SELECT 命令可以为已定义的变量赋值，基本语法如下：

```
SET {@local_variable  = expression}
SELECT {@local_variable  = expression}
```

对各参数说明如下。

- @local_variable：除 cursor、text、ntext、image 或 table 以外的任何类型变量的名称。变量名称必须以@开头。变量名称必须符合标识符规则。
- expression：任何有效的表达式。
- 不能在一个 SET 语句中同时对几个变量赋值，如果需要为几个变量赋值，必须分开进行。

SELECT 和 SET 在 SQL Server 中都能实现对变量的赋值操作，两者的区别如下。

- SET 是将值直接赋给变量，SELECT 是先将数据查询出来，然后再赋给变量，也就是说先执行 SELECT 查询，然后再执行 SET 把值赋给变量，如果查询出来的结果包括多行时，变量的值只为最后一条记录的值。
- 如果有固定的值，最好用 SET 赋值，如果把查询出来的结果赋给变量，则使用 SELECT 赋值。

（3）使用变量

比如，在查询语句中使用定义并已经赋值的变量代码如下：

```
/*在 select 语句中使用变量作为条件来查询*/
Use dbStudents
Go
DECLARE @stuName nChar    --使用 DECLARE 定义变量
SET @stuName='王%'        --为变量赋值
SELECT * FROM tblStudent WHERE stuName like @stuName
Go
```

执行结果如图 9.1 所示。

结果 消息

	stuNO	stuName	Sex	BirthDate	Polity	GraduateSchool	HomePlace	Photo	Rema
1	19989005	王亮	男	NULL	中共预备党员	NULL	NULL	NULL	NULL
2	19989140	王芳	女	NULL	共青团员	NULL	NULL	NULL	NULL
3	980070	王丹	女	1983-02-1...	共青团员	NULL	NULL	NULL	NULL
4	980075	王咏	女	1983-02-2...	共青团员	NULL	NULL	NULL	NULL
5	980126	王成	男	1982-07-0...	共青团员	NULL	NULL	NULL	NULL
6	980127	王娜	女	1982-07-1...	共青团员	NULL	NULL	NULL	NULL
7	980128	王羿	女	1983-01-2...	共青团员	NULL	NULL	NULL	NULL
8	990547	王杰	男	1982-11-0...	中共预备党员	NULL	NULL	NULL	NULL
9	990549	王领	男	1983-03-2...	中共预备党员	NULL	NULL	NULL	NULL
10	990550	王楠	女	NULL	群众	NULL	NULL	NULL	NULL

图 9.1　使用变量查询学生基本信息表

5．运算符与表达式

运算符是一种符号，用来指定要在一个或多个表达式中执行的操作。表达式是由变量、常量、运算符、函数或圆括号按一定的规则组合而成的。简单表达式可以是一个常量、变量、列或标量函数，而复杂表达式可以由运算符将两个或更多的简单表达式连接起来而组成。在 SQL Server 中主要包括算术运算符、比较运算符、逻辑运算符和字符串运算符等。

（1）算术运算符。

算术运算符可以执行数学运算，运算之后返回的结果为数值型数据。具体内容如表 9.2 所示。

表 9.2　算术运算符

运 算 符	含　　义
+	加
–	减
*	乘
/	除
%	返回一个除法运算的整数余数。例如，13 % 4 = 1，这是因为 13 除以 4，余数为 1

（2）比较运算符。

比较运算符测试两个表达式是否相同，运算之后返回的结果为布尔型（TRUE 和 FALSE）。除了 text、ntext 或 image 数据类型的表达式外，比较运算符可以用于所有的表达式。具体内容如表 9.3 所示。

表 9.3　比较运算符

运 算 符	含　　义
=	等于
>	大于
<	小于
>=	大于等于
<=	小于等于
<>	不等于

（3）逻辑运算符。

逻辑运算符对某些条件进行判断，运算之后返回结果和比较运算符一样，为布尔型（TRUE 和 FALSE）。具体内容如表 9.4 所示。

表 9.4　逻辑运算符

运　算　符	含　　义
ALL	如果一组的比较都为 TRUE，那么就为 TRUE
AND	如果两个布尔表达式都为 TRUE，那么就为 TRUE
ANY	如果一组的比较中任何一个为 TRUE，那么就为 TRUE
BETWEEN	如果操作数在某个范围之内，那么就为 TRUE
EXISTS	如果子查询包含一些行，那么就为 TRUE
IN	如果操作数等于表达式列表中的一个，那么就为 TRUE
LIKE	如果操作数与一种模式相匹配，那么就为 TRUE
NOT	对任何其他布尔运算符的值取反
OR	如果两个布尔表达式中的一个为 TRUE，那么就为 TRUE

（4）字符串串联运算符。

SQL Server 中只有一个字符串串联运算符，就是加号（+），字符串串联运算符可以将字符串串联起来。其基本语法如下：

```
expression + expression
```

其中 expression 可以是字符和二进制数据类型类别中的任何一个数据类型的有效表达式，但 image、ntext 或 text 数据类型除外。两个表达式必须具有相同的数据类型，或者其中一个表达式必须能够隐式转换为另一个表达式的数据类型。

默认情况下，对于 varchar 数据类型的数据，空的字符串将被解释为空字符串。在串联 varchar、char 或 text 数据类型的数据时，空的字符串也被解释为空字符串。例如，'abc' + '' + 'def' 被存储为 'abcdef'。

（5）运算符的优先顺序。

当一个复杂的表达式有多个运算符时，运算符优先级决定执行运算的先后次序。执行的顺序可能严重地影响所得到的值。

运算符的优先级别如表 9.5 所示。在较低级别的运算符之前先对较高级别的运算符进行求值。

表 9.5　运算符优先顺序

运　算　符	含　　义
1	~（位非）
2	*（乘）、/（除）、%（取模）
3	+（正）、-（负）、+（加）、（+ 连接）、-（减）、&（位与）
4	=、>、<、>=、<=、<>、!=、!>、!<（比较运算符）
5	^（位异或）、|（位或）
6	NOT
7	AND
8	ALL、ANY、BETWEEN、IN、LIKE、OR
9	=（赋值）

当一个表达式中的两个运算符有相同的运算符优先级别时，将按照它们在表达式中的位置对其从左到右进行求值。

实践操作

流程控制语句主要用于控制程序运行与流程分支的命令，用来实现复杂的逻辑和业务规则运算。流程控制语句主要包括条件语句、循环语句等。

1. BEGIN…END 语句

BEGIN…END 语句主要将一系列的 SQL 语句组合起来形成一个逻辑块，将它们视为单一个体来执行。其中 BEGIN 和 END 是控制流语言的关键字。

（1）BEGIN…END 语句的基本语法如下：

```
BEGIN
{
  sql_statement | statement_block
}
END
```

对参数说明如下。

sql_statement | statement_block：使用语句块定义的任何有效的 SQL 语句或语句组。

（2）利用 BEGIN…END 语句查询学生基本信息表的代码如下：

```
BEGIN
USE dbStudents
GO
SELECT * FROM tblStudent
END
GO
```

在 SQL Server 中允许使用嵌套的 BEGIN…END 语句。

2. PRINT 语句

PRINT 语句用于向客户端返回用户定义消息。

```
PRINT msg_str|@local_variable|string_expr
```

对各参数说明如下。

- msg_str：字符串或 Unicode 字符串常量。
- @local_variable：任何有效的字符数据类型的变量。@local_variable 的数据类型必须是 char 或 varchar，或者必须能够隐式转换为这些数据类型。
- string_expr：返回字符串的表达式。可包括串联的文字值、函数和变量。

3. IF…ELSE 语句

（1）IF…ELSE 语句的基本语法如下：

```
IF Boolean_expression
  {sql_statement | statement_block}
[ ELSE
  {sql_statement | statement_block}]
```

对各参数说明如下。

- Boolean_expression：布尔表达式将返回 TRUE 或 FALSE。如果布尔表达式中含有 SELECT 语句，则必须用括号将 SELECT 语句括起来。
- {sql_statement | statement_block }：任何 SQL 语句或用语句块定义的语句分组。除非使用语句块，否则 IF 或 ELSE 条件只能影响一个 SQL 语句的性能。如果使用语句块，应使用 BEGIN… END 定义的语句块。

IF…ELSE 语句根据条件表达式运行结果执行不同的分支语句块。如果条件表达式执行结果为 TRUE，即条件表达式为真，则执行 IF 后面的语句或语句块，否则执行 ELSE 后面的语句或语句块。其中 IF、ELSE 为关键字。

IF…ELSE 语句可以嵌套，即可以在一个条件语句之中再包含另外一个条件语句，而且嵌套的深度是没有限制的。但是需要注意嵌套的层次，以及 IF 与哪一个 ELSE 配对的问题。

（2）IF…ELSE 语句的使用。比如，有时需要查看某同学的政治面貌，并根据政治面貌输出相应的信息。

```
DECLARE @POLITY nChar（10）              --定义@POLITY 变量
BEGIN
   /*查询学号为 19989001 的同学的政治面貌*/
SELECT @POLITY = Polity FROM tblStudent WHERE stuNo='19989001'
   IF @POLITY='共青团员'                  --根据结果进行判断并输出提示信息
         PRINT（'是共青团员'）            --结果为'共青团员'时执行该 PRINT 语句
   ELSE                                   --结果不是'共青团员'时执行该分支
      IF @POLITY='中共预备党员'
            PRINT（'是中共预备党员'）--结果为'中共预备党员'时执行该 PRINT 语句
      ELSE
         PRINT（'群众'）
END
GO
```

以上代码执行后的输出结果如图 9.2 所示。

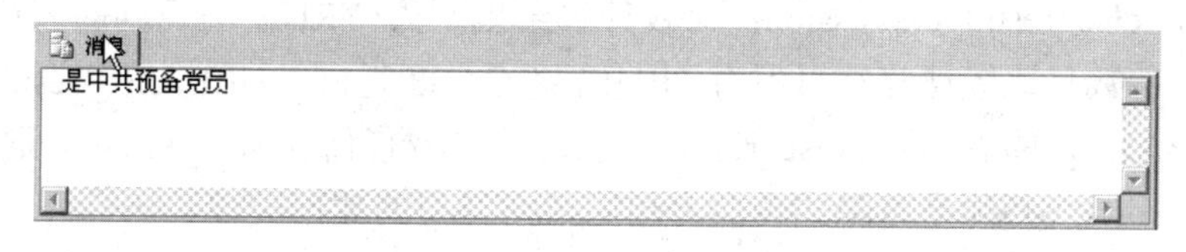

图 9.2　查询学号为 19989001 的同学的政治面貌

4. CASE 语句

CASE 语句也是条件判断语句的一种，可以完成比 if 语句更强的判断。在 if 语句中如果判断的条件很多的话，将会用到大量的 if 嵌套。使用 CASE 语句就可以解决该问题。灵活应用 CASE 语句可以使 SQL 语句变得简洁易读。CASE 语句主要用于计算条件列表并返回多个可能结果表达式之一。CASE 具有两种格式。

- 简单 CASE 语句，将某个表达式与一组简单表达式进行比较以确定结果；
- CASE 搜索语句，计算一组布尔表达式以确定结果。

两种格式都支持可选的 ELSE 参数，其中 CASE、WHEN、THEN 及 ELSE 是关键字。

（1）基本语法。简单 CASE 语句的基本语法如下：

```
CASE input_expression
    WHEN when_expression THEN result_expression
```

```
    [ ...n ]
    [
    ELSE else_result_expression
    ]
END
```

CASE 搜索语句的基本语法如下：

```
CASE
    WHEN Boolean_expression THEN result_expression
    [ ...n ]
    [
    ELSE else_result_expression
    ]
END
```

对各参数说明如下。

- input_expression：使用简单 CASE 格式时所计算的表达式。input_expression 是任意有效的表达式。
- WHEN when_expression：使用简单 CASE 格式时要与 input_expression 进行比较的简单表达式。when_expression 是任意有效的表达式。input_expression 及每个 when_expression 的数据类型必须相同或必须是可隐式转换为相同数据类型的数据类型。
- n：占位符，表明可以使用多个 WHEN when_expression THEN result_expression 子句或多个 WHEN Boolean_expression THEN result_expression 子句。
- THEN result_expression：当 input_expression = when_expression 计算结果为 TRUE，或者 Boolean_expression 计算结果为 TRUE 时返回的表达式。result expression 是任意有效的表达式。
- ELSE else_result_expression：比较计算结果不为 TRUE 时返回的表达式。如果忽略此参数且比较计算结果不为 TRUE，则 CASE 返回 NULL。else_result_ expression 是任意有效的表达式。else_result_expression 及任何 result_expression 的数据类型必须相同或必须是可隐式转换为相同数据类型的数据类型。
- WHEN Boolean_expression：使用 CASE 搜索格式时所计算的布尔表达式。Boolean_expression 是任意有效的布尔表达式。

（2）使用说明。

简单 CASE 语句：首先计算 input_expression，按指定顺序对每个 WHEN 子句的 input_expression = when_expression 进行计算，如果结果为真返回 result_expression，否则返回 else_result_expression，如果没有指定 ELSE 子句，则返回 NULL。

CASE 搜索语句：按指定顺序对每个 WHEN 子句的布尔表达式进行计算。如果为真则返回 result_expression，否则返回 else_result_expression，若没有指定 ELSE 子句，则返回 NULL。

（3）应用 CASE 语句。使用简单 CASE 语句显示学号、姓名、性别字段，如果性别为“男”则显示 M，如果为“女”则显示 W，代码如下：

```
SELECT stuNo as '学号',stuName as '姓名',
```

```
性别=CASE sex
            WHEN '男' THEN 'M'
            WHEN '女' THEN 'W'
         END
FROM tblStudent
GO
```

执行结果如图 9.3 所示。

	学号	姓名	性别
1	19989001	李文明	M
2	19989002	张志兴	M
3	19989003	周俊杰	M
4	19989004	潘柱	M
5	19989005	王亮	M
6	19989006	孙孝恭	M

图 9.3　使用 CASE 语句显示学生基本信息表内容

使用搜索 CASE 语句将学生课程表中数字形式的成绩以等级形式的方式显示出来，代码如下：

```
SELECT stuno,score
FROM tblStudentCourse
WHERE SUBSTRING(str(score),1,1)BETWEEN '0' AND'9'
GO
SELECT stuNo,score=
CASE
WHEN convert(float,score)<60  THEN '不及格'
WHEN convert(float,score)>=60 AND convert(float,score)<80
THEN '及格'
WHEN convert(float,score)>=80 AND convert(float,score)<90
THEN '良'
WHEN convert(float,score)>=90 AND convert(float,score)<=100
THEN '优'
END
FROM tblStudentCourse
WHERE SUBSTRING(str(score),1,1)BETWEEN '0' AND'9'
GO
```

执行结果如图 9.4 所示。

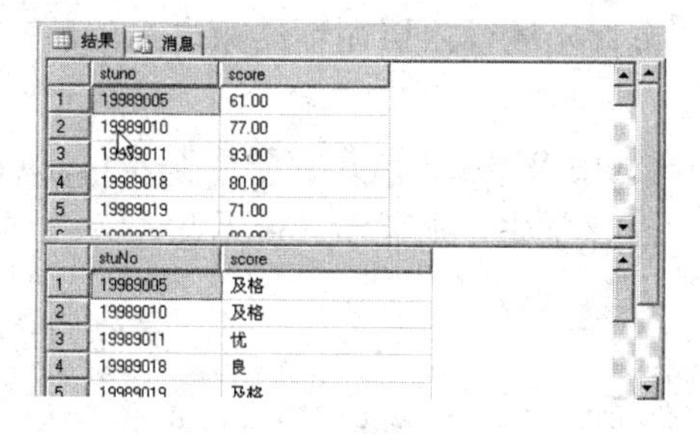

	stuno	score
1	19989005	61.00
2	19989010	77.00
3	19989011	93.00
4	19989018	80.00
5	19989019	71.00

	stuNo	score
1	19989005	及格
2	19989010	及格
3	19989011	优
4	19989018	良

图 9.4　未利用及利用 CASE 语句输出学生成绩

convert ()是转换函数，可以将一种数据类型的表达式显式转换为另一种数据类型的表达式。基本语法是：CONVERT (data_type [(length)], expression [, style])，其中 data_type 作为目标的系统提供数据类型，expression 作为任何有效

的表达式，length 作为 nchar、nvarchar、char、varchar、binary 或 varbinary 数据类型的可选参数。对于 CONVERT，如果未指定 length，则默认为 30 个字符。style 用于将 datetime 或 smalldatetime 数据转换为字符数据的日期格式的样式，或用于将 float、real、money 或 smallmoney 数据转换为字符数据的字符串格式的样式。如果 style 为 NULL，则返回的结果也为 NULL。

5. WHILE 语句

WHILE 语句是个循环语句，可以有条件地重复执行 SQL 语句或语句块。

（1）WHILE 语句的基本语法如下：

```
WHILE Boolean_expression
    {sql_statement | statement_block}
    [BREAK ]
    {sql_statement | statement_block}
    [CONTINUE ]
    {sql_statement | statement_block}
```

对各参数说明如下。

- Boolean_expression ：布尔表达式返回 TRUE 或 FALSE。如果布尔表达式为真则执行循环体，否则跳出循环执行下一条语句。如果布尔表达式中含有 SELECT 语句，则必须用括号将 SELECT 语句括起来。
- {sql_statement | statement_block}：T-SQL 语句或用语句块定义的语句分组。如果使用语句块，应使用 BEGIN… END 定义的语句块。
- BREAK：立即无条件跳出循环，之后执行出现在 END 关键字（循环结束的标记）后面的任何语句。
- CONTINUE：跳出此次循环，开始下一次循环，忽略 CONTINUE 关键字后面的任何语句。

当布尔表达式 Boolean_expression 为真时就循环执行 WHILE 语句块的代码，直到 Boolean_expression 为假时为止。如果要中途退出循环，可以使用 BREAK；如果中途想直接进行下一次循环，可以使用 CONTINUE。

WHILE 语句可以嵌套使用。如果嵌套了两个或多个 WHILE 循环，则内层的 BREAK 将退出到下一个外层循环。将首先运行内层循环结束之后的所有语句，然后重新开始下一个外层循环。

（2）使用 WHILE 语句。利用 WHILE 语句在学生基本信息表中查询某个学生，找到则显示“已找到此人”；如果没有该学生，则显示“查无此人”；如果数据表为空，则显示“学生基本信息表无任何记录”。

```
DECLARE @stuCount int                    --定义@stuCount 变量
SELECT @stuCount= count (*) FROM tblStudent
IF @stuCount >0
    BEGIN
        WHILE @stuCount>0
        BEGIN
            IF EXISTS (SELECT * FROM tblStudent WHERE stuName='王亮')
                PRINT '已找到此人'
            ELSE
```

```
                PRINT '查无此人'
            BREAK
            END
      END
   ELSE
      PRINT ('学生基本信息表无任何记录')
```

EXISTS()是判断函数，如果表达式存在，则返回真，否则返回假。

6．WAITFOR 语句

WAITFOR 语句用于延迟后续的代码执行，等待指定的时间后再执行后续的代码。

（1）WAITFOR 语句的基本语法如下：

```
WAITFOR
{
    DELAY 'time_to_pass'
    | TIME 'time_to_execute'
    | ( receive_statement ) [ , TIMEOUT timeout ]
}
```

对各参数说明如下。

- DELAY：可以继续执行批处理、存储过程或事务之前必须经过的指定时段，最长可为 24 小时。time_to_pass 为等待的时段。可以使用 datetime 数据可接受的格式之一指定 time_to_pass，也可以将其指定为局部变量，不能指定日期。因此，不允许指定 datetime 值的日期部分。
- TIME：指定的运行批处理、存储过程或事务的时间。time_to_execute 为 WAITFOR 语句完成的时间。可以使用 datetime 数据可接受的格式之一指定 time_to_execute，也可以将其指定为局部变量，不能指定日期。因此，不允许指定 datetime 值的日期部分。
- receive_statement：有效的 RECEIVE 语句。
- TIMEOUT timeout：指定消息到达队列前等待的时间（以 ms 为单位）。

（2）使用 WAITFOR 语句。例如，下面的语句可以实现先执行第一条查询，过 10s 再执行第二条查询。

```
USE dbStudents
SELECT stuNo,score FROM tblStudentCourse
WAITFOR DELAY '00:00:10'
SELECT stuNo,stuName FROM tblStudent
```

7．RETURN 语句

RETURN 语句会终止当前代码的执行，从查询或存储过程中无条件退出。并且可以返回一个整数值给调用该代码的程序。与 BREAK 语句不同，RETURN 可以在任何时候从过程、批处理或语句块中退出，而不是跳出某个循环或跳到某个位置。

RETURN 语句语法如下：

```
RETURN [integer_expression]
```

RETURN 语句一般用于存储过程或自定义的函数中。

8. EXECUTE 语句

EXECUTE 语句可以用来执行存储过程、用户自定义函数或批处理中的命令字符串。该语句还可以向链接服务器发送传递命令。严格来说，EXECUTE 语句不属于 T-SQL 流程控制语句，但它在 T-SQL 程序中使用率很高。

（1）EXECUTE 语句运行存储过程或函数的语法如下：

```
[ { EXEC | EXECUTE } ]
    {
    [ @return_status = ]
    { module_name [ ;number ] | @module_name_var }
        [ [ @parameter = ] { value | @variable [ OUTPUT ] | [ DEFAULT ]
    }
    ]
    [ ,...n ]
    [ WITH RECOMPILE ]
    }
[;]
```

（2）EXECUTE 语句运行字符串的语法如下：

```
{ EXEC | EXECUTE }
        ( { @string_variable | [ N ]'tsql_string' } [ + ...n ] )
     [ AS { LOGIN | USER } = ' name ' ]
[;]
```

（3）EXECUTE 语句向链接服务器发送传递命令的语法如下：

```
{ EXEC | EXECUTE }
        ( { @string_variable | [ N ] 'command_string' } [ + ...n ]
        [ {, { value | @variable [ OUTPUT ] } } [...n] ]
        )
     [ AS { LOGIN | USER } = ' name ' ]
     [ AT linked_server_name ]
[;]
```

EXECUTE 语句参数的含义可以参看联机帮助，在此不再赘述。

9.2 创建并管理存储过程

任务描述

任务名称：创建并管理存储过程。

任务描述：在前面任务中学习了 T-SQL 语法的基本知识。在本任务中，我们首先了解存储过程的基本概念、优点及类型，掌握创建存储过程的基本方法，理解存储过程的重编译处理，掌握查看、修改、重命名及删除存储过程的方法。在实践操作部分，将完成以下任务。

（1）本任务中使用的存储过程：procSelectTeacher、procStudentBak、procSelectTeacher_Query、procUpdateTeacher、procTeacherQuery。

（2）对 procSelectTeacher 存储过程进行查看。

（3）对 procStudentBak 存储过程进行修改。

（4）将 procSelectTeacher_Query 存储过程重命名为 procTeacherQuery。

（5）对 procUpdateTeacher 存储过程进行删除。

相关知识与技能

1．存储过程的基本概念

存储过程（Stored Procedure）是由流程控制语句和 SQL 语句书写的过程，经编译和优化后存储在数据库服务器中以完成特定功能，可以被其他程序调用用于执行频繁使用的查询、业务规则和被其他过程使用的公共例行程序。应用程序通过指定存储过程的名字并给出参数（如果该存储过程带有参数）来执行存储过程。可以在存储过程中声明变量、接受输入参数并以输出参数的形式返回一个或多个数据值或结果集给调用程序或批处理，也能够返回一个状态值给调用过程或批处理来表示成功或失败。

使用存储过程主要有以下优点。

（1）允许标准组件式编程，增强重用性和共享性。存储过程创建并存储在数据库后，应用程序可以多次调用。一般来说，将存储过程的创建和维护操作交由专人负责，由于各个用于完成特定操作的存储过程均独立放置，因此根本无须担心修改存储过程时会影响到应用程序的程序代码。此外，通过在存储过程中编写业务逻辑和策略，不仅可让不同的应用程序共享，同时可要求所有的客户端使用相同的存储过程从而达到数据访问和更新的一致性。

（2）能够实现较快的执行速度。当执行批处理和 T-SQL 程序代码时，SQL Server 必须先检查语法是否正确，接着进行编译、优化，然后再执行，因此如果所要执行的 T-SQL 程序代码非常庞大，执行前的处理过程将会耗费一些时间。由于存储过程是已经编译好的代码，所以执行的时候不需要分析也不需要再次编译，能够提高程序的运行效率。更重要的是，存储过程在它第一次执行后会在内存中保留，因此以后的调用并不需要再将存储过程从磁盘中装载。然而如果从客户端传送 SQL 语句到后端的 SQL Server 执行，则每次执行时都必须重新编译和优化，速度相对比较慢。

（3）能够减少网络流量。存储过程能包含巨大而复杂的查询或 SQL 操作。它们已被编译完毕并存储在 SQL 数据库内，当客户发出执行存储过程的请求时，它们就在 SQL Server 上运行，只把最终结果传送给客户应用程序。由于存储过程存储在服务器中，执行存储过程的命令在服务端，将大大减少网络流量。

（4）保证系统的安全性。可以设置存储过程的调用权限给特定的用户，用以限制用户对某些数据的访问。如不希望某用户有权直接访问某个表，但又要针对该表执行特定的操作，这时可以将该用户所能针对表执行的操作编写成一个存储过程，并赋予他执行该存储过程的权限，这样通过存储过程来完成了所需的操作又限制了该用户对表的直接访问。

2．存储过程的类型

SQL Server 2008 存储过程支持 5 种类型存储过程：系统存储过程、本地存储过程、临时存储过程、远程存储过程和扩展存储过程。

（1）系统存储过程。

SQL Server 不仅提供了用户自定义存储过程的功能，而且也提供了许多可作为工具使用的系统存储过程。

系统存储过程（System Stored Procedures）主要存储在 master 数据库中，并以 sp_为前缀，并且系统存储过程主要是从系统表中获取信息，从而为系统管理员管理 SQL Server 提供支持。通过系统存储过程可以查看对象属性、性能等。尽管这些系统存储过程被放在 master 数据库中，但是仍可以在其他数据库中对其进行调用，在调用时不必在存储过程名前加上数据库名。而且当创建一个新数据库时，一些系统存储过程会在新数据库中被自动创建。

系统存储过程非常多。例如，提供帮助的系统存储过程：sp_helpsql 显示关于 SQL 语句、存储过程和其他主题的信息；sp_help 提供关于存储过程或其他数据库对象的报告；sp_helptext 显示存储过程和其他对象的文本；sp_depends 列举引用或依赖指定对象的所有存储过程。实际上在前面的代码中就已使用过不少系统存储过程，如 sp_rename，对视图进行重命名。

SQL Server 系统存储过程可为用户提供方便，它们使用户可以很容易地从系统表提取信息、管理数据库，并执行涉及更新系统表的其他任务。

系统存储过程是安装过程中在 master 数据库中创建的，由系统管理员拥有。所有系统存储过程的名字均以 sp_开始。

如果存储过程以 sp_开头，又在当前数据库中找不到，SQL Server 就在 master 数据库中查找。以 sp_前缀命名的存储过程中引用的表如果不能在当前数据库中解析出来，将在 master 数据库中查找。

（2）本地存储过程。

本地存储过程（Local Stored Procedures）也就是用户自行创建并存储在用户数据库中的存储过程。事实上一般所说的存储过程指的就是本地存储过程。

用户创建的存储过程是由用户创建并能完成某一特定功能（如查询用户所需数据信息）的存储过程。

（3）临时存储过程。

临时存储过程（Temporary Stored Procedures）可分为下列两种。

① 本地临时存储过程。如果在创建存储过程时，存储过程名称以“#”作为其名称的第一个字符，则该存储过程将成为一个存放在 tempdb 数据库中的本地临时存储过程（如 CREATE PROCEDURE #stud_proc…）。只有创建并连接本地临时存储过程的用户能够执行它，而且一旦断开与 SQL Server 的连接（也就是注销 SQL Server），本地临时存储过程会自动删除。当然，用户也可以在连接期间用 DROP PROCEDURE 命令删除所创建的本地临时存储过程。

由于本地临时存储过程的适用范围仅限于创建它的连接，因此不用担心其名称会和其他连接所采用的名称相同。

② 全局临时存储过程。如果在创建存储过程时，存储过程名以“##”开头，则该存

储过程将成为一个存放在tempdb数据库中的全局临时存储过程（如CREATE P ROCEDURE ##stud_proc…）。全局临时存储过程一旦创建，以后连接到SQL Server的任何用户都能够执行它，而且不需要特定的权限。

当创建全局临时存储过程的用户断开与SQL Server的连接时，SQL Server将检查是否有其他用户正在执行该全局临时存储过程，如果没有，便立即将全局临时存储过程删除；如果有，SQL Server会让这些正在执行中的操作继续进行，但是不允许其他用户再执行全局临时存储过程，等到所有未完成的操作执行完毕后，全局临时存储过程会自动删除。

由于全局临时存储过程能够被所有的连接使用，因此必须注意其名称不能和其他连接所采用的名称相同。

不论创建的是本地临时存储过程还是全局临时存储过程，只要SQL Server一停止运行，它们将不复存在。

（4）远程存储过程。

在SQL Server中，远程存储过程（Remote Stored Procedures）是位于远程服务器上的存储过程，通常，可以使用分布式查询和EXECUTE命令执行一个远程存储过程。

（5）扩展存储过程。

扩展存储过程（Extended Stored Procedures）使用户可以使用外部程序语言编写的存储过程。显而易见，通过扩展存储过程可以弥补SQL Server的不足之处，并按需要自行大幅扩展其功能。扩展存储过程在使用和执行上与一般的存储过程相同，可以将参数传递给扩展存储过程，扩展存储过程也能够返回结果和状态值。

为了区别，扩展存储过程的名称通常以xp_开头，以动态链接库（DLL）的形式存在，能让SQL Server动态装载和执行。扩展存储过程一定要存放在系统数据库master中。

3．存储过程的规划与设计

几乎所有可以写成批处理的T-SQL代码都可以用来创建存储过程。用户在设计存储过程时，应遵循以下设计规则。

（1）CREATE PROCEDURE 定义自身可以包括任意数量和类型的SQL语句，但表9.6所示语句除外。不能在存储过程的任何位置使用这些语句。

表9.6　不能在存储过程的任何位置使用的SQL语句

语　　句	语　　句
CREATE AGGREGATE	CREATE RULE
CREATE DEFAULT	CREATE SCHEMA
CREATE 或 ALTER FUNCTION	CREATE 或 ALTER TRIGGER
CREATE 或 ALTER PROCEDURE	CREATE 或 ALTER VIEW
SET PARSEONLY	SET SHOWPLAN_ALL
SET SHOWPLAN_TEXT	SET SHOWPLAN_XML
USE database_name	

（2）其他数据库对象均可在存储过程中创建。可以引用在同一存储过程中创建的对象，只要引用时已经创建了该对象即可。

（3）可以在存储过程内引用临时表。

（4）如果在存储过程内创建本地临时表，则临时表仅为该存储过程而存在，退出该存

储过程后，临时表将消失。

（5）如果执行的存储过程将调用另一个存储过程，则被调用的存储过程可以访问由第一个存储过程创建的所有对象，包括临时表。

（6）如果执行对远程 SQL Server 2008 实例进行更改的远程存储过程，则不能回滚这些更改。远程存储过程不参与事务处理。

（7）存储过程中的参数的最大数目为 2100。

（8）存储过程中的局部变量的最大数目仅受可用内存的限制。

（9）根据可用内存的不同，存储过程最大可达 128MB。

此外，在存储过程内，如果用于语句（如 SELECT 或 INSERT）的对象名没有限定架构，则默认架构将为该存储过程的架构；在存储过程内，如果创建该存储过程的用户没有限定 SELECT、INSERT、UPDATE 或 DELETE 语句中引用的表名或视图名，则默认情况下，通过该存储过程对这些表进行的访问将受到该过程创建者的权限的限制。

如果有其他用户要使用存储过程，则用于所有数据定义语言（DDL）语句的对象名应该用该对象架构的名称来限定，可确保名称解析为同一对象，而不管存储过程的调用方是谁。如果没有指定架构名称，SQL Server 将首先尝试使用调用方的默认架构或用户在 EXECUTE AS 子句中指定的架构来解析对象名称，然后尝试使用 dbo 架构。

如果要创建存储过程，并且希望确保其他用户无法查看该过程的定义，则可以使用 WITH ENCRYPTION 子句。这样，过程定义将以不可读的形式存储。存储过程一旦被加密，其定义将无法解密，任何人（包括该存储过程的所有者或系统管理员）都将无法查看该存储过程的定义。

存储过程，即本地存储过程，在规划时要和数据库的规划相结合，从实际应用出发，结合系统的安全、性能、使用等方面来综合考虑和设计。合理地使用存储过程，可以提高系统的安全性，也对数据库性能的提升有一定的作用，同时让用户的使用也更简单、方便、快捷。

根据需要，在学生管理信息系统数据库中可以设计并创建以下本地存储过程（部分）。

- procSelectTeacher：用于查询教师信息。这是 dbStudents 数据库中最简单的存储过程。
- procStudentBak：用于备份学生基本信息。
- procSelectTeacher_Query：用于模糊查询，根据各系部的部分名称查询教师的基本信息。
- procUpdateTeacher：用于更改教师基本信息表中的“部门”信息。
- procTeacherQuery：用于统计教师基本信息表中各部门教师的人数，要求输入部门名称后，返回对应部门的教师人数。

实践操作

在 SQL Server 中创建存储过程有两种方法：一种是使用 SQL Server Management Studio，另一种是使用 SQL 语句中的 CREATE PROCEDURE 命令。利用 SQL Server Management Studio 创建视图简单方便，而用 Transact-SQL 创建存储过程相对来说比较灵活，也是一种较为快速的方法，但是需要深刻理解存储过程的结构。

9.2.1 创建和执行不带参数的存储过程

（1）利用 SQL Server Management Studio 创建存储过程。如创建一个存储过程 procSelectTeacher，查询信息工程系全体教师，具体操作过程如下。

① 启动 SQL Server Management Studio，连接到本地默认实例，在对象资源管理器中，展开本地数据库实例的“数据库”｜“dbStudents”｜“可编程性”｜“存储过程”节点。

② 右击“存储过程”项，在弹出的快捷菜单中选择“新建存储过程”命令，如图 9.5 所示。

③ 在新建的查询编辑器中，输入 procSelectTeacher 存储过程的 SQL 语句，代码如下：

```
-- ================================================
-- 本存储过程返回信息工程系全体教师信息
-- ================================================
CREATE PROCEDURE procSelectTeacher
AS
SELECT * FROM tblTeacher WHERE Department='信息工程系'
GO
```

④ 单击工具栏上的“分析”按钮，检查语法是否正确。

⑤ 单击工具栏上的“执行 SQL”按钮，创建这一存储过程。

⑥ 单击工具栏上的“保存”按钮，保存创建存储过程的 SQL 代码。

⑦ 执行存储过程，可以在对象资源管理器中右击要执行的存储过程 procSelect Teacher，在弹出的快捷菜单中选择“执行存储过程”命令，如图 9.6 所示。

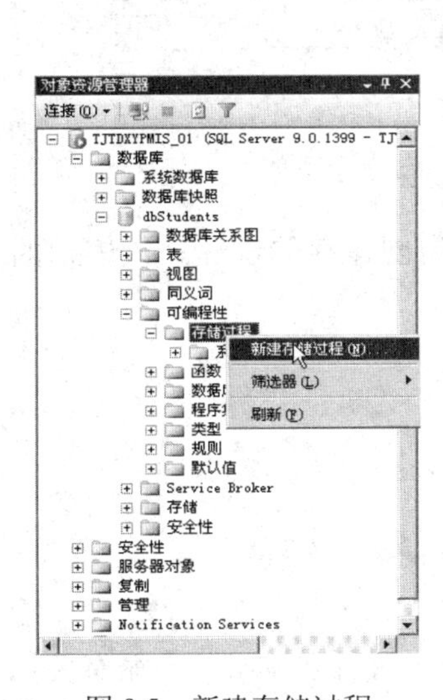

图 9.5　新建存储过程

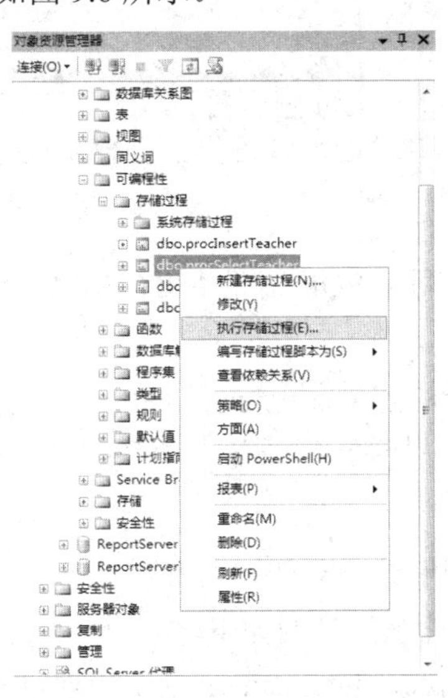

图 9.6　执行存储过程

⑧ 图 9.7 所示的是“执行过程”对话框。在该对话框中，要求输入存储过程的参数，以便继续执行。如果要执行的存储过程有输入参数，在“值”列中添加输入参数对应的值，然后单击“确定”按钮即可执行存储过程。在 procSelectTeacher 存储过程中，没有定义参数，可以直接单击“确定”按钮来执行存储过程。图 9.8 所示的是执行存储过程 procSelectTeacher 的结果。

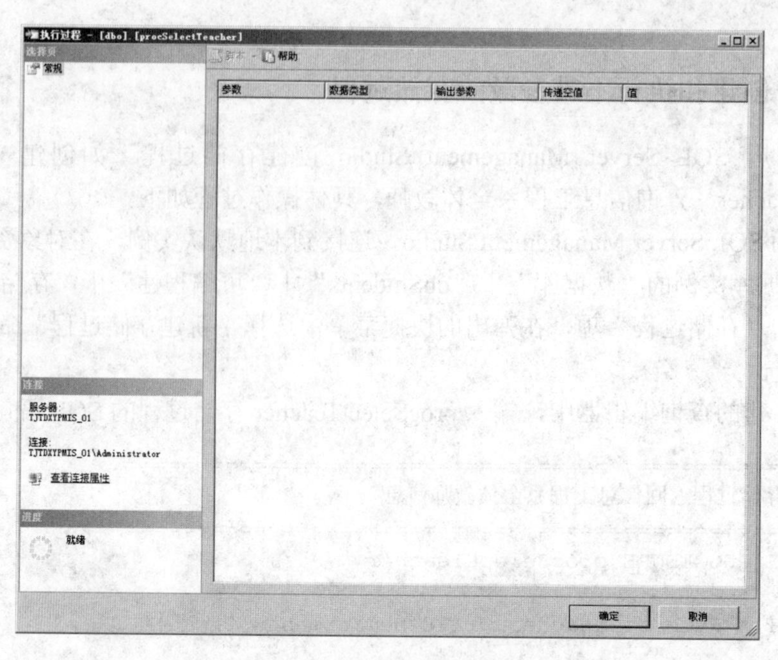

图 9.7 “执行过程”对话框

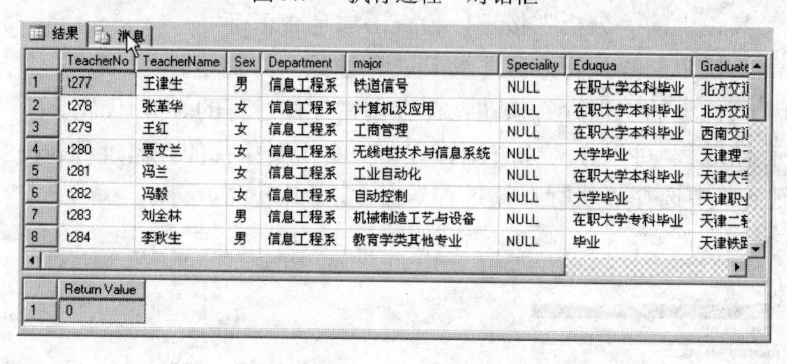

	TeacherNo	TeacherName	Sex	Department	major	Speciality	Eduqua	Graduate
1	t277	王津生	男	信息工程系	铁道信号	NULL	在职大学本科毕业	北方交
2	t278	张革华	女	信息工程系	计算机及应用	NULL	在职大学本科毕业	北方交
3	t279	王红	女	信息工程系	工商管理	NULL	在职大学本科毕业	西南交
4	t280	贾文兰	女	信息工程系	无线电技术与信息系统	NULL	大学毕业	天津理
5	t281	冯兰	女	信息工程系	工业自动化	NULL	在职大学本科毕业	天津大
6	t282	冯毅	女	信息工程系	自动控制	NULL	大学毕业	天津职
7	t283	刘全林	男	信息工程系	机械制造工艺与设备	NULL	在职大学专科毕业	天津二
8	t284	李秋生	男	信息工程系	教育学类其他专业	NULL	毕业	天津铁

	Return Value
1	0

图 9.8 执行存储过程 procSelectTeacher 的结果

（2）利用 SQL 语句中 CREATE PROCEDURE 语句创建存储过程。该语句的基本语法如下：

```
CREATE PROCEDURE procedure_name
    [{@parameter  data_type}
    [ OUTPUT ]] [,...n]
AS
<sql_statement>
```

对各个参数说明如下。

- procedure_name：指明所创建的存储过程的名称，过程名称必须遵循有关标识符的规则，建议不使用前缀 sp_，因为此前缀指定系统存储过程。
- @ parameter：过程中的参数。在 CREATE PROCEDURE 语句中可以声明一个或多个参数，使用“@”作为第一个字符来指定参数名称。
- data_type：参数的数据类型。
- OUTPUT：指示参数是输出参数。此选项的值可以返回给调用 EXECUTE 的语句。使用 OUTPUT 参数将值返回给过程的调用方。

- n：表示可以指定一个或多个参数。
- AS：指定存储过程将要执行的动作。
- sql_statement：要包含在过程中的一个或多个 SQL 语句，即在存储过程中需要执行的数据库操作。

下面使用 CREATE PROCEDURE 来创建一个存储过程 procStudentBak，该存储过程实现了对学生基本信息表中的数据的备份。每次执行该存储过程后将对学生基本信息表中的数据添加系统日期，然后备份到学生基本信息备份表中。创建并执行该存储过程之前，先创建学生基本信息备份表。

```
USE dbStudents
GO
CREATE TABLE tblStudentBak (
    stuNo         nchar(8) primary key,
    stuName       nchar(8)not null,
    Sex           nchar(2)check (sex in ('男','女')) default '男',
    BirthDate     datetime,
    Polity        nchar(10),
    GraduateSchool    nvarchar(50),
    HomePlace nvarchar(50),
    Photo         image,
    Remark        nvarchar(100),
    sysdate       datetime
)
GO
```

运行代码，创建 tblStudentBak 数据表。然后在查询窗口中输入以下代码，用来创建存储过程 procStudentBak：

```
CREATE PROCEDURE procStudentBak
AS
INSERT INTO tblStudentBak(stuNO,stuName,Sex,Polity,GraduateSchool,
HomePlace,Photo,Remark, sysdate)
SELECT stuNO,stuName,Sex,Polity,GraduateSchool,
HomePlace,Photo,Remark,sysdatetime()
FROM tblStudent
GO
```

（3）执行存储过程。使用 EXECUTE 语句可以执行存储过程。

比如，若要执行 procSelectTeacher 存储过程，可以使用以下代码：

```
EXECUTE procSelectTeacher
GO
```

要执行 procStudentBak 存储过程，可以使用以下代码：

```
EXECUTE procStudentBak
GO
```

执行结果如图 9.9 所示。

结果 | 消息

	stuNO	stuName	Sex	BirthDate	Polity	G...	Ho...	Photo	Remark	sysdate
1	19989001	李文明	男	NULL	中共预备党员	N...	N...	NULL	NULL	2008-03-28 21:17:45.200
2	19989002	张志兴	男	NULL	中共预备党员	N...	N...	NULL	NULL	2008-03-28 21:17:45.200
3	19989003	周俊杰	男	NULL	中共预备党员	N...	N...	NULL	NULL	2008-03-28 21:17:45.200
4	19989004	潘柱	男	NULL	中共预备党员	N...	N...	NULL	NULL	2008-03-28 21:17:45.200
5	19989005	王亮	男	NULL	中共预备党员	N...	N...	NULL	NULL	2008-03-28 21:17:45.200
6	19989006	孙孝恭	男	NULL	中共预备党员	N...	N...	NULL	NULL	2008-03-28 21:17:45.200
7	19989007	赵金坤	男	NULL	共青团员	N...	N...	NULL	NULL	2008-03-28 21:17:45.200
8	19989008	李秀伟	女	NULL	群众	N...	N...	NULL	NULL	2008-03-28 21:17:45.200
9	19989009	王立平	女	NULL	中共预备党员	N...	N...	NULL	NULL	2008-03-28 21:17:45.200
10	19989010	庞小红	女	NULL	中共预备党员	N...	N...	NULL	NULL	2008-03-28 21:17:45.200
11	19989011	王丽丽	女	NULL	共青团员	N...	N...	NULL	NULL	2008-03-28 21:17:45.200

图 9.9　执行 procStudentBak 存储过程的结果

9.2.2　创建和执行带参数的存储过程

以上介绍了不带参数的存储过程的创建过程。但在实际应用中，存储过程通常是需要参数的，也就是需要通过参数来控制存储过程的执行或获取返回值。

（1）具有输入参数的存储过程。在存储过程中，输入参数也称为形式参数，执行存储过程中的参数称为实参数。定义存储过程同样可以使用带通配符的参数，如创建一个模糊查询各系部名称的存储过程 procSelectTeacher_Query，其代码如下：

```
--创建存储过程 procSelectTeacher_Query
CREATE PROCEDURE procSelectTeacher_Query
@Dep nvarchar(20)='%'
AS
SELECT * FROM tblTeacher WHERE Department LIKE @Dep
GO

--调用并执行存储过程 procSelectTeacher_Query，调用参数为'%土%'
EXECUTE procSelectTeacher_Query '%土%'
GO
```

执行存储过程结果如图 9.10 所示。

结果 | 消息

	TeacherNo	TeacherName	Sex	Department	major	Speciality	Eduqua
1	t231	彭蓉	女	土木工程系	给水排水工程	NULL	研究生毕业
2	t232	陈娟	女	土木工程系	铁道与桥梁工程	NULL	研究生毕业
3	t233	李丽敏	女	土木工程系	交通工程	NULL	研究生毕业
4	t234	赵新生	男	土木工程系	交通运输	NULL	在职大学专科毕
5	t235	韩秀琴	女	土木工程系	交通运输	NULL	在职大学专科毕
6	t236	杨松茂	男	土木工程系	土建类其他专业	NULL	毕业
7	t237	王玉书	女	土木工程系	公用事业管理	NULL	在职大学本科毕
8	t238	胡志轩	男	土木工程系	铁道与桥梁工程	NULL	毕业
9	t239	蔺伯华	男	土木工程系	建筑工程	NULL	在职大学本科毕
10	t240	颜炳君	男	土木工程系	房屋建筑工程	NULL	在职大学本科毕

图 9.10　执行存储过程 proSelectTeacher_Query 的结果

执行带有输入参数的存储过程有 3 种方法：一是使用参数名直接传送参数值；二是使用变量传送参数值；三是按位置传送参数值。

① 使用参数名直接传送参数值。在执行存储过程的语句中，通过@parameter_name =value 给出参数的传递值。当存储过程含有多个输入参数时，参数值可以以任意顺序指定，

对于允许空值和具有默认值的输入参数可以不给出参数的传递值。语法结构如下：

```
[[EXECUTE] procedure_name
[@parameter_name = value][,…n]
```

对各参数说明如下。

- procedure_name 为存储过程名；
- @parameter_name 为输入参数名；
- value 为传递给输入参数的值。

如执行上面的存储过程 ProcSelectTeacher_Query 直接传值：

```
EXECUTE procSelectTeacher_Query '%土%'
GO
```

② 使用变量传值。首先定义一个变量，对变量赋值，用变量名作为参数进行传递。如果有多个参数需要传递，需注意传递参数的次序。

```
DECLARE @Dep nVarchar (20)
SET @Dep='%土%'
EXECUTE procSelectTeacher_Query @Dep
GO
```

③ 按位置传送参数值。在执行存储过程的语句中，不参照被传递的参数而直接给出参数的传递值。当存储过程含有多个输入参数时，传递值的顺序必须与存储过程中定义的输入参数的顺序相一致。

语法结构如下：

```
EXECUTE proc_name [value1,value2,…]
```

对各参数说明如下。

- proc_name 为存储过程名；
- value1, value2,…为传递给各输入参数的值。

按位置传送参数值时，可以忽略允许空值和具有默认值的参数，但输入参数的指定次序不可更改。

如在下面的存储过程中，有 5 个输入参数，用户可以用空值或默认值忽略第三和第四个参数，但无法在忽略第三个参数的情况下而指定第四个参数的输入值。

在存储过程中除了可以完成查询以外，还可以完成数据的插入、更新和删除操作。如创建一个存储过程 procInsertTeacher，利用传入的参数插入教师信息表中，代码如下：

```
--创建 procInsertTeacher，用来向 tblTeacher 表中插入数据行
CREATE PROCEDURE procInsertTeacher
    @TNo nchar(6),@TName nvarchar(50),@SEX nchar(2),@Dep nvarchar(20),@Maj
nvarchar(50)
AS
    INSERT INTO tblTeacher (TeacherNo,TeacherName,Sex,Department,major)
VALUES (@TNo,@TName,@SEX,@Dep,@Maj)
GO

--调用 procInsertTeacher，并按位置传递参数值
EXECUTE procInsertTeacher 't899', '王艳', '女', '信息工程系','计算机应用'
GO
```

```
--查看执行结果
SELECT * FROM tblTeacher WHERE TeacherNo='t899'
GO
```

运行结果如图 9.11 所示。

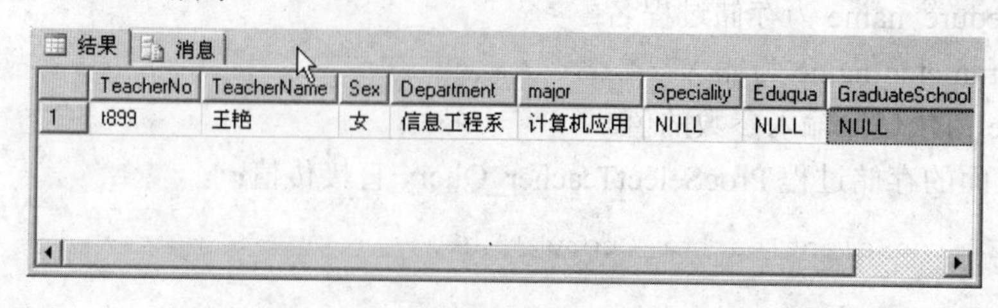

	TeacherNo	TeacherName	Sex	Department	major	Speciality	Eduqua	GraduateSchool
1	t899	王艳	女	信息工程系	计算机应用	NULL	NULL	NULL

图 9.11　执行存储过程 proInsertTeacher 的结果

（2）创建具有返回值的存储过程。从存储过程中返回一个或多个值，可以通过在创建存储过程的语句中定义输出参数来实现。为了使用输出参数，需要在 CREATE PROCEDURE 语句中指定 OUTPUT 关键字。

下面创建存储过程 procUpdateTeacher，更改教师基本信息表中的“部门”信息，比如由“基础课部”更改为“基础教学课部”。如果更改成功，显示记录内容和修改的记录数，否则显示“记录没有被修改”。具体代码如下：

```
/*创建存储过程，修改教师基本信息表中的数据*/
CREATE PROCEDURE procUpdateTeacher
/*输入参数@oldDep、@newDep，输出参数@recordcount，OUTPUT 关键字指明参数为输出参数。输出参数必须位于所有输入参数说明之后*/
    @oldDep nvarchar (20) , @newDep nvarchar (20) ,@recordcount int OUTPUT
AS
    UPDATE tblTeacher SET Department=@newDep WHERE Department=@oldDep
/*@@ROWCOUNT 是 SQL Server 用来返回受上一语句影响的行数的系统变量，这里用它来返回符合条件的记录数。*/
SELECT @recordcount = @@ROWCOUNT

/*执行存储过程*/
DECLARE @RecordNumber int  --定义变量@RecordNumber，用于记录被修改的记录数
/*传递输入参数'基础教学课部'，@RecordNumber 为输出参数*/
EXECUTE procUpdateTeacher '基础课部', '基础教学课部',@RecordNumber OUTPUT
SELECT * FROM tblTeacher WHERE Department='基础教学课部'
/*记录是否被修改，如果修改则显示“已有*条记录被修改”，否则显示“记录没有被修改”*/
IF @RecordNumber>0
   PRINT '已有'+str(@RecordNumber)+'条记录被修改'
ELSE
   PRINT '记录没有被修改'
```

运行结果如图 9.12 所示。

（3）存储过程的重编译处理。

① 存储过程的处理。存储过程在创建时，SQL Server 需要对存储过程中的语句进行语法检查。如果存储过程定义中存在语法错误，将返回错误，并且将不能创建该存储过程。如果语法正确，则存储过程的文本将存储在 syscomments 系统表中。

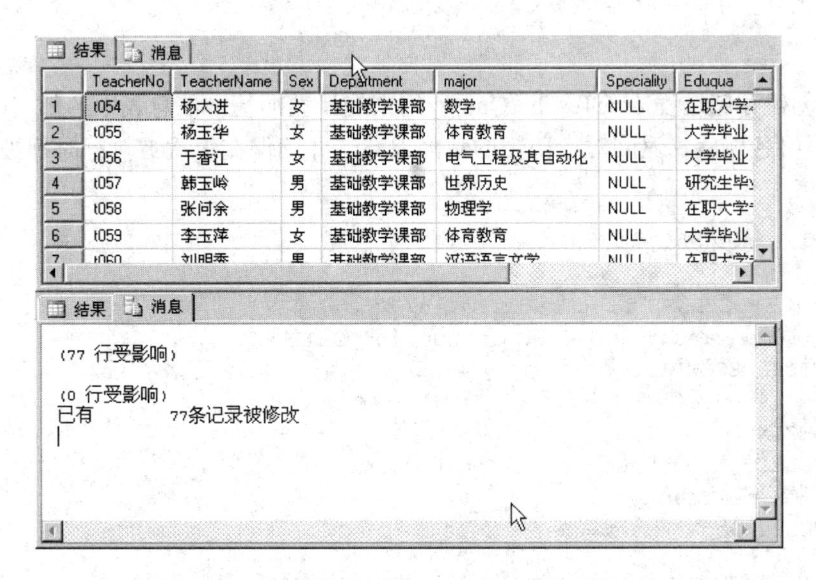

	TeacherNo	TeacherName	Sex	Department	major	Speciality	Eduqua
1	t054	杨大进	女	基础教学课部	数学	NULL	在职大学
2	t055	杨玉华	女	基础教学课部	体育教育	NULL	大学毕业
3	t056	于香江	女	基础教学课部	电气工程及其自动化	NULL	大学毕业
4	t057	韩玉岭	男	基础教学课部	世界历史	NULL	研究生毕
5	t058	张问余	男	基础教学课部	物理学	NULL	在职大学
6	t059	李玉萍	女	基础教学课部	体育教育	NULL	大学毕业

图 9.12　执行存储过程 proUpdateTeacher 的结果

执行存储过程时，查询处理器从 syscomments 系统表中读取该存储过程的文本，并检查存储过程所使用的对象名称是否存在，这一过程称为延迟名称解析。因此存储过程引用的对象只需在执行该存储过程时存在，而不需要在创建该存储过程时就存在。在解析阶段，SQL Server 还将执行数据类型检查和变量兼容性等其他验证活动。如果执行存储过程时出现引用的对象丢失，则存储过程在到达丢失引用对象的语句时将停止执行并将返回错误信息。

如果存储过程顺利通过解析阶段，SQL Server 将分析存储过程的语句，并创建一个执行计划。

在分析完存储过程中这些因素中的数据量（表中是否存在索引和索引的性质，以及数据在索引列中的分布；WHERE 条件子句所用的比较运算符和比较值；是否存在连接及 UNION、GROUP BY 或 ORDER BY 关键字）后，将执行计划置于内存中。优化的内存执行计划将用来执行该查询。执行计划将驻留在内存中，直到重新启动 SQL Server 或此空间存储另一个对象时为止。

以上介绍的分析存储过程和创建执行计划的过程统称为编译，编译工作完成之后，系统就可以开始执行这个存储过程了。在执行存储过程时，如果现有的执行计划仍在内存中，SQL Server 将再次使用它。如果执行计划不再位于内存中，则创建新的执行计划。

② 存储过程的重编译处理。当数据库添加了索引，或索引列上的数据发生变化，或存储过程中引用的基表发生了变化时，原有的存储过程生成的计划已不能反映这种改变，这就需要重新编译存储过程以适应这种变化。SQL Server 为用户提供了 3 种设定重编译选项的方法，分别介绍如下。

在建立存储过程时设定重编译选项。在用 CREATE PROCEDURE 创建存储过程时使用 WITH RECOMPILE 子句，在每次运行时重新编译和优化，并创建新的计划，但不将计划保存在缓存中，具体语法如下：

```
CREATE PROCEDURE [WITH RECOMPILE]
```

通过在创建时设定重编译选项，可以使 SQL Server 在每次执行时对存储过程进行重编

译处理。

例如，创建存储过程 procTeacherQuery，用来统计教师基本信息表中各部门教师的人数，要求输入部门名称后，返回对应部门的教师人数，并确保在每次被执行时都被重新编译。代码如下：

```
USE dbStudents
GO
CREATE PROCEDURE procTeacherQuery
    (@Dep varchar(20), @countnum int OUTPUT)
    WITH RECOMPILE
AS
    BEGIN
    SELECT @countnum=count(TeacherName)
    FROM tblTeacher
    WHERE Department=@Dep
END
GO
```

执行所定义的存储过程：

```
DECLARE @COUNTNUM INT
EXECUTE procTeacherQuery '经济管理系',@COUNTNUM OUTPUT
SELECT @COUNTNUM AS 教师人数
GO
```

执行结果如图 9.13 所示。

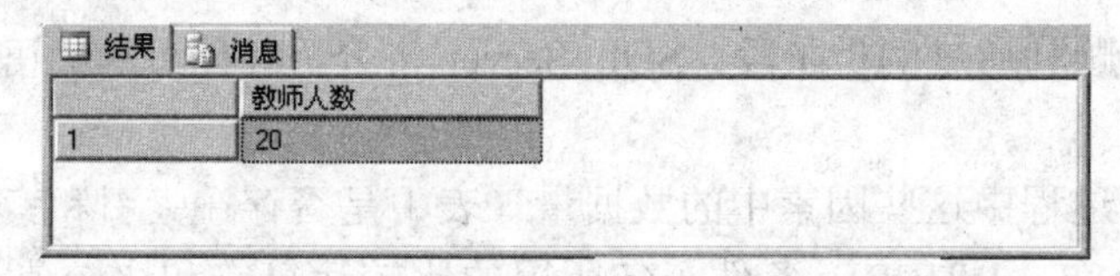

图 9.13　执行 procTeacherQuery 存储过程的结果

③ 在执行存储过程时设定重编译选项。如果在创建存储过程中没有加入参数 WITH RECOMPILE，也可以在执行存储过程 EXECUTE 命令中加入设定重编译，新的计划被保存在缓存中，具体语法如下：

```
EXECUTE procTeacherQuery WITH RECOMPILE
```

④ 通过系统存储过程设定重编译选项。系统存储过程 sp_recompile 使存储过程和触发器在下次运行时重新编译，当一个表发生结构或索引上的改变时，可以使用 sp_recompile 强制所有依赖于该表的存储过程和触发器在下一次运行时被重新编译，以获得新的计划，其基本语法如下：

```
EXECUTE sp_recompile  OBJECT
```

对各参数说明如下。

- sp_recompile 为用于重编译存储过程的系统存储过程；
- OBJECT 为当前数据库中的存储过程、触发器、表或视图的名称。

如对学生信息数据库 dbStudents 中教师基本信息表 tblTeacher 数据表进行重编译，其代码如下：

```
EXECUTE sp_recompile tblTeacher
```

9.2.3 存储过程的操作

1．查看存储过程

存储过程被创建以后，它的名字存储在系统表 sysobjects 中，源代码存放在系统表 syscomments 中，可以使用 sp_helptext 系统存储过程查看定义存储的 SQL 语句，显示用户定义规则的定义、默认值、未加密的 SQL 存储过程、触发器等，其基本语法如下：

```
EXECUTE sp_helptext OBJECT
```

比如，要查看存储过程 procStudentBak，执行如下代码：

```
EXECUTE sp_helptext procStudentBak
```

执行结果如图 9.14 所示。

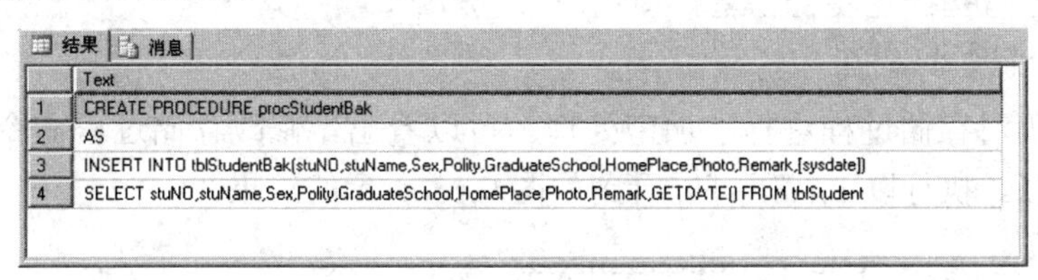

	Text
1	CREATE PROCEDURE procStudentBak
2	AS
3	INSERT INTO tblStudentBak(stuNO,stuName,Sex,Polity,GraduateSchool,HomePlace,Photo,Remark,[sysdate])
4	SELECT stuNO,stuName,Sex,Polity,GraduateSchool,HomePlace,Photo,Remark,GETDATE() FROM tblStudent

图 9.14　利用 sp_helptext 系统存储过程查看源代码

2．修改存储过程

修改存储过程通常是指编辑它的参数和 SQL 语句。可以用两种方法修改存储过程，分别是 SQL Server Management Studio 工具和 ALTER PROCEDURE 语句。

（1）通过 SQL Server Management Studio 修改存储过程。

① 启动 SQL Server Management Studio，连接到本地默认实例，在对象资源管理器中展开本地数据库实例的“数据库”｜“dbStudents”｜“可编程性”｜“存储过程”节点。

② 右击要修改的存储过程，在弹出的快捷菜单中选择“修改”命令，在“SQL 编辑器”窗格中出现要修改的存储过程代码。

③ 在“SQL 编辑器”中编辑存储过程的参数和 SQL 语句，单击工具栏上的“分析”按钮，检查语法是否正确。

④ 单击工具栏上的“执行 SQL”按钮，修改这一存储过程。

⑤ 单击工具栏上的“保存”按钮，可以保存修改存储过程的 SQL 代码。

（2）使用 ALTER PROCEDURE 语句修改存储过程。使用 SQL 语句中的 ALTER PROCEDURE 语句可以修改存储过程，该语句的基本语法如下：

```
ALTER PROCEDURE procedure_name
     [{@parameter data_type}[=DEFAULT][OUTPUT]][ ,…n]
     [WITH{RECOMPILE | ENCRYPTION | RECOMPILE,ENCRYTION}]
AS
    Sql_statement[,...n]
```

对各参数说明如下。

- procedure_name 为要修改的存储过程的名称；
- @parameter 为存储过程中包含的输入和输出参数；
- data_type 指定输入和输出参数的数据类型；
- default 为输入和输出参数指定的默认值，必须为一个常量；
- WITH RECOMPILE 为存储过程指定重编译选项；
- WITH ENCRYPTION 对包含 ALTER PROCEDURE 文本的 syscomments 表中的项进行加密。

例如，对存储过程 procStudentBak 进行修改，代码如下：

```
ALTER PROCEDURE procStudentBak
    WITH ENCRYPTION
AS
    INSERT INTO tblStudentBak (stuNo,stuName,Sex,Polity,
    GraduateSchool,HomePlace,Photo,Remark,[sysdate])
    SELECT stuNo,stuName,Sex,Polity,GraduateSchool,
    HomePlace,Photo,Remark,GETDATE ()
    FROM tblStudent
```

上面的代码对存储过程进行了加密处理。可以看出，修改存储过程命令与创建存储过程命令非常相似。执行以下代码可以看到如图 9.15 所示的结果。

```
EXECUTE sp_helptext procStudentBak
```

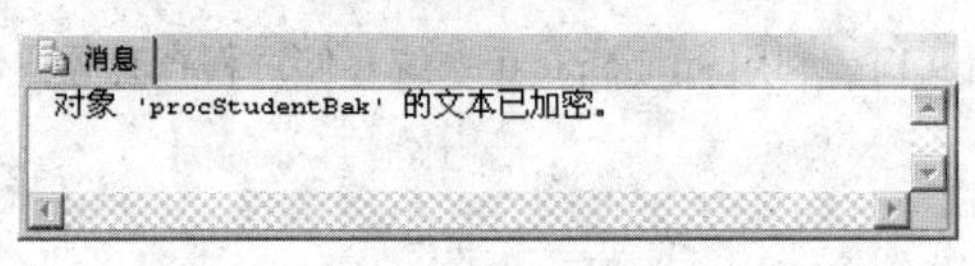

图 9.15　执行视图加密后的结果

存储过程重新命名可以通过两种方式，分别是系统存储过程 sp_rename 和 SQL Server Management Studio 工具。

3．通过系统存储过程 sp_rename 重命名存储过程

可以使用系统存储过程 sp_rename 修改存储过程的名字，其基本语法如下：

```
sp_rename old_procedure_name, new_procedure_name
```

例如，将存储过程 procStudentBak 重新命名为 procStudentBackup，代码如下：

```
sp_rename procStudentBak, procStudentBackup
```

4．通过 SQL Server Management Studio 重命名存储过程

（1）启动 SQL Server Management Studio，连接到本地默认实例，在对象资源管理器中选择本地数据库实例的“数据库”｜“dbStudents”｜“可编程性”｜“存储过程”节点。

（2）右击要重命名的存储过程，在弹出的快捷菜单中选择“重命名”命令，输入存储过程新名字即可。

5．删除存储过程

删除存储过程也可以通过两种方式，分别是 DROP PROCEDURE 语句和 SQL Server

Management Studio 工具。

（1）可以使用 DROP PROCEDURE 语句删除一个或多个存储过程或者存储过程组。该语句的基本语法如下：

```
DROP PROCEDURE procedure_name[,…n]
```

如将存储过程 procStudentBak 删除，代码如下：

```
DROP PROCEDURE procStudentBak
```

（2）通过 SQL Server Management Studio 工具删除存储过程。

① 启动 SQL Server Management Studio，连接到本地默认实例，在对象资源管理器中展开本地数据库实例的“数据库”|“dbStudents”|“可编程性”|“存储过程”节点。

② 右击要删除的存储过程，在弹出的快捷菜单中选择“删除”命令，即可删除此存储过程。

9.3　回顾与训练：T-SQL 语句的使用

通过本任务的学习，大家掌握了 T-SQL 语句和存储过程的基本知识。对于 T-SQL 语言，介绍了包括常量、变量、运算符及表达式，以及流程控制语句，并结合实例进行了具体说明。存储过程是一系列预先编译好的、能实现特定数据操作功能的 T-SQL 代码集。它与特定的数据库相关联，存储在 SQL Server 服务器上。用户可以像使用函数一样重复调用这些存储过程，实现它所定义的操作。对存储过程的概念、优点、类型、原理、创建方法、调用执行，以及参数传递和存储过程的管理等进行了系统的介绍。

下面，请大家根据所学知识完成以下任务。

1．任务

（1）利用 IF…ELSE 语句在学生基本信息表中查询学号为 20082015 的同学的“政治面貌”，如果没找到，则显示“查无此人”；如果找到并且“政治面貌”是“共青团员”，则显示“×××（该生姓名）同学当前是共青团员。”；如果“政治面貌”是“中共预备党员”，则显示“×××（该生姓名）同学当前是中共预备党员。”；如果“政治面貌”是“群众”，则显示“×××（该生姓名）同学当前是群众。”。

（2）利用 CASE 语句显示学生基本信息，包括学号、姓名、性别等信息。显示时如果性别为“男”则显示M，如果为“女”则显示W。

（3）利用 CASE 语句将学生选课信息表中的数字形式的成绩以等级形式的方式显示出来。

（4）利用 WHILE 语句在学生基本信息表中分别统计“男”、“女”、“共青团员”、“中共预备党员”、“中共党员”的人数。

（5）创建本任务中使用的存储过程：procSelectTeacher、procStudentBak、procSelectTeacher_Query、procUpdateTeacher、procTeacherQuery。

（6）对 procSelectTeacher 存储过程进行查看。

（7）对 procStudentBak 存储过程进行修改。

（8）将 procSelectTeacher_Query 存储过程重命名为 procTeacherQuery。

（9）对 procUpdateTeacher 存储过程进行删除。

2．要求和注意事项

（1）注意流程控制语句的基本用法及各参数含义。

（2）注意 CASE 语句两种格式的区别。

（3）注意 WHILE 语句中 BREAK 和 CONTINUE 的使用。

（4）注意语句书写的格式。

（5）存储过程创建时注意参数的类型。

（6）对任务（5）～（7）使用 T-SQL 语句完成。

（7）对任务（8）～（9）使用图形工具完成。

3．操作记录

（1）记录所操作计算机的硬件配置。

（2）记录所操作计算机的软件环境。

（3）记录任务（1）～（4）的实现代码。

（4）记录所操作计算机的硬件配置。

（5）记录所操作计算机的软件环境。

（6）记录任务（5）～（9）的操作代码和实现过程。

（7）总结本次实验体会。

4．思考和总结

（1）何时使用 GO 语句？该语句的作用是什么？

（2）何时使用存储过程？使用存储过程能够解决哪些问题？

任务 10

创建和管理触发器

在 SQL Server 应用操作中，触发器扮演相当重要的角色，使用触发器来完成业务规则，可达到简化程序设计的目的。

本任务首先简要介绍触发器的概念、类型、规划和设计，之后讨论使用 SQL Server Management Studio 和 T-SQL 语句来创建、修改、删除触发器的方法。

10.1 创建并管理触发器

任务描述

任务名称：创建并管理触发器。

任务描述：在前面的任务中学习了存储过程的基本应用，在本任务中我们首先了解触发器的基本概念、优点、类型，理解触发器的运行机制，理解 AFTER 触发器与 INSTEAD OF 触发器的区别及使用方法，掌握触发器的创建和管理方法。在实践操作部分，将完成以下任务。

（1）创建本任务所用到的触发器：tgStudent、tgUpdateStudent、tgDeleteStudent、tgDeleteTeacher、tgDeleteStudentTab。

（2）对 tgStudent 存储过程进行查看。

（3）对 tgUpdateStudent 触发器进行修改。

（4）将 tgDeleteStudent 触发器重命名为 tgDeleteStu。

（5）对 tgDeleteTeacher 触发器进行删除。

相关知识与技能

1．触发器的基本概念

在 SQL Server 2008 中，可以用两种方法来保证数据的有效性和完整性：约束（CHECK）和触发器（Trigger）。

约束直接设置于数据表内，只能实现一些比较简单的功能操作，如实现字段有效性和唯一性的检查、自动填入默认值、确保字段数据不重复（即主键）、确保数据表对应的完整性（即外键）等功能。

触发器是一种针对数据表（库）的特殊类型的存储过程，也是提前编译好的 SQL 语句和流程控制语句的集合。存储过程可以通过存储过程名字而被直接调用，而触发器只有针对数据表进行插入、修改、删除等事件发生时，相关的触发器才会被引发自动执行，以检查数据的处理是否符合数据的有效性和完整性。在 SQL Server 2008 中，触发器有了更进一步的功能，在数据表（库）发生 CREATE、ALTER 和 DROP 操作时，也会自动激活执行。

触发器及引发它运行的命令语句将被视为一次事务处理，因此触发器可以回滚这个事务。如果发生一个非法操作，则可以通过回滚事务使语句不能执行，回滚后 SQL Server 会自动返回到此事务执行前的状态。

由于在触发器中可以包含复杂的处理逻辑，因此应该将触发器用来保持低级的数据完整性，而不是返回大量的查询结果。使用触发器主要有以下优点。

- 触发器是自动的。当对数据库、数据表中的数据作了任何修改之后立即被激活。
- 实现数据库中多张表的级联修改：触发器可以通过数据库中的相关表进行层叠更改。
- 完成比 CHECK 约束更复杂的数据约束。触发器可以强制限制，这些限制比用 CHECK 约束所定义的更复杂，可以引用其他表中的列来完成数据完整性的约束。
- 调用存储过程。约束本身不能调用存储过程，但是触发器本身就是一种存储过程，而存储过程是可以嵌套使用的，所以触发器也可以调用一个或多个存储过程。
- 比较数据库修改前后数据的状态。触发器提供了访问由 INSERT、UPDATE 或 DELETE 语句引起的数据变化前后状态的能力。因此用户可以在触发器中引用由于修改所影响的记录行。

2．触发器类型

在 SQL Server 2008 中，触发器可以分为两大类：DML 触发器和 DDL 触发器。下面分别来介绍这两种类型的触发器。

（1）DML 触发器。DML 触发器是当数据库服务器中发生 DML 事件时执行的存储过程，它是基于表而创建的，可以在一张表上创建多个 DML 触发器。用户可以针对 INSERT、UPDATE、DELETE 语句分别设置触发器，也可以针对一张表上的特定操作设置。DML 触发器又分为两类：After 触发器和 Instead Of 触发器。

- After 触发器。这类触发器是在操作已经完成之后（After），才会被激活执行。它主要用于记录变更后的处理或检查，一旦发现错误，也可以用 Rollback SQL 语句回滚本次的操作。例如，要删除数据表中的记录，当 SQL Server 接收到一个要执行删除操作的 SQL 语句时，先将要删除的记录存放在删除表里，然后把数据表里的记录删除，再激活 After 触发器，执行 After 触发器里的 T-SQL 语句。执行完毕之后，删除内存中的删除表，结束整个操作。

- Instead Of 触发器。这类触发器一般用来取代原本的操作，在记录变更之前发生，它并不去执行原来 SQL 语句的操作（INSERT、UPDATE、DELETE），而去执行触发器本身所定义的操作。

如表 10.1 所示对 After 触发器和 Instead Of 触发器的功能进行了比较。

表 10.1　After 触发器和 Instead Of 触发器的功能比较

适用范围	After 触发器	Instead Of 触发器
	表	表和视图
每个表或视图包含触发器的数量	每个触发操作（UPDATE、DELETE 和 INSERT）包含多个触发器	每个触发操作（UPDATE、DELETE 和 INSERT）包含一个触发器
级联引用	无任何限制条件	不允许在作为级联引用完整性约束目标的表上使用 INSTEAD OF UPDATE 和 DELETE 触发器
执行	晚于：约束处理、声明性引用操作、创建插入和删除表、触发操作	早于：约束处理，替代： 触发操作，晚于： 创建插入和删除表
执行顺序	可指定第一个和最后一个执行	不适用
插入的和删除的表中的 varchar（max）、nvarchar（max）和 varbinary（max）列引用	允许	允许
插入的和删除的表中的 text、ntext 和 image 列引用	不允许	允许

SQL Server 2008 为每个 DML 触发器都定义了两个特殊的表，一个是插入表，另一个是删除表。这两个表是建在数据库服务器的内存中的，是由系统管理的逻辑表，而不是真正存储在数据库中的物理表。对于这两个表，用户只有读取的权限，没有修改的权限。

这两个表的结构与触发器所在数据表的结构是完全一致的，当触发器的工作完成之后，这两个表也将会从内存中删除。

插入表里存放的是修改前的记录。对于插入记录操作来说，插入表里存放的是要插入的数据；对于修改记录操作来说，插入表里存放的是要修改的记录。

删除表里存放的是修改后的记录。对于修改记录操作来说，删除表里存放的是修改前的记录（修改完后即被删除）；对于删除记录操作来说，删除表里存放的是被删除的旧记录。

根据触发条件将 DML 触发器分为三类。

① 当试图向表中插入数据时，将执行 INSERT 触发器。INSERT 触发器执行下列操作。

- 向 Inserted 表中插入一个新行的副本；
- 检查 Inserted 表中的新行，确定是否要阻止该插入操作；
- 如果所插入的行中的值是有效的，则将该行插入触发器表中。

② 当试图更新表中的数据时，将执行 UPDATE 触发器。UPDATE 触发器执行下列操作。

- 将原始数据行转移到逻辑 Deleted 表中；
- 将一个新行插入 Inserted 表中，然后插入触发器表中；
- 计算 Deleted 表和 Inserted 表中的值以确定是否需要进行干预；

- 可以创建 Update 触发器以验证对单个列或整个表的更新。

③ 当试图从表中删除数据时，将执行 DELETE 触发器。DELETE 触发器执行下列操作。

- 从触发器表中删除行；
- 将删除的行插入 Deleted 表中；
- 检查 Deleted 表中的行，以确定是否需要或应如何执行触发器操作。

（2）DDL 触发器。DDL 触发器是在响应数据定义语言事件时执行的存储过程。DDL 触发器一般用于数据库执行中管理任务。如审核和规范数据库操作、防止数据库表结构被修改等。DDL 触发器主要应用在 CREATE、ALTER 和 DROP 等 DDL 语言上。一般应用于如下场合。

- 要防止对数据库架构进行某些更改；
- 希望数据库中发生某种情况以响应架构中的更改；
- 要记录数据库架构中的更改或事件。

3．触发器的规划和设计

触发器通常用于强制业务规则，可方便地实现一些人为的规则。创建触发器应遵循以下指导原则。

- 触发器可以与对表执行的三个操作（INSERT、UPDATE 和 DELETE）相关联。
- 一个触发器只应用于单独一个表。
- WITH ENCRYPTION 选项可用于对用户隐藏触发器的定义。但是，加密的触发器无法进行解密。
- 触发器可以引用视图或临时表，但不能和它们相关联。
- 触发器可以包含任意数量的 SQL 语句。
- 默认情况下，只有数据库所有者具有创建触发器的权限。此权限不可转让。
- 触发器只能在当前数据库中创建。但触发器可以引用其他数据库中的对象。

触发器的规划设计要服从数据库的整体规划设计，从数据库应用、安全、性能等方面进行规划和设计。

例如，根据“学生信息数据库系统”数据库的需要，设计了以下触发器。

- tgStudent：用于向学生基本信息表中添加一个学生信息，添加成功则显示“记录已被添加”。
- tgUpdateStudent：对学生信息表中某一个学生的姓名进行修改，同时修改学生基本信息备份表，并提示操作成功。
- tgDeleteStudent：从学生基本信息表中删除一个学生信息，提示“数据被删除”信息。
- tgDeleteTeacher：教师信息表中的数据不允许删除，如果删除则提示“教师数据不能被删除”警告信息。
- tgDeleteStudentTable：在学生信息数据库中，不能删除任何数据表。如果删除任何数据表，则提示“学生管理系统中任何数据表都不能被删除，如果想要删除数据表，请联系数据库管理员!”信息。

上述创建的触发器只是学生信息管理系统的一部分，用户可以根据程序的需要，结合本章的讲解自己创建需要的触发器。

实践操作

10.1.1 创建 DML 触发器

1. 创建 DML 触发器的限制及注意事项

创建触发器可以通过对象资源管理器和 SQL 语句中的 CREATE TRIGGER 命令创建，在创建 DML 触发器中不允许使用如表 10.2 所示的 SQL 语句。

表 10.2 DML 语句中不允许使用的 SQL 语句

SQL 语句	语句含义
Alter Database	修改数据库
Create Database	新建数据库
Drop Database	删除数据库
Load Database	导入数据库
Load Log	导入日志
Recon figure	更新配置选项
Restore Database	还原数据库
Restore Log	还原数据库日志

另外，在对作为触发操作目标的表或视图使用了下面的 SQL 语句时，不允许在 DML 触发器里再次使用这些语句，如表 10.3 所示。

表 10.3 DML 语句中限制使用的 SQL 语句

SQL 语句	语 句 含 义
Create Index	建立索引
Alter Index	修改索引
Drop Index	删除索引
DBCC Dbreindex	重新生成索引
Alter Partition Function	通过拆分或合并边界值更改分区
Drop Table	删除数据表
Alter Table	修改数据表结构

另外需要注意以下几点。

- After 触发器只能用于数据表中，INSTEAD OF 触发器可以用于数据表和视图上，但两种触发器都不可以建立在临时表上。
- 一个数据表可以有多个触发器，但是一个触发器只能对应一个表。
- 在同一个数据表中，对每个操作（如 Insert、Update、Delete）而言可以建立多个 After 触发器，但 INSTEAD OF 触发器针对每个操作只建立一个。
- 如果针对某个操作既设置了 After 触发器又设置了 INSTEAD OF 触发器，那么 INSTEAD OF 触发器一定会触发，而 After 触发器不一定会触发。
- Truncate Table 语句虽然类似于 DELETE 语句可以删除记录，但是它不能触发 Delete 类型的触发器。因为 Truncate Table 语句是不记入日志的。
- WRITETEXT 语句不能触发 Insert 和 Update 型的触发器。
- 不同的 SQL 语句，可以触发同一个触发器，如 Insert 和 Update 语句都可以激活同

一个触发器。

2. 创建 DML 触发器的两种方法

（1）使用 SQL Server Management Studio 创建触发器。

① 启动 SQL Server Management Studio，连接到本地默认实例，在对象资源管理器中，展开“本地数据库实例”｜“数据库”｜“dbStudents”｜“表”节点。

② 单击展开“表”节点，右击要创建触发器的表，在弹出的快捷菜单中选择“新建触发器”命令，如图 10.1 所示，或单击要创建触发器的数据表，此时“摘要”页显示当前选中的数据表的有关信息，双击可以进行查看，如图 10.2 所示。

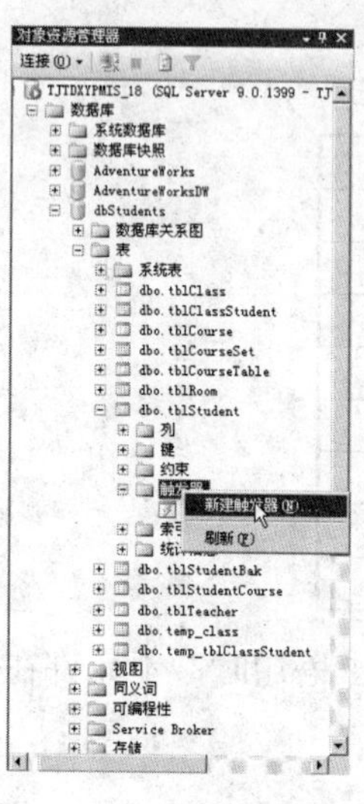

图 10.1　新建触发器

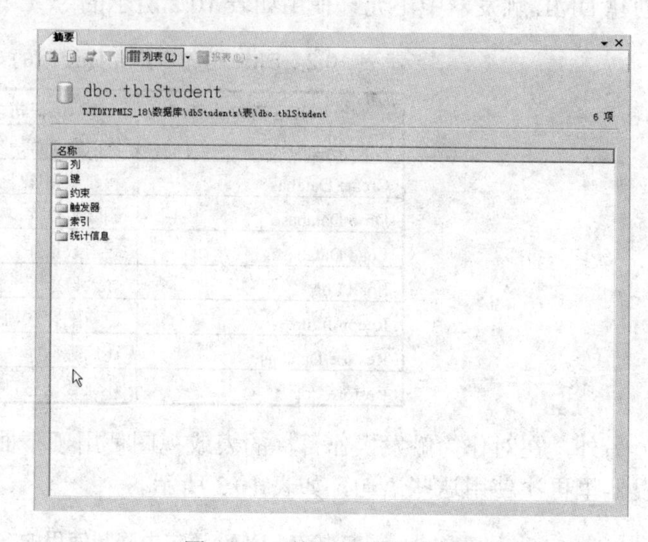

图 10.2 “摘要”页文档窗口

注意 如果没有显示“摘要”页文档窗口，选择“工具”｜“选项”菜单命令，在“选项”窗口左边的类别中选择“环境”｜“常规”选项卡，右侧选择“启动时打开对象资源浏览器”节点，以便在 SQL Server Management Studio 打开时显示“摘要”页。任何其他设置都不会显示摘要页。

③ 选择“新建触发器”命令后，SQL 编辑器中打开触发器创建的模板文件，如图 10.3 所示。

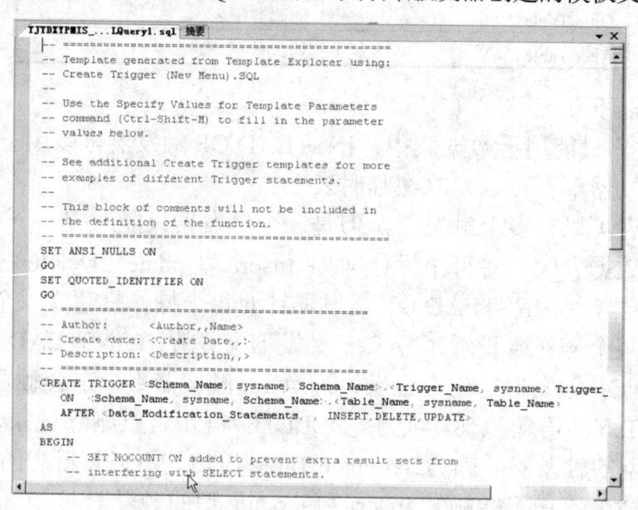

图 10.3　触发器创建的模板

④ 在查询编辑器中触发器模板的相应位置填入创建触发器的 SQL 语句；也可以单击 SQL 编辑器工具栏上的指定模板参数的值按钮，打开如图 10.4 所示的“指定模板参数的值”对话框，输入模板相关的参数值。然后单击“确定”按钮更新触发器的参数值。

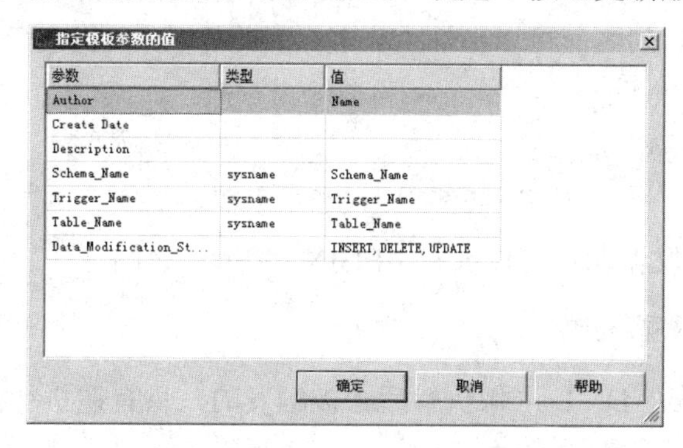

图 10.4 “指定模板参数的值”对话框

⑤ 单击 SQL 编辑器的工具栏上的“执行 SQL”按钮，完成触发器的创建。

⑥ 保存触发器创建的 SQL 语句，单击标准工具栏上的“保存”按钮即可。

（2）使用 CREATE TRIGGER 命令创建触发器。其基本语法如下：

```
CREATE TRIGGER trigger_name
ON {table | view}
{FOR | AFTER | INSTEAD OF}{[INSERT],[UPDATE],[DELETE]}
[WITH ENCRYPTION]
AS
{sql_statement  [ ; ] [ ...n ]}
```

对各参数说明如下。

- trigger_name：触发器的名称，命名应遵循 SQL Server 的数据库对象的规则。
- table | view：对其执行 DML 触发器的表或视图，其中视图只能被 INSTEAD OF 触发器引用。
- AFTER：默认的触发器类型，在对表进行正常的相关操作后，触发器被触发。
- INSTEAD OF：表示建立 INSTEAD OF 类型的触发器。指定执行触发器而不是执行触发语句，从而替代触发语句的操作。可以为表或视图中的每个 INSERT、UPDATE 或 DELETE 语句定义一个 INSTEAD OF 触发器。如果一个可更新的视图定义时使用了 WITH CHECK OPTION 选项，则 INTEAD OF 触发器不允许在这个视图上定义。用户必须用 ALTER VIEW 删除选项后才能定义 INSTEAD OF 触发器。
- {[INSERT],[UPDATE],[DELETE]}：指定在表或视图上执行哪些数据修改语句时激活触发器的关键字。这其中必须至少指定一个选项。在触发器定义中允许使用以任意顺序组合的这些关键字。如果指定的选项多于一个，需用逗号分隔这些选项。对于 INSTEAD OF 触发器，不允许在具有 ON DELETE 级联操作引用关系的表上使用 DELETE 选项。同样，也不允许在具有 ON UPDATE 级联操作引用关系的表上使用 UPDATE 选项。
- ENCRYPTION：为了满足数据安全，需要对含有 CREATE TRIGGER 语句正文文本的 syscommnents 项进行加密。
- sql_statesments：定义触发器被触发后，将执行的数据库操作。它指定触发器执行

的条件和动作。触发器条件是除了引起触发器执行的操作外的附加条件；触发器动作是指当用户执行激发触发器的某种操作并满足触发器的附加条件时，触发器所执行的动作。可以对数据表内某列增加或修改内容时进行判断，它可以指定两个以上的列，列名前可以不加上表名，因此将 AS 关键字后的 sql_statesments 语句格式变动如下：

```
IF UPDATE(column_name)
[{and | or} UPDATE(column_name)…] sql_statesments
```

IF 子句中多个触发器动作可以放在 BEGIN 和 END 之间。

3. 创建 AFTER 触发器

AFTER 触发器是在 DML 语句执行后才被触发的，只有在执行插入、删除及修改之后才能被触发，而且只能在表上定义。

（1）INSERT 操作。如在学生基本信息表中添加一个学生信息，添加成功则显示“记录已被添加”。创建触发器 tgStudent，其主要步骤如下。

① 启动 SQL Server Management Studio，连接到本地默认实例，在标准工具栏中单击“新建查询”按钮，打开“查询编辑器”选项卡。

② 在“查询编辑器”的编辑区输入以下代码：

```
--INSERT 操作
USE dbStudents
GO

CREATE TRIGGER tgStudent
ON tblStudent
FOR INSERT
AS
PRINT '记录已被添加'
```

③ 在“查询编辑器”中继续输入以下代码，添加一个学生信息，触发器被触发。

```
INSERT INTO tblStudent (stuNo,stuName,Sex,BirthDate,Polity)
 VALUES ('2007008','张彬','男','1987-06-01','共青团员')

SELECT * FROM tblStudent WHERE stuNo='2007008'
```

④ 运行结果如图 10.5 所示。

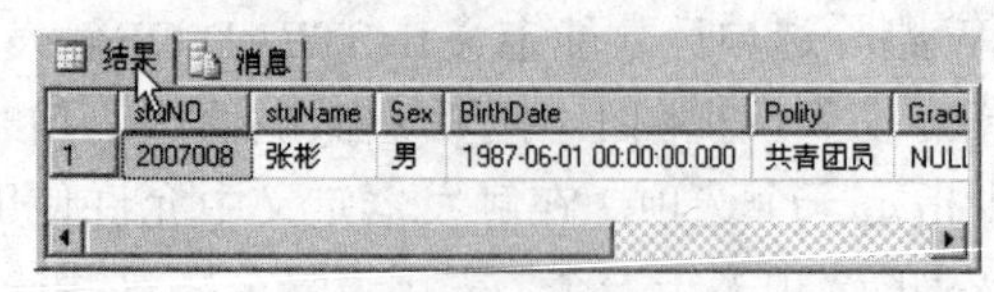

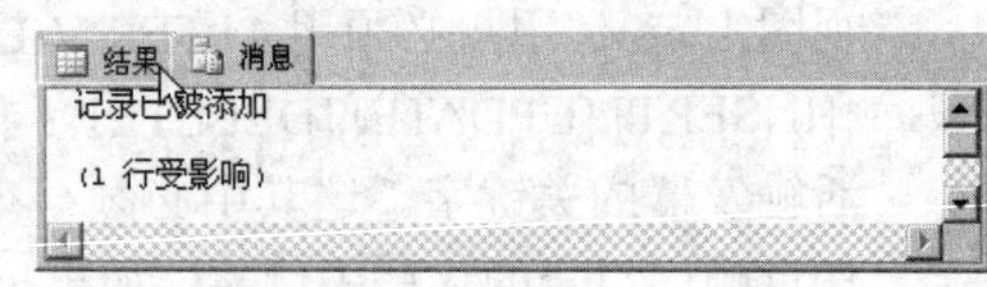

图 10.5　添加记录触发 INSERT 触发器运行结果

（2）UPDATE 操作。在带有 UPDATE 触发器的表上执行 UPDATE 语句时，将触发 UPDATE 触发器。使用 UPDATE 触发器时，用户可以通过定义 IF UPDATE（column_name）来实现。当特定列被更新时触发触发器，而不管更新影响的是表中的一行或是多行。如果用户需要实现多个特定列中的任意一列被更新时触发触发器，可以通过在触发器定义中使用多个 IF UPDATE（column_name）语句来实现。如对学生信息表中某一学生的姓名进行修改，同时修改学生基本信息备份表，创建触发器 tgUpdateStudent 提示操作成功，其主要操作步骤如下。

① 启动 SQL Server Management Studio，连接到本地默认实例，在标准工具栏中单击“新建查询”按钮，打开“查询编辑器”选项卡。

② 在“查询编辑器”的编辑区输入以下代码：

```
CREATE TRIGGER tgUpdateStudent
ON tblStudent
AFTER UPDATE
AS
    IF UPDATE(STUNAME)
    BEGIN
          UPDATE tblStudentBak SET stuName=STUNAME WHERE stuNo=STUNO
          PRINT '更新成功'
       END
GO
```

③ 在“查询编辑器”编辑区继续输入以下代码，修改学生姓名，触发器被触发。

```
USE dbStudents
GO
DECLARE @STUNO nchar(8),@STUNAME nchar(8)
SET @STUNO='2007008'
SET @STUNAME='张晓彬'
UPDATE tblStudent SET stuName=@STUNO WHERE stuNo=@STUNO
GO
```

（3）DELETE 操作。从学生基本信息表中删除一个学生信息，对 DELETE 操作添加触发器 tgDeleteStudent，其主要操作步骤如下。

① 启动 SQL Server Management Studio，连接到本地默认实例，在标准工具栏中单击“新建查询”按钮，打开“查询编辑器”选项卡。

② 在“查询编辑器”的编辑区输入以下代码：

```
USE dbStudents
GO
CREATE TRIGGER tgDeleteStudent          --创建触发器
ON tblStudent                           --基于学生基本信息表创建
FOR DELETE                              --删除事件
AS
PRINT '数据被删除!'                     --执行显示输出
GO
```

③ 在“查询编辑器”编辑区继续输入以下代码，删除学生信息，触发器将被触发。

```
DELETE tblStudent  WHERE stuName='张晓彬'
```

4. 创建 INSTEAD OF 触发器

INSTEAD OF 触发器代替在表上的 DML 操作，执行 SQL 语句。如教师信息表中的数据不允许删除，如果删除则报警。创建触发器 tgDeleteTeacher，其主要操作步骤如下。

（1）启动 SQL Server Management Studio，连接到本地默认实例，在标准工具栏中单击

"新建查询"按钮，打开"查询编辑器"选项卡。

（2）在"查询编辑器"的编辑区输入以下代码：

```
USE dbStudents
GO
CREATE TRIGGER tgDeleteTeacher      --创建触发器
ON tblTeacher                       --基于教师基本信息表创建
INSTEAD OF DELETE                   --删除事件
AS
PRINT '教师数据不能被删除!'         --执行显示输出
GO
```

（3）在"查询编辑器"编辑区继续输入以下代码，删除教师信息，INSTEAD OF 触发器被触发。

```
DELETE tblTeacher  WHERE TeacherName='祖晓东'
```

（4）执行以上代码的结果如图 10.6 所示。

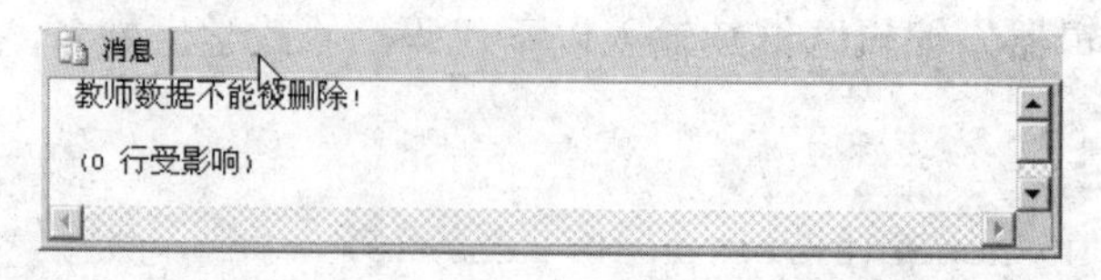

图 10.6　删除记录触发 INSTEAD OF 触发器运行结果

从图 10.6 可以看出，删除教师信息时系统给出了警报。在 INSTEAD OF 触发器中不仅可以创建在 DELETE 操作上，也可以创建在 INSERT、UPDATE 操作上，这里不再赘述。

10.1.2　创建 DDL 触发器

DDL 触发器是一种特殊的触发器，是响应数据定义语言语句时触发的。这些语句主要是以 CREATE、ALTER 和 DROP 开头的语句。DDL 触发器可用于管理任务，如审核和控制数据库操作。

同样可以使用 SQL 语句中的 CREATE TRIGGER 命令创建触发器，其基本语法如下：

```
CREATE TRIGGER trigger_name
ON {ALL SERVER|DATABASE}[WITH <ddl_trigger_option> [ ,...n ]]
  {FOR|AFTER} {event_type|event_group}[,...n]
AS {sql_statement[;] [...n]}
```

从以上语法可以看到，创建 DDL 触发器与创建 DML 触发器语法有所不同。DML 触发器是基于表创建的，而 DDL 触发器是基于数据库创建的，而且不能使用 INSTEAD OF 关键字。

如在学生信息数据库中，不能删除任何数据表。创建触发器 tgDeleteStudentTable，当发生删除数据表操作时系统给出警报，其主要操作步骤如下。

① 启动 SQL Server Management Studio，连接到本地默认实例，在标准工具栏中单击"新建查询"按钮，打开"查询编辑器"选项卡。

② 在"查询编辑器"编辑区输入以下代码：

```
USE dbStudents
```

```
GO
CREATE TRIGGER tgDeleteStudentTable
ON DATABASE
FOR DROP_TABLE
AS
BEGIN
PRINT '学生管理系统中任何数据表都不能被删除，如果想要删除数据表，请联系数据库管理员！'
ROLLBACK
END
GO
DROP TABLE tbltblStudentBak
GO
```

③ 运行以上代码，结果如图 10.7 所示。

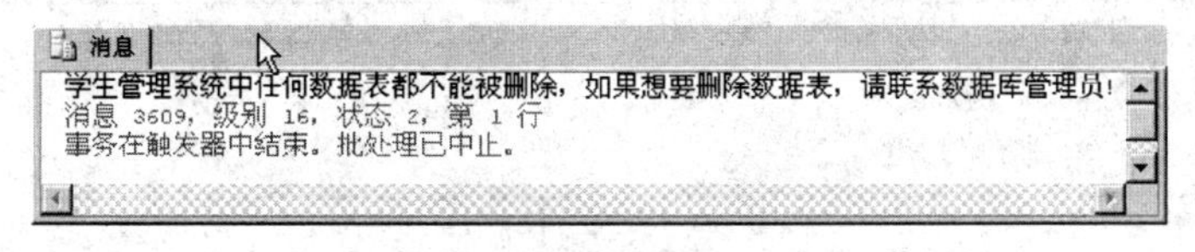

图 10.7　删除数据表触发 DDL 触发器

注意　ROLLBACK 语句用来结束事务。如果事务中出现错误，或用户决定取消事务，则回滚该事务。ROLLBACK 语句通过将数据返回到它在事务开始时所处的状态来取消事务中的所有修改。ROLLBACK 还可释放事务占用的资源。

10.1.3　管理触发器

触发器作为一种特殊的存储过程，任何适用于存储过程的管理方式都适用于触发器。

1. 查看触发器信息

触发器在创建后名称保存在系统表 sysobjects 中，并把创建的源代码保存在系统表 syscomments 中。SQL Server 为用户提供多种查看触发器信息的方法。

（1）使用系统存储过程。通过系统存储过程 sp_help、sp_helptext、sp_helptrigger 和 sp_depends 浏览有关触发器的信息。

- sp_help：可以了解触发器的一般信息（名字、属性、类型、创建时间）。
- sp_helptext：能够查看触发器的定义信息。
- sp_depends：能够查看指定触发器所引用的表或指定的表涉及的所有触发器。
- sp_helptrigger：查看当前创建的触发器的信息。

用户必须在当前数据库中查看触发器的信息，而且被查看的触发器必须已经被创建。和存储过程的加密类似，用户也可以在创建触发器时，通过指定 WITH ENCRYPTION 来对触发器的定义文本信息进行加密，加密后的触发器无法用 sp_helptext 来查看相关信息。

每一个系统存储过程有不同的语法格式，下面就 sp_helptrigger 系统存储过程进行说明，其基本语法如下：

```
EXECUTE sp_helptrigger [ @tabname = ] 'table'
    [ , [ @triggertype = ] 'type' ]
```

对各参数说明如下。

- [@tabname =] 'table'：当前数据库中将为其返回触发器信息的表的名称。
- [@triggertype =] 'type'：将为其返回有关信息的 DML 触发器的类型。如果不指定 type 的值，返回定义该表上的所有触发器的信息。

以上系统存储过程同样可以使用 EXECUTE 命令执行，如在“查询编辑器”编辑区输入以下代码：

```
EXECUTE sp_helptrigger tblStudent
```

执行结果如图 10.8 所示。

	trigger_name	trigger_owner	isupdate	isdelete	isinsert	isafter	isinsteadof	trigger_schema
1	tgStudent	dbo	0	0	1	1	0	dbo
2	tgUpdateStudent	dbo	1	0	0	1	0	dbo
3	tgDeleteStudent	dbo	0	1	0	1	0	dbo

图 10.8　执行 sp_helptrigger 查看定义 tblStudent 上的触发器信息

（2）使用系统表。用户可以通过查询系统表 sysobjects 得到触发器的相关信息。系统表 sysobjects 存储的是在数据库中创建的每个对象。

（3）通过 SQL Server Management Studio 工具查看触发器依赖关系。

① 启动 SQL Server Management Studio，连接到本地默认实例，在“对象资源管理器”中展开“本地数据库实例”|“数据库”｜“dbStudents”｜“表”节点。

② 单击展开“表”节点，选择“触发器”选项，右击要查看的触发器，在弹出的快捷菜单中单击“查看依赖关系”命令，打开“对象依赖关系”窗口，如图 10.9 所示。

③ 查看完毕单击“确定”按钮即可。

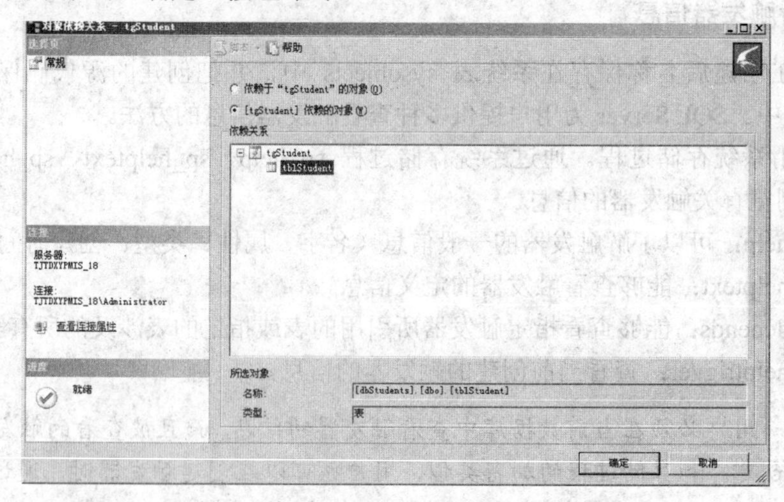

图 10.9　查看触发器对象依赖关系

2．修改触发器

通过对象资源管理器、系统存储过程或 SQL 命令，都可以修改触发器的名字和正文。

（1）使用 sp_rename 命令修改触发器的名字，其基本语法如下：

```
sp_rename oldname, newname
```

对各参数说明如下。

- oldname：触发器原来的名称。
- newname：触发器的新名称。

（2）通过 SQL Server Management Studio 工具修改触发器定义。

① 启动 SQL Server Management Studio，连接到本地默认实例，在“对象资源管理器”中展开“本地数据库实例”|“数据库” | “dbStudents” | “表”节点。

② 单击展开“表”节点，选择“触发器”选项，右击要修改的触发器，在弹出的快捷菜单中选择“修改”命令，打开“SQL 编辑器”窗口，编辑触发器的参数和 SQL 语句。

③ 单击工具栏上的“分析 SQL”按钮，检查语法是否正确。

④ 单击工具栏上的“保存”按钮，保存修改的触发器 SQL 文件。

（3）通过 SQL 语句中的 ALERT TRIGGER 命令修改触发器。SQL 语句中的 ALERT TRIGGER 命令可以在保留现有触发器名称的同时，修改触发器的触发动作和执行内容。修改触发器命令基本语法如下：

```
ALTER TRIGGER trigge_name
ON {table | view}
{FOR | AFTER | INSTEAD OF}{INSERT,UPDATE,DELETE}
[WITH ENCRYPTION]
AS
IF UPDATE(column_name)
{and | or} UPDATE(column name)...]
sql_statesments
```

其中各参数的意义与创建触发器语句中参数的含义相同，这里不再赘述。

3. 删除触发器

删除已创建的触发器有 3 种方法。

（1）使用命令 DROP TRIGGER 删除指定的触发器，删除触发器的具体语法形式如下：

```
DROP TRIGGER trigger_name
```

在删除触发器前判断触发器是否存在，如果存在则删除触发器。如查看触发器 tgUpdate Student，其代码如下：

```
    IF EXISTS (SELECT name FROM sysobjects WHERE name='tgUpdateStudent' AND
type='TR'
    DROP TRIGGER tgUpdateStudent
    CREATE TRIGGER tgUpdateStudent
    ...
```

（2）删除触发器所在的表时，SQL Server 将自动删除与该表相关的触发器。

（3）使用 SQL Server Management Studio 删除触发器，右击要删除的触发器，在弹出的快捷菜单中选择“删除”命令，打开“删除对象”对话框，在该对话框中单击“确定”按钮，删除操作即可完成。

4. 禁止和启用触发器

在使用触发器时，用户可能遇到在某些时候需要禁止某个触发器起作用的场合，例如，

用户需要对某个建有 INSERT 触发器的表中插入大量数据。当一个触发器被禁止后，该触发器仍然存在于数据表上，只是触发器的动作将不再执行，直到该触发器被重新启用。禁止和启用触发器的具体语法如下：

```
ALTER TABLE table_name
{ENABLE | DISABLE} TRIGGER
{ALL | trigger_name[,...n]}
```

其中各参数说明如下。

- {ENABLE | DISABLE} TRIGGER：指定启用或禁用触发器。当一个触发器被禁用时，它对表的定义依然存在。然而，当在表上执行 INSERT、UPDATE 或 DELETE 语句时，触发器中的操作将不执行，除非重新启用该触发器。
- ALL：指定启用或禁用表中所有的触发器。
- trigger_name：指定要启用或禁用的触发器名称。

10.2 回顾与训练：使用触发器

通过本任务的学习，大家了解了触发器的基本知识。

触发器是一种特殊的存储过程，使用触发器可以实施更为复杂的数据完整性约束。这里针对触发器的概念、优点、类型、创建时注意事项及触发器的管理等方面进行了系统的介绍。同时要注意 DML 和 DDL 触发器的区别及使用方法。

下面，请大家根据所学知识完成以下任务。

1．任务

（1）创建本任务中所用到的触发器：tgStudent、tgUpdateStudent、tgDeleteStudent、tgDeleteTeacher、tgDeleteStudentTab。

（2）对 tgStudent 存储过程进行查看。

（3）对 tgUpdateStudent 触发器进行修改。

（4）将 tgDeleteStudent 触发器重命名为 tgDeleteStu。

（5）对 tgDeleteTeacher 触发器进行删除。

2．要求和注意事项

（1）注意语句书写的格式。

（2）创建时注意触发器的类型。

（3）对任务（1）～（3）使用 SQL 语句完成。

（4）对任务（4）～（5）使用图形工具完成。

3．操作记录

（1）记录所操作计算机的硬件配置。

（2）记录所操作计算机的软件环境。

（3）记录任务（1）～（5）的操作代码和实现过程。

（4）总结本次实验体会。

4．思考和总结

（1）何时使用触发器？使用触发器能够解决哪些问题？

（2）对人才管理数据库进行触发器的分析和创建。

管理学生信息数据库

本项目从数据库管理的角度来讲述SQL Server 2008的相关工具的使用和数据库日常管理过程。数据库管理是DBA（数据库管理员）在数据库运行和维护阶段的核心工作之一，无论是数据库的安全，还是数据库的性能优化，都是非常重要的工作。如何进行数据库的管理，是DBA非常关注的事情。

本项目共有5个任务，从数据库管理的角度分别讲述数据库的配置和管理、数据库的安全、数据导入和导出、数据库复制及性能优化等内容。

通过本项目的训练，应达到以下目标。

★ 了解SQL Server 2008系统数据库的作用和构成；
★ 了解数据库规划的基本知识；
★ 了解用户数据库的参数配置；
★ 理解数据库安全管理的基本概念；
★ 学会SQL Server 2008的安全管理技术；
★ 学会SQL Server 2008数据库的分离和附加、脱机和联机、压缩等技术；
★ 学会数据的导入和导出技术；
★ 理解数据库复制的基本概念和流程；
★ 学会数据库复制的基本技术及操作方法；
★ 理解数据库优化的基本原则；
★ 学会SQL Server Profiler的使用方法；
★ 学会数据库引擎优化顾问的使用方法。

任务 11

配置与管理数据库

SQL Server 2008 中的数据库分为系统数据库和用户数据库两种。系统数据库是 SQL Server 2008 系统自行创建并使用的数据库，通常不需要用户去管理。用户数据库是用户自己设计并创建和使用的数据库，例如，前面任务中使用的“停车场”数据库和学生信息数据库，就是根据需要而设计、创建并进行配置和管理的用户数据库。

对用户数据库的管理是 DBA 实施数据库管理的核心，包括用户数据库的创建和配置、分离和附加、脱机和联机、收缩、备份和还原等基本操作。这些操作也是日常数据库管理中最基本的操作。

在本任务中，首先了解系统数据库的基本作用，然后重点学习并掌握用户数据库日常管理的基本操作，包括用户数据库的创建、配置、分离、附加、脱机、联机和收缩等。数据库的备份和恢复在前面的任务中已经做了介绍，在此不再重复。

11.1 了解系统数据库

任务描述

任务名称：了解系统数据库。

任务描述：在安装完 SQL Server 2008 后，会发现在 SQL Server 2008 中已经有 master、model、tempdb、Resource 和 msdb 5 个数据库，这些数据库其实并不是用户创建的，它们是系统数据库，都有特殊的用途，用户不能直接更改它们，因为这些数据库中包含了系统正常运行所必需的一些数据和信息，如系统对象（系统表、系统存储过程和目录视图等）。

这些数据库都是用来干什么的？是否可以对这些数据库实施管理？

其实，SQL Server 2008 也提供了一系列管理工具，使用户可以充分管理和使用系统数据库中的所有对象和信息。

相关知识与技能

下面就来了解一下这些数据库的构成和作用。

1．master 数据库

master 数据库是 SQL Server 中最重要的系统数据库之一，如果没有 master 数据库或 master 数据库不可用，则整个 SQL Server 将无法启动。

master 数据库记录了 SQL Server 系统的所有系统级信息，包括元数据（如登录账户）、端点、链接服务器、SQL Server 的初始化信息和系统配置信息等。另外，master 数据库还记录了系统中其他所有数据库的基本信息，如数据库是否存在，以及这些数据库文件的物理位置。

从 SQL Server 2008 开始，系统对象不再存储在 master 数据库中，而是存储在 Resource 数据库中。

对于 master 数据库，必须要定期进行备份，以防 master 数据库的意外损坏。

master 数据库的结构如图 11.1 所示。

图 11.1　master 数据库的结构

2．tempdb 数据库

tempdb 数据库用来保存 SQL Server 运行过程中所用到的临时数据，包括所有临时表、临时存储过程、表变量或游标、排序的中间结果、索引操作和触发器操作所生成的数据，以及满足所有其他临时存储的要求。所有连接到 SQL Server 实例的用户都可以使用该数据库。

SQL Server 在每次启动时，都要重新创建 tempdb 数据库，也就是每次系统启动后，tempdb 数据库总是空的。SQL Server 在断开连接时会自动删除临时表和临时存储过程。

tempdb 数据库的大小会随着操作过程的进行而变化。其他数据库中操作越多，tempdb 数据库就越大，SQL Server 会根据需要来动态调整 tempdb 数据库的大小。

3．model 数据库

model 数据库也是 SQL Server 中最重要的系统数据库之一。model 数据库也叫模板数据库，是 SQL Server 创建用户数据库的模板。在 SQL Server 中，当每次发出 CREATE DATABASE 命令创建数据库时，SQL Server 将会通过复制 model 数据库中的内容来创建新的数据库，model 数据库中的内容成为新数据库中的第一部分，然后 SQL Server 将新数据库中的剩余空间用空页来填充。

如果用户修改了 model 数据库，那么之后创建的所有数据库都将继承这些修改。这些修改包括权限的设置、数据库选项的修改和表、函数或存储过程等对象的添加。

例如，先在 model 数据库中创建一个表 tblModelTest，然后使用 CREATE DATABASE 命令创建一个名为 dbTest 的数据库，那么在 dbTest 数据库创建完成后就已经拥有了一个表 tblModelTest。这个过程可以使用以下命令代码来实现：

```
USE model
CREATE TABLE tblModelTest
(
  Id  int primary key,
  Remark varchar(50)
)

USE master
CREATE DATABASE [dbtest] ON  PRIMARY
( NAME = N'dbtest', FILENAME = N'C:\dbtest.mdf'  )
 LOG ON
( NAME = N'dbtest_log', FILENAME = N'C:\dbtest_log.ldf' )
GO

USE dbTest
SELECT * from tblModelTest
```

tempdb 数据库的创建同样依赖 model 数据库。由于每次启动 SQL Server 时都会自动重新创建 tempdb 数据库，model 数据库必须始终存在于 SQL Server 系统中，所以新创建的 tempdb 数据库也会继承 model 数据库的所有变化。

4. msdb 数据库

msdb 数据库由 SQL Server 代理来使用。SQL Server 代理是一个后台服务程序，可以自动执行按计划编排的管理任务。SQL Server 代理在运行过程中的数据存储在 msdb 数据库中。另外，数据库备份和还原的操作记录也会存储在 msdb 数据库中。

5. Resource 数据库

SQL Server 2008 新增加了一个 Resource 数据库，这是一个特殊的只读数据库。在 Resource 数据库中包含了 SQL Server 2008 中的所有系统对象，这些系统对象在物理上存在于 Resource 数据库中，但在逻辑上，它们出现在每个数据库的 sys 架构中，这也是它的特殊之处。因此，在 SQL Server Management Studio 的对象资源管理器中实际上是看不到 Resource 数据库的。

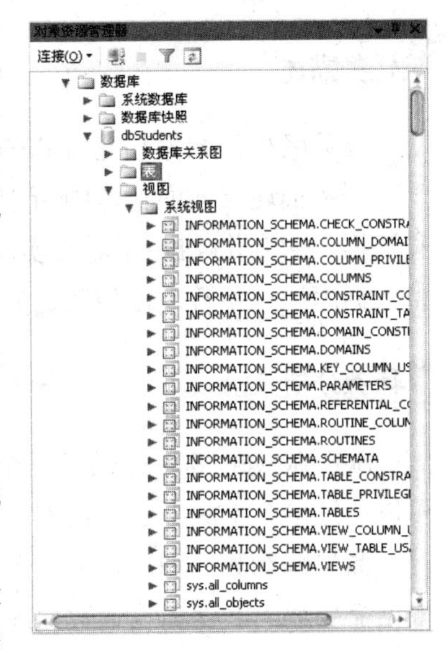

图 11.2　sys 架构

特别需要注意的是，在 Resource 数据库中不能包含任何用户数据，也不能移动或重命名 Resource 数据库文件，如果该数据文件已重命名或移动，SQL Server 将不能启动。另外，也不要将 Resource 数据库放置在压缩或加密的 NTFS 文件系统的文件夹中，否则将会降低性能并阻止升级。

Resource 数据库与 master 数据库必须放置在同一目录下，如果移动 master 数据库，则同样必须将 Resource 数据库也移动到相同的目录下。

由于 Resource 数据库在逻辑上出现在每个数据库的 sys 架构中，如图 11.2 所示，所以在任何一个数据库中都可以使用 select 语句查看 Resource 数据库中的数据。

例如，使用如下代码：

```
use dbStudents
select * from sys.databases
```

会得到当前实例中的所有数据库信息。该代码运行结果如图 11.3 所示。

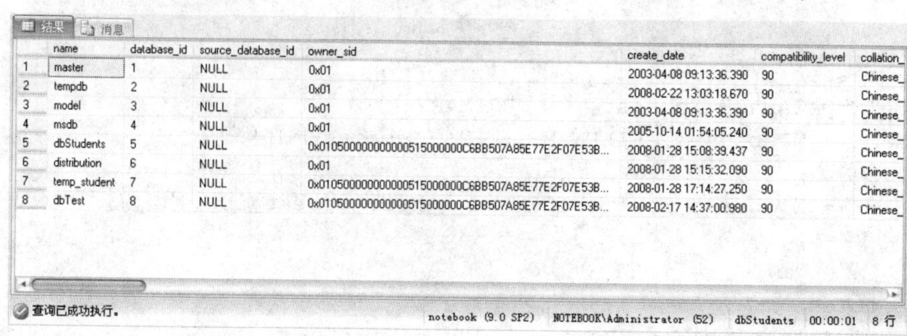

	name	database_id	source_database_id	owner_sid	create_date	compatibility_level	collation_
1	master	1	NULL	0x01	2003-04-08 09:13:36.390	90	Chinese_
2	tempdb	2	NULL	0x01	2008-02-22 13:03:18.670	90	Chinese_
3	model	3	NULL	0x01	2003-04-08 09:13:36.390	90	Chinese_
4	msdb	4	NULL	0x01	2005-10-14 01:54:05.240	90	Chinese_
5	dbStudents	5	NULL	0x010500000000000515000000C6BB507A85E77E2F07E53B...	2008-01-28 15:08:39.437	90	Chinese_
6	distribution	6	NULL	0x01	2008-01-28 15:15:32.090	90	Chinese_
7	temp_student	7	NULL	0x010500000000000515000000C6BB507A85E77E2F07E53B...	2008-01-28 17:14:27.250	90	Chinese_
8	dbTest	8	NULL	0x010500000000000515000000C6BB507A85E77E2F07E53B...	2008-02-17 14:37:00.980	90	Chinese_

图 11.3　运行结果

11.2　配置和查看用户数据库参数

在 SQL Server 2008 中，用户数据库的管理可以说既简单又复杂。说管理比较简单，是因为可以使用 SQL Server Management Studio 工具在图形界面中管理用户数据库，而且在管理时可以只给出数据库的名称，应该说非常简单。说创建比较复杂，是因为创建一个好的数据库需要考虑很多问题，配置许多参数，在使用过程中还要进行性能的优化和调整，这一过程是比较复杂的。

任务描述

任务名称：配置和查看 dbStudents 数据库的运行参数。

任务描述：前面任务中所创建的 dbStudents 数据库一直在正常运行，随着应用的扩充和数据量的变化，DBA 需要实时地监控和管理该数据库，了解数据库的运行状态，及时调整数据库运行参数，以使数据库能够始终保持一个良好的运行状态。

任务分析

SQL Server 2008 提供了一个功能强大的综合管理工具 SQL Server Management Studio，可以通过这个工具来进行数据库状态的监控，查看和调整数据库的参数。

数据库参数的调整需要非常慎重，在确保数据库安全和运行不受影响的前提下，可以根据需要适当调整和设置数据库的参数。

数据库的运行参数包括数据库文件、访问权限、恢复模型及其他一些参数。

相关知识与技能

1. 创建者的权限和标识符约定

（1）创建者的权限。

创建数据库的用户，必须是 sysadmin（系统管理员）或 dbcreator（数据库创建者）服务器角色的成员，或者说至少拥有 CREATE DATABASE、CREATE ANY DATABASE 或 ALTER ANY DATABASE 权限，被授权的用户才能创建数据库，创建数据库的用户将成为该数据库的所有者。

创建用户数据库时，model 数据库中的所有对象都将被复制到新创建的数据库中。因此，也可以根据需要向 model 数据库中添加对象（如表、视图、存储过程和数据类型等），以便将这些对象包含到所有新创建的数据库中。在一个 SQL Server 2008 服务器上，最多可以创建 32 767 个数据库。

（2）标识符。

标识符，即对象的名称，如 dbStudents、clsNo。SQL Server 2008 中的所有对象都必须有标识符，例如，数据库、表、视图、列、索引、触发器、过程、约束及规则等都必须有标识符，而且大多数对象要求由用户定义标识符，但有些对象（如约束），标识符可以由 SQL Server 2008 自动赋予。

对象标识符是在定义对象时赋予的，每一个标识符只能唯一地标识一个对象，通过标识符可以引用该对象。

例如，下列语句创建了一个名为 tblClassStudent 的表，即该表的标识符为 tblClassStudent，该表中有 4 个列，其名称分别为 clsNo、stuNo、state、Remark，还有一个 PRIMARY KEY 约束，名称为 PK_tblClassStudent。

```
CREATE TABLE tblClassStudent(
   clsNo nchar(8) NOT NULL,
   stuNo nchar(8) NOT NULL,
   state nchar(2) NOT NULL  DEFAULT ('在学'),
   Remark nvarchar(100),
CONSTRAINT PK_tblClassStudent PRIMARY KEY (clsNo, stuNo )
)
```

此表还有一个未命名的约束，DEFAULT 约束没有定义标识符，而是由 SQL Server 2008 自动赋予。

标识符的定义必须遵循 SQL Server 2008 的标识符命名规则。标识符命名规则如下。

- 标识符的长度必须是 1～128 个字符，对于本地临时表，标识符最多可以有 116 个字符。
- 标识符必须以字母、“_”、“@”或者“#”之一开始，后面可以是字母、数字、“_”、“@”、“#”等任意字符。在实际使用中，一般以“@”符号开头的标识符表示局部变量或参数，以一个“#”开头的标识符表示临时表或过程，以“##”开头的标识符表示全局临时对象。
- 在中文版 SQL Server 2008 中，可以直接使用中文名称。

- 标识符中不能包含空格。
- 标识符不允许使用 SQL Server 2008 的保留字。

2．数据库文件

一个用户数据库至少包含两个操作系统文件，这些文件按照功能的不同分为数据文件和日志文件。

（1）数据文件。

数据文件用于存储数据库中的各个对象及数据库的启动信息。数据文件有以下两种类型。

- 主数据文件。主数据文件有且只有 1 个，它是数据库的起点，通过主数据文件可以指向数据库的其他部分或其他数据文件。主数据文件默认的文件扩展名是.mdf。
- 次数据文件。次数据文件可以没有，也可以有多个。在次数据文件中包含了不能置于主数据文件中的所有数据。如果一个数据库主数据文件可以包含数据库中的所有数据，那么该数据库就不再需要次数据文件。对于比较大的数据库通常需要多个次数据文件，或者可以使用位于不同磁盘驱动器上的数据文件将数据扩展到多个磁盘，用以提高数据存取性能。次数据文件默认的文件扩展名是.ndf。

数据以基本存储单位为 8KB 的页面存储在数据文件中。

（2）日志文件。

日志文件包含恢复数据库所需的所有日志信息，每个数据库至少有一个日志文件，也可以有多个。日志文件默认的文件扩展名是.ldf。

3．创建用户数据库

前面已经创建了“停车场”数据库和 dbStudents 数据库。在创建“停车场”数据库时使用 SQL Server Management Studio 工具，方便直观的图形界面是初学者的最佳选择；在创建 dbStudents 数据库时，使用 SQL 命令，快速灵活的命令为创建数据库提供了另外一种方式。

有关数据库的创建过程在此不再重复。

4．配置用户数据库

对于已经创建的用户数据库，在运行过程中通常需要进行配置和调整。SQL Server 2008 中可以通过 SQL Server Management Studio 工具来查看数据库运行状态，调整和优化运行参数。这些状态和参数具体如下。

（1）数据库工作状态；

（2）数据库空间利用率；

（3）用户的登录权限；

（4）用户访问数据库的权限；

（5）数据库的恢复模型；

（6）次数据文件；

（7）日志文件；

（8）文件组参数；

（9）其他选项参数。

实践操作

前面创建的 dbStudents 数据库一直在正常运行，为了更好地监控和管理该数据库，可以通过 SQL Server Management Studio 工具来查看和配置数据库的参数。

1．查看数据库工作状态

DBA 最关心的就是数据库的工作状态。数据库的工作状态可以通过 SQL 语句或图形界面工具 SQL Server Management Studio 来查看。

在 SQL Server Management Studio 中，选择并右击数据库 dbStudents，在弹出的快捷菜单中选择“属性”命令打开“数据库属性”窗口。在“数据库属性”窗口中选择“常规”选项卡，如图 11.4 所示。

⊟ 数据库	
名称	dbStudents
状态	正常
所有者	NOTEBOOK\Administrator
创建日期	2008-1-28 15:08:39
大小	54.81 MB
可用空间	17.59 MB
用户数	7
⊟ 维护	
排序规则	Chinese_PRC_CI_AS

图 11.4　处于“正常”状态的 dbStudents 数据库

在“常规”选项卡中，“状态”显示了数据库的工作状态。一般情况下状态为“正常”，表示数据库可以读和写。如果数据库状态显示为“离线”，表示数据库处于不可用状态。

2．查看数据库空间利用率

在图 11.4 所示的“常规”选项卡中除了查看状态以外，还可以获得另外一个重要信息，就是数据库的当前空间利用率。这里的空间不包括日志文件，仅仅指所有数据文件的空间利用率。

- 大小：数据库的实际空间大小。
- 可用空间：数据库的当前可用空间大小。

$$\text{数据库的空间利用率}=\frac{\text{数据库的实际空间大小}-\text{当前可用空间大小}}{\text{数据库的实际空间大小}}\times 100\%$$，即

dbStud- ents 数据库的空间利用率=（54.81−17.59）/54.81×100%=68%。

3．限制用户的访问

在特定的时机和场合，比如 DBA 要维护数据库时，需要限制一般用户对数据库的访问。在“数据库属性”窗口的“选项”选项卡中，如图 11.5 所示，可以通过设置数据库为只读和限制访问等参数来达到对用户访问数据库的限制。

“数据库为只读”参数的值可以是 True 或 False。如果指定为 True，则用户可以检索数据库中的数据，但不能修改。

限制访问参数可以有 3 种取值。

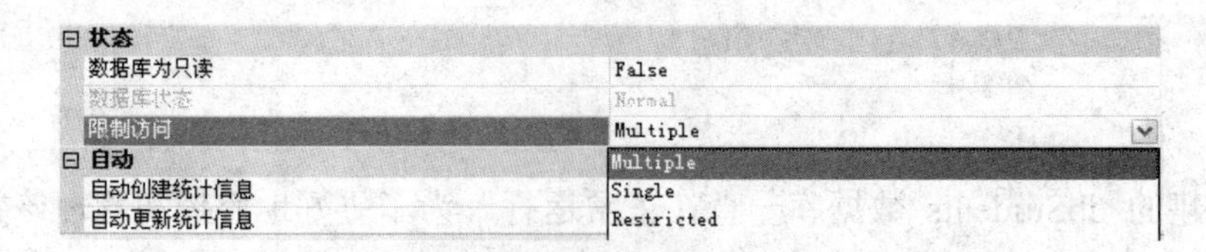

图 11.5 “选项”选项卡

- Multiple：数据库的正常状态，允许多个用户同时访问该数据库。
- Single：单用户模式。通常是 DBA 为了对数据库进行维护时，不希望其他用户访问数据库，就需要转入单用户模式，也就是一次只允许一个用户访问该数据库。
- Restricted：只有 db_owner、dbcreator 或 sysadmin 角色的成员才能使用该数据库。

4．设置用户访问数据库的权限

在“数据库属性”窗口的“权限”选项卡中，可以设置“用户或角色”对数据库访问的权限，对于每一项操作可以设置为“授予”、“具有授予...”或“拒绝”等权限，或者不进行任何设置。选中“拒绝”复选框将覆盖其他所有设置。如果未进行任何设置，将从其他组成员身份中继承权限。权限设置如图 11.6 所示。

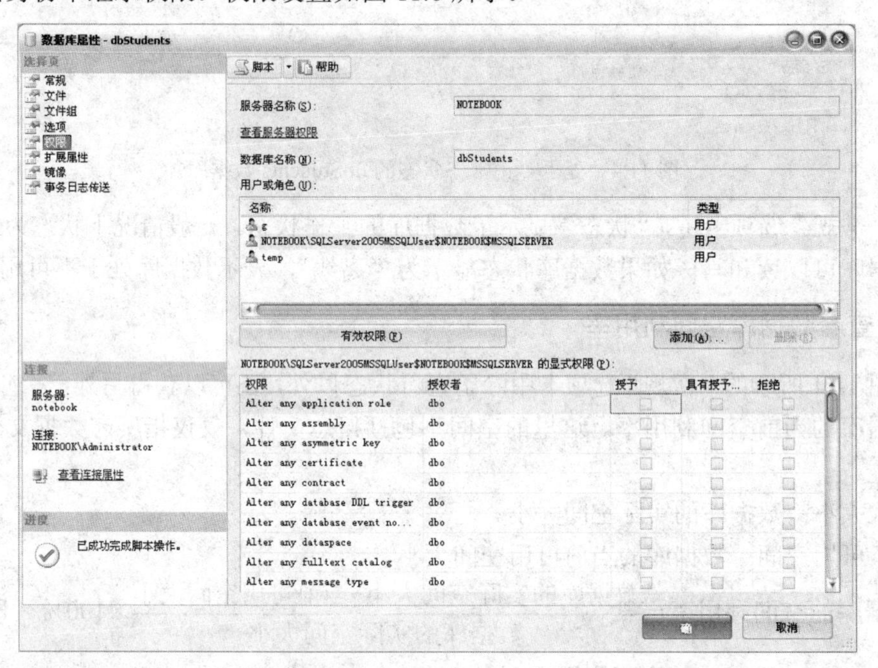

图 11.6 “权限”选项卡

5．设置数据库的恢复模型

备份与恢复是 DBA 为了确保数据库的安全而需要经常执行的操作。任何备份和恢复措施都很难达到 100%的数据安全，只能是尽可能地减少损失。对于不同的数据库系统，DBA 必须明确知道利用什么样的备份进行恢复可以使数据的损失减小到什么程度。SQL Server 提供了 3 种数据库恢复模型供 DBA 选择。

这 3 种恢复模式分别是完整、大容量日志和简单恢复模式。如图 11.7 所示，根据实际需要可以选择适合的数据库恢复模式。

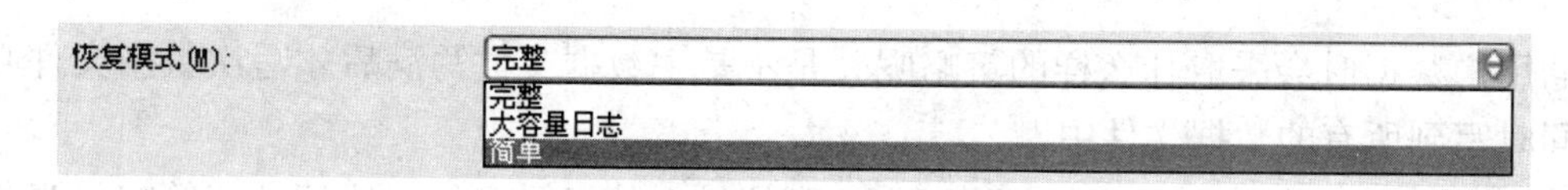

图 11.7　选择数据库的故障还原模型

简单恢复模式最容易操作，在这种恢复模式下，只能进行完全备份和差异备份，因为事务日志总是被截断，事务日志备份不可用。一般来说，对于一个包含关键性数据的系统，不应该选择简单恢复模型，因为它不能够帮助用户把系统还原到故障点。使用这种恢复模型时，最多只能把系统恢复到最后一次成功进行完全备份和差异备份的状态。进行恢复时，首先要恢复最后一次成功进行的完全备份，然后在此基础上恢复差异备份。

完整恢复模式具有把数据库恢复到故障点或特定即时点的能力。对于保护那些包含关键性数据的环境来说，这种模型很理想，但它提高了设备和管理的代价，因为如果数据库访问比较频繁的话，系统将很快产生庞大的事务日志记录。

大容量日志恢复模式简略地记录大多数大容量操作（如索引创建和大容量加载），完整地记录其他事务。大容量日志恢复提高大容量操作的性能，常用做完整恢复模式的补充。大容量日志恢复模式支持所有的恢复形式，但是有一些限制。

简单恢复模式并不适合生产系统，因为对生产系统而言，丢失最新的数据是无法接受的。在这种情况下，SQL Server 建议使用完整恢复模式。

6．添加次数据文件

SQL Server 中数据存储是以数据文件为基础的，通常数据库中只有一个数据文件，即主数据文件。随着数据库的增大，一个数据文件可能就不够了，就需要添加额外的数据文件，即次数据文件。

现在，需要在 dbStudents 数据库中添加一个次数据文件，用来分担对学生信息数据存储的任务。在“数据库属性”窗口中切换到“文件”选项卡。单击“添加”按钮，在数据库文件列表新追加行中输入次数据文件的逻辑名称 dbStudent-1，修改默认的文件路径为 d:\dbStudent_data，修改初始化大小为 30，如图 11.8 所示。完成设置后单击“添加”按钮。次数据文件添加完毕。

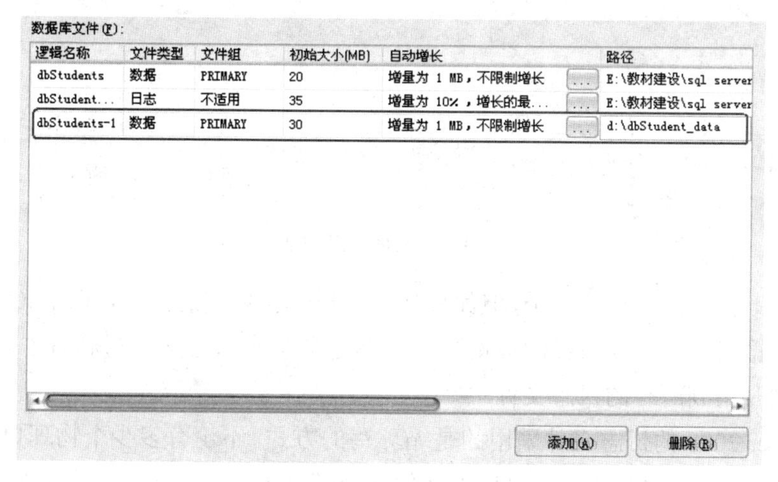

图 11.8　添加数据文件

如果建立的用户数据库既包含主数据文件，又包含次数据文件，那么 SQL Server 2008

在存储用户数据时会采取什么样的策略呢？是不是主数据文件写满后才写次数据文件呢？还是同时写到所有的数据文件中？

数据文件如何记录数据是由文件组来控制的。文件组采取的是比例填充策略。当将数据写入文件组时，SQL Server 2008 根据文件中的可用空间量将一定比例的数据写入文件组的每个文件，而不是将所有的数据先写满第一个文件，接着再写入下一个文件。例如，如果文件 1 有 100MB 的可用空间，文件 2 有 200MB 的可用空间，则为文件 1 分配一个盘区，为文件 2 分配两个盘区。这样，两个文件几乎同时填满。

在默认情况下，SQL Server 2008 已经建立了一个名为 PRIMARY 的主文件组，创建的所有文件都属于该文件组，所以数据文件之间会按照可用空间的比例进行填充。

7．添加日志文件

日志文件的添加和数据文件的添加过程大同小异。比如在 dbStudents 数据库中添加日志文件的过程如下。

在“文件”选项卡中，单击“添加”按钮，然后在数据文件列表文本框中输入次要数据文件的逻辑名称 dbStudent_log-1，文件类型为日志，修改默认的文件路径为 d:\dbStudent_data，更改初始化大小为 30，如图 11.9 所示。完成设置后单击“添加”按钮。日志文件添加完毕。

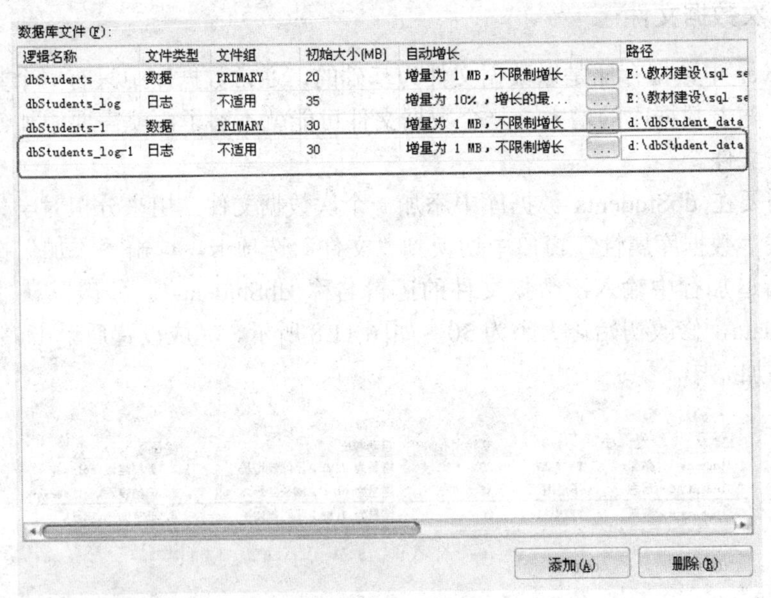

图 11.9　添加事务日志

通常情况下日志文件只有 1 个，但如果建立的日志文件超过 1 个，那么 SQL Server 2008 在存储日志数据时会采取什么样的策略呢？是不是第 1 个日志文件写满后才写第 2 个日志文件？还是同时写到所有的日志文件中？

SQL Server 2008 的日志文件采用的是循环写的方式。不论有多少个物理日志文件，SQL Server 2008 会统一管理并使用这些日志文件的空间，形成一个逻辑日志文件，如图 11.10 所示。

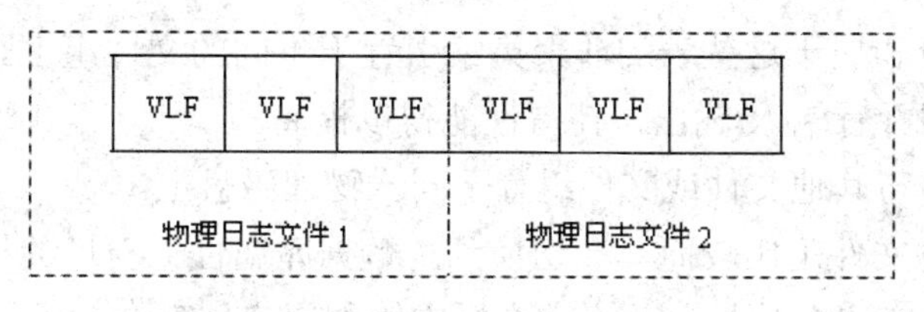

图 11.10　日志文件数据的存储机制

每个物理日志文件都会划分成若干个大小相等的 VLF（虚拟日志文件），日志文件空间的分配以 VLF 为单位进行。

8．文件组

文件组是 SQL Server 数据文件的一种逻辑管理单位，若干个分布在不同硬盘驱动器上的数据文件可以组织成一个文件组。建立文件组有以下两个目的。

一是可以更好地分配和管理存储空间，通过控制在特定磁盘驱动器上放置数据和索引来提高数据库的性能。

二是由于操作系统对物理文件的大小进行了限制，所以当某个磁盘上的数据文件超过单个文件允许的最大值时，可以使用文件组中存储在其他驱动器上的数据文件扩充存储空间。

SQL Server 支持两种类型的文件组。

- 主文件组（Primary）。主文件组包含主数据文件和任何没有明确指派给其他文件组的其他数据文件。系统表的所有页面都分配在主文件组中。
- 用户定义文件组。用户定义文件组是由用户使用 SQL Server Management Studio 工具或命令创建的文件组，在“数据库属性”对话框或使用 CREATE DATABASE 或 ALTER DATABASE 语句可以指定数据文件所属的组。

数据库由一个主文件组和零到多个用户定义的文件组组成。SQL Server 中的数据文件和文件组的使用规则如下。

- 数据文件或文件组不能由一个以上的数据库使用。
- 数据文件只能是一个文件组的成员。
- 日志文件不能属于任何文件组。
- 只有文件组中的所有数据文件都没有空间了，文件组中的文件才会自动增长。

每个数据库都有一个文件组作为默认的文件组。若 SQL Server 在创建时没有指定文件组的文件，分配页面时，将自动指定所属文件组为默认文件组。一次只能有一个文件组作为默认文件组，如果没有指定默认文件组，则主文件组是默认文件组。

一般小型数据库在只有单个数据文件和单个事务日志文件的情况下可以很好地运行。如果使用多个文件，应为附加文件创建第 2 个文件组，并将其设置为默认文件组。这样，主文件将仅包含系统表和对象。

数据库要想获得最佳性能，应在尽可能多的可用本地物理磁盘上创建文件或文件组，并将争夺空间最激烈的对象置于不同的文件组中，将在同一连接查询中使用的不同表置于不同的文件组中。由于采用并行磁盘输入/输出对连接数据进行搜索，所以性能将得以改善。

将最常访问的表和属于这些表的非聚集索引置于不同的文件组上。如果文件位于不同的物理磁盘上，采用并行输入/输出，使得性能得以提高。

不要将日志文件与其他文件或文件组置于同一物理磁盘上。

在图形界面创建文件组比较简单。切换到“数据库属性”窗口的“文件组”选项卡。单击“添加”按钮，在“名称”单元格文本框中输入用户创建文件组的名称。

在如图 11.11 所示的“文件”选项卡中添加数据文件后，在“文件组”单元格就可以选择该数据文件所属的文件组了。

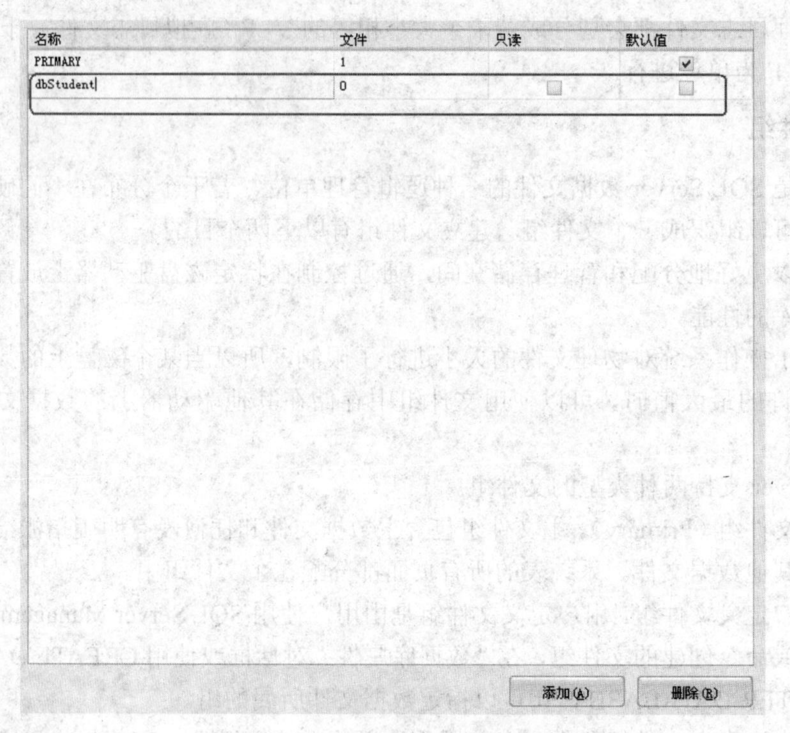

图 11.11　创建用户文件组的数据文件

9. 设置选项参数

在“数据库属性”窗口的“选项”选项卡中，部分参数的作用和取值说明如下。

（1）自动。

- 排序规则。通过从列表中进行选择来指定数据库的排序规则。
- 恢复模式。指定下列模式之一来恢复数据库，“完整”、“大容量日志”或“简单”。
- 兼容级别。指定数据库所支持的 SQL Server 的最新版本，取值有 SQL Server 2008、SQL Server 2000 和 SQL Server 7.0。
- 自动关闭。指定在最后一个用户退出后，数据库是否完全关闭并释放资源。取值包括 True 和 False。如果设置为 True，则在最后一个用户注销之后，数据库会完全关闭并释放其资源。
- 自动创建统计信息。指定数据库是否自动创建缺少的优化统计信息。可能的值包括 True 和 False。如果设置为 True，则将在优化过程中自动生成优化查询需要但缺少的所有统计信息。

- 自动收缩。指定数据库文件是否可定期收缩，可能的值包括 True 和 False。
- 自动更新统计信息。指定数据库是否自动更新过期的优化统计信息，可能的值包括 True 和 False。如果设置为 True，则将在优化过程中自动生成优化查询需要但已过期的所有统计信息。

（2）游标。

- 提交时关闭游标功能已启用。指定在提交了打开游标的事务之后是否关闭游标。可能的值包括 True 和 False。如果设置为 True，则会关闭在提交或回滚事务时打开的游标；如果设置为 False，则这些游标会在提交事务时保持打开状态，在回滚事务时会关闭所有游标，那些定义为 INSENSITIVE 或 STATIC 的游标除外。
- 默认游标。指定默认的游标行为。如果设置为 True，则游标声明默认为 LOCAL；如果设置为 False，游标声明默认为 GLOBAL。

（3）杂项。

- ANSI Null 默认值。指定与空值一起使用时的等于和不等于比较运算符的默认行为。可能的值包括 True 和 False。
- ANSI Null 已启用。指定与空值一起使用时的等于和不等于比较运算符的行为。可能的值包括 True 和 False。如果设置为 True，则所有与空值的比较求得的值均为 UNKNOWN；如果设置为 False，则非 Unicode 值与空值比较求得的值为 True。
- ANSI 填充已启用。指定 ANSI 填充状态是开还是关。可能的值为 True（开）和 False（关）。
- ANSI 警告已启用。对于几种错误条件指定 SQL-92 标准行为。如果设置为 True，则会在聚合函数（如 SUM、AVG、MAX、MIN、STDEV、STDEVP、VAR、VARP 或 COUNT）中出现空值时生成一条警告消息；如果设置为 False，则不会发出任何警告。
- 算术中止已启用。指定是否启用数据库的算术中止选项。可能的值包括 True 和 False。如果设置为 True，则溢出错误或被零除错误会导致查询或批处理终止。如果错误发生在事务内，则回滚事务；如果设置为 False，则会显示一条警告消息，但是会继续执行查询、批处理或事务，就像没有出错一样。
- 串联的 Null 结果为 Null；指定在与空值连接时的行为。当属性值为 True 时，string + Null 会返回 Null；如果设置为 False，则结果为 string。
- 数值舍入中止。指定数据库处理舍入错误的方式。可能的值包括 True 和 False。如果设置为 True，则当表达式出现精度降低的情况时生成错误；如果设置为 False，则在精度降低时不生成错误消息，并按存储结果的列或变量的精度对结果进行四舍五入。
- 允许带引号的标识符。指定在用引号引起来的情况下，是否可以将 SQL Server 关键字用做标识符（对象名称或变量名称）。可能的值包括 True 和 False。
- 递归触发器已启用。指定触发器是否可以由其他触发器激发。可能的值包括 True 和 False。如果设置为 True，则会启用对触发器的递归激发；如果设置为 False，则只禁用直接递归。若要禁用间接递归，请使用 sp_configure 将 nested triggers 服务器选项设置为 0。

（4）恢复。

- 页验证。指定用于发现和报告由磁盘 I/O 错误导致的不完整 I/O 事务的处理方式。可能的值为 None、TornPageDetection 和 CheckSum。

11.3　分离和附加数据库

SQL Server 2008 数据库服务器中，除了 master、model、tempdb 等系统数据库外，其余的用户数据库都可以从数据库服务器中分离出来，脱离服务器的管理，同时保持数据文件和日志文件的完整性和一致性。

与分离对应的是附加数据库操作。附加数据库可以很方便地在 SQL Server 2008 服务器之间利用分离后的数据文件和日志文件组织成新的数据库，附加的数据库和分离时完全一致。

任务描述

任务名称：分离和附加数据库。

任务描述：由于数据库服务器需要升级，现计划将 dbStudents 数据库从老的服务器迁移到新的数据库服务器，考虑最简单的办法就是将数据库和日志文件进行复制。

任务分析

在 SQL Server 2008 中，提供了分离和附加数据库功能。分离数据库就是将数据库与服务器断开联系，使数据库文件独立成原始的文件，该文件可以像普通操作系统文件一样进行类似复制等操作，同时数据库系统将不再对该数据库具有管理和访问的权限；附加数据库就是将数据库文件连接到数据库服务器，使该数据库能够被访问和管理。

可以利用分离数据库功能将 dbStudents 数据库从数据库系统中分离出来，然后利用存储介质复制到新的数据库服务器，再利用附加数据库功能将该数据库文件连接到数据库系统中，从而实现数据库数据的访问和管理。

相关知识与技能

分离数据库是指将数据库从 SQL Server 实例中删除，但是数据库在其数据文件和事务日志文件中保持不变。分离之后，数据文件和日志文件就和普通文件一样，能够进行包括删除在内的任何操作。当然，也可以使用这些文件将数据库附加到别的 SQL Server 服务器，包括分离该数据库的那台服务器。

如果符合下列任一条件，则无法分离数据库。

- 如果进行复制，数据库已发布。
- 数据库中存在数据库快照。
- 该数据库正在某个数据库镜像会话中进行镜像。
- 在 SQL Server 2008 中，分离可疑数据库。

当然，也可以将分离之后的数据文件附加到新的 SQL Server 服务器作为新的数据库使用。在 SQL Server 2008 中，数据库包含的全部文件随数据库一起附加。通常，附加数据库时会将数据库重置为它分离时的状态。

在实际工作中，分离数据库经常作为对数据基本稳定的数据库的一种备份的方法来使用。

实践操作

1. 分离数据库

分离数据库有两种方法，一种是使用 T-SQL 中的 sp_detach_db()语句，另一种是使用 SQL Server Management Studio 工具。下面使用 SQL Server Management Studio 工具来分离 dbStudents 数据库。

（1）在 SQL Server Management Studio 中对象资源管理器的“数据库”主题下选择数据库 dbStudents，右击，在弹出的快捷菜单中选择“任务”|“分离”命令。

（2）在如图 11.12 所示的“分离数据库”窗口中，要分离的数据库区域列出了当前要分离的数据库，对应每个数据库，都有一个状态，如果状态为“未就绪”则不能进行分离操作。单击“确定”按钮开始分离数据库。

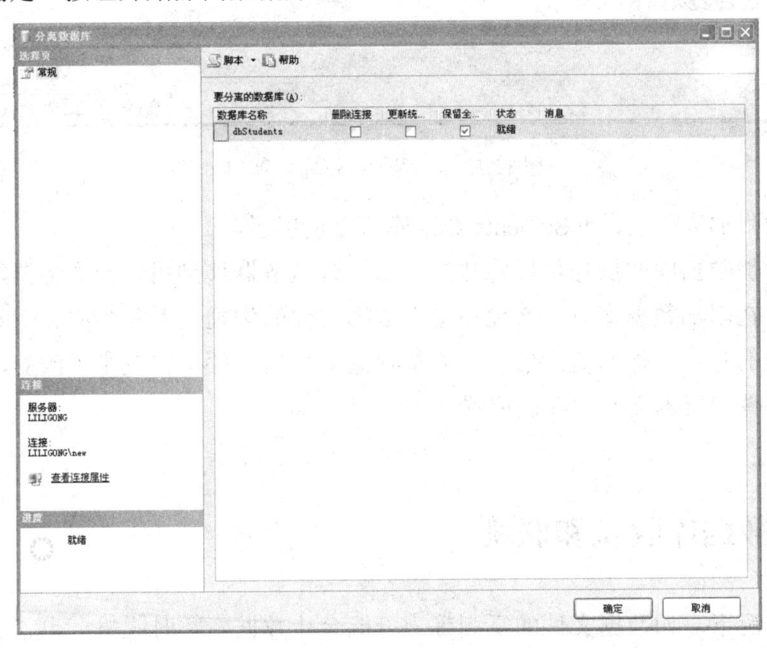

图 11.12 “分离数据库”窗口

（3）分离成功，dbStudents 在对象资源管理器中消失了。

2. 附加数据库

附加数据库有两种方法，一种是使用 T-SQL 的 sp_attach_db()语句，另一种是使用 SQL Server Management Studio 工具。下面仍然使用 SQL Server Management Studio 工具来附加 dbStudents 数据库。

（1）在对象资源管理器中选择“数据库”菜单，右击，在弹出的快捷菜单中选择“附加”命令。

（2）在如图 11.13 所示的“附加数据库”窗口中，单击“添加”按钮将要添加数据库的主数据文件添加到要附加数据库的数据库列表中。在数据库详细信息中，显示了该数据文件所对应的数据库信息。然后单击“确定”按钮，进行数据库附加操作。

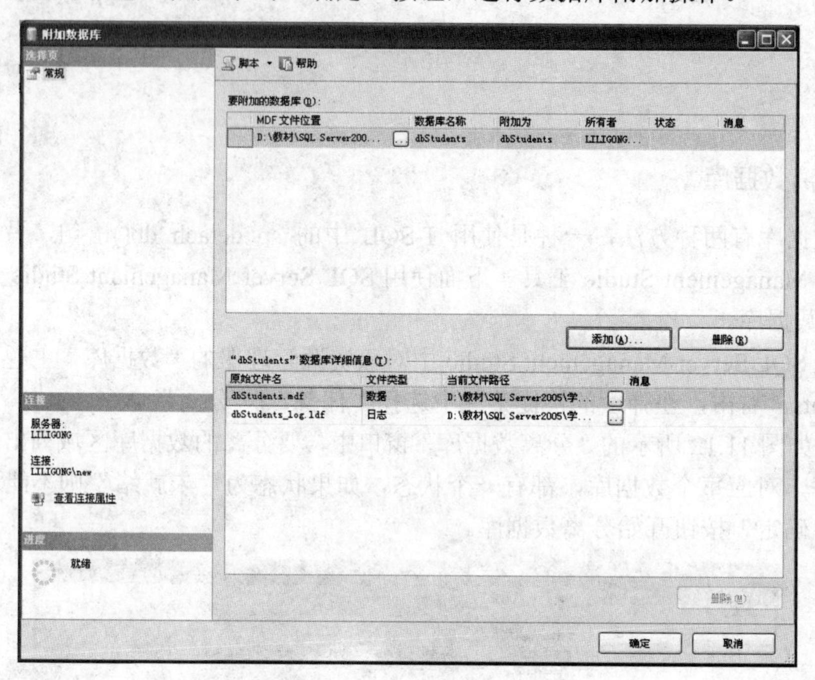

图 11.13 “附加数据库”窗口

（3）成功附加数据库，dbStudents 数据库可以使用了。

分离和附加数据库的操作可以将数据库从一台服务器移到另一台服务器，而不必重新创建数据库。在附加数据库时，必须指定主数据文件的物理位置和名称。主数据文件包含了数据库组成的其他文件所需的信息。如果存储的数据文件位置发生了改变，就需要手工指定次数据文件和日志文件的存储位置。

11.4 数据库脱机和联机

在某些情况下，如数据文件的复制等，可能会让数据库暂时脱机，也就是更改数据库的状态，使数据库处于离线状态。在做完数据文件的复制等操作后，再使数据库恢复到正常使用的状态，也就是在线状态。

任务描述

任务名称：数据库脱机和联机。

任务描述：数据文件的操作不能在数据库运行的状态下进行，如果需要进行数据文件的复制、粘贴等操作，如何进行呢？

任务分析

数据库的运行有几种状态，其中有脱机、联机状态。在数据库联机状态，也就是是数据库正常运行状态下，数据文件处于使用状态，不能进行文件的日常操作。要想进行文件的复制、粘贴等操作，需要将数据库脱机，也就是暂时停止数据库的使用，以便数据文件能够进入关闭状态，然后实施文件的操作。

实践操作

1．数据库脱机

如果想暂时关闭用户数据库服务，也就是使数据库处于离线状态，就可以选择数据库脱机操作。脱机后数据文件能进行复制等操作。在脱机状态下，数据库将无法使用。

选择并右击要脱机的数据库，在弹出的快捷菜单中选择“任务”|“脱机”命令，然后打开“使数据库脱机”窗口，如图 11.14 所示。

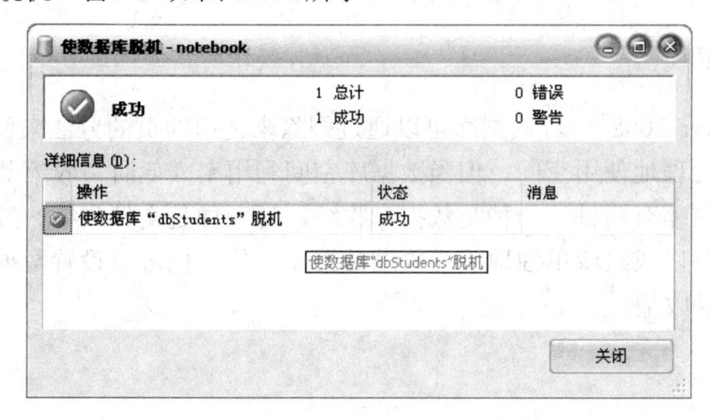

图 11.14 “使数据库脱机”窗口

2．数据库联机

对于暂时关闭的数据库重新启动服务，就可以选择联机操作。右击要联机的数据库，在弹出的快捷菜单中选择“任务”|“联机”命令，打开“使数据库联机”窗口，如图 11.15 所示。

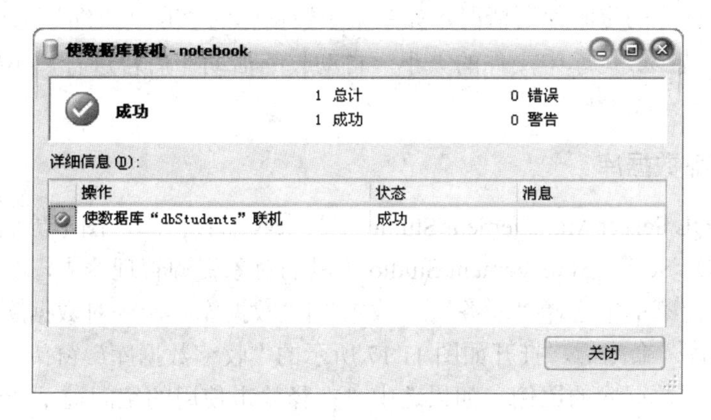

图 11.15 “使数据库联机”窗口

11.5　数据库收缩

任务描述

任务名称：数据库收缩。

任务描述：随着数据库的运行，数据库文件会变得越来越大，可以有效管理数据库空间，使数据库空间保持一个适当的比例。

任务分析

随着时间的推移，数据库中的数据会越来越多，对应数据文件也会越来越大，数据库中未使用的页也会越来越多。积累到一定程度，就有必要来给数据库瘦身，使数据库能够保持一个合理的使用空间，这个数据库瘦身就是数据库收缩。

相关知识与技能

在 SQL Server 2008 中，数据库可以通过删除未使用的页的方法来使其减小。尽管数据库引擎会有效合理地使用空间，但当数据库空间利用率太低时，收缩数据库就变得很有必要了。数据库收缩有两种，一种是数据库收缩，另一种是文件收缩。数据和事务日志文件都可以收缩，可以成组或单独地手动收缩数据库文件，也可以设置数据库属性，使其按照指定的间隔自动收缩。

实践操作

1．自动收缩数据库

如果将某个数据库属性的“自动收缩”（或 AUTO_SHRINK）选项设置为 True，则数据库引擎将自动收缩该数据库的可用空间。自动收缩也可以使用 ALTER DATABASE 语句来进行设置。默认情况下，“自动收缩”选项设置为 False，如图 11.16 所示。数据库引擎会定期检查每个数据库的空间使用情况，如果某个数据库的“自动收缩”选项设置为 True，则数据库引擎将减少数据库中文件的大小。自动收缩活动在后台进行，不影响数据库内的用户使用。

2．手动收缩数据库

可以使用 SQL Server Management Studio 工具来收缩数据库，图形界面比较直观方便，简单快捷。在 SQL Server Management Studio 工具的对象资源管理器中，右击要收缩的数据库，在弹出的快捷菜单中选择“任务”|“收缩”|“数据库”命令对数据库进行收缩。

选择“数据库”命令后，打开如图 11.17 所示的“收缩数据库”窗口。在该窗口中，可以调整可用空间占数据库的比例。如果选中“在释放未使用的空间前重新组织文件。选中此选项可能会影响性能”复选框，则用户必须指定可用空间占数据库的百分比，相当于执行具有指定目标百分比选项的 DBCC SHRINKDATABASE 命令；不选中此复选框相当于执行具有 TRUNCATEONLY 选项的 DBCC SHRINKDATABASE。默认情况下不选中此复选框。

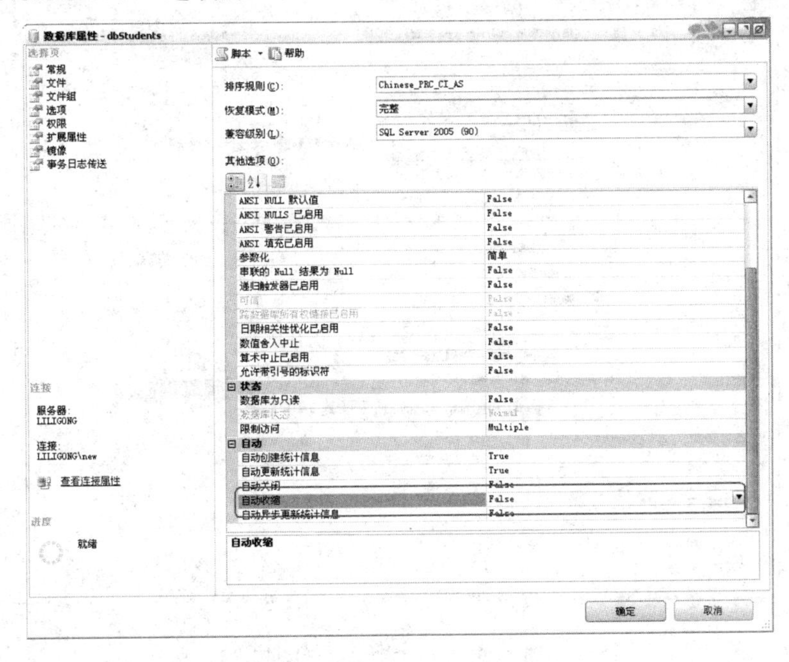

图 11.16　数据库收缩选项

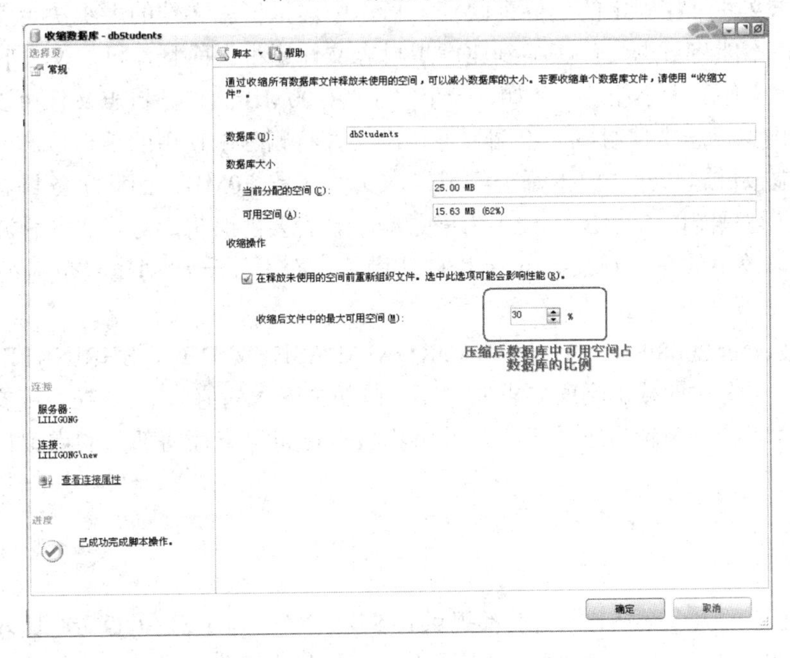

图 11.17　“收缩数据库”窗口

3．手动收缩数据和日志文件

在 SQL Server Management Studio 工具的对象资源管理器中，右击要收缩的数据库，在弹出的快捷菜单中选择“任务”|“收缩”|“文件”命令可以对数据文件或日志文件进行收缩。

选择“文件”命令后，打开如图 11.18 所示的“收缩文件”窗口。文件类型可以是数据

文件也可以是日志文件。

图 11.18 “收缩文件”窗口

事务日志文件可在固定的边界内收缩。日志中虚拟日志文件的大小决定着可能减小的大小。因此，不能将日志文件收缩到比虚拟日志文件还小。而且，日志文件收缩的增量大小与虚拟日志文件的大小相等。例如，一个大小为 100MB 的事务日志文件可以由五个大小为 20MB 的虚拟日志文件组成。收缩事务日志文件将删除未使用的虚拟日志文件，但至少会保留两个虚拟日志文件。由于每个虚拟日志文件都是 20MB，因此事务日志最小只能减小到 40MB，且只能以 20MB 的大小为增量减小。若要能够将事务日志文件减小得更小，可以创建一个较小的事务日志，并让其自动增长，而不要一次创建一个大型的事务日志文件。

在 SQL Server 2008 中，DBCC SHRINKDATABASE 或 DBCC SHRINKFILE 操作会直接尝试将事务日志文件减小到所要求的大小（以四舍五入的值为准）。在收缩文件之前，应备份日志文件以减小逻辑日志的大小，并将不包含逻辑日志任何部分的虚拟日志标记为不活动。

知识扩展

对于数据库的大多数操作，一般都提供有 SQL 命令。对于对 SQL 命令比较熟的数据库用户，完全可以使用快捷、方便的 SQL 命令来完成相应操作。

1. 使用 SQL 收缩数据库

手动收缩数据库时，可以使用 DBCC SHRINKDATABASE 语句。该语句的语法结构如下：

```
DBCC SHRINKDATABASE
( 'database_name' | database_id | 0
```

```
[ ,target_percent ]
[ , { NOTRUNCATE | TRUNCATEONLY } ]
)
[ WITH NO_INFOMSGS ]
```

各参数的意义和作用如下。

- 'database_name' | database_id | 0 ：要收缩的数据库的名称或 ID。如果指定 0，则使用当前数据库；
- target_percent ：数据库收缩后的数据库文件中所需的剩余可用空间百分比；
- NOTRUNCATE ：导致在数据库文件中保留所释放的文件空间。如果未指定，将所释放的文件空间释放给操作系统；
- TRUNCATEONLY ：导致数据文件中任何未使用空间被释放给操作系统，并将文件收缩到最后分配的区，从而无须移动任何数据即可减小文件大小，不会尝试执行重新定位到未分配的页操作。使用 TRUNCATEONLY 时，将忽略 target_percent；
- WITH NO_INFOMSGS ：取消严重级别 0～10 的所有消息。

在使用 DBCC SHRINKDATABASE 语句时，无法将整个数据库收缩得比其初始大小更小。比如，如果数据库创建时的大小为 10MB，后来增长到 100MB，则该数据库最小只能收缩到 10MB，即使已经删除数据库的所有数据也是如此。

手动收缩数据和日志文件同样可以使用 SQL Server Management Studio 工具或 SQL 命令。

2．使用 SQL 命令收缩数据文件

手动收缩数据和日志文件时，可以使用 DBCC SHRINKFILE 语句。该语句的语法结构如下：

```
DBCC SHRINKFILE
(
{ 'file_name' | file_id }
{ [ , EMPTYFILE ]
| [ [ , target_size ] [ , { NOTRUNCATE | TRUNCATEONLY } ] ]
}
)
[ WITH NO_INFOMSGS ]
```

使用 DBCC SHRINKFILE 语句时，可以将各个数据库文件收缩得比其初始大小更小。但必须对每个文件分别进行收缩，而不能尝试使用该语句收缩整个数据库。

11.6　回顾与训练：配置与管理数据库

通过本任务的学习，大家了解了系统数据库，知道了各个系统数据库的作用和包含的对象。了解了用户数据库的配置方法和配置参数，数据文件估计大小的步骤，数据库的分离和附加、脱机和联机、收缩等的操作方法和步骤。

SQL Server 2008 中拥有 master、model、tempdb、Resource 和 msdb 等系统数据库。这些数据库都有特殊的用途，用户不能直接更改它们，包括其中的系统对象（如系统表、系统存储过程和目录视图等）。

数据库管理的重点是用户数据库，从数据库的规划设计到参数配置，都是非常重要的工作。

数据库的分离和附加也是数据库日常管理的工作之一。用户数据库可以从数据库服务器中分离出来，脱离服务器的管理，同时保持数据文件和日志文件的完整性和一致性。与分离对应的是附加数据库操作。附加数据库可以很方便地在 SQL Server 2008 服务器之间利用分离后的数据文件和日志文件组织成新的数据库，附加的数据库和分离时完全一致。

为了某种需要，可以让数据库暂时脱机，也就是更改数据库的状态，使数据库处于离线状态。在做完相关操作后，再使数据库恢复到正常使用的状态，也就是在线状态。

在 SQL Server 2008 中，数据库可以通过删除未使用的页的方法来使其减小。尽管数据库引擎会有效合理地使用空间，但当数据库空间利用率太低时，收缩数据库就变得很有必要了。数据库收缩有两种，一种是数据库收缩，另一种是文件收缩。数据和事务日志文件都可以收缩，可以成组或单独地手动收缩数据库文件，也可以设置数据库属性，使其按照指定的间隔自动收缩。数据库收缩可以使用 T-SQL 命令，也可以使用 SQL Server Management Studio 工具。

通过本任务的学习，掌握了数据库管理的基本方法和操作过程，使用户在数据库的日常管理中，能够根据需要解决实际问题。

下面请大家根据所学知识完成以下任务。

1. 任务

（1）查看并记录 dbStudents 数据库的属性配置参数。

（2）将 dbStudents 数据库脱机，复制数据文件到 U 盘，然后进行联机。

（3）对 dbStudents 数据库进行收缩，收缩之后可用空间占 20%。

（4）将 dbStudents 数据库分离，复制该数据库的数据文件和日志文件到别的服务器，然后将该数据库附加到这台服务器。

2. 要求和注意事项

（1）在查看并记录数据库参数时，要注意每一个参数的意义和取值。

（2）使用 T-SQL 语句对数据库进行压缩。

（3）使用 SQL Server Management Studio 对数据文件进行压缩。

3. 操作记录

（1）记录所操作计算机的硬件配置。

（2）记录所操作计算机的软件环境。

（3）记录 dbStudents 数据库的属性参数设置。

（4）记录脱机、联机操作的步骤。

（5）记录分离、附加数据库的步骤。

（6）记录数据库收缩的过程，包括 T-SQL 语句和 SQL Server Management Studio 工具。

（7）总结本次实验体会。

4. 思考和总结

查看并总结 sys 架构下 tables、objects、views、triggers、sysusers、sysservers、syslogins、sysindexes、sysfiles、sysdatabases、indexes、backup_devices 等视图的结构和作用。

任务 12 SQL Server 2008 的安全管理

在 SQL Server 中，安全管理是 DBA 最重要的工作之一。如果系统安全性被破坏，数据就有可能丢失甚至崩溃。

SQL Server 2008 的安全包括服务器安全和数据安全两部分。服务器安全是指什么人可以登录服务器、登录服务器后可以访问哪些数据库，以及在数据库里可以访问什么内容；数据安全是指数据的完整性、数据库文件的安全性。

数据的安全通常和数据库设计有关，包括主键、外键、约束、存储过程、触发器、视图等都可以用来保证数据的安全。另外，使用数据库备份也是保护数据库数据和数据库文件安全的必要手段。数据的安全在前面任务中已做了介绍，本任务不再重复。

在本任务中，从身份验证模式、数据库用户和角色、架构等方面来学习 SQL Server 2008 的服务器安全机制和管理方法。

12.1 管理身份验证模式与登录

任务描述

任务名称：管理身份验证模式和登录。

任务描述：数据库的安全管理重点体现在用户的登录权限和数据访问权限，也就是管理数据库的身份验证模式和用户授权登录。

任务分析

数据库用户要想连接到 SQL Server 实例的时候，必须提供有效的认证信息。数据库引擎会执行两步有效性验证过程：第一步，数据库引擎会检查是否提供了有效的、具备连接到 SQL Server 实例权限的登录名；第二步，数据库引擎会检查登录名是否具备连接数据库的访问许可。

相关知识与技能

连接到 SQL Server 实例的时候，必须提供有效的认证信息。数据库引擎会执行两步有效性验证过程：第一步，数据库引擎会检查是否提供了有效的、具备连接到 SQL Server 实例权限的登录名；第二步，数据库引擎会检查登录名是否具备连接数据库的访问许可。

简单说，要想访问 SQL Server 数据库，首先必须拥有一个可以登录到 SQL Server 服务器的合法账户，其次是该账户具有访问特定数据库的权限。

对于访问 SQL Server，有两种身份验证模式，一种是 Windows 身份验证模式，另一种是混合身份验证模式。

1. Windows 身份验证模式

使用 Windows 身份验证模式时，SQL Server 依赖 Windows 操作系统来提供登录安全性保证。当登录到 Windows 时，用户账户身份被验证。SQL Server 只检验用户是否通过 Windows 身份验证，并根据身份验证的结果来判断是否允许访问。SQL Server 将自己的登录安全同 Windows 操作系统登录安全过程结合起来，一旦用户通过了操作系统验证，访问 SQL Server 时就不再进行身份验证。

在 SQL Server 2008 中，推荐使用 Windows 身份验证模式，它比混合身份验证模式更安全。因为 Windows 身份验证模式提供了附加安全功能，包括安全验证和密码加密、审核、密码过期、最小密码长度，以及在一定数量登录尝试失败后自动锁定账户等机制。

2. 混合身份验证模式

混合身份验证模式是使用 SQL Server 中的账户来登录数据库服务器，而这些账户与 Windows 操作系统无关。使用混合身份验证模式可以很方便地从网络上访问 SQL Server 服务器，即使网络上的客户机没有服务器操作系统的账户也可以登录并使用 SQL Server。

当然，Windows 身份验证模式在某些情况下并不是最好的选择。例如，在需要为不属于自己操作系统环境的用户，或者所用操作系统与 Windows 安全体系不兼容的用户提供访问授权的时候，需要采用混合身份验证模式使用 SQL Server 登录名来连接到 SQL Server。

实践操作

1. 设置身份验证模式

在 SQL Server 2008 中，设置身份验证模式的方法如下。

（1）启动 SQL Server Management Studio，连接到数据库实例，在“对象资源管理器”

中右击数据库实例名，在弹出的快捷菜单中选择“属性”命令。

（2）在“服务器属性”窗口中，选择“安全性”选项卡，如图 12.1 所示。

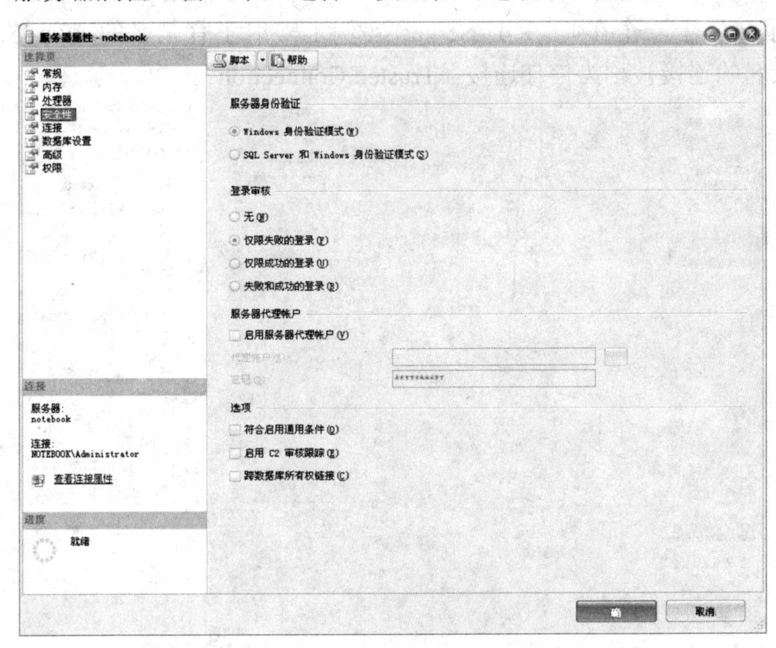

图 12.1　身份验证模式

（3）在服务器身份验证中有两种模式，一种是 Windows 身份验证模式，另一种是 SQL Server 和 Windows 身份验证模式（也就是前面讲到的混合身份验证模式）。在此，可以根据需要来选择其中一种身份验证模式。

2. 授权登录

当一个用户需要访问 SQL Server 实例的时候，系统管理员必须为其提供有效的身份验证信息，也就是登录名。可以对 Windows 用户及组基于 Windows 身份验证模式授权登录，对 SQL Server 登录名可以基于混合身份验证模式授权登录。授权的身份验证信息依赖于已配置的身份验证模式。

（1）授权 Windows 用户及组的访问。

可以为 Windows 用户或组创建登录名以便允许这些用户连接到 SQL Server。在默认情况下，只有本地 Windows 系统管理员组的成员和启动 SQL 服务的账户才能登录并访问 SQL Server。

对于可以访问 SQL Server 的 Windows 用户必须创建 SQL Server 登录名，然后使用登录名来登录并访问 SQL Server。可以通过 CREATE LOGIN 语句或 SQL Server Management Studio 来创建登录名以授权用户对 SQL Server 实例的访问。

使用 SQL Server Management Studio 工具来创建登录名。在 SQL Server Management Studio 的对象资源管理器中，选择“安全性” | “登录名”节点，然后右击“登录名”并在弹出的快捷菜单中选择“新建登录名”命令，打开如图 12.2 所示的“登录名-新建”窗口。比如，同样要授权 notebook 计算机上 Administrator 对 SQL Server 实例的访问，则在登录名处输入 Administrator，选中“Windows 身份验证”单选按钮，选择默认数据库，单击“确定”按钮即可。

使用 Windows 登录名连接到 SQL Server 2008 时，SQL Server 依赖操作系统的身份验证，并且只检查是否 Windows 用户在这个 SQL Server 实例上映射了登录名，或者是否这个 Windows 登录名属于一个在此 SQL Server 实例上映射了登录名的 Windows 组。使用 Windows 登录名的连接被称为信任连接（Trusted Connection）。

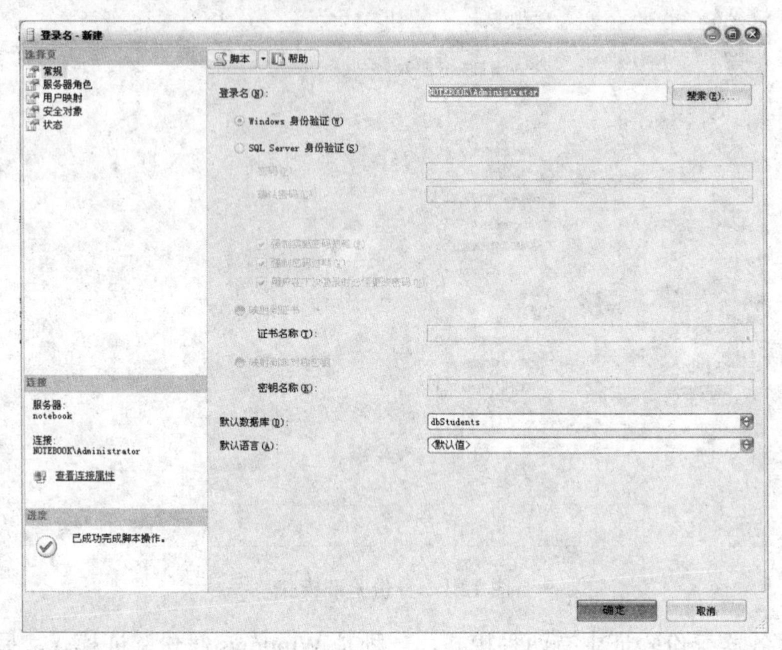

图 12.2 “登录名-新建”对话框

（2）授权 SQL Server 登录名的访问。

在混合身份验证模式下，需要创建并管理 SQL Server 登录名。创建 SQL Server 登录名的时候，除了要为该登录名设置一个密码，还要为其指定一个默认的数据库和一种默认语言。

同样，可以通过 CREATE LOGIN 语句或 SQL Server Management Studio 来创建并管理 SQL Server 登录名以授权用户对 SQL Server 实例的访问。

使用 SQL Server Management Studio 来创建并管理 SQL Server 登录名的过程和授权 Windows 用户及组的访问的过程基本一致，在此不再重复。

SQL Server 2008 安装进程在执行过程中自动创建了一个 SQL Server 登录名 sa。sa 登录名始终存在，即使安装时选择的是 Windows 身份验证模式。sa 登录名不能被删除，但可以通过改名或禁用的方式避免用户通过这个账户对 SQL Server 进行非授权访问。

在 sys 架构下有一个视图 sql_logins，通过该视图可以获取有关 SQL Server 登录名的信息，例如：

```
SELECT *
FROM sys.sql_logins;
```

对于需要进行数据访问的应用程序来说，仅仅为其授权访问 SQL Server 实例是不够的。在授权登录 SQL Server 实例之后，还需要对特定的数据库进行访问。通常，将数据库登录名与数据库用户映射，以此来授权对数据库的访问，每一个登录名都在它要访问的数据库中映射一个数据库用户。除了 dbo 数据库用户外，每一个数据库用户都映射了一个数据库登录名。

知识扩展

在 SQL Server 中，除了可以使用图形界面实现对授权登录和访问权限的管理之外，还可以使用 T-SQL 对授权登录和访问权限进行管理。

1．使用 T-SQL 授权 Windows 用户及组的访问

可以使用 CREATE LOGIN 语句创建登录名。在使用 CREATE LOGIN 语句创建登录名时，需要指定已经存在的 Windows 操作系统用户或 Windows 组。CREATE LOGIN 语法结构如下：

```
CREATE LOGIN login_name { WITH <option_list1> | FROM <sources> }

<sources> ::=
    WINDOWS [ WITH <windows_options> [ ,... ] ]
    | CERTIFICATE certname
    | ASYMMETRIC KEY asym_key_name

<option_list1> ::=
    PASSWORD = 'password' [ HASHED ] [ MUST_CHANGE ]
    [ , <option_list2> [ ,... ] ]

<option_list2> ::=
    SID = sid
    | DEFAULT_DATABASE = database
    | DEFAULT_LANGUAGE = language
    | CHECK_EXPIRATION = { ON | OFF}
    | CHECK_POLICY = { ON | OFF}
    [ CREDENTIAL = credential_name ]

<windows_options> ::=
    DEFAULT_DATABASE = database
    | DEFAULT_LANGUAGE = language
```

例如，要授权 notebook 计算机上 Administrator 对 SQL Server 实例的访问，可以使用如下语句：

```
USE [master]
GO
CREATE LOGIN [notebook\Administrator] FROM WINDOWS
GO
```

2．使用 T-SQL 授权 SQL Server 登录名的访问

同样，可以通过 CREATE LOGIN 语句来创建并管理 SQL Server 登录名以授权用户对 SQL Server 实例的访问。

例如，创建一个 SQL Server 登录名 StudentA，口令为 stu_809d，并指定这个登录名的默认数据库为 dbStudents。实现语句如下：

```
USE [master]
```

```
GO
CREATE LOGIN StudentA WITH PASSWORD = 'stu_809d';
DEFAULT_DATABASE  = dbStudents;
GO
```

12.2 管理数据库用户

任务描述

任务名称：管理数据库用户。

任务描述：数据库用户在登录数据库后，具体能够进行什么样的数据访问是数据库安全管理的主要内容。对于数据库用户，应该限定其能够访问最低权限的数据和拥有最小的数据管理权限。

任务分析

保护数据以防止内部和外部攻击和破坏是大多数企业最关心的事情，这种安全性通常体现在设计为限制雇员可以访问最低权限的数据和最小的数据管理权限。

保护数据以防内部和外部侵害，是一项重要的工作。控制谁能访问服务器上的数据，以及如何访问数据是很重要的。SQL Server 的安全性有助于管理授权用户的访问权。

无论是使用 SQL Server Management Studio 工具、SQLcmd 工具还是数据库应用程序，都可以登录到 SQL Server 实例并访问数据库中的资源。登录时可以使用 Windows 身份验证登录或混合模式身份验证登录，登录到 SQL Server 系统后，如果用户想继续访问系统中某个特定的数据库，就必须映射一个数据库用户。SQL Server 2008 中，数据库登录名要在所访问的数据库中与一个数据库用户建立映射。但是，服务器角色 sysadmin 的成员必须与所有服务器数据库上的 dbo 用户建立映射。

数据库用户及安全权限的管理包括用户账户的建立，与登录名的映射，用户账户的修改、删除和权限授予、拒绝等操作，使用 SQL Server Management Studio、T-SQL 语句或系统过程都可以实现对用户账户的管理。

实践操作

对于数据库用户的管理，通常使用 SQL Server Management Studio 工具来进行管理用户账户。

启动 SQL Server Management Studio，在对象资源管理器中，选择要管理的数据库，然后展开该数据库的“安全性”|“用户”节点，在右窗格的“摘要”中会列出该数据库的所有用户信息。

可以通过右键菜单中的相应命令实现对用户账户的管理，包括新建用户、删除用户、用户属性的修改等操作。

创建新用户时，需要指定与该用户相关联的登录名、默认架构，选择该用户所拥有的架构，选择该用户所属的数据库角色。根据需要，还可以设置该用户对哪些安全对象具有什么权限。新建数据库用户界面如图 12.3 所示。

图 12.3　新建数据库用户账户

知识扩展

对于数据库用户的管理，除了可以用通常使用的 SQL Server Management Studio 工具来进行管理用户账户外，还可以使用 T-SQL 语句和系统存储过程。

1. 使用 T-SQL 语句管理用户账户

使用 T-SQL 语句可以实现对数据库用户账户的创建、修改、删除等操作。

（1）创建用户账户。

使用 CREATE USER 语句可以向当前数据库中添加一个用户。该语句的语法格式为：

```
CREATE USER user_name
[FOR {LOGIN login_name|CERTIFICATE cert_name|ASYMMETRIC KEY key_name}]
[WITH DEFAULT_SCHEMA = schema_name ]
```

其中，user_name 用于标识数据库内部用户的名称；login_name 用于指定用户已经创建的登录名；cert_name 和 key_name 则分别指定了相应的证书和非对称键；最后，WITH DEFAULT_SCHEMA 为默认架构。

例如，使用以下语句：

```
USE dbStudents
GO
CREATE USER StudentA FOR LOGIN [studentA]
GO
```

此语句创建了一个名为 StudentA 的数据库用户。因为忽略了 DEFAULT_SCHEMA 选项，所以数据库用户 StudentA 将使用 dbo 作为自己的默认架构。

（2）删除用户账户。

DROP USER 语句可以用来从当前数据库中删除某个用户，但是拥有数据库对象的用户不能从数据库中删除。

DROP USER 的语法结构如下：

```
DROP USER user_name
```

使用时不能从数据库中删除拥有安全对象的用户，必须先删除或转移安全对象的所有权，才能删除拥有这些安全对象的数据库用户。

DROP USER 语句也不能删除 guest 用户，但可在除 master 或 temp 之外的任何数据库中执行 REVOKE CONNECT FROM GUEST 来撤销它的 CONNECT 权限，从而禁用 guest 用户。

（3）修改用户账户。

ALTER USER 语句可以用来修改数据库用户名称或改变其默认架构。与 CREATE USER 语句类似，可以在创建默认架构之前就把该架构赋给用户。

ALTER USER 的语法结构如下：

```
ALTER USER user_name
     WITH <set_item> [ ,...n ]

<set_item> ::=
     NAME = new_user_name
     | DEFAULT_SCHEMA = schema_name
```

如果 DEFAULT_SCHEMA 未指定，则用户会将 dbo 作为其默认架构。可以将 DEFAULT_SCHEMA 设置为当前数据库中不存在的架构，也就是可以在创建架构之前将 DEFAULT_SCHEMA 分配给用户。

（4）授权。

在 SQL Server 中，只有被授权的用户才能执行语句或对安全对象进行操作。否则，将拒绝执行 T-SQL 语句或拒绝对安全对象进行相关操作。

SQL Server 中与授权有关的 T-SQL 语句有 3 条。

① GRANT 语句。将安全对象的权限授予主体。GRANT 语法格式如下：

```
GRANT { ALL [ PRIVILEGES ] }
     | permission [ ( column [ ,...n ] ) ] [ ,...n ]
     [ ON [ class :: ] securable ] TO principal [ ,...n ]
     [ WITH GRANT OPTION ] [ AS principal ]
```

该语句参数含义如下。

- ALL：该选项并不授予全部可能的权限。授予 ALL 参数相当于授予以下权限。
  - ◆ 如果安全对象为数据库，则 ALL 表示 BACKUP DATABASE、BACKUP LOG、CREATE DATABASE、CREATE DEFAULT、CREATE FUNCTION、CREATE PROCEDURE、CREATE RULE、CREATE TABLE 和 CREATE VIEW。
  - ◆ 如果安全对象为标量函数，则 ALL 表示 EXECUTE 和 REFERENCES。
  - ◆ 如果安全对象为表值函数，则 ALL 表示 DELETE、INSERT、REFERENCES、SELECT 和 UPDATE。

◆ 如果安全对象为存储过程，则 ALL 表示 DELETE、EXECUTE、INSERT、SELECT 和 UPDATE。
◆ 如果安全对象为表，则 ALL 表示 DELETE、INSERT、REFERENCES、SELECT 和 UPDATE。
◆ 如果安全对象为视图，则 ALL 表示 DELETE、INSERT、REFERENCES、SELECT 和 UPDATE。

- PRIVILEGES：包含此参数以符合 SQL-92 标准。
- permission：权限的名称。
- column：指定表中将授予其权限的列的名称。需要使用括号“()”。
- class：指定将授予其权限的安全对象的类。需要范围限定符“::”。
- securable：指定将授予其权限的安全对象。
- TO principal：主体的名称。可为其授予安全对象权限的主体随安全对象而异。
- GRANT OPTION：指示被授权者在获得指定权限的同时还可以将指定权限授予其他主体。
- AS principal：指定一个主体，执行该查询的主体从该主体获得授予该权限的权利。

② DENY 语句。取消以前授予或拒绝了的权限。DENY 语法格式如下：

```
DENY { ALL [ PRIVILEGES ] }
     | permission [ ( column [ ,...n ] ) ] [ ,...n ]
     [ ON [ class :: ] securable ] TO principal [ ,...n ]
     [ CASCADE] [ AS principal ]
```

③ REVOKE 语句。拒绝授予主体权限。防止主体通过其组或角色成员身份继承权限。REVOKE 语法格式如下：

```
REVOKE [ GRANT OPTION FOR ]
     {
       [ ALL [ PRIVILEGES ] ]
       |
             permission [ ( column [ ,...n ] ) ] [ ,...n ]
     }
     [ ON [ class :: ] securable ]
     { TO | FROM } principal [ ,...n ]
     [ CASCADE] [ AS principal ]
```

2．使用系统存储过程管理用户账户

SQL Server 2008 提供了 4 个系统存储过程，使用这 4 个系统存储过程同样可以用来管理数据库用户账户。

- sp_grantdbaccess 系统存储过程可以用来向当前数据库中添加一个新的数据库用户，并把这个用户与现有的登录名联系起来。这个登录可以是 Windows 用户、Windows 组或 SQL Server 登录。
- sp_revokedbaccess 系统存储过程可以用来从当前数据库中删除一个现有的数据库用户，这个数据库用户可以是 Windows 用户账户、Windows 组或 Microsoft SQL Server 登录。
- sp_helpuser 系统存储过程可以用来显示当前数据库中一个或多个数据库用户的有

关信息。如果省略了用户，那么 sp_helpuser 将显示当前数据库中现有的所有数据库用户和角色的有关信息；

- sp_changedbowner 系统存储过程可以用来修改当前数据库的拥有者。在执行了系统存储过程之后，指定的登录就是当前数据库的新的数据库拥有者（dbo）。服务器角色 sysadmin 的所有成员和当前数据库的拥有者都可以执行该系统存储过程。

12.3 管理数据库角色

任务描述

任务名称：管理数据库角色。

任务描述：为了管理方便，通常将用户的权限管理转化为角色管理。

任务分析

对数据库用户的管理，重点是管理这些用户的权限。在实际管理过程中，通常是通过将用户加入一个数据库角色的方法来管理用户，也就是可以使用数据库角色来为一组数据库用户指定数据库权限。当然，也可以单独为某个用户赋予更细的权限。

当几个用户需要在某个特定的数据库中执行类似的动作时，就可以向该数据库中添加一个角色（role）。数据库角色定义了可以访问相同数据库对象的一组数据库用户的操作权限。

相关知识与技能

SQL Server 中常用的角色有以下 3 类。

- 服务器角色；
- 数据库角色；
- 用户自定义角色。

1．服务器角色

由于服务器角色是在服务器层次上定义的，因此它们位于从属于数据库服务器的数据库外面。表 12.1 列出了 SQL Server 中的服务器角色。

表 12.1 服务器角色

服务器角色	说　明
sysadmin	执行 SQL Server 中的任何动作
serveradmin	配置服务器设置
setupadmin	安装复制和管理扩展过程
securityadmin	管理登录和 CREATE DATABASE 的权限，以及阅读审计
processadmin	管理 SQL Server 进程
dbcreator	创建和修改数据库
diskadmin	管理磁盘文件

下面介绍一下每个服务器角色的权限。

（1）sysadmin 角色的成员被赋予了 SQL Server 系统中所有可能的权限。例如，只有这个角色中的成员（或一个被这个角色中的成员赋予了 CREATE DATABASE 权限的用户）才能够创建数据库。

sysadmin 角色和 sa 登录之间有着特殊的关系。sa 登录一直都是 sysadmin 角色中的成员，并且不能从该角色中删除。

（2）serveradmin 角色的成员可以执行如下操作。

- 向该服务器角色中添加其他登录。
- 运行 dbcc pintable 命令，从而使表常驻于内存中。
- 运行系统存储过程 sp_configure，以显示或更改系统选项。
- 运行 reconfigure 选项，以更新系统存储过程 sp_configure 所做的所有改动。
- 使用 shutdown 命令关掉数据库服务器。
- 运行系统存储过程 sp_tableoption，为用户自定义表设置选项的值。

（3）setupadmin 角色中的成员可以执行如下操作。

- 向该服务器角色中添加其他登录。
- 添加、删除或配置连接的服务器。
- 执行一些系统存储过程，如 sp_serveroption。

（4）securityadmin 角色中的成员可以执行关于服务器访问和安全的所有操作。这些成员可以进行如下系统操作。

- 向该服务器角色中添加其他登录。
- 读取 SQL Server 的错误日志。
- 运行如下系统存储过程，如 sp_addlinkedsrvlogin、sp_addlogin、sp_defaultdb、sp_defaultlanguage、sp_denylogin、sp_droplinkedsrvlogin、sp_droplogin、sp_grantlogin、sp_helplogins、sp_remoteoption 和 sp_revokelogin，所有这些系统存储过程都与系统安全相关。

（5）processadmin 角色中的成员用来管理 SQL Server 进程，如中止用户正在运行的查询。这些成员可以进行如下操作。

- 向该服务器角色中添加其他登录。
- 执行 KILL 命令，以取消用户进程。

（6）dbcreator 角色中的成员用来管理与数据库创建和修改有关的所有操作。这些成员可以进行如下操作。

- 向该服务器角色中添加其他登录。
- 运行 CREATE DATABASE 和 ALTER DATABASE 语句。
- 使用系统存储过程 sp_renamedb 来修改数据库的名称。

（7）diskadmin 角色的成员可以进行如下与用来存储数据库对象的文件和文件组有关的操作。

- 向该服务器角色中添加其他登录。
- 运行系统存储过程 sp_addumpdevice 和 sp_dropdevice。
- 运行 DISK INIT 语句。

2. 数据库角色

数据库角色在数据库层上进行定义，因此它们存在于属于数据库服务器的每个数据库中。表 12.2 列出了 SQL Server 中的数据库角色。

表 12.2　SQL Server 数据库角色

数据库角色	说　　明
Public	为数据库中的用户提供了所有默认权限
db_owner	可以执行数据库的所有配置和维护活动
db_accessadmin	可以添加、删除用户的用户
db_datareader	可以查看所有数据库中用户表内数据的用户
db_datawriter	可以添加、修改或删除所有数据库中用户表内数据的用户
db_ddladmin	可以在数据库中执行所有 DDL 操作的用户
db_securityadmin	可以管理数据库中与安全权限有关的所有动作的用户
db_backupoperator	可以备份数据库的用户（并可以发布 DBCC 和 CHECKPOINT 语句，这两个语句一般在备份前都会被执行）
db_denydatareader	不能看到数据库中任何数据的用户
db_denydatawriter	不能改变数据库中任何数据的用户

在数据库中，每个数据库角色都有其特定的权限。这就意味着对于某个数据库来说，数据库角色成员的权限是有限的。

使用系统过程 sp_dbfixedrolepermission 就可以查看每个固定数据库角色的权限。该系统过程的语法为：

```
sp_dbfixedrolepermission [[@rolename =] 'role']
```

如果没有指定 role 的值，那么所有数据库角色的权限都可以显示出来。

下面介绍一下每个数据库角色的权限。

（1）public 角色是一种特殊的数据库角色，数据库的每个合法用户都属于该角色。它给予那些没有适当权限的所有用户以一定的（通常是有限的）权限。public 角色为数据库中的所有用户都保留了默认的权限，因此是不能被删除的。

一般情况下，public 角色允许用户进行如下操作。

- 使用某些系统存储过程查看并显示 master 数据库中的信息。
- 执行一些不需要权限的语句（如 PRINT）。

（2）db_owner 角色的成员可以在特定的数据库中进行如下操作。

- 向其他固定数据库角色中添加成员，或从其中删除成员。
- 运行所有的 DDL 语句。
- 运行 BACKUP DATABASE 和 BACKUP LOG 语句。
- 使用 CHECKPOINT 语句显式地启动检查点进程。
- 运行下列 dbcc 命令：dbcc checkalloc、dbcc checkcatalog、dbcc checkdb、dbcc updateusage。
- 授予或剥夺每个数据库对象上的下列权限：SELECT、INSERT、UPDATE、DELETE 和 REFERENCES。
- 使用下列系统存储过程向数据库中添加用户或角色：sp_addapprole、sp_addrole、sp_addrolemember、sp_approlepassword、sp_changeobjectowner、sp_dropapprole、

sp_droprole、sp_droprolemember、sp_dropuser、sp_grantdbaccess。

- 使用系统存储过程 sp_rename 为任何数据库对象重新命名。

（3）db_accessadmin 角色的成员可以执行与数据库访问有关的所有操作。这些角色可以在具体的数据库中执行下列操作。

- 运行下列系统存储过程：sp_addalias、sp_dropalias、sp_dropuser、sp_grantdbaccess、sp_revokedbaccess。
- 为 Windows 用户账户、Windows 组和 SQL Server 登录添加或删除访问。

（4）dbdatareader 角色的成员对数据库中的数据库对象（表或视图）具有 SELECT 权限。然而，这些成员不能把这个权限授予其他任何用户或角色，这个限制对 REVOKE 语句来说同样成立。

（5）dbdatawriter 角色的成员对数据库中的数据库对象（表或视图）具有 INSERT、UPDATE 和 DELETE 权限。然而，这些成员不能把这个权限授予其他任何用户或角色，这个限制对 REVOKE 语句来说也同样成立。

（6）db_ddladmin 角色的成员可以进行如下操作。

- 运行所有 DDL 语句。
- 对任何表授予 REFERENCESE 权限。
- 使用系统存储过程 sp_procoption 和 sp_recompile 来修改任何存储过程的结构。
- 使用系统存储过程 sp_rename 为任何数据库对象重命名。
- 使用系统存储过程 sp_tableoption 和 sp_changeobjectowner 分别修改表的选项和任何数据库对象的拥有者。

（7）db_securityadmin 角色的成员可以管理数据库中的安全。这些成员可以进行如下操作。

- 运行与安全有关的所有 T-SQL 语句，如 GRANT、DENY 和 REVOKE。
- 运行以下系统存储过程：sp_addapprole、sp_addrole、sp_addrolemember、sp_approlepassword、sp_changeobjectowner、sp_dropapprole、sp_droprole、sp_droprolemember。

（8）db_backupoperator 角色的成员可以管理数据库备份的过程。这些成员可以进行如下操作。

- 运行 BACKUP DATABASE 和 BACKUP LOG 语句。
- 用 CHECKPOINT 语句显式地启动检查点进程。
- 运行如下 dbcc 命令：dbcc checkalloc、dbcc checkcatalog、dbcc checkdb、dbcc updateusage。

（9）db_denydatareader 和 db_denydatawriter。

db_denydatareader 角色的成员对数据库中的数据库对象（表或视图）没有 SELECT 权限。如果数据库中含有敏感数据并且其他用户不能读取这些数据，那么就可以使用这个角色。

db_denydatawriter 角色的成员对数据库中的任何数据库对象（表或视图）没有 INSERT、UPDATE 和 DELETE 权限。

3. 用户自定义角色

当一组数据库用户需要在数据库中执行一套常用操作，但是 SQL Server 并没有提供相

应的数据库角色时，就可以进行用户自定义数据库角色。这些角色通过图形工具、T-SQL 语句或 SQL Server 系统存储过程进行管理。

下面先介绍相关的 T-SQL 语句，然后介绍相应的系统存储过程。图形工具的使用比较简单，在此不进行介绍。

（1）使用 T-SQL 语句管理角色。

CREATE ROLE 语句可以在当前数据库中创建一个新的数据库角色。该语句的语法格式如下：

```
CREATE ROLE role_name[AUTHORIZATION owner_name]
```

其中，role_name 是创建的用户自定义角色的名称，owner_name 指定了即将拥有这个新角色的数据库用户或角色。如果没有指定用户，那么该角色将由执行 CREATE ROLE 语句的用户所拥有。

DROP ROLE 语句可以从数据库中删除角色。拥有数据库对象的角色不能从数据库中删除。要想删除这类角色，必须首先转换这些对象的从属关系。DROP ROLE 语句的语法格式如下：

```
DROP ROLE role_name
```

（2）使用系统存储过程管理角色。

创建或修改用户自定义角色的另一个方法是使用 SQL Server 系统存储过程。下列系统存储过程可以用来创建和显示用户自定义的数据库角色。

- sp_addrole：系统存储过程 sp_addrole 可以在当前数据库中创建一个新的角色。只有数据库角色 db_securityadmin 或 db_owner 才能够执行这个系统存储过程。
- sp_addrolemember：向当前数据库中添加了一个角色之后，就可以使用系统存储过程 sp_addrolemember 来添加该角色的成员。该角色的成员可以是任何 SQL Server 中的合法用户、Windows 用户组或用户，或另一个 SQL Server 角色。只有数据库角色 db_owner 的成员才能执行该系统存储过程。另外，角色拥有者也可以执行 sp_addrolemember 来向它所拥有的任何角色中添加成员。
- sp_droprolemember：系统存储过程 sp_droprolemember 可以用来从角色中删除现有的成员。但是不能使用这一系统存储过程来从某个 Windows 组中删除现有的 Windows 用户。只有数据库角色 db_owner 或 db_securityadmin 才能执行该系统存储过程。
- sp_droprole：在使用系统存储过程 sp_droprolemember 删除了角色中的所有成员之后，可以使用系统存储过程 sp_droprole 来从当前数据库中删除角色，含有成员的角色不能删除。只有数据库角色 db_owner 或 db_securityadmin 才能执行该系统存储过程。
- sp_helprole：系统存储过程 sp_helprole 可以用来显示当前数据库中某个特定的角色或所有角色（不指定角色的名称时）的相关信息（角色名称和角色的 ID）。只有数据库角色 db_owner 或 db_securityadmin 才能执行该系统存储过程。

12.4 管理架构

任务描述

任务名称：管理架构。

任务描述：实现对 SQL Server 的架构管理。

任务分析

数据库架构是一个独立于数据库用户的非重复命名的空间。可以把架构想象成一个容器，在这些容器中，可以放入表、视图、函数等各种数据库对象。架构是一种允许用户对数据库对象进行分组的容器对象，架构对如何引用数据库对象具有很大的影响。在 SQL Server 2008 中，可以创建更高架构，可以授予用户访问架构的权限，任何用户都可以拥有架构，并且架构所有权可以转移。

相关知识与技能

从 SQL Server 2008 开始引入了架构的概念。架构是一种允许用户对数据库对象进行分组的容器对象，架构对如何引用数据库对象具有很大的影响。在 SQL Server 2008 中，一个数据库对象通过由 4 个命名部分所组成的结构来引用。

<服务器>.<数据库>.<架构>.<对象>

架构实际上就是一个单独的命名空间，其中包含一些数据库对象，这些数据库对象为某个用户所拥有。在架构内部形成单独的命名空间，也就是在同一个架构中的两个对象不能有相同的名称。

使用架构的一个好处是打破了在以前版本中存在的用户和数据库对象之间的紧密联系，将数据库对象与数据库用户分离。在 SQL Server 2008 中，所有的数据库对象都隶属于某个架构。因此，在对数据库对象及其相应引用没有任何影响的情况下，可以更改并删除数据库用户。也可以创建一个由数据库角色拥有的架构以使多个数据库用户拥有相同的对象。

实践操作

架构的管理可以使用 SQL Server Management Studio 工具或者使用 T-SQL 语句来实现。比如，在 dbStudents 数据库中创建 Student 架构，以便将学生信息和其他信息分离。

1. 使用 SQL Server Management Studio 管理架构

在使用 SQL Server Management Studio 工具创建和管理架构时，可以选择“对象资源管理器”|“数据库实例”|“数据库”|“dbStudents”|“安全性”|“架构”命令，右击“架构”，在弹出的快捷菜单中选择“新建架构”命令。在打开的如图 12.4 所示的窗口中，有“常规”、“权限”和“扩展属性”3 个选项卡。

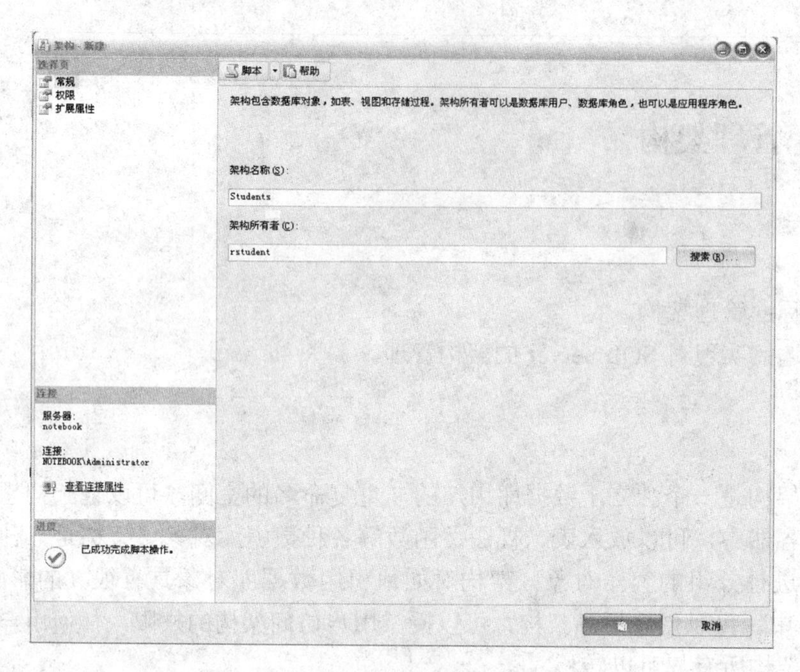

图 12.4　创建架构 Student

在“常规”选项卡中，输入架构名称 Student，选择或输入架构所有者，单击“确定”按钮即可创建架构 Student。

使用 SQL Server Management Studio 工具不仅可以创建新的架构，还可以通过“架构”的快捷菜单对架构进行删除和修改操作。

在删除架构时，SQL Server 2008 不允许删除其中含有对象的架构。

2. 使用默认架构

在 SQL Server 2008 中，每个用户都有一个默认架构用于指定服务器在解析对象的名称时将要搜索的第一个架构。当一个应用程序引用一个没有限定架构的数据库对象时，SQL Server 将尝试在用户的默认架构中寻找这个对象。如果对象没有在默认架构中，则 SQL Server 尝试在 dbo 架构中寻找这个对象。

可以使用 CREATE USER 和 ALTER USER 的 DEFAULT_SCHEMA 选项设置和更改默认架构。如果未定义 DEFAULT_SCHEMA，则数据库用户将把 dbo 作为其默认架构。

SQL Server 2008 内的每个数据库都包含以下默认数据库架构：guest、dbo、INFORMATION_SCHEMA 和 sys。

SQL Server 系统允许没有用户账户的用户访问属于 guest 架构的数据库对象。每个数据库都包含该架构，可以把权限应用到 guest 架构上，其方法与对其他任何架构运用权限相同。同样，可以在除了系统 master 数据库和 tempdb 数据库之外的任何数据库中添加和删除 guest 架构。

每个数据库对象都属于且仅属于一个架构，该架构是这个数据库对象的默认架构。默认架构可以被显式或隐式地定义。如果在某个对象的创建过程中没有显式地定义默认架构，那么这个对象的默认架构为 dbo 架构。

INFORMATION_SCHEMA 架构包含了所有的信息架构视图，sys 架构包含的是系统对象，如目录视图等。

知识扩展

在对架构的管理中，可以使用图形工具，也可以使用 T-SQL 语句管理架构。

1. 使用 CREATE SCHEMA 创建架构

CREATE SCHEMA 语句的功能是在当前数据库中创建架构。该语句的语法结构如下：

```
CREATE SCHEMA schema_name_clause [ <schema_element> [ , ...n ] ]
<schema_name_clause> ::=
    {
        schema_name
      | AUTHORIZATION owner_name
      | schema_name AUTHORIZATION owner_name
    }
<schema_element> ::=
    {
       table_definition | view_definition | grant_statement
       revoke_statement | deny_statement
    }
```

比如，创建一个名为 Student 的架构，并将数据库用户 studentA 指定为这个架构的所有者。具体过程如下：

```
/*使用 dbStudents 数据库*/
USE dbStudents;
GO
/*创建架构 Student，拥有者为 studentA*/
CREATE SCHEMA [Student] AUTHORIZATION [studentA]
GO
```

2. 使用 DROP SCHEMA 删除架构

可以使用 DROP SCHEMA 语句来删除一个架构。SQL Server 2008 不允许删除含有对象的架构。

DROP SCHEMA 的语法结构如下：

```
DROP SCHEMA schema_name
```

3. 查询架构信息

可以通过目录视图 sys.schemas 来获取架构的信息。下列语句将查询 sys.schemas 目录视图以获取架构的信息。

```
SELECT *
FROM sys.schemas
```

12.5 回顾与训练：SQL Server 安全管理

在 SQL Server 中，安全管理是 DBA 最重要的工作之一。如果系统安全性被破坏，数据就可能丢失甚

至崩溃。

本任务从身份验证模式、数据库用户和角色、架构等方面介绍了 SQL Server 2008 的安全机制和管理方法。

在连接到 SQL Server 实例的时候，必须提供有效的认证信息。数据库引擎会执行两步有效性验证过程。第一步，数据库引擎会检查是否提供了有效的、具备连接到 SQL Server 实例权限的登录名；第二步，数据库引擎会检查登录名是否具备连接数据库的访问许可。简单说，要想访问 SQL Server 数据库，首先必须拥有一个可以登录到 SQL Server 服务器的合法账户；其次，该账户具有访问特定数据库的权限。对于访问 SQL Server，有两种身份验证模式，一种是 Windows 身份验证模式，另一种是混合身份验证模式。

无论是使用 Windows 身份验证模式还是使用混合身份验证模式登录到 SQL Server 系统后，如果用户想继续访问系统中某个特定的数据库，就必须映射一个数据库用户账户。SQL Server 2008 中，数据库登录名都要在所访问的数据库中与一个数据库用户建立映射。数据库用户账户及安全权限的管理包括用户账户的建立、修改、删除和权限授予、拒绝等操作，可以使用 SQL Server Management Studio、T-SQL 语句或系统存储过程实现。

对数据库用户的管理，重点是管理这些用户的权限。在实际管理过程中，通常是通过将用户加入一个数据库角色的方法来管理用户，也就是可以使用数据库角色来为一组数据库用户指定数据库权限。SQL Server 中常用的角色有以下 3 类：服务器角色、数据库角色、用户自定义角色。

架构实际上就是一个单独的命名空间，其中包含一些数据库对象，这些数据库对象为某个用户所拥有。在架构内部形成单独的命名空间，也就是在同一个架构中的两个对象不能有相同的名称。使用架构的一个好处是打破了在以前版本中存在的用户和数据库对象之间的紧密联系，将数据库对象与数据库用户分离。在 SQL Server 2008 中，所有的数据库对象都隶属于某个架构。

下面请大家根据所学知识完成以下任务。

1. 任务

（1）创建一个登录名 StudentA，该登录名是 dbcreator 的成员。

（2）创建一个数据库用户 StudentA，该用户使用 StudentA 登录名，是 dbdatareader 的成员。

（3）创建一个架构 Student，并设置为 StudentA 用户的默认架构。在 Student 架构中创建一个表 Test。

2. 要求和注意事项

（1）登录名 StudentA 为 SQL Server 登录名，密码要尽可能复杂，默认数据库为 dbStudents。

（2）数据库用户 StudentA 默认的架构是 Student，是 dbdatareader 的成员。

（3）架构 Student 的所有者是 StudentA。

3. 操作记录

（1）记录所操作计算机的硬件配置。

（2）记录所操作计算机的软件环境。

（3）记录创建登录名 StudentA 的操作过程。

（4）记录创建数据库用户 StudentA 的操作过程。

（5）记录创建架构 Student 的操作过程。

（6）分析用户 StudentA 的权限。

（7）总结本次实验体会。

4. 思考和总结

阅读以下 T-SQL 语句，总结所实现的功能，并在“--”后补充必要的注释。

```
--
CREATE LOGIN StudentB
WITH PASSWORD='TUT87rr$$'
GO
--
USE dbStudents
GO
--
CREATE USER StudentB
FOR LOGIN StudentB
GO
--
CREATE SCHEMA Computer
AUTHORIZATION StudentB
GO
--
CREATE TABLE Computer.Teacher (
TeacherID int,
TeacherName char(8),
)
GO
--
GRANT SELECT ON Computer.Teacher TO StudentB
GO
--
ALTER USER StudentB
WITH DEFAULT_SCHEMA= Computer
```

任务13 数据导入和导出

数据的导入是指从其他数据源复制数据到 SQL Server 数据库；数据的导出是指从 SQL Server 数据库中把数据复制到其他数据源中。其他数据源可以是 SQL Server、Access、Excel、纯文本文件、通过 OLE DB 或 ODBC 来访问的数据源。

在 SQL Server 2008 中，导入和导出向导可以完成数据的导入和导出操作，使用该向导可以在不同数据库之间复制和转换数据。

13.1 将新生名单导入 dbStudents 数据库

Microsoft Excel 是使用比较多的数据管理工具，日常工作中的很多数据都是以 Excel 格式保存的，每年新生入学之前的学生信息数据已经保存到 Excel 中了。但是，Excel 管理数据的能力是非常有限的，大量的学生信息数据管理必须依靠专业的数据库管理系统，如 SQL Server 2008。当使用 SQL Server 2008 来管理学生信息数据时，如何将已有 Excel 格式的学生信息数据转换并追加至 SQL Server 2008 是必须解决的问题。

使用 SQL Server 导入和导出向导可以帮助用户进行数据的转换，将学生信息数据从 Excel 中复制到 SQL Server 目标数据库 dbStudents 的相应数据表中。

任务描述

任务名称：将新生名单导入 dbStudents 数据库。

任务描述：在每年招生结束后，从市招生部门得到的学生名单是“学生名单.xls”。这是一个 Excel 文件，招生部门在原有数据基础上进行简单的数据处理后得到如图 13.1 所示（以“2007 学生名单.xls”为例）结构的数据。这些数据的数据结构和类型基本和要导入到目标 tblStudent 表的结构相似。现在，需要把这些数据导入 tblStudent 表中，使 tblStudent 表中的数据是学校在校生的完整数据。

Microsoft Excel - 2007学生名单.xls

文件(F) 编辑(E) 视图(V) 插入(I) 格式(O) 工具(T) 数据(D) 窗口(W) 帮助(H)

A1 　fx 　'学号

	A	B	C	D	E	F	G
1	学号	姓名	性别	出生日期	政治面貌	毕业学校	籍贯
2	19989001	李文明	男	1990-2-9	中共预备党员	山西省武乡县一中	山西省武乡县
3	19989002	张志兴	男	1991-5-10	中共预备党员	山西省武乡县一中	山西省武乡县
4	19989003	周俊杰	男	1990-8-5	中共预备党员	山西省武乡县一中	山西省武乡县
5	19989004	潘柱	男	1990-2-12	中共预备党员	山西省武乡县一中	山西省武乡县
6	19989005	王亮	男	1991-5-16	中共预备党员	山西省武乡县一中	山西省武乡县
7	19989006	孙孝恭	男	1990-8-10	中共预备党员	山西省武乡县一中	山西省武乡县
8	19989007	赵金坤	男	1990-2-15	共青团员	山西省武乡县一中	山西省武乡县
9	19989008	李秀伟	女	1991-5-22	群众	山西省武乡县一中	山西省武乡县
10	19989009	王立平	女	1990-8-15	中共预备党员	山西省武乡县一中	山西省武乡县
11	19989010	庞小红	女	1990-2-16	中共预备党员	山西省武乡县一中	山西省武乡县
12	19989011	王丽丽	女	1991-5-28	共青团员	山西省武乡县一中	山西省武乡县
13	19989012	姚春红	女	1990-8-20	共青团员	山西省武乡县一中	山西省武乡县
14	19989013	王小丽	女	1990-2-17	中共预备党员	山西省武乡县一中	山西省武乡县
15	19989014	宋晓英	女	1991-6-3	共青团员	山西省武乡县一中	山西省武乡县
16	19989015	董莉玉	女	1990-8-25	群众	山西省太原五中	山西省太原
17	19989016	杨平	女	1990-2-18	群众	山西省太原五中	山西省太原
18	19989017	刘雅芳	女	1991-6-9	群众	山西省太原五中	山西省太原
19	19989018	王艳如	女	1990-8-30	共青团员	山西省太原五中	山西省太原
20	19989019	绳智聪	男	1990-2-19	群众	山西省太原五中	山西省太原
21	19989020	杨大兴	男	1991-6-15	共青团员	山西省太原五中	山西省太原
22	19989021	盛雪明	男	1990-9-4	共青团员	山西省太原五中	山西省太原
23	19989022	陈青余	男	1990-2-20	共青团员	山西省太原五中	山西省太原
24	19989023	仇方伟	男	1991-6-21	共青团员	山西省太原五中	山西省太原
25	19989024	李建慧	男	1990-9-9	共青团员	山西省太原五中	山西省太原

xszrqk

就绪 　数字

图 13.1 “2007 学生名单.xls”中部分数据和数据结构

任务分析

在以前的任务中已经知道，使用 SQL Server 导入和导出向导可以实现数据的导入和转换操作，包括将 Excel 数据导入 SQL Server 2008 数据库。

在数据的导入操作中，需要给定一些导入参数，以便完成既定目标。这些参数如下。

- 选择数据源，也就是原有数据所在的 Excel 文件。
- 选择目标，也就是要导入到 SQL Server2008 中的 dbStudents 数据库。
- 选择或给定要导入的具体数据表，以及该数据表对应的各个字段名称、类型和大小等。

相关知识与技能

在 Microsoft SQL Server 和其他数据源之间复制数据是数据库管理的基本要求。SQL Server 允许用户导入和导出数据，这也是在 SQL Server 和异类数据库之间有效传输数据所必需的。

SQL Server 提供了导入和导出向导工具，可以实现在 SQL Server 数据库和其他数据源之间复制数据，甚至可以实现在其他数据源之间复制数据。

1. 启动 SQL Server 导入和导出向导

启动 SQL Server Management Studio 管理工具并连接数据库实例，在对象资源管理器中展开“实例名”|“数据库”|“dbStudents”节点，然后右击 dbStudents 数据库，在弹出的快捷菜单中选择“任务”命令，如图 13.2 所示。

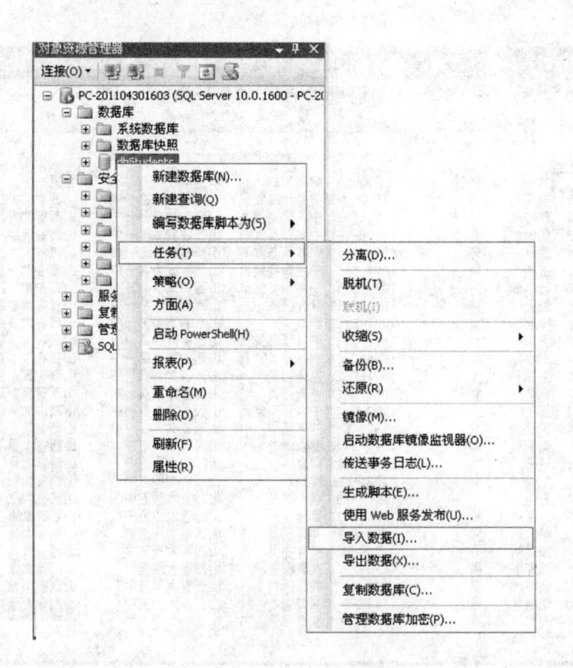

图 13.2 SQL Server 导入和导出向导启动步骤

选择“导入数据”或“导出数据”命令后，启动 SQL Server 导入和导出向导，并首先打开“SQL Server 导入和导出向导”欢迎窗口，如图 13.3 所示。

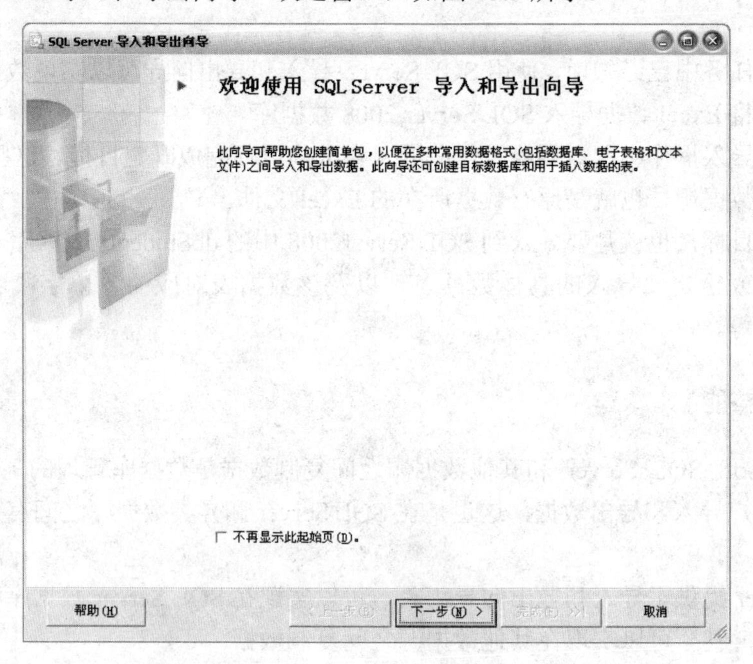

图 13.3 “SQL Server 导入和导出向导”欢迎窗口

2. 数据导入和导出的基本步骤

在 SQL Server 导入和导出向导中，无论数据是导入还是导出，基本操作步骤都一样，主要有以下几个步骤。

（1）选择数据源。如果是导入数据，则选择要导入的数据所在的数据源；如果是导出数据，则通常选择 SQL Native Client，也就是从 SQL Server 2008 中导出数据到其他数据源。

当然，也可以选择别的数据源导出。

（2）选择目标。如果是导入数据，则通常选择 SQL Native Client；如果是导出数据，则选择要导入的数据所在的数据源。

（3）指定要传输的数据。可以选择数据库里的某些表或视图，也可以用一条 SQL 查询语句来指定要传输的数据。

（4）确认要立即执行还是保存 SSIS 包以便以后使用。

实践操作

将 Excel 格式的“2007 学生名单.xls”导入 dbStudents 数据库的操作步骤如下。

（1）启动 SQL Server 导入和导出向导。在 SQL Server Management Studio 的对象资源管理器中展开“实例名”|“数据库”|“dbStudents”节点，然后右击 dbStudents，在弹出的快捷菜单中选择“任务”|“导入数据”命令，如图 13.2 所示，启动 SQL Server 导入和导出向导。

（2）选定数据源，选择要从中复制的数据源。也就是选择与源数据存储格式相匹配的数据访问接口。有时可用于数据源的访问接口可能不止一个。例如，SQL Server 的访问接口可以使用 SQL Native Client、Net Framework Data Provider for SQL Server 或 Microsoft OLE DB Provider for SQL Server。

在连接 Excel 或 Access 时特别要注意，若要连接到使用 Microsoft Office Excel 2003 或更低版本的数据源，数据源选择“Microsoft Excel”。若要连接到使用 Microsoft Office Excel 2007 的数据源，请选择“Microsoft Office 13.0 Access 数据库引擎 OLE DB 访问接口”，再单击“属性”按钮。然后在“数据链接属性”窗口的全部选项页上为“扩展属性”输入 Excel 13.0。若要连接到使用 Microsoft Office Access 2003 或更低版本的数据库，请选择“Microsoft Access”；若要连接到使用 Microsoft Office Access 2007 的数据库，请选择“Microsoft Office 13.0 Access 数据库引擎 OLE DB 访问接口”。

就本例来说，在如图 13.4 所示的窗口中，数据源选择“Microsoft Excel”；在 Excel 文件路径编辑框中选择或输入要导入数据的 Excel 文件（可以包括路径）“2007 学生名单.xls”；然后检查一下 Excel 版本并选中“首行包含列名称”复选框。完成后，单击“下一步”按钮。

（3）选定目标数据库，指定要将数据复制到何处。在如图 13.5 所示的窗口中，目标选择“SQL Native Client”；服务器名称默认为当前 SQL Server 实例名；身份验证默认是“使用 Windows 身份验证”，也可以根据实际登录需要选中“使用 SQL Server 身份验证”单选按钮；数据库应选择数据要导入的目标数据库 dbStudents。然后单击“下一步”按钮。

（4）指定表复制或查询，指定是从数据源复制一个或多个表和视图，还是从数据源复制查询结果。当选择“从数据源复制一个或多个表或视图”时，可以将数据从所选择的源表或源视图中复制到指定的目标。如果希望在不对记录进行筛选或排序的情况下复制源中的所有数据，请使用此操作；当选择“编写查询以指定要传输的数据”时，可以在“提供源查询”窗口中输入 SQL 语句用于数据检索。如果希望在复制操作中修改或限制源数据，请使用此操作，只有符合 SQL 语句条件的数据才可用于复制。

图 13.4　选择数据源

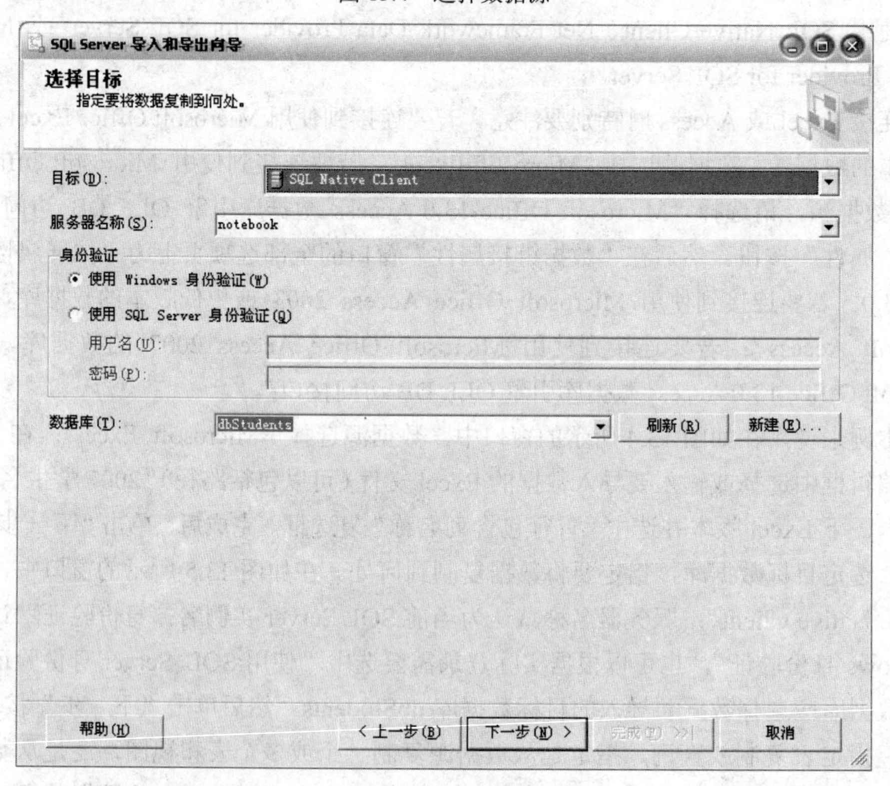

图 13.5　选择目标

在本例中，根据需要选择“复制一个或多个表或视图的数据”后，单击“下一步”按钮。

（5）选择源表和源视图，选择一个或多个表和视图。在如图 13.6 所示的窗口中，在表和视图列表源中选中“xszrqk”，在目标列中选择或输入“[dbStudents].[dbo].[tblStudent]”，也就是将原 Excel 文件“2007 学生名单.xls”的工作表 xszrqk 中的数据导入 dbStudents 数据库的 tblStudent 表中。在数据导入时如果源和目标列的名称不一致，可以单击“编辑映射”按钮打开“列映射”窗口，进行列名和类型的列映射操作，如图 13.7 所示，单击“下一步”按钮。

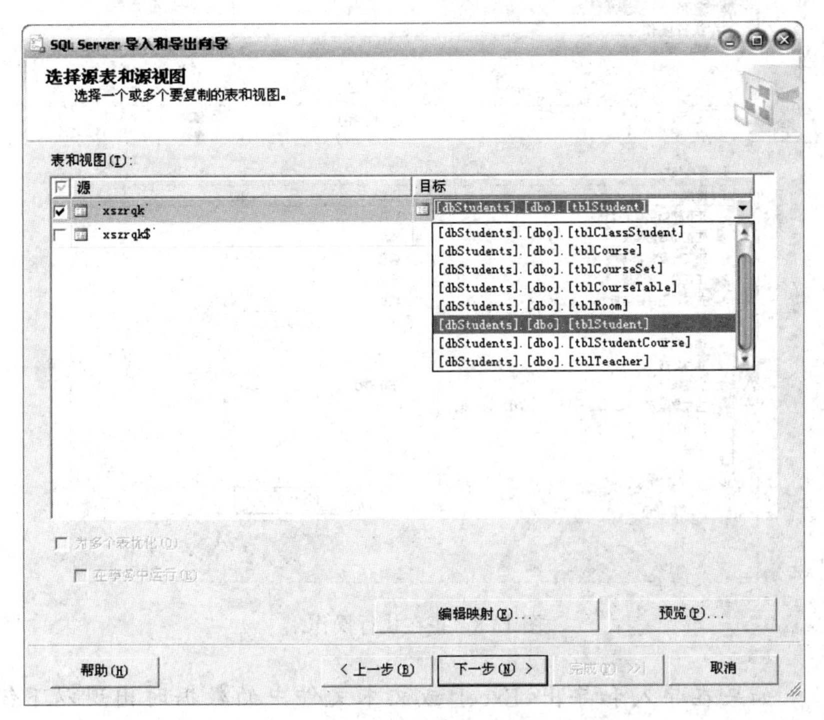

图 13.6　选择源表和源视图

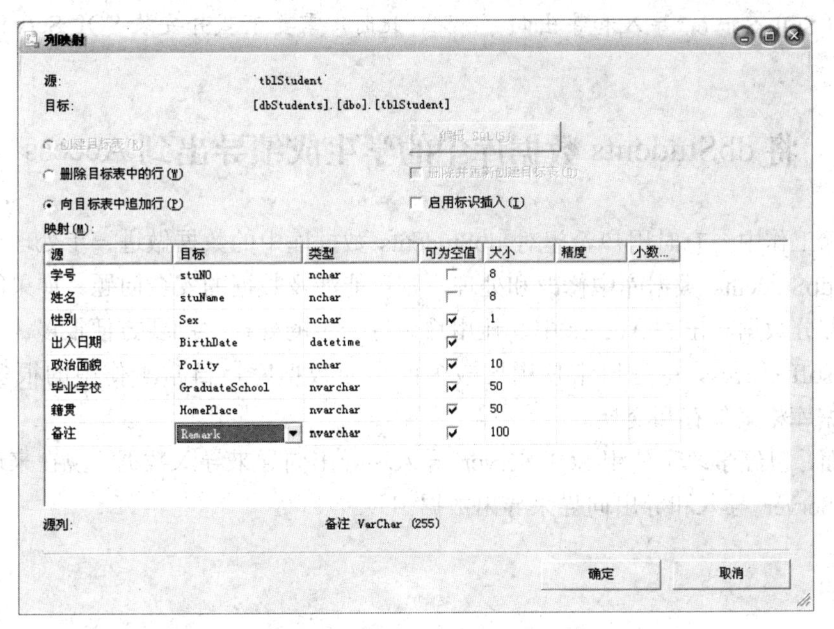

图 13.7　列映射操作

（6）保存并执行包，指示是否保存 SSIS（Microsoft SQL Server 2008 Integration Services）包。选中“立即执行”复选框后，单击“下一步”按钮。

（7）完成该向导，验证在向导中设置的选项后单击“完成”按钮。

（8）执行数据导入。如图 13.8 所示，执行过程中可以单击“停止”按钮停止数据导入操作；当数据导入执行完成后，提供导入报告。整个数据导入工作完成。

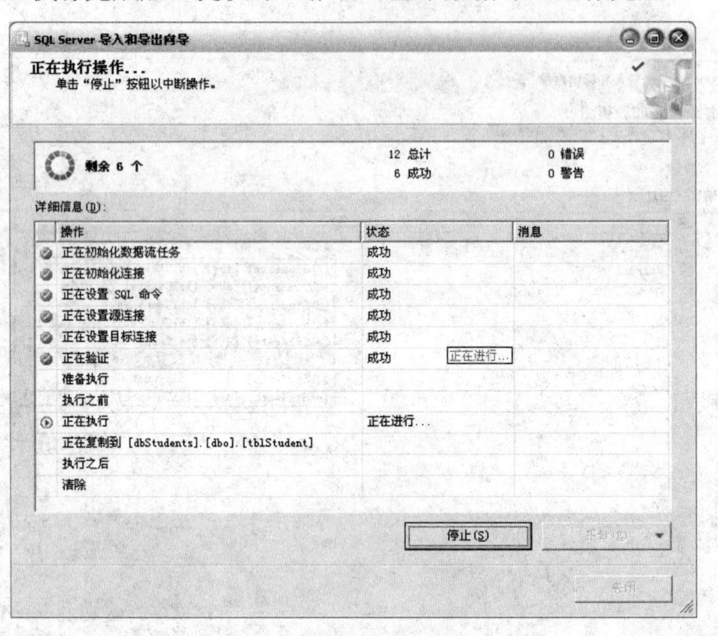

图 13.8　正在执行操作...

注意　如果在导入和导出 Excel 或文本文件中的数据时出现以下错误“错误 0xc00470fe: 数据流任务: 产品级别对于组件‘目标–xszrqk’（43）而言不足。（SQL Server 导入和导出向导）”，此时，需要下载并安装 SQL Server 2008 sp2。

13.2　将 dbStudents 数据库中的学生成绩导出到 Access

在实际工作中，有时用户希望对 dbStudents 数据库中的数据做进一步处理。如果让用户直接在 dbStudents 数据库中修改和处理，则可能涉及数据的安全问题。如果能够把用户需要的那部分数据导出到 Access 中，让用户做进一步的处理，则要方便很多。

Microsoft Access 也是日常使用比较多的桌面数据库，日常工作中的很多数据都以 Access 数据库格式保存和交换。

在前面，已经学习了使用 SQL Server 导入和导出向导来导入数据。现在来进一步学习使用 SQL Server 导入和导出向导来导出数据。

任务描述

任务名称：将 dbStudents 数据库中的学生成绩导出到 Access。

任务描述：数通 1 班班主任想要本班学生的成绩，以便做进一步的分析统计。现在，需要将数通 1 班学生的成绩导出到 Access 数据库，交给数通 1 班班主任。

任务分析

SQL Server 中数据的导出操作也是使用 SQL Server 导入和导出向导来完成的。在使用 SQL Server 导入和导出向导操作中需要指定源、目标数据库，需要指定表复制或查询，需要进行列映射等操作。

就本任务而言，源数据库是一直在使用的 dbStudents 数据库，目标数据库是要导出的目的 Access 数据库。

在本任务中要导出的不是单个表，而是一个查询的结果，因此在指定表复制或查询中需要指定为查询，并给出查询的具体命令。数通 1 班班主任想要的本班 2007 学年第一学期的学生成绩包含学号、姓名、性别、课程名称、成绩、备注等信息，这些信息不是存在于一个单独的表中，而是多个表信息组合查询的结果。具体的查询命令如下：

```
SELECT  cs.stuNO,st.stuName,st.Sex,cr.CourseName,sc.score,sc.Remark
FROM tblClassStudent cs ,
     tblStudent st,
     tblStudentCourse sc,
     tblCourseSet ct,
     tblCourse cr
WHERE cs.stuNO=st.stuNO
     and st.stuNo=sc.stuNo
     and sc.CourseSetId=ct.CourseSetId
     and ct.CourseNo=cr.CourseNo
     and cs.clsNO='xt01'
     and ct.semester='20071'
```

列映射只需将查询结果与目标表中的列名和类型进行对应即可。

实践操作

将 SQL Server 2008“dbStudents”数据库中数通 1 班的学生成绩导出至 Microsoft Access 的操作步骤如下。

（1）启动 SQL Server 导入和导出向导：在对象资源管理器中展开“实例名”｜“数据库”｜“dbStudents”节点，然后右击 dbStudents，选择“任务”｜“导出数据”命令，如图 13.9 所示，启动 SQL Server 导入和导出向导。

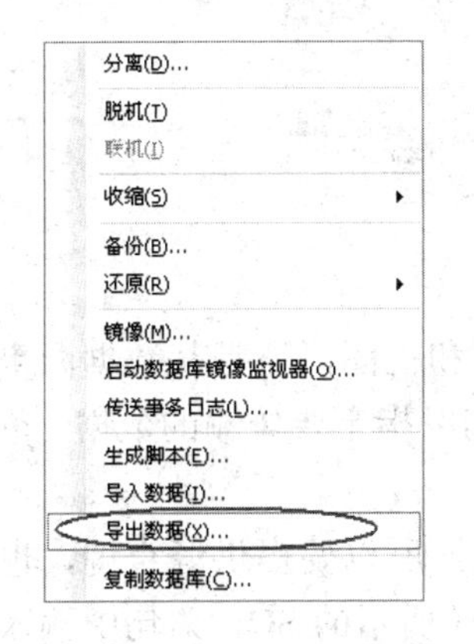

图 13.9 “导出数据”菜单项

（2）选定数据源，选择要从中复制的数据源。在如图 13.10 所示的窗口中，数据源选择 SQL Native Client；在服务器名称中输入或选择数据库所在的服务器名称；身份验证选中“使用 Windows 身份验证”单选按钮；数据库选择“dbStudents”。单击“下一步”按钮继续导出操作。

（3）选定目标数据库，指定要将数据复制到何处。在如图 13.11 所示的对话框中，根据任务的需要，目标选择“Microsoft Access”；文件名为要保存的 Access 数据库所要存放的路径和文件名。然后单击“下一步”按钮。

图 13.10　选择数据源

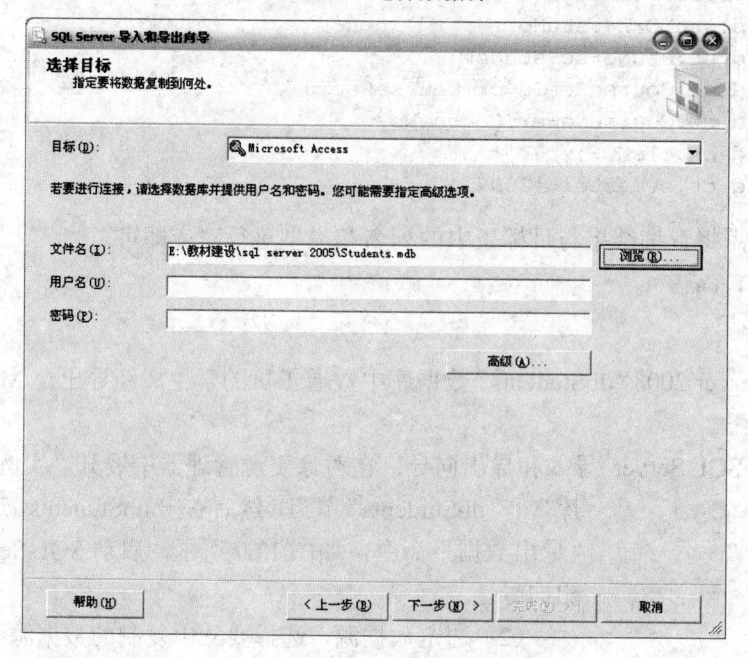

图 13.11　选择目标

（4）指定表复制或查询，即指定从数据源复制一个或多个表和视图，还是从数据源复制查询结果。在如图 13.12 所示界面中，根据需要选中“编写查询以指定要传输的数据”单选按钮。然后单击“下一步”按钮。

（5）因为选中了“编写查询以指定要传输的数据”单选按钮，所以要提供源查询，也就是要给定数据查询的 SQL 语句。根据任务的要求，在如图 13.13 所示的 SQL 语句中输入相应的 SQL 语句。单击“分析”按钮可以检查所输入的命令是否正确。单击“下一步”按钮继续。

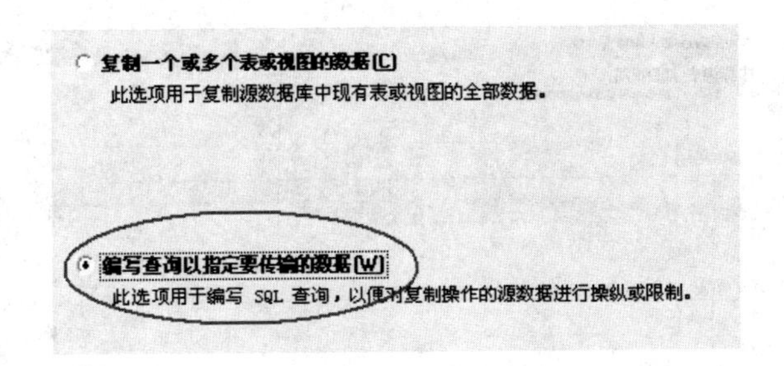

图 13.12　指定表复制或查询

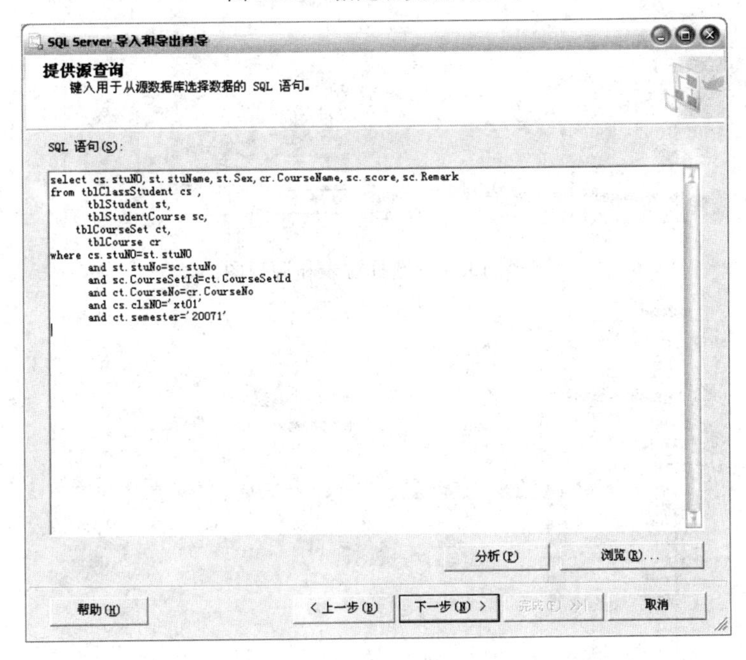

图 13.13　提供源查询

（6）选择源表和源视图，并进行列映射。因为 SELECT 语句只有一个查询结果，所以，在如图 13.14 所示的表和视图列表中源只有一个“查询”栏，选中“查询”复选框，在目标文本框中输入“学生成绩表”以表示将源数据导入到新的“学生成绩表”中。因为源数据和目标表中列的名称、类型、大小可能不一致，所以，可以单击“编辑映射”按钮，在“列映射”窗口中进行列名和类型的列映射操作。为了使“学生成绩表”中的数据更加直观，可以将映射的“目标”列所对应的名称改为中文，如图 13.15 所示。单击“下一步”按钮继续。

（7）保存并执行包，确定是否保存 SSIS 包。选中“立即执行”复选框，单击“下一步”按钮继续数据导出操作。

（8）完成该向导，验证在向导中选择的选项后单击“完成”按钮。

（9）执行数据导出。执行过程中可以单击“停止”按钮停止数据导出操作；当数据导出执行完成后，提供导出报告。整个数据导出工作完成。结果如图 13.16 所示。当打开目标 Access 数据库文件时，可以看到“学生成绩表”，该表所包含的数据即是用户需要的数据。

SQL Server 导入和导出向导
选择源表和源视图
选择一个或多个要复制的表和视图。
表和视图(T):
源 | 目标
[查询] | 学生成绩表
编辑映射(E)... 预览(P)...
帮助(H) < 上一步(B) 下一步(N) > 完成(F) >>| 取消

图 13.14　选择源表和源视图

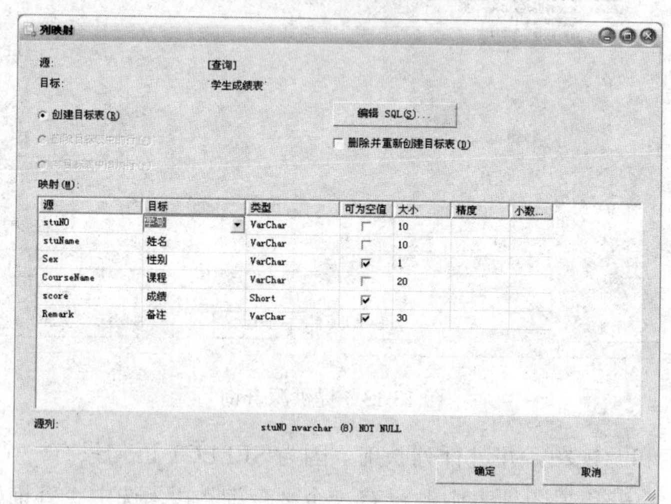

图 13.15　列映射

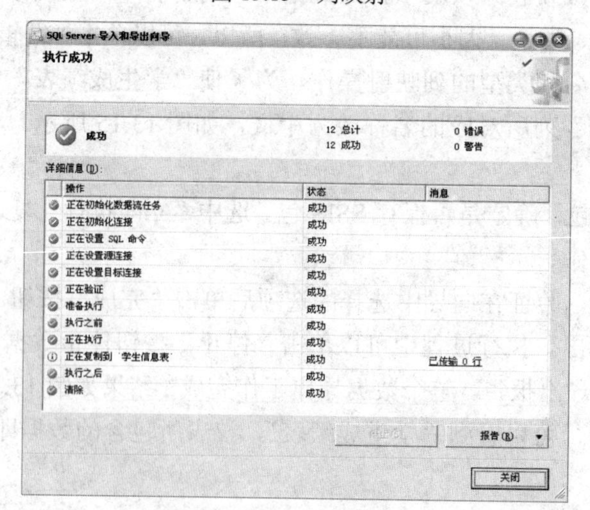

图 13.16　执行成功

如果导出到 Excel 文件，则要注意一个 Excel 数据表中最多容纳 65535 行数据的限制。如超过这一限制则会报错。

13.3 将 Excel 数据转换至 Access

我们已经知道，SQL Server 导入和导出向导可以将 SQL Server 中的数据导出至其他数据源，也可以将其他数据源的数据导入 SQL Server 数据库，同时，也可以利用 SQL Server 导入和导出向导来在非 SQL Server 数据源之间进行转换。

任务描述

任务名称：将 Excel 数据转换至 Access。

任务描述：前面使用的“学生名单.xls”是一个 Excel 文件，Excel 的数据处理能力毕竟有限，和专业数据库软件比较还是相差比较大，而 Access 在数据处理上的能力要比 Excel 强很多。在 Access 中可以使用视图、程序等来处理数据，并能够使用非常友好的图形界面来实现人机互动。特别是在 Access 中可以非常灵活地使用 SQL 语句进行各种数据库操作。如果能够将“学生名单.xls”导入 Access 中，处理起来将会更加方便灵活。

任务分析

将 Excel 文件导入 Access 有很多种方法，在此使用 SQL Server 导入和导出向导来操作。SQL Server 导入和导出向导提供了在非 SQL Server 数据源之间进行导入和导出的功能，也就是不同数据源之间数据的转换。

将“学生名单.xls”转换至 Access 中，源数据为“学生名单.xls”，目标数据源为 Access，数据导出完后可以保留“学生名单.xls”的格式和顺序。

实践操作

将“学生名单.xls”转换至 Access 中的主要操作步骤如下。

（1）启动 SQL Server 导入和导出向导。

（2）选定数据源。在如图 13.17 所示的窗口中，数据源选择“Microsoft Excel”；在 Excel 文件路径文本框中浏览选择或输入学生信息数据的 Excel 文件“2007 学生名单.xls”；然后检查 Excel 版本并选中“首行包含列名称”复选框。在这些数据输入或选择完毕后，单击“下一步”按钮。

（3）选定目标数据库，指定要将数据复制到何处。在打开的如图 13.18 所示窗口中，目标选择“Microsoft Access”；文件名为要保存 Access 数据库存放的路径和文件名。然后单击“下一步”按钮。

（4）单击“下一步”按钮直至完成。整个数据转换工作结束，任务完成。

图 13.17　选择数据源

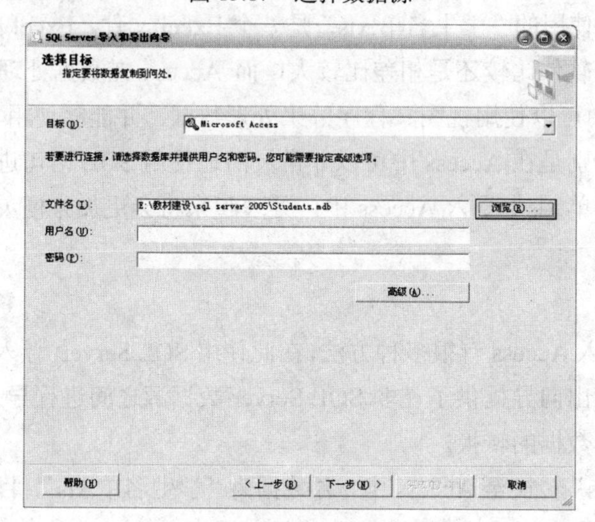

图 13.18　选择目标

13.4　回顾与训练：数据的导入和导出

通过以上 3 个实例，在 SQL Server 2008 中，数据导入和导出向导为用户提供了不同数据源之间的数据转换和复制功能，使我们了解了数据的转换和复制可以在 SQL Server 数据库之间、SQL Server 数据库和其他数据源之间、非 SQL Server 数据源之间进行。

在数据导入和导出向导中，数据的导入是指从其他数据源复制数据到 SQL Server 数据库；数据的导出是指从 SQL Server 数据库中把数据复制到其他数据源中；也可以使用数据导入和导出向导在不同数据源之间复制和转换数据。其他数据源可以是 SQL Server、Access、Excel、纯文本文件、通过 OLE DB 或 ODBC 来访问的数据源。

下面，请大家根据所学知识完成以下任务。

1. 任务

（1）将本班学生信息输入到 Excel 中，然后通过 SQL Server 导入和导出向导导入 dbStudents 数据库的 tblStudents 表中。

（2）将本班本学期所有科目的学生成绩导入 dbStudents 数据库。

（3）将本班本学期所有科目的学生成绩统计汇总，以便生成每名学生的总分、平均分、名次等信息，并导出到 Excel 中。

2. 要求和注意事项

（1）在导入本班学生信息时，注意数据的类型、宽度等。

（2）在导入本班本学期学生成绩时，特别要注意和学生成绩有关联的表（如 tblStudent、tblCourse、tblCourseSet、tblStudentCourse 等表）中的相关数据行。在导入学生成绩时，可以采用灵活的方法，比如使用 insert 语句在相应表中建立相关数据。

（3）在成绩汇总时可以使用临时表，也可以尝试使用排名函数（参考附录 B）。

（4）名次要在 SQL Server 中产生。

（5）导出到 Excel 的学生成绩汇总信息包括学号、姓名、总成绩、平均分、名次。

3. 操作记录

（1）记录所操作计算机的硬件配置。

（2）记录所操作计算机的软件环境。

（3）记录导入操作中的详细步骤及参数设置。

（4）记录导出操作中的详细步骤及参数设置。

（5）描述导入和导出中所碰到的问题及解决方法和思路。

（6）总结本次实验体会。

4. 思考和总结

（1）如果要求导出的学生成绩汇总信息包括学号、姓名、科目 1 成绩、科目 2 成绩……总成绩、平均分、名次，如何实现。

（2）总结 SQL Server 导入和导出向导能够帮助我们解决哪些实际问题，以及何时应该使用 SQL Server 导入和导出向导。

任务 14 数据复制服务

复制是一组技术，它将数据和数据库对象从一个数据库复制和分发到另一个数据库，然后在数据库间进行同步，以维持一致性。

使用复制，可以在局域网和广域网、拨号连接、无线连接和 Internet 上将数据分发到不同位置，以及分发给远程或移动用户。

14.1 配置复制和发布数据

任务描述

任务名称：配置复制和发布数据。

任务描述：某学院是一所高等职业技术学院，拥有 25 个专业共计 8 000 名在校生。学院共有 3 个校区，分别是主校区、北校区、南校区。学院的行政机构、教学管理部门、网管中心等部门和组织都在主校区，而学生分布在 3 个校区。

学院已经建立了学生选课管理系统，学生可以通过网络进行选课、成绩查询等工作。学院数据库服务器放置在主校区网管中心，南北校区的学生通过 Internet 连接到主校区 Web 服务器然后连接到数据库，进行选课等操作。因为选课基本集中在了开学前几周，经常导致网络阻塞和服务器瘫痪。考虑到学生分布、网络流量、服务器性能等因素，学院计划在北校区和南校区额外建立数据库服务器，用来分担主校区数据库服务器的负担。

考虑到安全等方面的因素，将主校区的数据库服务器作为主数据库服务器，南北两个校区的数据库服务器与主数据库服务器同步，并且南北两个服务器发生的数据变化应能同步反映到主数据库服务器。

任务分析

3 个校区 3 台数据库服务器，各个数据库服务器中的数据必须保持同步。因为主数据库服务器是 SQL Server 2008，所以另外两个数据库服务器也计划使用 SQL Server 2008。数据库之间数据的同步可以采用 SQL Server 中的数据复制技术。考虑到 3 个数据库服务器的分布和作用，将主数据库服务器作为发布服务器，南北校区两台数据库服务器作为订阅服务器。因为订阅服务器中的修改需要同步传送到主服务器，可以采用合并复制的方式来实现数据的同步。

学生选课相关的数据是已经创建并一直在使用的 dbStudents 数据库，在 dbStudents 数据库中有 9 个用户表，这 9 个表在学生选课、管理过程中都是必需的，这些表中的数据在管理和使用过程中可能随时更新和修改，所做的更新和修改应能在各个校区的数据库服务器中进行同步。在同步过程中，还应该包括视图等对象。

相关知识与技能

SQL Server 2008 中的复制不仅仅能将一个数据库的内容通过网络复制到一个或多个服务器上，也能将数据库的变化情况通过网络传递给其他服务器。通过这种技术，可保证在多台服务器中数据的一致性。任何一台服务器上的数据产生的变化，都将引起其他服务器中数据的同步变化。

1．复制简介

可以借助出版业中常用的概念来了解复制服务的运行机制和相关术语。在复制与发布中，实际上也使用了出版业术语来表示复制拓扑中的组件，其中有发布服务器、分发服务器、订阅服务器、发布、项目和订阅等。

出版业中杂志的发行规则是：杂志出版商编辑并出版一种或多种刊物，刊物包含多篇文章，出版商可以直接发行杂志也可以使用发行商代理发行，订阅者接收订阅的刊物。

SQL Server 2008 中复制的运行机制是：发布服务器产生一个或多个发布，发布包含若干项目，发布服务器可以直接发行发布，也可以使用分发服务器代理发行，订阅者接收订阅的发布。

在出版业杂志的发行中和 SQL Server 2008 复制中的相关概念可以简单对比如下。

- 杂志出版商（发布服务器）生产一种或多种刊物（发布）。
- 刊物（发布）包含文章（项目）。
- 出版商（发布服务器）可以直接发行（分发）刊物（发布），也可以使用发行商（分发服务器）。
- 订阅者（订阅服务器）接收订阅的刊物（发布）。

但必须注意，二者只能是简单对比，具体机制和功能还是有所区别的。在复制中，还包括发布服务器、发布、项目、分发服务器、订阅服务器、订阅等组件和服务。

- 发布服务器。发布服务器通过复制向其他数据库服务器提供数据。发布服务器可以有一个或多个发布，每个发布定义一组要复制的具有逻辑关系的对象和数据。
- 发布。发布是数据库的一个或多个项目的集合。发布服务器以发布为单位向其他

服务器发布数据，而且每个发布中只能有来自单一数据库的内容，不能包含来自多个数据库的内容。

- 项目。项目是发布中包含的数据和对象。一个发布可以包含不同类型的项目，包括表、视图、存储过程和其他对象。当把表作为项目发布时，可以用筛选器限制发送到订阅服务器的数据的列和行。
- 分发服务器。分发服务器负责将发布服务器要发布的数据传送给订阅服务器，同时分发服务器也起着排队和缓存的作用。
- 订阅服务器。订阅服务器接收发布服务器或分发服务器传来的数据。一个订阅服务器可以从多个发布服务器或分发服务器接收数据。根据所选复制的类型，订阅服务器还可以将数据更改传递回发布服务器或者将数据重新发布到其他订阅服务器。
- 订阅。订阅是把发布传递到订阅服务器的请求，有推送订阅和请求订阅两种类型。对于推送订阅，发布服务器将更改传播到订阅服务器，而无须订阅服务器发出请求。请求订阅刚好相反，订阅服务器请求在发布服务器上所做的更改。请求订阅允许订阅服务器上的用户确定同步数据更改的时间。

复制的过程如图 14.1 所示。在复制过程中有一个“复制代理”组件，复制代理负责在发布服务器和订阅服务器之间复制和移动数据。对于复制过程，由自定义应用程序开始。自定义应用程序在对数据库中的数据进行修改后，由发布服务器根据事先设置的规则生成发布，然后由复制代理组件将发布的内容提供给分发服务器或直接分发给订阅服务器。分发服务器在接收到发布后，也可以将发布传输到订阅服务器。订阅服务器收到发布之后，将数据库中的数据与发布进行同步，使数据与发布服务器中的数据保持一致。

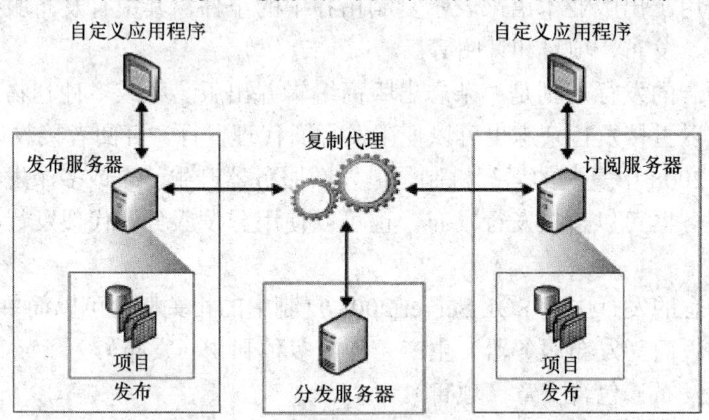

图 14.1　复制过程中的组件和进程

分发服务器可以和发布服务器合并，也可以单独设置。如果单独设置分发服务器，则可以减轻发布服务器的负担，分发服务器负责将发布服务器要发布的数据传送给订阅服务器。

2．复制的类型

Microsoft SQL Server 2008 提供了 3 种复制类型：事务性复制、合并复制、快照复制。

（1）事务性复制。事务性复制通常从发布数据库对象和数据的快照开始。创建了初始快照后，在发布服务器上所做的数据更改和架构修改通常在修改发生时传递给订阅服务器。数据更改将按照其在发布服务器上发生的顺序和事务边界，应用于订阅服务器。因此，在发布内部可以保证事务的一致性。

（2）合并复制。与事务性复制相同，合并复制通常也从发布数据库对象和数据的快照开始，并且用触发器跟踪在发布服务器和订阅服务器上所做的后续数据更改和架构修改。订阅服务器在连接到网络时将与发布服务器进行同步，并交换自上次同步以来发布服务器和订阅服务器之间发生更改的所有行。

合并复制允许不同站点自主工作，并在以后将更新合并成一个统一的结果。由于更新是在多个节点上进行的，同一数据可能由发布服务器和多个订阅服务器进行了更新。因此，在合并更新时可能会产生冲突，合并复制提供了多种处理冲突的方法。

（3）快照复制。快照复制将数据以特定时刻的瞬时状态分发，而不监视对数据的更新。发生同步时，将生成完整的快照并将其发送到订阅服务器。快照复制可由其自身使用，但是快照处理通常还用于为事务性发布与合并发布提供初始的数据和数据库对象集。

在数据更改量很大，但很少发生时，快照复制是最合适的。例如，如果某销售组织维护一个产品价格列表，这些价格每年要在固定时间进行一两次完全更新，那么建议在数据更改后复制完整的数据快照。对于给定的某些类型的数据，更频繁的快照可能也比较适合。例如，如果一天中在发布服务器上更新相对小的表，但可以接受一定的滞后时间，则可以在夜间以快照形式传递更改。

发布服务器上快照复制的连续开销低于事务性复制的开销，因为不用跟踪增量更改。但是，如果要复制的数据集非常大，那么若要生成和应用快照，将需要使用大量资源。评估是否使用快照复制时，需要考虑整个数据集的大小及数据的更改频率。

复制类型的选择取决于多种因素，其中包括实际复制环境、要复制的数据的类型和数量，以及是否在订阅服务器上更新数据等。实际环境包括复制中所涉及的计算机数量和位置，以及这些计算机是客户端（工作站、便携式计算机或手持设备）还是服务器。

3. 复制代理

复制使用许多称为代理的独立程序执行与跟踪更改和分发数据关联的任务。默认情况下，复制代理实际上是 SQL Server 代理安排的作业，必须基于 SQL Server 代理，这些作业才能运行。复制代理还可以从命令行或者由使用复制管理对象（RMO）的应用程序运行。可以从 SQL Server 复制监视器和 SQL Server Management Studio 对复制代理进行管理。

（1）快照代理。快照代理通常与各种类型的复制一起使用。快照代理准备已发布表的架构和初始数据文件及其他对象、存储快照文件，并记录分发数据库中的同步信息。快照代理在分发服务器上运行。

（2）日志读取器代理。日志读取器代理与事务性复制一起使用。它将发布服务器上的事务日志中标记为复制的事务移至分发数据库中。使用事务性复制发布的每个数据库都有自己的日志读取器代理，该代理运行于分发服务器上，并与发布服务器连接（分发服务器与发布服务器可以是同一台计算机）。

（3）分发代理。分发代理与快照复制和事务性复制一起使用。它将初始快照应用于订

阅服务器，并将分发数据库中保存的事务移至订阅服务器。分发代理既可以运行于分发服务器（对于推送订阅），也可运行于订阅服务器（对于请求订阅）。

（4）合并代理。合并代理与合并复制一起使用。它将初始快照应用于订阅服务器，并移动和协调所发生的增量数据更改。每个合并订阅都有自己的合并代理，该代理同时连接到发布服务器和订阅服务器，并对它们进行更新。合并代理既可以运行于分发服务器（对于推送订阅），也可以运行于订阅服务器（对于请求订阅）。默认情况下，合并代理将订阅服务器上的更改上传到发布服务器，然后将发布服务器上的更改下载到订阅服务器。

（5）队列读取器代理。队列读取器代理与包含排队更新选项的事务性复制一起使用。该代理运行于分发服务器，并将订阅服务器上所做的更改移回发布服务器。与分发代理和合并代理不同，只有一个队列读取器代理的实例为给定分发数据库的所有发布服务器和发布提供服务。

（6）复制维护作业。复制包含许多执行计划维护和按需维护的维护作业。

4．数据复制的应用

（1）数据复制的优点。

复制的目的是提供数据的副本于多个服务器上，除了确保数据的同步性、一致性之外，还可以提高数据查询存取的性能。使用复制可以实现的功能如下。

- 允许多个服务器保存相同数据的副本，当多个服务器需要读取同一数据，或需要为应用程序分隔服务器时，可以提高数据库存取的性能。
- 具有较大的自主性，用户可以在离线时处理数据副本，然后在连接时将它们对其他数据库所做的操作传播出去，也就是进行数据的同步更新。
- 有利于 OLTP 应用程序与分析处理数据库或数据仓库这些需要读取大量数据的应用程序区分开，以避免系统拥堵。
- 依据业务实际需要，可以缩放要浏览的数据。例如，使用 Web 类型的应用程序浏览数据，只需要提供部分数据库供网络用户浏览使用。
- 增加数据汇总与读取性能。
- 使数据更贴近个人或组。这有助于减少多重用户数据更新和查询的冲突，因为数据可以通过网络来分发，而且根据不同业务单位和用户的需求来分割数据。
- 使用复制作为服务器策略的一部分，是待命服务器策略的一项选择。SQL Server 2008 的其他选择包括记录文件传送及容错转移集群，用于在服务器故障时提供数据副本。

（2）数据复制的应用场合。

当用户需要执行下列各项操作时，启用复制机制来发布数据环境的最佳时机与解决方案，具体包括以下内容。

- 复制和分发数据给一个或多个站点。
- 定期分发数据副本。
- 将数据更改传递给其他服务器。
- 允许多名用户及站点进行更改，然后将数据修改合并在一起，识别并解决可能的冲突。

- 建立在线和离线环境需要使用的数据应用程序。
- 建立用户可浏览大量数据的 Web 应用程序。
- 在发布者的事务控制下，可完全掌握在订阅站点上进行的随意更改。

5. 数据复制的过程

执行复制的过程会因所选复制类型和选项的不同而有所区别，但一般来说，复制由这几个阶段组成：配置复制和发布数据、创建和初始化订阅、同步数据。

（1）配置复制和发布数据。

复制部署始于配置发布服务器和分发服务器。分发服务器在事务性复制中的作用十分重要，但在合并复制和快照复制中的作用比较有限，仅用于代理历史记录和错误报告及监视。合并复制和快照复制通常使用与发布服务器在同一台计算机上运行的分发服务器，而事务性复制可能使用远程分发服务器，尤其在发布服务器为高吞吐量的 OLTP 系统时。

配置发布服务器和分发服务器后，可以根据数据、数据子集和数据库对象来创建发布。创建发布时需要确定下列内容。

- 要复制的数据和数据库对象。
- 要使用的复制类型和复制选项，包括筛选。
- 快照文件的存储位置及初始同步发生的时间（除非手动传递初始数据集）。
- 要为复制设置的其他属性。

根据配置发布时所选的复制类型和选项，订阅服务器可能在传递初始数据集之后修改数据并将这些数据更改传播到发布服务器，继而可以将这些更改传播到其他订阅服务器。下列复制类型允许订阅服务器修改已复制的数据，并将这些修改传播回发布服务器。

- 合并复制。
- 具有可更新订阅的事务性复制。
- 对等事务性复制。
- 双向事务性复制。

（2）创建和初始化订阅。

创建发布后，可以创建订阅并配置其他选项。无论选择快照复制、事务性复制，还是合并复制，在默认情况下，复制都会创建发布架构和数据的初始快照，然后将其保存到指定的快照文件夹位置。创建订阅后，将根据创建发布时指定的计划应用初始快照。如果订阅服务器已具有初始数据集或希望手动应用快照，可以跳过一个或多个快照步骤。

（3）同步数据。

同步是在初始数据集应用于订阅服务器后，在发布服务器和订阅服务器之间传播数据的过程。对于快照复制，同步意味着在订阅服务器上重新应用快照，以便订阅数据库中的架构和数据与发布数据库保持一致。对于事务性复制，同步数据意味着在发布服务器和订阅服务器之间分发数据修改，如插入、更新和删除。对于合并复制，同步意味着合并在多个站点上进行的数据修改，检测并解决任何冲突，并且最终使数据在所有站点上收敛为相同的数据值。

实践操作

复制部署始于配置发布服务器和分发服务器。

在创建和配置发布过程中，包括以下步骤。

- 分发服务器。
- 快照文件的位置。
- 发布数据库。
- 要创建的发布的类型（快照发布、事务性发布、具有可更新订阅的事务性发布或合并发布）。
- 包含在发布中的数据和数据库对象（项目）。
- 用于所有发布类型的静态行筛选器和列筛选器，以及用于合并发布的参数化行筛选器和连接筛选器。
- 快照代理计划。
- 运行下列代理时使用的账户：所有发布的快照代理；所有事务性发布的日志读取器代理；允许更新订阅的事务性发布的队列读取器代理。
- 发布的名称和说明。

若要建立复制，必须配置分发服务器。分发服务器中包含分发数据库，其中存储着所有类型复制的元数据和历史记录数据，以及事务性复制的事务。只能为每台发布服务器分配一个分发服务器实例，但是多台发布服务器可共享一台分发服务器。

1. 创建发布服务器

创建发布服务器可以有两种方式：使用 SQL Server Management Studio 工具和使用 T-SQL 语句编程。下面，在主校区数据库服务器上使用 SQL Server Management Studio 工具来创建和配置发布服务器和发布。

（1）启动 SQL Server Management Studio 并连接到服务器。

（2）在 SQL Server Management Studio 的对象资源管理器中展开“复制”节点，右击“本地发布”，在弹出的快捷菜单中选择“新建发布”命令，打开“新建发布向导”起始页。单击“下一步”按钮，进入“新建发布向导”窗口的“分发服务器”界面，如图 14.2 所示。

（3）在如图 14.2 所示界面中，根据需要选择“‘Notebook’将充当自己的分发服务器；SQL Server 将创建分发数据库和日志”单选按钮。单击“下一步”按钮，进入“新建发布向导”对话框的“启动 SQL Server 代理”界面。

（4）在如图 14.3 所示的“启动 SQL Server 代理”界面中，选择在启动数据库服务器时是否自动启动 SQL Server 代理服务器。根据需要，选中“是，将 SQL Server 代理服务配置为自动启动”单选按钮。单击“下一步”按钮，进入“新建发布向导”窗口的“快照文件夹”界面。

（5）为快照文件夹指定的位置将用做此向导中启用的所有发布服务器的默认位置。

快照文件夹只是指定共享的目录。向此文件夹中执行读写操作的代理必须对其具有足够的访问权限。在实现复制之前，请测试复制代理是否能够连接到快照文件夹。以每个代理所使用的账户登录，再尝试访问快照文件夹。

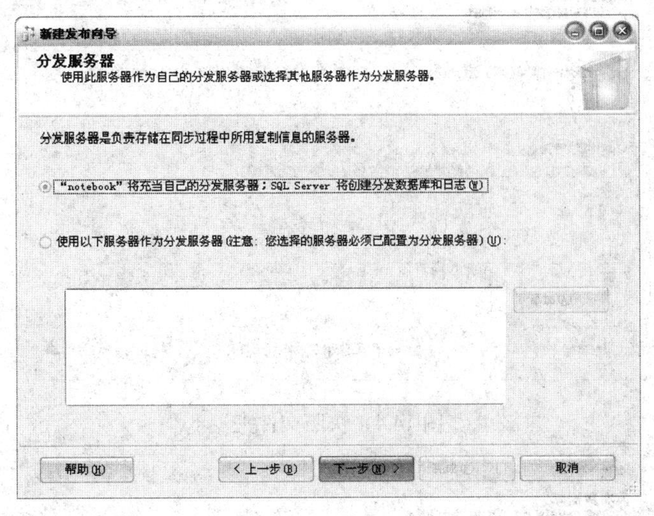

图 14.2　分发服务器

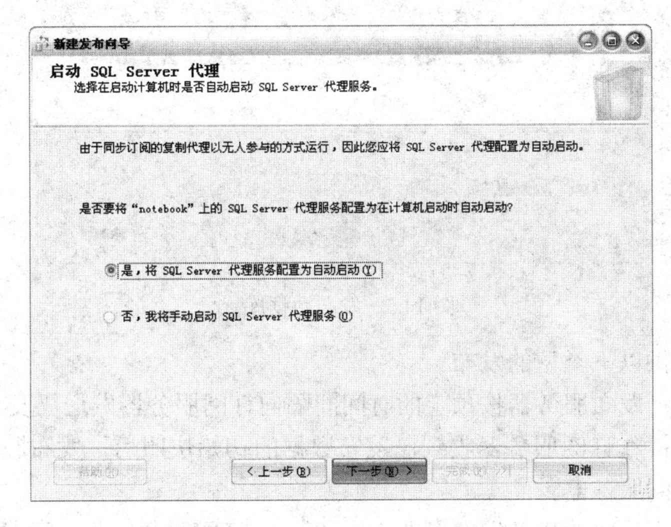

图 14.3　启动 SQL Server 代理

默认的快照文件夹不支持在订阅服务器上创建的请求订阅。它并非网络路径，也不是映射到网络路径的驱动器号。若要同时支持推送订阅和请求订阅，请使用指向此文件夹的网络路径。

在此，因为发布和订阅在一台服务器上，因此在如图 14.4 所示的快照文件夹页面中，选择系统默认位置作为存储快照的文件夹。单击“下一步”按钮，进入“新建发布向导”窗口的“发布数据库”界面。

（6）发布数据库，选择包含要发布的数据或对象的数据库，它是要复制的数据和数据库对象的源。

在如图 14.5 所示的“发布数据库”页面中，选择要发布的 dbStudents 数据库。单击“下一步”按钮，进入发布“新建发布向导”窗口的“发布类型”界面。

图 14.4 快照文件夹

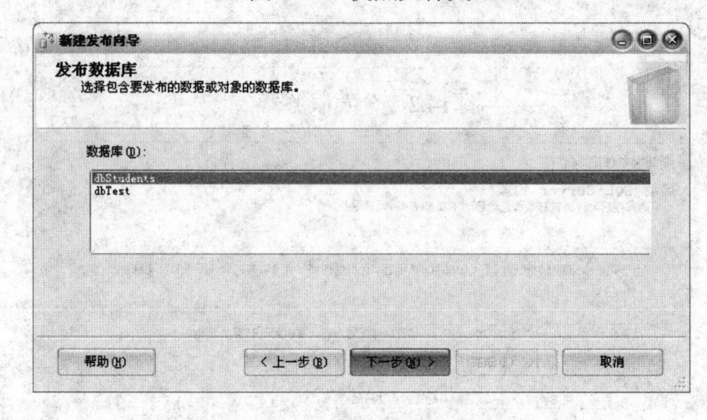

图 14.5 发布数据库

（7）复制可提供以下类型的发布。

- 快照发布：发布服务器按预定的时间间隔向订阅服务器发送已发布数据的快照。
- 事务发布：在订阅服务器收到已发布数据的初始快照后，发布服务器将事务流式传输到订阅服务器。
- 具有可更新订阅的事务发布：在 SQL Server 订阅服务器收到已发布数据的初始快照后，发布服务器将事务流式传输到订阅服务器。来自订阅服务器的事务被应用于发布服务器。
- 合并发布：在订阅服务器收到已发布数据的初始快照后，发布服务器和订阅服务器可以独立更新已发布数据，更改会定期合并。

在如图 14.6 所示的“发布类型”界面中，选择适合实际应用的发布类型，在此选择“合并发布”选项。单击“下一步”按钮，进入“新建发布向导”窗口的“订阅服务器类型”界面。

（8）在如图 14.7 所示的“订阅服务器类型”界面中，进行合并复制时可以指定发布支持的订阅服务器的类型。选择订阅服务器将会设置“发布兼容级别”，兼容级别可确定发布能够使用哪些功能。例如，如果选择 SQL Server 2000，将不能在 Microsoft SQL Server 2008 中引入逻辑记录功能。功能是否可用取决于选择的订阅服务器类型，而非实际使用的订阅服务器类型。例如，如果指定了 SQL Server 2000，但实际上使用的是 SQL Server 2008 订阅服务器，则仍只能使用与 SQL Server 2000 兼容的功能。

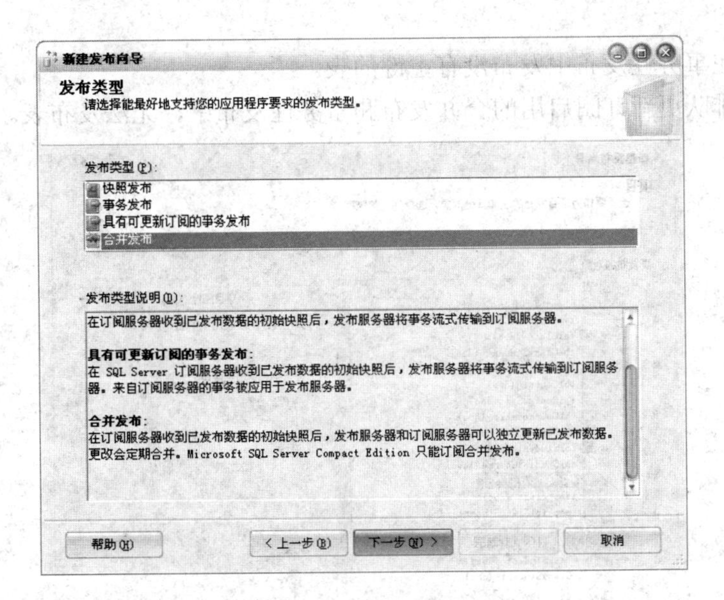

图 14.6　发布类型

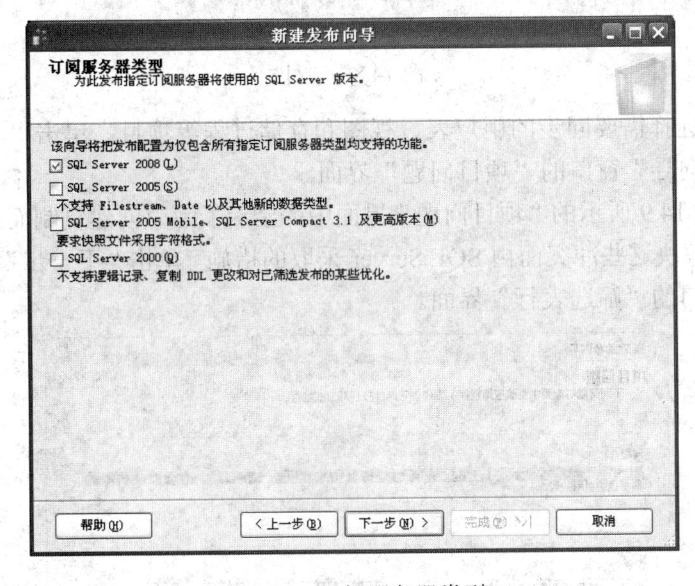

图 14.7　订阅服务器类型

创建发布快照之后，也可以在“发布属性”窗口的“常规”选项卡上提高发布兼容级别（使其更为严格），但无法降低兼容级别。

在此选择“SQL Server 2008”复选框。单击“下一步”按钮，进入发布“新建发布向导”窗口的“项目”界面。

（9）在如图 14.8 所示的“项目”界面中，可以指定要作为项目包含在发布中的数据库对象。如果发布的数据库对象依赖于一个或多个其他数据库对象，则必须发布所有引用对象。例如，如果发布的视图依赖于一个表，则也必须发布该表。

无法发布的对象旁边有一个红色图标，并在向导页底部的信息面板中附有说明。无法发布下列对象。

- 加密的对象。
- 包含允许空值的列的索引视图。

- 无法在事务性发布中发布没有主键的表。
- 在为排队更新订阅启用的合并发布和事务性发布中，无法发布表。

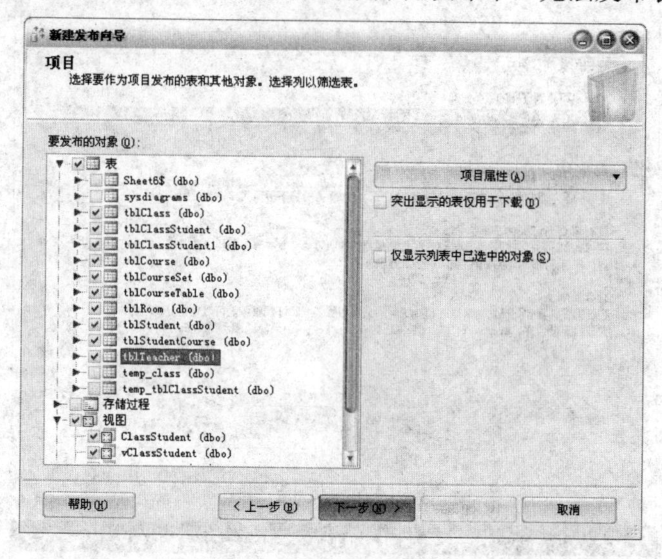

图 14.8　项目

根据需要，选择需要同步的用户表、视图和存储过程等项目。单击“下一步”按钮，进入“新建发布向导”窗口的“项目问题”界面。

（10）在如图 14.9 所示的“项目问题”界面中，显示了因为创建复制而可能发生冲突的问题，以及为了解决这些冲突而由 SQL Server 采取的措施。单击“下一步”按钮，进入“新建发布向导”窗口的“筛选表行”界面。

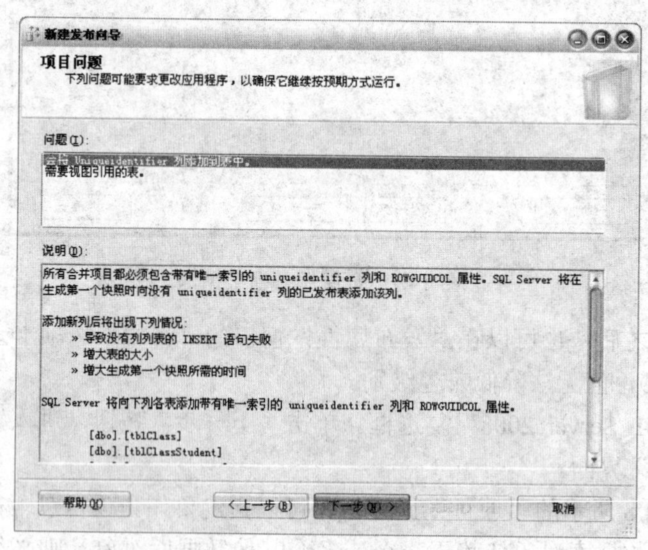

图 14.9　项目问题

（11）在如图 14.10 所示的“筛选表行”界面中，可以进行以下操作。

- 将静态行筛选器应用于快照发布、事务性发布和合并发布中的表项目。
- 将参数化行筛选器应用于合并发布中的表项目。
- 使用联接（联结）筛选器可以将合并表项目的筛选器扩展到相关表项目。

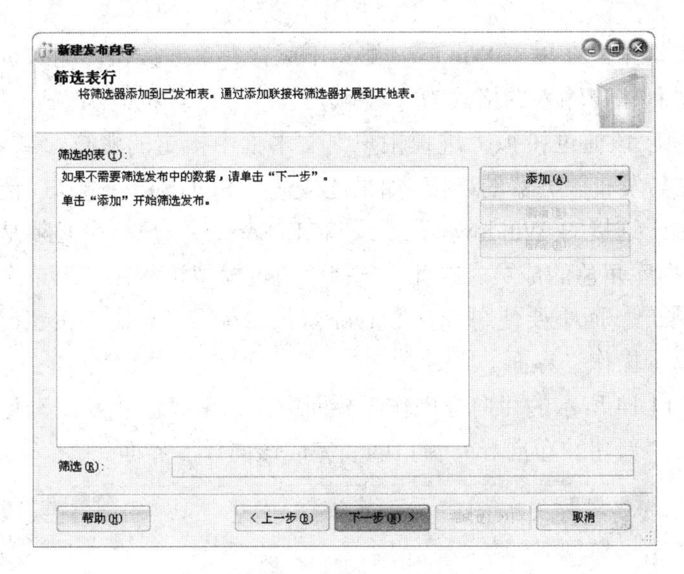

图 14.10　筛选表行

为了获得最佳的应用程序性能并减少所需的远程数据传输，或者要限定某些数据仅供特定的订阅服务器使用，应该只发布所需数据。发布中既可以包含未筛选的表，也可以包含已筛选的表。通过筛选已发布的数据，可以进行以下操作。

- 使通过网络发送的数据量最小化。
- 减少订阅服务器上需要的存储空间量。
- 根据个别订阅服务器的要求，自定义发布和应用。
- 由于可以将不同的数据分区发送到不同的订阅服务器，因此可以避免或减少订阅服务器更新数据时的冲突。
- 避免传输敏感数据。行筛选器和列筛选器可以用于限制订阅服务器对数据的访问。对于合并复制，如果使用包括 HOST_NAME()的参数化筛选器，则需要考虑安全问题。

在本任务中，因为 3 个校区需要数据同步，所以不做任何筛选。单击“下一步”按钮，进入“新建发布向导”对话框的“快照代理”界面。

（12）快照代理可以创建包含发布架构和数据（用于初始化新订阅）的文件。默认情况下，在新建发布向导中创建发布之后，快照代理将立即运行。此后，该代理将按照指定的计划运行。代理每次运行时是否创建新的快照文件取决于复制类型和所选择的选项。在如图 14.11 所示的“快照代理”界面中，选中“立即创建快照”和“计划在以下时间运行快照代理”复选框。单击“下一步”按钮，进入发布“新建发布向导”窗口的“代理安全性”界面。

（13）在如图 14.12 所示的“代理安全性”界面中，对于每个代理都必须指定运行时所用的账户及连接设置。单击“安全设置”按钮，进入“快照代理安全性”对话框。

（14）在如图 14.13 所示的“快照代理安全性”对话框中，可以指定用于在分发服务器上运行快照代理的账户，也就是进程账户，因为代理进程是在该账户下运行的。所指定的 Windows 账户必须满足以下条件。

- 至少是分发数据库中的 db_owner 固定数据库角色的成员。
- 对快照共享具有写权限。

在本任务中，选中“在以下 Windows 账户下运行”单选按钮，输入进程账户、密码和确认密码。其中进程账户输入的格式为“域\帐户”或“计算机\帐户”。

选择快照代理应该通过模拟“进程帐户”文本框中指定的账户，或者通过使用 SQL Server 账户来建立与发布服务器的连接。如果选择使用 SQL Server 账户，请输入 SQL Server 登录名和密码。用于连接的 Windows 账户或 SQL Server 账户至少必须是发布数据库中的 db_owner 固定数据库角色的成员。在此，选择“通过模拟进程账户”单选按钮，也建议选择模拟 Windows 账户，而不要使用 SQL Server 账户。单击“确定”按钮，进入“新建发布向导”窗口的“向导操作”界面。

（15）在如图 14.14 所示的“向导操作”界面中，选中“创建发布”复选项。单击“下一步”按钮，进入“新建发布向导”窗口的“完成该向导”界面。

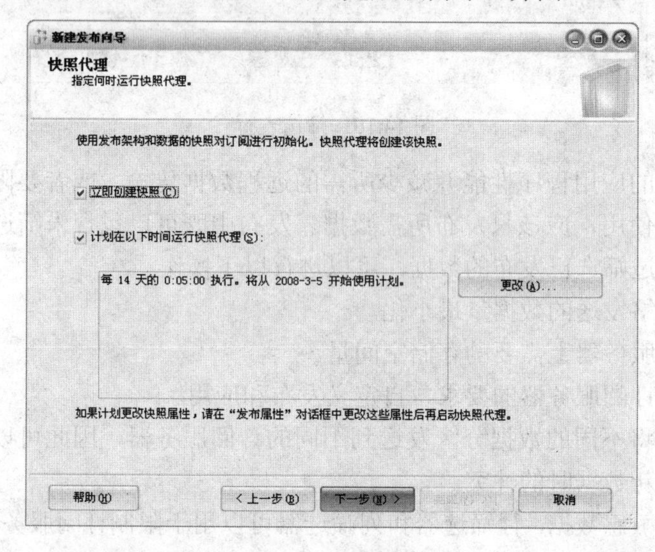

图 14.11　快照代理

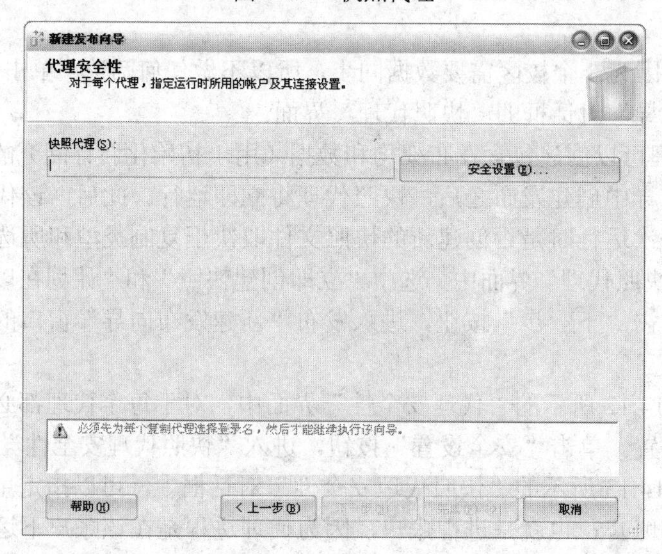

图 14.12　代理安全性

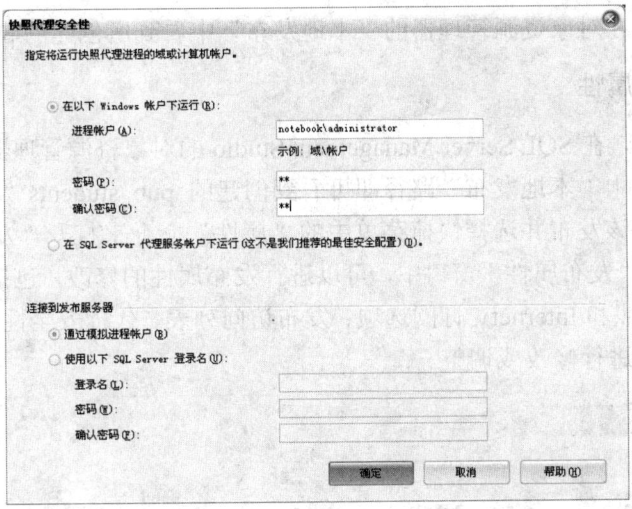

快照代理安全性

指定将运行快照代理进程的域或计算机帐户。

在以下 Windows 帐户下运行(R):

进程帐户(A): notebook\administrator

示例: 域\帐户

密码(P): **

确认密码(C): **

在 SQL Server 代理服务帐户下运行(这不是我们推荐的最佳安全配置)(Q)。

连接到发布服务器

通过模拟进程帐户(B)

使用以下 SQL Server 登录名(U):

登录名(L):

密码(W):

确认密码(F):

确定 取消 帮助(H)

图 14.13　指定将运行快照代理进程的域或计算机账户

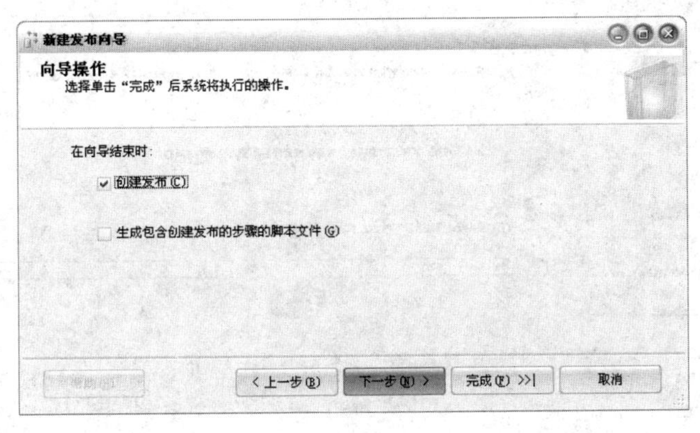

图 14.14　向导操作

（16）在如图 14.15 所示的“完成该向导”界面中的“发布名称”文本框中输入新发布的名称“pub_students”。最后单击“完成”按钮。

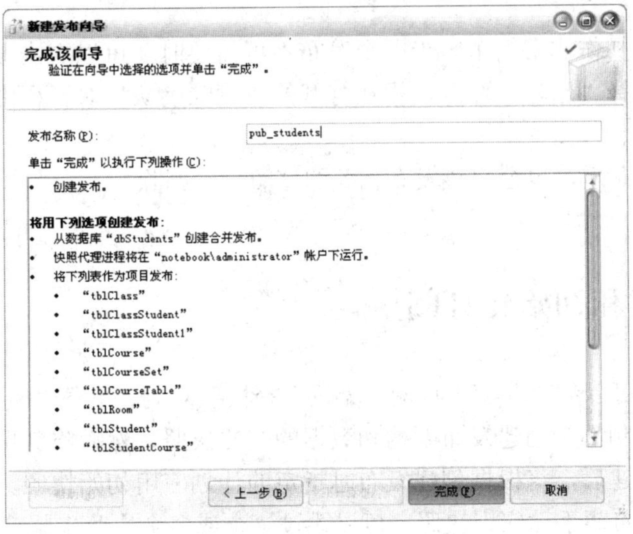

新建发布向导

完成该向导

验证在向导中选择的选项并单击“完成”。

发布名称(P): pub_students

单击“完成”以执行下列操作(C):

- 创建发布。

将用下列选项创建发布:

- 从数据库“dbStudents”创建合并发布。
- 快照代理进程将在“notebook\administrator”帐户下运行。
- 将下列表作为项目发布:
  - “tblClass”
  - “tblClassStudent”
  - “tblClassStudent1”
  - “tblCourse”
  - “tblCourseSet”
  - “tblCourseTable”
  - “tblRoom”
  - “tblStudent”
  - “tblStudentCourse”

< 上一步(B) 完成(F) 取消

图 14.15　完成该向导

至此，就可以在对象资源管理器的“本地发布”中看到所创建的pub_students发布了。

2．配置发布属性

发布创建以后，在SQL Server Management Studio的对象资源管理器中，通过“数据库实例”|“复制”|“本地发布”路径即可看到创建的pub_students发布。对于任何一个发布，都可以右击该发布并选择快捷菜单中的“属性”命令来打开“发布属性”窗口。在如图14.16所示的“发布属性”窗口中，可以进行发布属性的修改，包括常规、项目、筛选行、快照、FTP快照和Internet、订阅选项、发布访问列表、代理安全性等内容，根据需要，可以对相关的选项进行修改或调整。

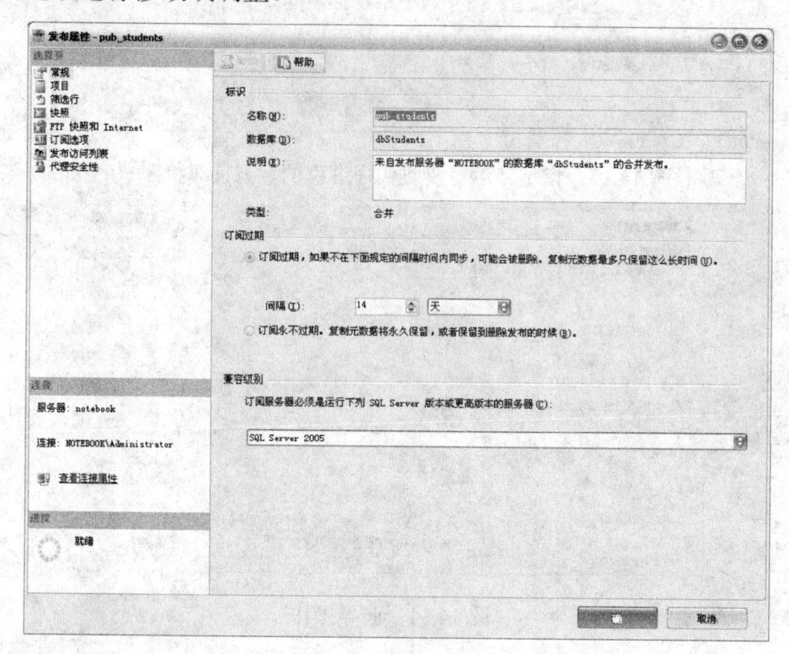

图14.16 “发布属性”窗口

3．删除发布

删除一个发布操作非常简单。当一个发布不再需要时，可以右击该发布的名称，在弹出的快捷菜单中选择“删除”命令，再在打开的“删除确认”对话框中，单击“是”按钮即可。

删除完一个发布后，也会将该发布相关的订阅一并删除。

14.2 创建和初始化订阅

发布创建后，可以创建并应用订阅。无论选择快照复制、事务性复制，还是合并复制，在默认情况下，复制都会创建发布架构和数据的初始快照，然后将其保存到指定的快照文件夹位置。订阅创建后，将根据创建发布时指定的计划应用初始快照。如果订阅服务器已具有初始数据集或希望手动应用快照，可以跳过一个或多个快照步骤。

任务描述

任务名称：创建和初始化订阅。

任务描述：在主校区发布服务器已经建立的情况下，需要进行南北两个校区的数据库服务器的数据同步，也就是建立南北两个校区的数据库服务器的订阅。

任务分析

在前面，已经在主校区数据库服务器上创建了 pub_students 发布。接下来，需要建立南北两个校区的数据库服务器的订阅。

创建订阅时，发布服务器为主校区的数据库服务器，数据库为 dbStudents，发布为 pub_students，使用推送订阅方式。订阅服务器分别是南北两个校区的数据库服务器，同步计划采用按需同步，创建完后立即进行快照初始化。

实践操作

1．创建订阅服务器

创建订阅服务器有两种方式，分别是 SQL Server Management Studio 工具和 T-SQL 命令。下面，以在北校区数据库服务器上使用 SQL Server Management Studio 工具创建和配置订阅服务器和订阅为例来介绍订阅服务器和订阅的创建和配置过程。操作步骤如下。

（1）启动 SQL Server Management Studio 并连接到北校区数据库服务器。

（2）在“对象资源管理器”中打开“复制”，右击“本地订阅”，在弹出的快捷菜单中选择“新建订阅”命令，打开“新建订阅向导”起始页。单击“下一步”按钮，进入“新建订阅向导”窗口的“发布”界面。

（3）在如图 14.17 所示的“发布”界面中，选择要创建订阅的发布服务器、数据库和发布。在此选择已经创建发布的服务器 notebook，dbStudents 数据库下的 pub_students 发布。单击“下一步”按钮，进入“新建订阅向导”窗口的“合并代理位置”界面。

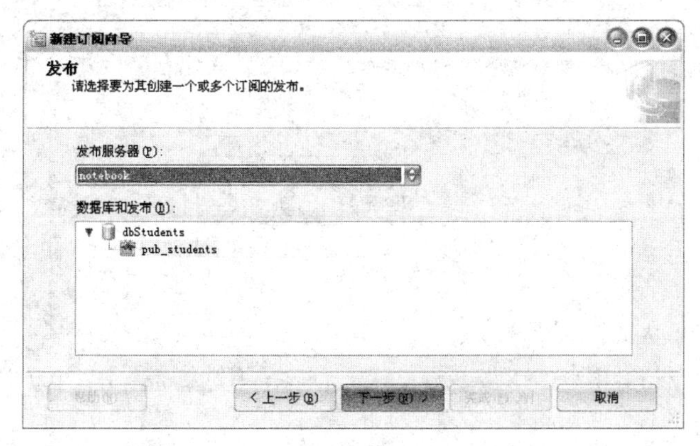

图 14.17　发布

（4）合并代理（对于合并订阅）和分发代理（对于事务性订阅和快照订阅）运行在分发服务器或订阅服务器上。如果代理运行在分发服务器上，则订阅称为推送订阅；如果代

理运行在订阅服务器上，则订阅称为请求订阅。通过执行向导创建的所有订阅，其类型均为在向导中所选择的类型。若要创建两种类型的订阅，必须运行两次向导。

在本任务中，代理运行在分发服务器上，因此在如图 14.18 所示的“合并代理位置”界面中，选中“在分发服务器 NOTEBOOK 上运行所有代理（推送订阅）”单选按钮。单击“下一步”按钮，进入“新建订阅向导”窗口的“订阅服务器”界面。

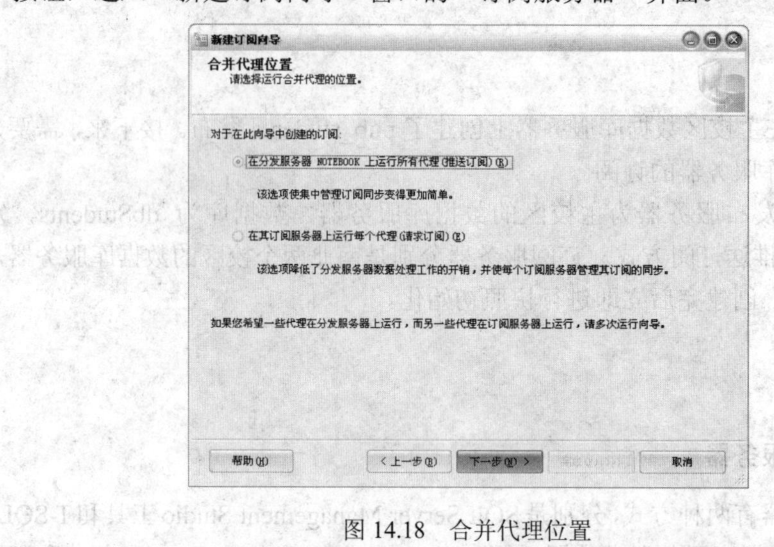

图 14.18　合并代理位置

（5）在如图 14.19 所示的“订阅服务器”界面中，指定接收对所选发布的订阅的 SQL Server 或非 SQL Server 订阅服务器。选中网格中的计划使用的 SQL Server 或非 SQL Server 订阅服务器作为订阅服务器。如果没有列出订阅服务器，可以单击“添加订阅服务器”或“添加 SQL Server 订阅服务器”按钮。对于 SQL Server 订阅服务器，可以从“订阅数据库”列表中选择订阅数据库，或从同一列表中选择“新建数据库”命令来创建新的数据库。若要启用发布服务器作为订阅服务器，则订阅数据库与发布数据库必须属于不同的数据库。对于非 SQL Server 订阅服务器，不显示订阅数据库。可以在“添加非 SQL Server 订阅服务器”对话框的“数据源名称”字段中指定数据库及其他连接信息。

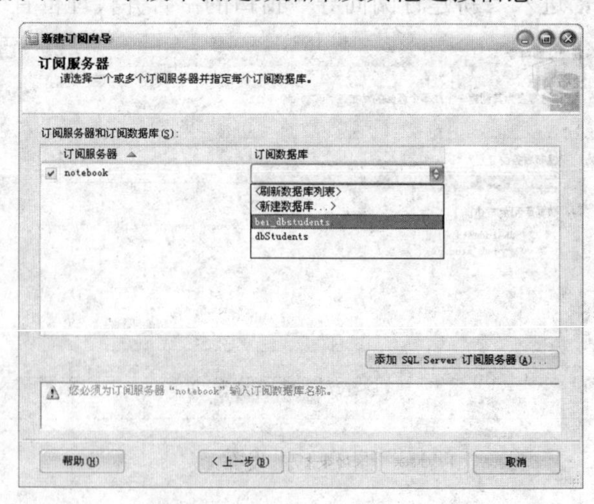

图 14.19　订阅服务器

在此，选中 notebook 作为订阅服务器，bei_dbstudents 作为订阅数据库。单击“下一步”按钮，进入“新建订阅向导”窗口的“合并代理安全性”界面。

（6）在如图 14.20 所示的“合并代理安全性”界面中，可以指定用来运行分发代理（对于事务性复制和快照复制）或合并代理（对于合并复制）的账户，并与复制拓扑中的计算机建立连接。单击每个订阅服务器的行末尾的属性按钮，打开“合并代理安全性”对话框。

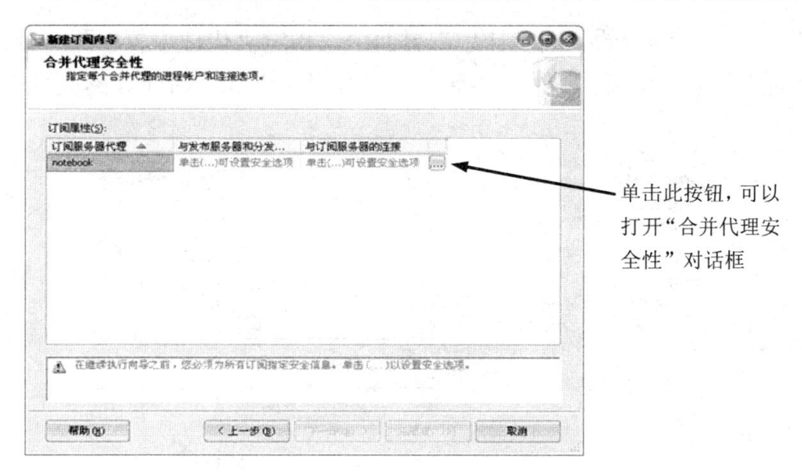

图 14.20　合并代理安全性

（7）在如图 14.21 所示的“合并代理安全性”对话框中，可以指定用于运行合并代理的 Windows 账户。对于推送订阅，合并代理在分发服务器上运行；对于请求订阅，合并代理在订阅服务器上运行。Windows 账户也称为进程账户，因为代理进程在此账户下运行。所有账户必须是有效的，并且为每个账户指定了正确的密码。在运行代理进程之前不会对账户和密码进行验证。

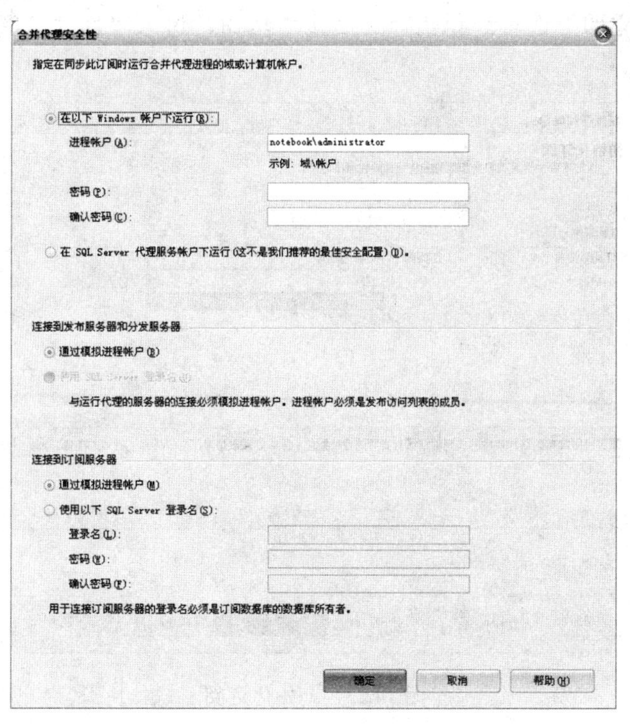

图 14.21　“合并代理安全性”对话框

对于推送订阅，该账户至少为分发数据库中的 db_owner 固定数据库角色的成员。对于请求订阅，该账户必须至少为订阅数据库中的 db_owner 固定数据库角色的成员。

在“合并代理安全性”对话框中，输入进程账户、密码等信息，单击“确定”按钮返回到“合并代理安全性”界面，单击“下一步”按钮，进入“新建订阅向导”窗口的“同步计划”界面。

（8）在如图 14.22 所示的“同步计划”界面中，指定“代理位置”为“分发服务器”，“代理计划”为“仅按需运行”。单击“下一步”按钮，进入“新建订阅向导”窗口的“初始化订阅”界面。

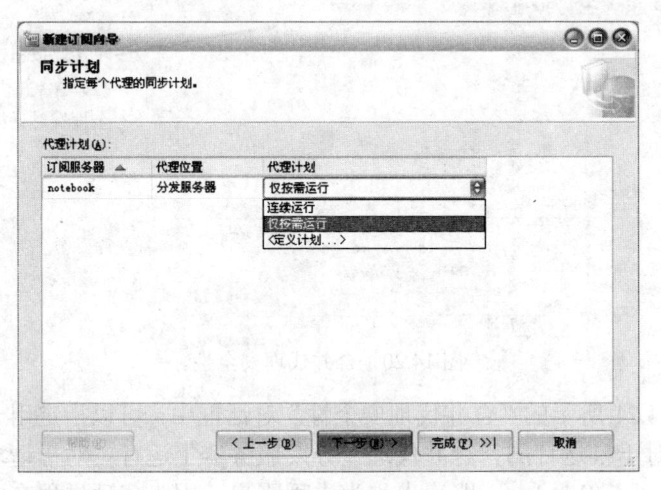

图 14.22　同步计划

（9）在如图 14.23 所示的“初始化订阅”界面中，选中“初始化”复选框，在“初始化时间”列中选择“立即”选项。单击“下一步”按钮，进入“新建订阅向导”窗口的“订阅类型”界面。

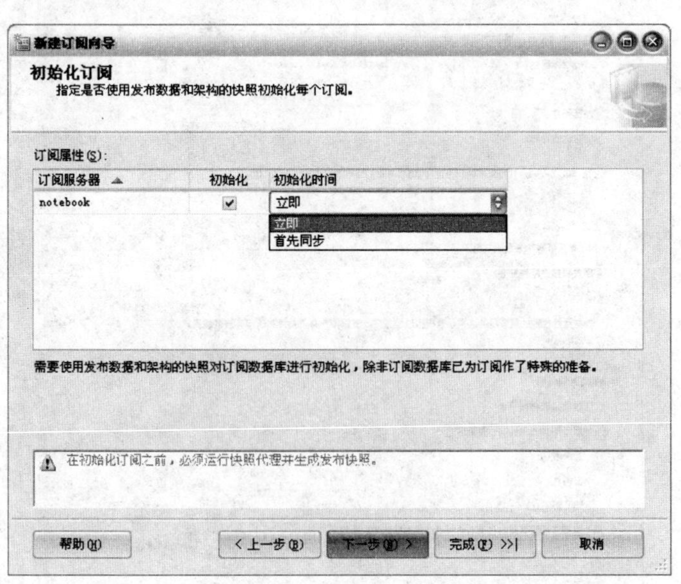

图 14.23　初始化订阅

（10）在如图 14.24 所示的“订阅类型”界面中，可以为 notebook 订阅服务器从“订阅类型”列的下拉列表框中选择“客户端”或“服务器”方式，在本例中选择“服务器”方式。对于使用服务器订阅的订阅服务器，在“冲突解决的优先级”列中输入0～99.99之间的一个数（数字越大，订阅服务器的优先级越高），在此，选择使用默认的75.00。

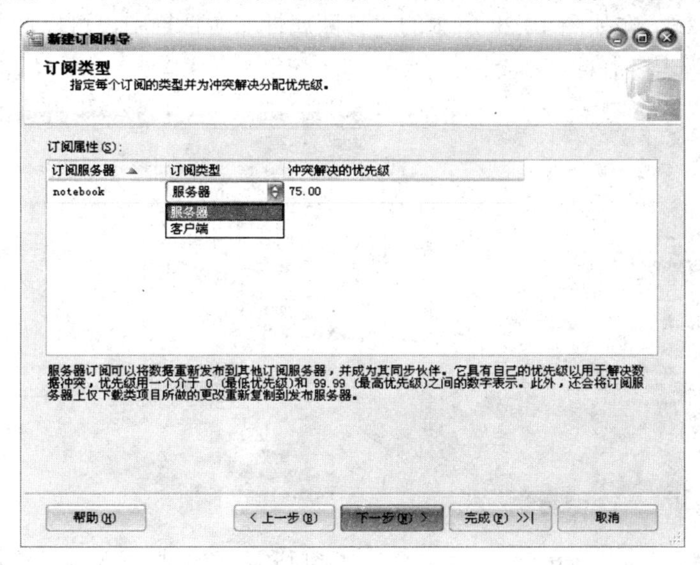

图 14.24　订阅类型

单击“下一步”按钮，进入“新建订阅向导”窗口的“向导操作”界面。

（11）在如图14.25所示的“向导操作”界面中，选中“创建订阅”复选框。单击“下一步”按钮，进入“新建订阅向导”窗口的“完成该向导”界面。

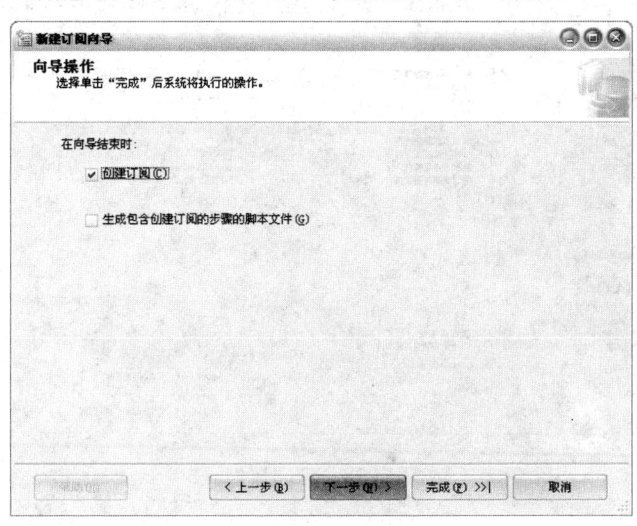

图 14.25　向导操作

（12）在如图14.26所示的“完成该向导”界面中，单击“完成”按钮，执行订阅操作。

至此，在对象资源管理器的pub_students发布下已经显示刚刚创建的订阅，因为是推送订阅，所以在“本地订阅”中看不到所创建的订阅，如图14.27所示。

2．配置订阅属性

创建订阅之后，如果代理进程账户或订阅服务器的账户信息密码发生修改，就必须修

改订阅的相应信息。要修改订阅属性，只需在 SQL Server Management Studio 的对象资源管理器中，通过“数据库实例”|“复制”|“本地发布”|pub_students 路径即可看到创建的订阅。对于任何一个订阅，都可以右击该订阅并选择快捷菜单中的“属性”命令来打开“订阅属性”对话框。在如图 14.28 所示的“订阅属性”对话框中，可以修改代理进程账户信息和订阅服务器连接信息。

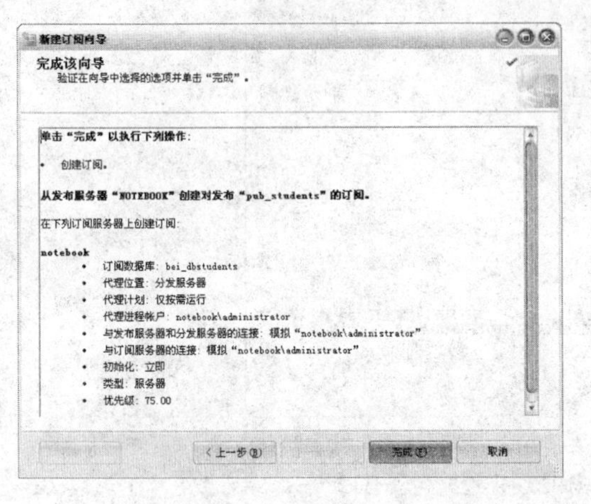

图 14.26　完成向导

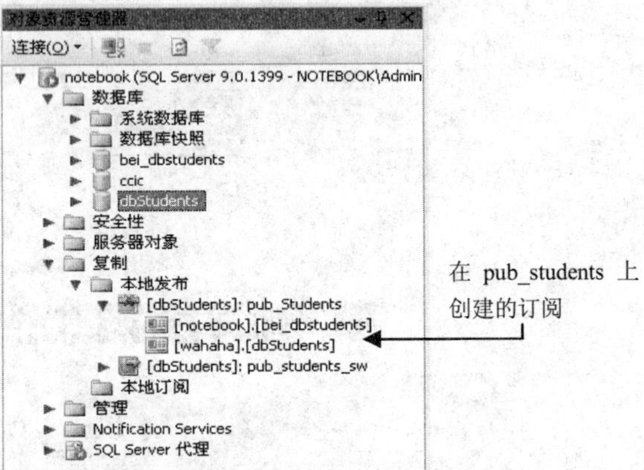

图 14.27　在 pub_students 发布上创建的订阅

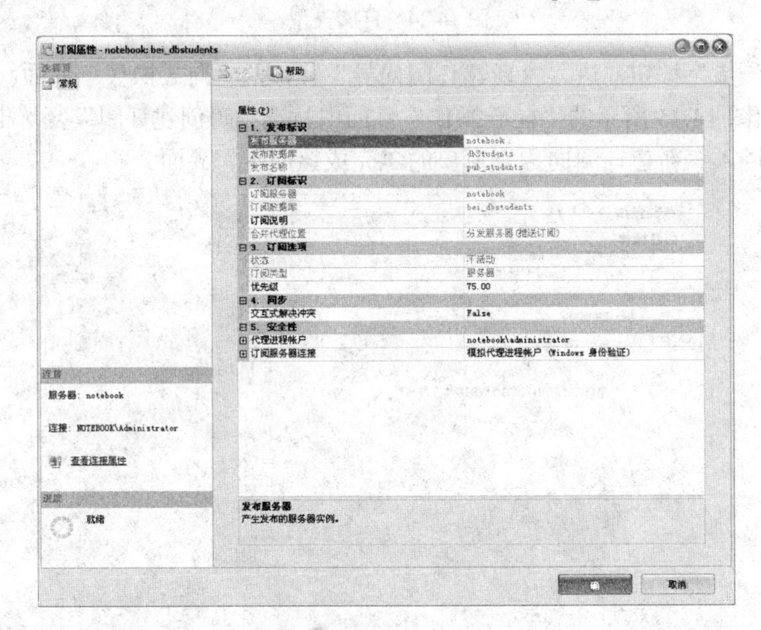

图 14.28　订阅属性

3．删除订阅

删除一个订阅操作与删除发布一样简单。当一个订阅不再需要时，可以右击订阅的名称，在弹出的快捷菜单中选择“删除”命令，在弹出的“删除确认”对话框中，单击“是”按钮即可完成删除操作。

删除订阅时，将提醒用户是否删除在订阅服务器上的订阅记录，如果删除订阅记录，还要求输入连接订阅服务器的账户和密码。

14.3　同步数据

任务描述

任务名称：同步数据。

任务描述：如何使数据库服务器之间的数据保持同步，是同步数据需要做的工作。

任务分析

同步是在初始数据集应用于订阅服务器后，在发布服务器和订阅服务器之间传播数据的过程。对于快照复制，同步意味着在订阅服务器上重新应用快照，以便订阅数据库中的架构和数据与发布数据库保持一致；对于事务性复制，同步数据意味着在发布服务器和订阅服务器之间分发数据修改，如插入、更新和删除；对于合并复制，同步意味着合并在多个站点上进行的数据修改，检测并解决任何冲突，并且最终使数据在所有站点上收敛为相同的数据值。

相关知识与技能

同步可按下列方式发生。

- 连续：这是事务性复制的典型方式。
- 按需：这是合并复制的典型方式。
- 根据计划：这是快照复制的典型方式。

同步订阅时，根据所使用的复制类型的不同，将发生不同的过程。

- 快照复制：同步是指分发代理在订阅服务器上重新应用快照，以便订阅数据库与发布数据库上的架构和数据一致。如果在发布服务器上修改了数据或架构，则必须生成一个新快照，以便将修改传播到订阅服务器。
- 事务性复制：同步是指分发代理将更新、插入、删除及其他更改从分发数据库传输到订阅服务器。
- 合并复制：同步是指合并代理从订阅服务器向发布服务器上传更改，然后再从发布服务器向订阅服务器下载更改。此过程将检测并解决冲突（如果检测到有冲突并解决了冲突，则一些用户已提交的工作将更改为根据定义的策略来解决冲突）。数据被收敛，发布服务器和所有订阅服务器将最终达到相同的数据值。

每次发生同步时，快照发布都会彻底刷新订阅服务器上的架构，因此所有架构更改都会应用到订阅服务器；事务性复制和合并复制还支持最常见的架构更改。

同步数据有 3 种途径，分别是 SQL Server Management Studio 工具、复制代理编程和复制管理对象（RMO）编程。

实践操作

1. 同步订阅

下面，介绍使用 SQL Server Management Studio 工具来进行同步数据。

同步订阅的方法有很多种，无论是推送订阅还是请求订阅，最直接的方法都是使用 SQL Server Management Studio 连接到订阅服务器，从订阅服务器对订阅进行同步。具体操作如下。

（1）在 SQL Server Management Studio 中，连接到订阅服务器，然后展开服务器节点。

（2）展开“复制”|“本地订阅”节点。

（3）右击要同步的订阅，然后在弹出的快捷菜单中选择“查看同步状态”命令。

（4）在打开的“查看同步状态”对话框中，单击“启动”按钮。完成同步后，将显示消息“同步完成”。

（5）单击“关闭”按钮。

2. 设置同步计划

无论是推送订阅还是请求订阅，设置同步计划的步骤基本一样。

（1）对于推送订阅，在 SQL Server Management Studio 中连接到分发服务器；对于请求订阅，在 SQL Server Management Studio 中连接到订阅服务器。

（2）在对象资源管理器中展开“SQL Server 代理”|“作业”节点。

（3）右击与订阅相关联的分发代理或合并代理的作业，在弹出的快捷菜单中选择“属性”命令。

（4）在打开的“作业属性”窗口的“计划”界面上，单击“编辑”按钮。

（5）在“作业计划属性”对话框中，从“计划类型”下拉列表中选择一个值。

- 若要指定代理连续运行，请选择“SQL Server 代理启动时自动启动”方式。
- 若要指定代理按计划运行，请选择“重复执行”方式。
- 若要指定代理按需运行，请选择“执行一次”方式。

（6）如果选择“重复执行”方式，需要为代理指定计划。

（7）单击“确定”按钮完成同步计划的设置。

3. 查看和解决同步冲突

默认情况下，解决冲突无须用户干预。但是，可以在冲突保持期的指定时间（默认值为 14 天）内，在“复制冲突查看器”中查看冲突，并更改解决的结果。

（1）在 SQL Server Management Studio 中连接到发布服务器，然后展开服务器节点。

（2）展开“复制”|“本地发布”节点。

（3）右击要查看冲突的发布，在弹出的快捷菜单中选择“查看冲突”命令。

（4）在打开的“选择冲突表”对话框中，选择要查看冲突的数据库、发布和表。

（5）在复制冲突查看器中，可以执行以下操作。

- 通过上部网格右侧的按钮来筛选行。

- 在上部网格中选择行，以在下部网格中显示相应行的信息。
- 在上部网格中选择一行或多行，再选择“删除”命令，即从冲突元数据表中删除相应行。
- 单击“属性”按钮查看冲突中所涉及列的详细信息。
- 选择“记录此冲突的详细信息”方式，将冲突数据记录到一个文件中。若要指定文件的位置，选择“查看”菜单的“选项”命令。输入一个值，或单击“浏览”按钮，再定位到相应的文件。单击“确定”按钮关闭。

14.4 回顾与训练：数据复制服务

发布和复制是一组技术，可以将数据库里的数据和对象从一个数据库中复制和发布到另一个数据库，并能实现数据库之间的同步，保持数据的一致性。复制的组件包括发布服务器、分发服务器、订阅服务器、发布、项目、订阅等。

复制可以使用代理来执行复制、跟踪更改和分发数据等相关的任务。复制代理负责在发布服务器和订阅服务器之间复制和同步数据。复制类型分为快照复制、事务性复制和合并复制。快照复制是将发布服务器的瞬间状态发布并同步订阅服务器；事务性复制是以事务为基础来进行发布的；合并复制可以在发布服务器和订阅服务器中同时进行数据修改，且可以让订阅服务器里修改的数据也返回到发布服务器中。复制代理可以分为快照代理、日志读取器代理、分发代理、合并代理、队列读取器代理和复制维护作业 6 种。

订阅的两种方式是推送订阅和请求订阅。推送订阅由发布服务器主动传递发布给订阅服务器，只要指定的时间一到，发布服务器就会将数据送到订阅服务器；请求订阅则在指定时间由订阅服务器向发布服务器要求订阅发布。

下面，请大家根据所学知识完成以下任务。

1．任务

（1）在服务器 A 中，对 dbStudents 数据库配置事务发布，发布的项目包括该数据库中所有的表和视图，分发服务器为服务器 A。

（2）在服务器 B 中创建订阅，发布服务器为 A，订阅数据库为 dbStudents，为推送订阅。

（3）进行数据同步。

2．要求和注意事项

（1）注意代理进程运行时的账户和权限。

（2）注意“快照文件夹”的位置和安全属性。

3．操作记录

（1）记录所操作计算机的硬件配置。

（2）记录所操作计算机的软件环境。

（3）记录创建发布的详细步骤及参数设置。

（4）记录创建订阅的详细步骤及参数设置。

（5）描述配置数据库复制过程中所遇到的问题及解决思路和方法。

（6）总结本次实验体会。

4．思考和总结

总结何时使用数据库复制，以及使用数据库复制能够解决哪些实际问题。

任务 15 性能优化与调整

在数据库技术飞速发展的今天，数据库的性能优化已经演变为一项相当重要的系统工程。作为企业 IT 基础设施的核心部件之一，数据库并不是孤立的系统，它与网络、操作系统、存储等硬件系统紧密相连，这种与其他 IT 部件的多重连接特性决定了数据库性能优化成为一门综合技术。

从数据库角度出发，数据库性能优化可以分为两个阶段，一是设计与开发阶段，主要负责对数据库逻辑结构和物理结构的优化设计，使其在满足具体业务需求的前提下，系统性能达到最佳，同时系统开销最小；二是数据库的运行阶段，其优化手段主要包括数据库级、操作系统级、网络级三种。

本任务首先介绍数据库设计阶段需要考虑的性能优化的几个方面，然后学习一下 SQL 语句优化的原则，最后学习 SQL Server 中有关性能优化与调整的实用工具的使用。

15.1 了解数据库规划和设计原则

任务描述

任务名称：了解数据库规划和设计原则。

任务描述：数据库规划和设计对于数据库的运行至关重要，合理的规划和设计对于数据库的正常运行和维护必不可少。

任务分析

在数据库应用中，速度和效率是一个永恒的话题。有许多因素会影响数据库的性能表现，如操作系统、系统硬件、数据库的设计、访问数据库的应用软件等。

在数据库规划和实施过程中，要重点考虑四个方面：硬件系统、逻辑数据库和表的设

计、索引和查询语句。

相关知识与技能

1．硬件系统

通常，数据库越大，硬件要求越高。但是，还有其他决定因素，包括并发用户和并发会话的数量、事务吞吐量和数据库中的操作类型。例如，某数据库包含很少更新的学校图书馆数据，而另外一个差不多大小的数据仓库包含某公司经常分析的销售、产品和客户信息，则前者比后者的硬件要求低得多。

和数据库密切相关的硬件包括处理器、内存和磁盘等设备。而磁盘是决定数据库性能的关键组件，通常也是影响数据库性能的瓶颈。

一个数据库的成功实施往往需要在项目初期精心计划，包括硬件。在硬件系统中需要特别规划和重点考虑的就是存储管理，在规划存储管理时要考虑以下内容。

- 使用哪种类型的磁盘存储系统，如 RAID 设备。
- 如何将数据放到磁盘上。
- 采用哪种索引来提高访问数据库的性能。
- 如何恰当地设置数据库的配置参数以保证数据库运转良好。

2．逻辑数据库和表的设计原则

数据库的逻辑设计，包括表与表之间的关系是关系型数据库性能的核心。一个好的逻辑数据库设计可以为优化数据库和应用程序打下良好的基础。

标准化的数据库逻辑设计包括用较多的、有相互关系的窄表来代替很多列的长数据表。下面是使用标准化表的一些好处。

- 由于表窄，因此可以使排序和建立索引更为迅速。
- 由于多表，所以多簇的索引成为可能。
- 具有更窄、更紧凑的索引。
- 每个表中可以有少一些的索引，因此可以提高 INSERT、UPDATE、DELETE 等操作的速度，因为这些操作在索引多的情况下会对系统性能产生很大的影响。
- 更少的空值和多余值，增加了数据库的紧凑性。

由于标准化，所以会增加在获取数据时引用表的数目和其间的连接关系的复杂性。太多的表和复杂的连接关系会降低服务器的性能，因此在这两者之间需要综合考虑。定义具有相关关系的主键和外键时，应该注意的事项主要是用于连接多表的主键和外键要有相同的数据类型。

3．索引的设计原则

在设计索引时要注意以下几个原则。

（1）比较窄的索引具有比较高的效率。对于比较窄的索引来说，每页上能存放较多的索引行，而且索引的级别也较少。所以，缓存中能放置更多的索引页，这样也减少了 I/O 操作。

（2）SQL Server 优化器能分析大量的索引和合并可能性。所以与较少的宽索引相比，较多的窄索引能向优化器提供更多的选择，但是不要保留不必要的索引，因为它们将增加存储和维护的开支。对于复合索引、组合索引或多列索引，SQL Server 优化器只保留最重要的列的分布统计信息，这样，索引的第一列应该有很大的选择性。

（3）表上的索引过多会影响 UPDATE、INSERT 和 DELETE 操作的性能，因为所有的索引都必须做相应的调整。另外，所有的分页操作都被记录在日志中，这也会增加 I/O 操作。

（4）对一个经常被更新的列建立索引，会严重影响性能。

（5）由于存储开支和 I/O 操作方面的原因，较小的自组索引比较大的索引性能更好一些。但它的缺点是要维护自组的列。

（6）尽量分析出每一个重要查询的使用频度，这样可以找出使用最多的索引，然后可以先对这些索引进行适当的优化。

（7）查询中的 WHERE 子句中的任何列都很可能是个索引列，因为优化器重点处理这个子句。

（8）对小于一定范围的小型表进行索引是不划算的，因为对于小型表来说表扫描往往更快而且费用低。

（9）与 ORDER BY 或 GROUP BY 命令一起使用的列一般适合做聚集索引。如果 ORDER BY 命令中用到的列上有聚集索引，那么就不会再生成临时表了，因为行已经排序了。GROUP BY 命令则一定产生一个临时表。

（10）聚集索引不应该构造在经常变化的列上，因为这会引起整行的移动。在实现大型交易处理系统时，尤其要注意这一点，因为这些系统中的数据往往是频繁变化的。

4．SQL 语句的书写规范

通常，在应用系统开发初期，由于数据库中的数据比较少，对于查询 SQL 语句，复杂视图的编写等表现不出 SQL 语句各种写法的性能优劣。但是当应用系统实际应用后，随着数据库中数据的增加，系统的响应速度就成为目前系统需要解决的最主要的问题之一。系统优化中一个很重要的方面就是 SQL 语句的优化。对于海量数据，劣质 SQL 语句和优质 SQL 语句之间的速度差别可以达到上百倍，可见，对于一个系统，不是简单地能实现其功能就可以了，而是要写出高质量的 SQL 语句，提高系统的可用性。

在书写 SQL 语句时要注意书写规范，通常的书写规范包括以下几条。

（1）SQL 语句的所有表名、字段名全部小写，系统保留字、内置函数名、SQL 保留字大写。

（2）连接符 OR、IN、AND，以及＝、<=、>=等前后加上一个空格。

（3）对较为复杂的 SQL 语句加上注释，说明算法、功能。对于注释也要注意书写风格。

- 注释单独成行，放在语句前面。
- 应对不易理解的分支条件表达式加注释。
- 对重要的计算应说明其功能。
- 过长的函数实现，应将其语句按实现的功能分段加以概括性说明。
- 每条 SQL 语句均应有注释说明（表名、字段名）。
- 对常量及变量注释时，应注释被保存值的含义、合法取值的范围。
- 可采用单行或多行注释，如“--”或“/*...*/”方式。

（4）SQL 语句的缩进风格。

- 一行有多列，超过 80 个字符时，基于列对齐原则，采用下行缩进。
- 书写 WHERE 子句时，每个条件占一行，语句另起一行时，以保留字或连接符开始，连接符左对齐。

（5）多表连接时，使用表的别名来引用列。

（6）供别的文件或函数调用的函数，绝不应使用全局变量交换数据。

5．SQL 语句性能优化建议

（1）避免嵌套连接，如 a=b AND b=c AND c=d。

（2）WHERE 条件中尽量减少使用常量比较，改用主机变量。

（3）系统可能选择基于规则的优化器，所以将结果集返回数据量小的表作为驱动表（FROM 后边最后一个表）。

（4）大量的排序操作影响系统性能，所以应尽量减少 ORDER BY 和 GROUP BY 排序操作。如必须使用排序操作，请遵循如下规则。

- 排序尽量建立在有索引的列上；
- 如结果集无须唯一，使用 UNION ALL 代替 UNION。

（5）索引的使用。

- 尽量避免对索引列进行计算，如索引列计算较多，建立函数索引。
- 尽量注意保持比较值与索引列数据类型的一致性。
- 对于复合索引，SQL 语句必须使用主索引列。
- 索引中，尽量避免使用 NULL。
- 对于索引的比较，尽量避免使用<>（或!=）。
- 查询列和排序列与索引列次序保持一致。

（6）尽量避免相同语句由于书写格式的不同，而导致多次语法分析。

（7）尽量使用共享的 SQL 语句。

（8）查询的 WHERE 过滤原则，应使过滤记录数最多的条件放在最前面。

（9）任何对列的操作都将导致表扫描，它包括数据库函数、计算表达式等，查询时要尽可能地将操作移至等号右边。

（10）IN、OR 子句常会使用临时表，使索引失效；如果不产生大量重复值，可以考虑把子句拆开，拆开的子句中应该包含索引。

15.2　使用 SQL Server Profiler 监视数据库

任务描述

任务名称：使用 SQL Server Profiler 监视数据库。

任务描述：如何实时掌握数据库的工作效率，了解数据库的运行状态，发掘数据库运行瓶颈是每个 DBA（数据库管理员）都关心的问题。

任务分析

在 SQL Server 2008 中，可以使用 SQL Server Profiler 工具来监视 SQL Server Database Engine 或 Analysis Services 实例。SQL Server Profiler 是 SQL Trace 的一种图形化用户界面工具，使用 SQL Server Profiler 可以交互式地捕获数据库活动，并可以选择将有关数据库事件的数据保存到一个文件或表中，再在适当的时候重放和分析这些保存的数据。

相关知识与技能

使用 SQL Server Profiler 工具时，特别要注意操作员的权限。在 Windows 身份验证模式下，运行 SQL Server Profiler 的用户账户必须拥有连接到 SQL Server 实例的权限。若要使用 SQL Server Profiler 执行跟踪，用户还必须拥有 ALTER TRACE 权限。

使用 SQL Server Profiler 可以帮助用户实现如下功能。

- 监视 SQL Server Database Engine、Analysis Services 或 Integration Services 的实例性能。
- 调试 T-SQL 语句和存储过程。
- 通过标识低速执行的查询来分析性能。
- 通过重播跟踪来执行负载测试和质量保证。
- 重播一个或多个用户的跟踪。
- 通过保存显示计划的结果来执行查询分析。
- 在项目开发阶段，通过单步执行语句来测试 T-SQL 语句和存储过程，以确保代码按预期方式运行。
- 通过捕获生产系统中的事件并在测试系统中重播这些事件来解决 SQL Server 中的问题。这对测试和调试很有用，并使得用户可以不受干扰地继续使用生产系统。
- 审核和检查在 SQL Server 实例中发生的活动，这使得安全管理员可以检查任何审核事件，包括登录尝试，访问语句和对象的权限的成功与否。
- 将跟踪结果保存在 XML 中，以提供一个标准化的层次结构来跟踪结果。这样，可以修改现有跟踪或手动创建跟踪，然后对其进行重播。
- 聚合跟踪结果，以允许对相似事件类进行分组和分析。这些结果基于单个列分组提供计数。
- 允许非管理员用户创建跟踪。
- 将性能计数器与跟踪关联，以诊断性能问题。
- 配置可用于以后跟踪的跟踪模板。

实践操作

下面以跟踪 dbStudents 为例来描述 SQL Server Profiler 的使用方法。

1．SQL Server Profiler 的启动

启动 SQL Server Profiler 的方法有以下几种。

方法一：选择“开始”|“所有程序”|“Microsoft SQL Server 2008”|“性能工具”|

“SQL Server Profiler”命令来启动 SQL Server Profiler。

方法二：从 SQL Server Management Studio 工具的主菜单选择“工具”｜“SQL Server Profiler”命令来启动 SQL Server Profiler。

方法三：从数据库引擎优化顾问的主菜单选择“工具”｜“SQL Server Profiler”命令来启动 SQL Profiler。

SQL Server Profiler 启动后的主界面如图 15.1 所示，除主菜单、工具栏外没有任何东西。接下来从主菜单中选择“文件”｜“新建跟踪”命令。

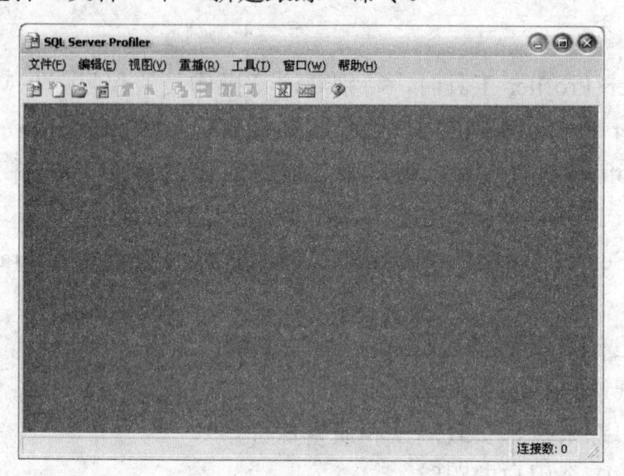

图 15.1　SQL Server Profiler 主界面

在选择了“新建跟踪”命令后，将打开一个“连接到服务器”对话框，在该对话框中可以指定要连接的 SQL Server 实例。输入相应信息后单击“连接”按钮，当连接到相应的数据库引擎后，打开如图 15.2 所示的“跟踪属性”对话框。

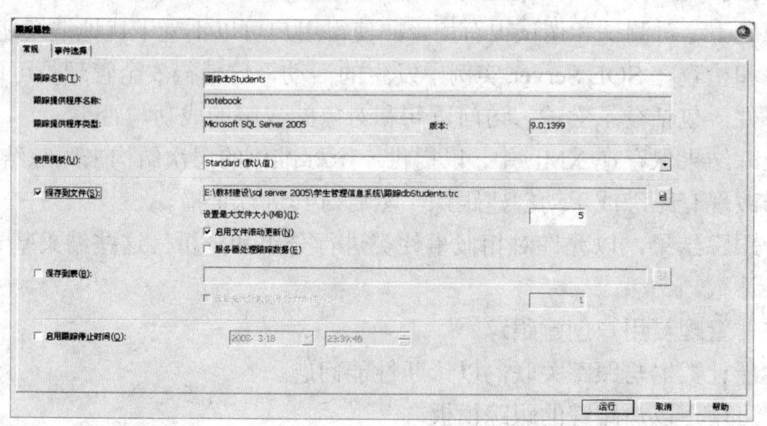

图 15.2 “跟踪属性”对话框中的“常规”选项卡

在“跟踪属性”对话框中有两个选项卡：“常规”和“事件选择”。

“常规”选项卡中需要命名跟踪名称、选择使用模板等操作。可以使用的预定义模板如表 15.1 所示，默认的模板是 Standard，这也是最常用的用于监视普通数据库服务器活动的模板。在跟踪时，还可以将跟踪结果保存到一个文件（扩展名为.trc），或者将跟踪结果保存到一个表。在该对话框中还可以设置跟踪停止时间。

表 15.1　预定义模板

模 板 名 称	模板的作用和事件类
Standard（默认）	捕获正在运行的存储过程和 T-SQL 批处理 用途：监视普通的数据库服务器活动
SP_Counts	根据时间捕获存储过程的执行行为 类：SP_Starting
T-SQL	捕获客户机提交给 SQL Server 的 T-SQL 语句和使用的时间 用途：调试客户机应用程序
T-SQL_Duration	捕获客户机提交给 SQL Server 的 T-SQL 语句和执行时间（以毫秒为单位），根据周期进行分组 用途：确定慢查询
T-SQL_Grouped	捕获客户机提交给 SQL Server 的 T-SQL 语句和使用的时间，根据提交该语句的用户或客户机进行分组 用途：从特定的客户机或用户中调查查询
T-SQL_Replay	如果要重放跟踪，则捕获所需的 T-SQL 语句的信息 用途：性能微调、基准测试
T-SQL_SPs	捕获有关执行存储过程的信息 用途：分析存储过程的组件步骤
Tuning	捕获有关存储过程和 T-SQL 批处理执行的信息 用途：产生 Database Engine Tuning Advisor 的跟踪输出，用于调整数据库

在“跟踪名称”文本框中输入“跟踪 dbStudents”，选中“保存到文件”复选项并设定文件名为“跟踪 dbStudents.trc”，“跟踪 dbStudents.trc”跟踪文件中将记录 dbStudents 数据库上发生的一切事件和操作。

在如图 15.3 所示的“事件选择”选项卡中，可以选择在跟踪期间要监视的事件。在该选项卡中还可以通过单击“列筛选器”按钮启动“编辑筛选器”对话框，设置列筛选的标准。还可以单击“组织列”按钮打开“组织列”对话框，修改跟踪的列顺序。

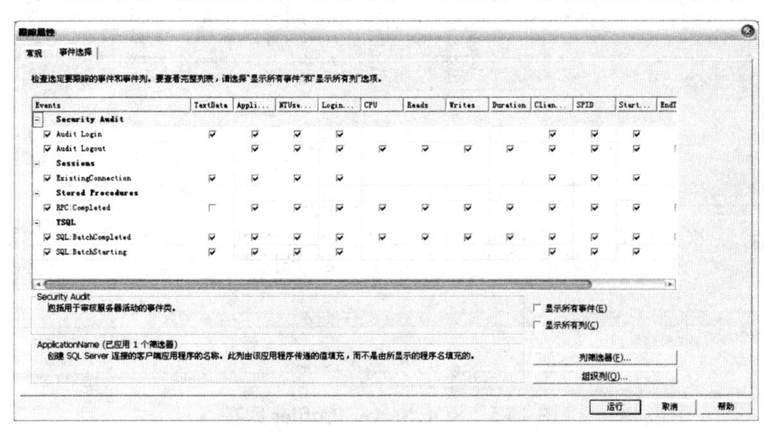

图 15.3　“跟踪属性”对话框的“事件选择”选项卡

在设置了跟踪属性之后，单击“运行”按钮开始进行跟踪。如图 15.4 所示为正在执行的跟踪“跟踪 dbStudents”。

跟踪窗口有两部分，窗口上半部分显示了跟踪数据库服务器所进行的事件和操作，包括要监视的 EventClass、该事件的 TextData，以及与跟踪属性中设置的跟踪模板相关的内容。窗口下半部分显示了当前事件正执行的 T-SQL 语句。单击上面所列出的每一行将会在该界面的下面显示相应的语句。

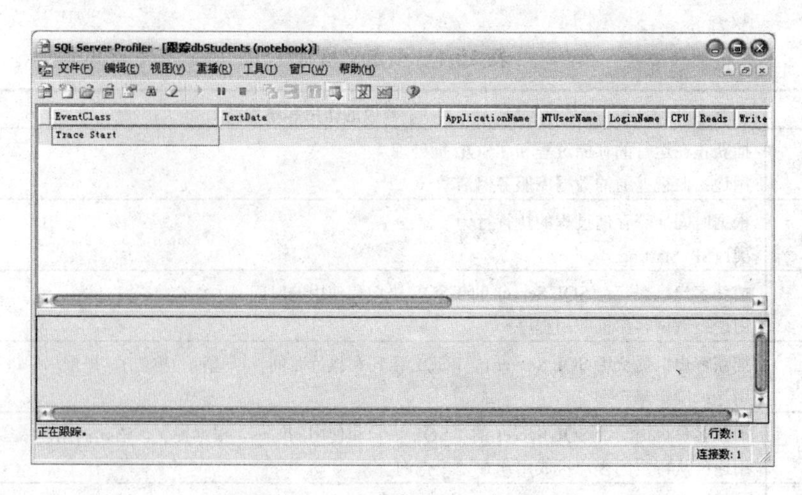

图 15.4　SQL Server Profiler 跟踪

SQL Server Profiler 正在执行跟踪 dbStudents，同时打开 SQL Server Management Studio 并新建查询输入代码：

```
use dbStudents
select*from classStudent
where clsName='网络'
```

然后按【F5】键执行，这时可以看到在 SQL Server Profiler 中已经检测并跟踪记录下了刚才所做的操作，如图 15.5 所示。

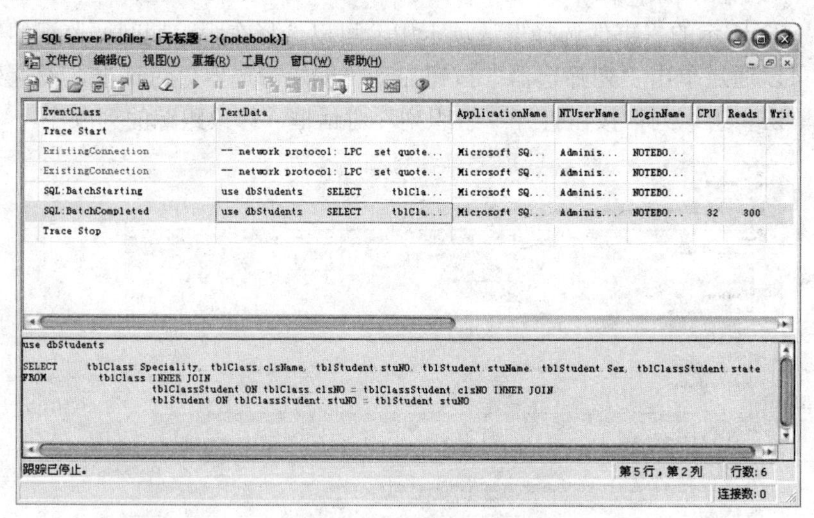

图 15.5　SQL Server Profiler 跟踪

如果此时执行应用程序，则 SQL Server Profiler 会完整记录该应用程序对数据库的所有操作。根据这些操作记录可以分析数据库的性能，监视数据库的动态，了解数据库的活动，为数据库的性能优化和调整提供依据。

2. 控制跟踪

在使用 SQL Server Profiler 定义并运行跟踪之后，可以对跟踪进行开始、暂停或停止捕获数据的控制。这些控制命令可以通过“文件”菜单下的“运行跟踪”、“暂停跟踪”、“停止跟踪”命令实现，也可以通过工具栏上的对应按钮来执行。

在开始跟踪后，SQL Server Profiler 建立的跟踪将会打开一个新的窗口，并立即捕获数据。在运行跟踪时用户只能修改跟踪的名称。跟踪的同时，用户仍然可以对数据库进行正常的使用。当然此时所做的一切操作将会被记录在“跟踪 dbStudents.trc”文件中。

当暂停跟踪时，将暂时停止当前正在进行的数据捕获，只有在重新开始跟踪时才会从前面捕获的数据处开始继续捕获数据。在暂停跟踪时用户可以修改跟踪的名称、事件、列和筛选器，但跟踪的目标和服务器连接不能被修改。

当停止跟踪时，正在进行的数据捕获也随之停止。在重新开始跟踪时前面捕获的数据会丢失，除非这些数据被保存到一个跟踪文件或跟踪表中。在停止跟踪之前，可以将搜集的信息保存到一个表或文件中。在停止跟踪时将会保存跟踪属性，这时可以修改跟踪的名称、事件、列和筛选器。

3．查看与分析跟踪

可以使用 SQL Server Profiler 查看跟踪中捕获的事件数据，也可以读取 SQL 跟踪.log 文件和通用 SQL 脚本文件。SQL Server Profiler 将按定义的跟踪属性显示数据。

在 SQL Server Profiler 中可以查看跟踪中捕获的事件数据，而分析 SQL Server 数据的一个方法是将数据复制到数据库引擎优化顾问。在后面将介绍使用数据库引擎优化顾问来分析跟踪捕获的事件数据。

可以通过选择“文件”|“打开”|“跟踪文件”命令来打开刚刚创建的“跟踪 dbStudents.trc”跟踪文件。

在如图 15.5 所示的窗口中，可以查看每一条指令或操作所占用的 CPU 时间、读和写磁盘的次数等。也可以按 CPU、Reeds 或 Writes 等数据列将跟踪表或跟踪文件分组来排除数据故障。比如，在如图 15.5 所示窗口中的最后一条 T-SQL 语句的执行花费了 32ms 的 CPU 时间、读取磁盘 300 次、写入 0 次，总共耗费 246ms。

4．重放跟踪

重放就是保存跟踪并在以后对其重播的功能。此功能可以再现跟踪中捕获的活动。在创建或编辑跟踪时，可以保存跟踪供以后重播。

SQL Server Profiler 具有多线程播放引擎，能模拟用户连接和 SQL Server 身份验证。重播对于解决应用程序或进程的问题是很有用的。当标识出问题并进行了纠正后，需要对纠正后的应用程序或进程运行找出潜在问题的跟踪。然后，重播原始跟踪并比较结果。

跟踪重播支持通过使用 SQL Server Profiler“重播”菜单上的“切换断点”和“运行至光标处”命令来进行调试。这些选项可以将跟踪重播打断为较短的段以便进行增量分析，大大改善了对长脚本的分析。

5．显示计划事件

SQL Server Profiler 允许在跟踪中搜集和显示查询计划信息。可以向跟踪中添加显示计划事件类，甚至将这些显示计划事件保存到 XML 文件中。

通过从 Profiler 主菜单中选择“文件”|“导出”|“提取 SQL Server 事件”|“提取显示计划事件”命令，可以提取跟踪中的显示计划事件。这样会打开一个“另存为”对话

框，可以将提取的显示计划事件保存到一个.SQLPlan 文件中，或者逐个保存到单独的.SQLPlan 文件中。然后可以在 SQL Server Management Studio 中打开该文件进行分析。

还可以通过在配置时设置跟踪属性来提取显示计划事件。单击“跟踪属性”对话框中的“事件选择”选项卡并滚动到 Performance 事件，如图 15.6 所示。如表 15.2 所示列出了可以添加到跟踪中的 Showplan 事件。

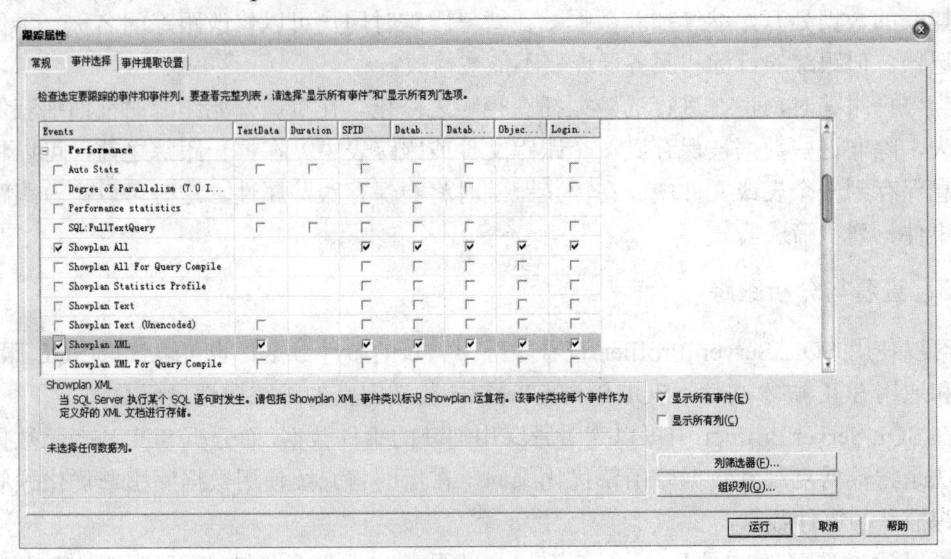

图 15.6　跟踪属性的 Performance 事件

表 15.2　显示计划事件

Showplan 事件	说　明
Performance statistics	显示何时从计划缓存中缓存、重编译和撤销一个已经编译的 Showplan
Showplan All	显示查询计划和已执行 T-SQL 语句的所有编译详情
Showplan All For Query Compile	显示 SQL Server 何时编译 SQL 语句。返回 Showplan XML for Query Compile 中可以使用的一组信息
Showplan Statistics Profile	显示查询计划，包括执行 SQL 语句的运行时详情和操作的行数
Showplan Text	以二进制格式显示执行 T-SQL 语句的查询计划
Showplan Text(Unencoded)	以纯文本格式显示执行 T-SQL 语句的查询计划
Showplan XML	显示最优化的查询计划，包括查询最优化过程中搜集的数据
Showplan XML For Query Compile	在编译时显示查询计划
Showplan XML Statistics Profile	以 XML 格式显示查询计划，包括执行 SQL 语句的运行详情和操作的行数

如果选择 Showplan XML、Showplan XML For Query Compile 或 Showplan XML Statistics Profile 事件，“跟踪属性”对话框中将显示名为“事件提取设置”的第三个选项卡。该选项卡将显示一个区域，该区域可以将提取的显示计划事件保存到一个.SQLPlan 文件中，或者逐个保存到单独的.SQLPlan 文件中。

在运行跟踪时，若从跟踪窗口的顶部选择 Showplan 项，则查询计划图显示在该窗口的底部。如图 15.7 所示为一个查询计划图。

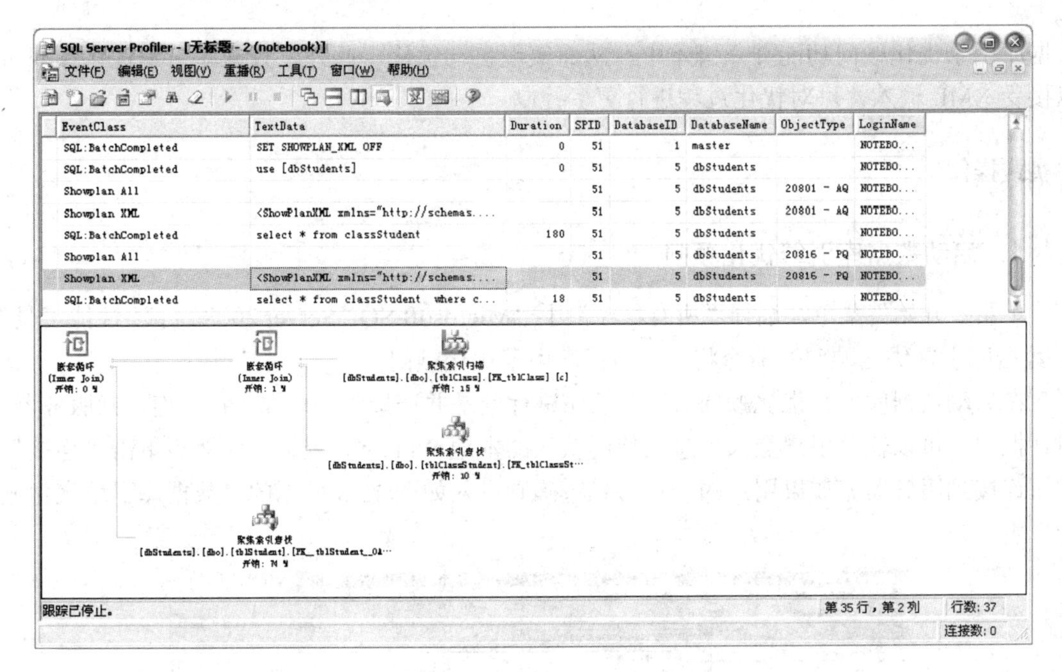

图 15.7　查询计划图

15.3　优化数据库

任务描述

任务名称：优化数据库。

任务描述：通过运行跟踪可以了解数据库运行效率和瓶颈。如何提高数据库的运行速度，优化数据库运行瓶颈是 DBA 非常关心的问题。

任务分析

优化数据库和改善运行效率是一个非常复杂的问题。

数据库的运行效率取决于数据库的设计和数据库系统的选取。在数据库系统特定的情况下，要想提高数据库的运行效率，只有逐步改进数据库的结构，使数据库结构更加合理。

为了改进和完善数据库结构，提高数据访问的速度和效率，SQL Server 2008 提供了一个新工具——数据库引擎优化顾问。通过该工具可以轻松获得数据库改进和优化方案。

相关知识与技能

数据库引擎优化顾问通过检查指定数据库中处理查询的方式，提出如何通过修改物理设计结构（如索引、索引视图和分区）来改善查询处理性能的建议。

数据库引擎优化顾问取代了 SQL Server 2000 中的索引优化向导，并提供了许多新增功能。例如，数据库引擎优化顾问提供两个用户界面：图形用户界面和 dta 命令提示实用工具。使用图形用户界面可以方便快捷地查看优化会话结果，而使用 dta 实用工具则可以轻松地将

数据库引擎优化顾问功能并入脚本中，从而实现自动优化。此外，数据库引擎优化顾问可以接受 XML 输入，可对优化过程进行更多控制。

实践操作

1. 启动数据库引擎优化顾问

单击“开始”菜单，选择“所有程序”|“Microsoft SQL Server 2008”|“性能工具”|“数据库引擎优化顾问”命令将启动数据库引擎优化顾问。

在启动数据库引擎优化顾问时，必须先进行登录并连接到服务器。在“连接到服务器”对话框中，可以输入用户登录信息或使用默认的本地 Windows 登录名，然后单击“连接”按钮连接到服务器。如果用户的登录信息正确则进入如图 15.8 所示的“数据库引擎优化顾问”主窗口。

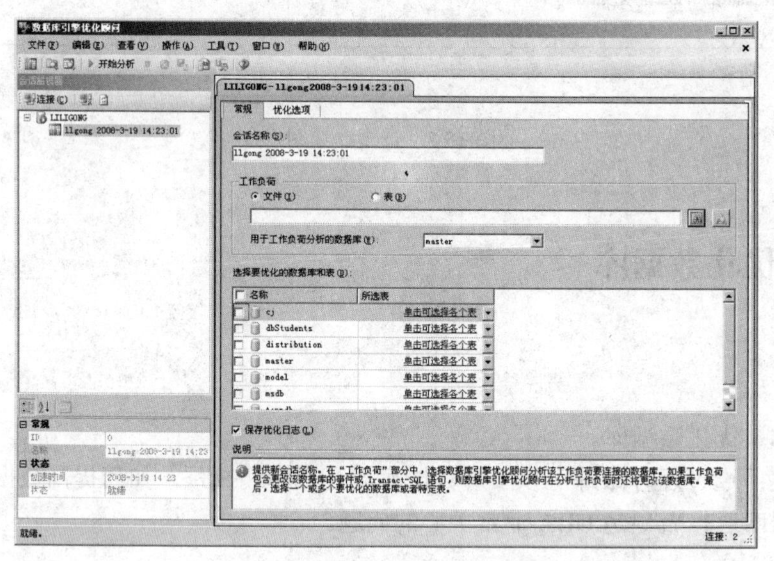

图 15.8 “数据库引擎优化顾问”主窗口

数据库引擎优化顾问默认显示两个主窗格：左窗格和右窗格。

左窗格中是会话监视器，包括对应 SQL Server 实例执行的所有优化会话和会话的属性。打开数据库引擎优化顾问时，在会话监视器的顶部将自动添加一个新会话，该会话名称由当前登录名和当时的日期、时间构成。可以通过右击会话名后，在弹出的快捷菜单中选择“重命名”命令或者在右窗格中进行修改和重命名操作。在会话监视器中除了列出了新添加的会话外，还列出了所连接的 SQL Server 实例中所有已完成的优化会话。在会话监视器中可右击鼠标，选择快捷菜单中的相关命令，对会话进行新建、打开、重命名、关闭、删除或克隆等操作，也可进行会话的开始分析、停止分析等操作，还可以根据需要按照名称、状态或创建时间等进行排序。在左窗格中，除了会话列表外，对应所选会话还在底部显示了该会话的常规和状态等信息。

右窗格中包含“常规”和“优化选项”选项卡。在“常规”选项卡中，可以修改优化会话的名称，也可以指定要使用的工作负荷文件或表，选择要在该会话中优化的数据库和表。工作负荷可以是跟踪文件、跟踪表、T-SQL 脚本或 XML 文件。优化数据库时，数据库引擎优化顾问使用工作负荷作为依据来进行分析并提出报告。在“优化选项”选项卡中，可以选择希望数据库引擎优化顾问在分析过程中考虑的物理数据库设计结构（索引或索引视图）和分区策略，还可以指定数据库引擎优化顾问优化工作负荷使用的最大时间，默认的数据库引擎优化顾问优化工作负荷的时间为一个小时。

2. 执行优化

对数据库执行优化，首先必须有对应数据库的工作负荷。工作负荷可以是跟踪文件、跟踪表、T-SQL 脚本或 XML 文件，其中最常用的是跟踪文件。

下面以在前面已经保存的跟踪文件“跟踪 dbStudents.trc”为工作负荷来对 dbStudents 数据库进行优化。

（1）在如图 15.9 所示窗口的右窗格的“常规”选项卡中，将会话名称修改为 dbStudents_1，工作负荷选中“文件”单选按钮，文件名为“跟踪 dbStudents.trc”。在要优化的数据库和表列表中选中 dbStudents 数据库，并选择相关的表，如图 15.9 所示。

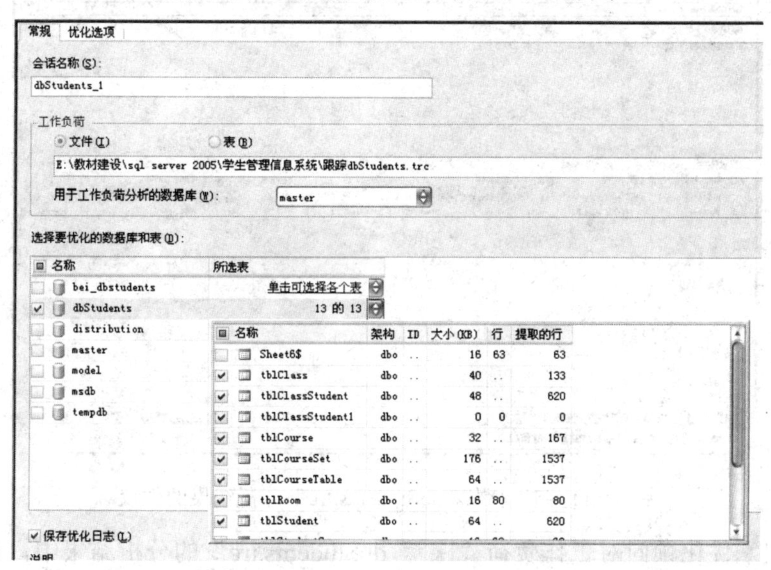

图 15.9　dbStudents_1 会话

（2）在“优化选项”选项卡中，可以使用默认的参数和设置，但是通常需要将存储空间设置为大于 4M，为了设置存储空间的值，需要单击“优化选项”选项卡中的“高级选项”按钮，在“高级优化选项”对话框中选中“定义建议所用的最大空间（MB）”复选框，并在对应文本框中输入 5，如图 15.10 所示，单击“确定”按钮返回。

（3）单击工具栏上的“开始分析”按钮 开始分析 或者选择“操作”|“开始分析”命令，开始按设定的参数对指定数据库进行分析。

（4）开始分析后会自动在右窗格中生成“进度”选项卡，在“进度”选项卡中动态显示分析的过程和进度，随着分析的进展报告每一步骤的状态和消息。

（5）分析完成后会右窗格中生成“建议”和“报告”选项卡。“建议”选项卡中显示了优化的结果，“报告”选项卡中显示了优化摘要和优化报告。

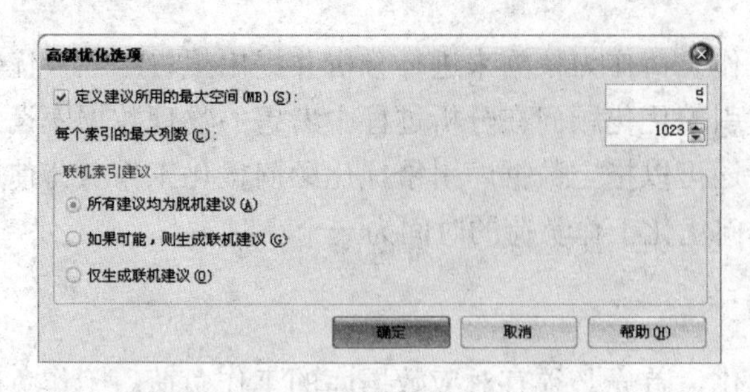

图 15.10　“高级优化选项”对话框

3. 查看优化建议

在数据库引擎优化顾问的右窗格中选择“建议”选项卡，如图 15.11 所示，可以看到根据分析工作负荷提出的优化建议，其中包括“分区建议”和“索引建议”。在对工作负荷“跟踪 dbStudents.trc”的分析结果中可以看到如图 15.11 所示的建议。

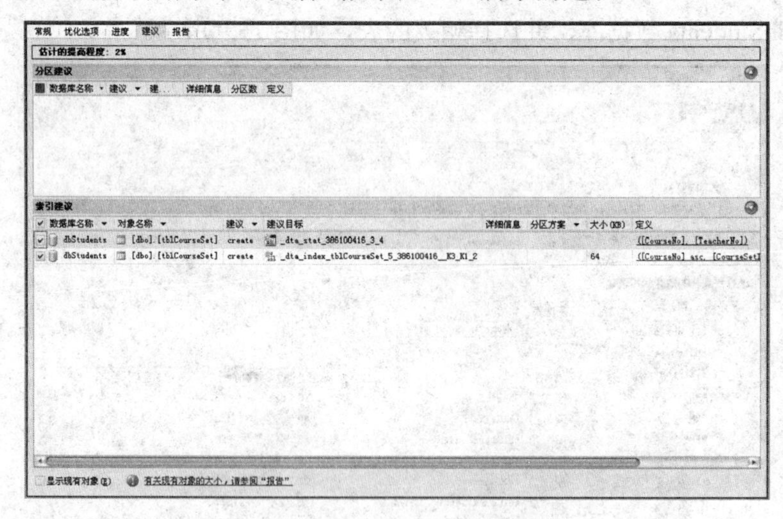

图 15.11　对“跟踪 dbStudents.trc”分析结果的建议

数据库引擎优化顾问对工作负荷“跟踪 dbStudents.trc”的分析结果中，仅仅对索引提出了两条建议，而对分区没有任何建议。在对索引提出的建议中，两条都是对 tblCourseSet 表新建索引的建议，对于每一条建议，可以单击“定义”列的值，产生该建议具体的优化 SQL 脚本，如图 15.12 所示。对于建议所产生的脚本可以通过“复制到剪贴板”、“粘贴”命令来执行并达到数据库优化的最终目的。

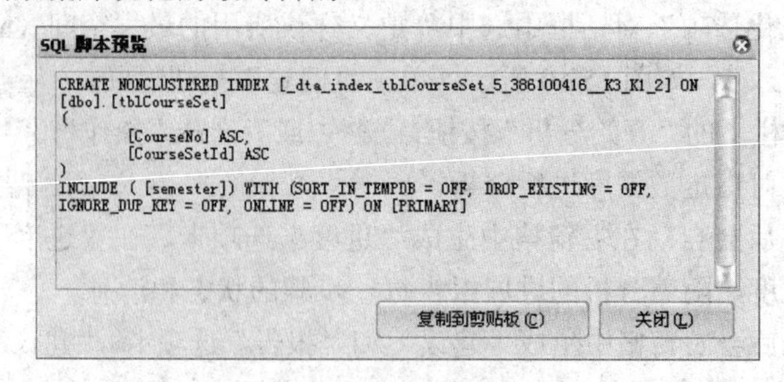

图 15.12　“SQL 脚本预览”对话框

对工作负荷“跟踪 dbStudents.trc”的分析结果中为什么只有对 tblCourseSet 表的两条建

议而没有针对其他表或对象的建议呢？其实，数据库引擎优化顾问仅仅对工作负荷“跟踪 dbStudents.trc”感兴趣，也就是仅仅对工作负荷中涉及的表和对象，以及在这些表和对象上所做的操作进行分析，发现性能的瓶颈，根据瓶颈提出优化建议。

在此，应了解数据库引擎优化顾问仅仅是“顾问”，而不能替用户进行优化，真正的优化还需要比较扎实的数据库功底和对数据库结构的详细了解。

对于“建议”，可以从“操作”菜单中选择“应用建议”、“保存建议”或“评估建议”等命令。

4．查看优化报告

在对工作负荷“跟踪 dbStudents.trc”分析完成后，除了提出优化建议外还给出了报告。“报告”选项卡中包含了优化摘要和优化报告，如图 15.13 所示。

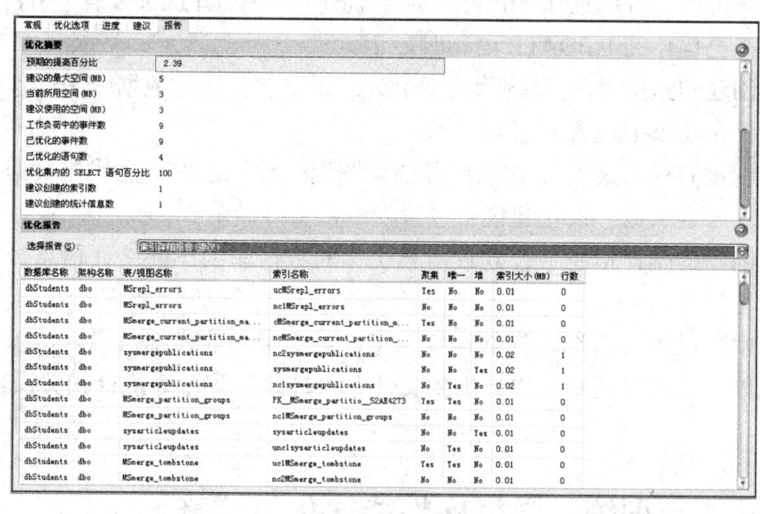

图 15.13 “报告”选项卡

优化摘要显示了数据库引擎优化顾问建议的摘要，包括以下内容。

- 日期：数据库引擎优化顾问创建报告的日期。
- 时间：数据库引擎优化顾问创建报告的时间。
- 服务器：作为数据库引擎优化顾问工作负荷的目标的服务器。
- 要优化的数据库：受数据库引擎优化顾问建议影响的数据库。
- 工作负荷文件：当工作负荷为文件时显示。
- 工作负荷表：当工作负荷为 SQL Server 表时显示。
- 工作负荷：在工作负荷已从 SQL Server Management Studio 中的查询编辑器中导入后显示。
- 最长优化时间：配置为可用于数据库引擎优化顾问分析的最长时间。
- 优化所用的时间：数据库引擎优化顾问分析工作负荷实际使用的时间。
- 预期的提高百分比：接受数据库引擎优化顾问的所有建议后，目标工作负荷预期的提高百分比。
- 建议的最大空间（MB）：建议使用的最大空间。此值是在进行分析之前单击“优化选项”选项卡上的“高级选项”按钮进行配置的。

- 当前所用空间（MB）：被分析的数据库中的索引当前使用的空间。
- 建议使用的空间（MB）：接受数据库引擎优化顾问的所有建议后，索引使用的预期近似空间量。
- 工作负荷中的事件数：工作负荷中包含的事件数。
- 已优化的事件数：工作负荷中已优化的事件数。如果无法优化某个事件，该事件将列在优化日志中。可以在“进度”选项卡上访问优化日志。
- 已优化的语句数：工作负荷中已优化的语句数。如果无法优化某个语句，该语句将列在优化日志中。可以在“进度”选项卡上访问优化日志。
- 优化集内的 SELECT 语句百分比：已优化语句中 SELECT 语句所占的百分比。仅在存在已优化的 SELECT 语句时显示。
- 优化集内的 UPDATE 语句百分比：已优化语句中 UPDATE 语句所占的百分比。仅在存在已优化的 UPDATE 语句时显示。
- 建议创建的索引数/建议删除的索引数：建议在已优化数据库中创建或删除的索引数。仅在建议中包含索引时显示。
- 建议创建的视图索引数/建议删除的视图索引数：建议在已优化数据库中创建或删除的视图索引数。仅在建议中包含视图索引时显示。
- 建议创建的统计信息数：建议对已优化的数据库创建的统计信息数。仅在统计信息有建议值时显示。

优化报告中可以查看所选报告的详细信息。对于报告的详细信息，可以右击鼠标，在弹出的快捷菜单中选择“复制”、“导出到文件”、“打印”等命令执行相关操作。

15.4 回顾与训练：数据库性能优化与调整

对数据库依赖程度越来越高的今天，数据库的性能已经变得非常敏感，数据库的性能优化已经演变为一项相当重要的系统工程。从数据库角度出发，数据库性能优化可以分为两个阶段，一是设计与开发阶段，二是数据库的运行阶段。

在数据库的设计与开发阶段，要重点考虑四个方面的因素：硬件、数据库和表的设计、索引的设计和查询的设计。

在数据库的运行阶段，重点考虑的是在现有数据库基础上如何进行优化和性能的调整。在 SQL Server 2008 中，提供了两个用于性能优化和调整的工具：SQL Server Profiler 和数据库引擎优化顾问。在实际使用中，可以使用 SQL Server Profiler 来监视数据库的使用情况并将数据库使用记录存储到跟踪文件，然后通过数据库引擎优化顾问对跟踪文件进行分析并提出优化建议和分析报告，进而可以根据建议来优化和调整数据库。

下面，请大家根据所学知识完成以下任务。

1．任务

（1）根据 SQL 语句的设计和优化原则，对项目 2 和项目 3 中的相关 SQL 语句进行规范和优化。

（2）使用 SQL Server Profiler 对学生选课过程进行跟踪，将跟踪结果保存到“学生选课跟踪.trc”文件。

（3）使用数据库引擎优化顾问对“学生选课跟踪.trc”进行分析，根据分析结果对数据库 dbStudents

实施优化和调整。

2．要求和注意事项

（1）对前面任务中的 SQL 语句，从书写格式上进行规范化调整，从执行性能上进行优化。

（2）对优化前后的 SQL 语句，使用 SQL Server Profiler 进行跟踪并对比分析优化前后的执行效率。

（3）使用 Tuning 模板对学生选课过程进行跟踪，跟踪过程中注意每条语句所花费的时间，以及花费时间较多的查询所涉及的表或视图。

（4）使用数据库引擎优化顾问对“学生选课跟踪.trc”进行分析，重点查看和分析跟踪过程中花费时间较多的查询所涉及的表或视图。

（5）对数据库进行优化，优化完后再次重复执行任务（2）～（3）并进行对比分析。

3．操作记录

（1）记录所操作计算机的硬件配置。

（2）记录所操作计算机的软件环境。

（3）记录优化前的 SQL 语句和执行该语句需要的时间。

（4）记录优化后的 SQL 语句和执行该语句需要的时间。

（5）在对学生选课过程进行跟踪时，记录每条语句所花费的时间，以及花费时间较多的查询所涉及的表或视图。

（6）记录花费时间较多的表所具有的索引。

（7）记录对数据库优化时所涉及的表和对该表所做的优化。

（8）记录优化完后相关表上的查询语句的执行时间。

（9）描述数据库性能优化过程中所遇到的问题及解决思路和方法。

（10）总结本次实验体会。

4．思考和总结

（1）总结索引和 SELECT 语句中 WHERE 子句字段引用的关系。

（2）总结 SQL Server Profiler 和数据库引擎优化顾问能够帮助我们解决的问题。

附录 A 习题答案

A.1 认识数据库习题答案

1. 选择题

（1）B　（2）A　（3）C　（4）A　（5）C

2. 填空题

（1）数据库管理系统

（2）独立性；共享性

（3）数据定义语言

（4）数据操作语言

（5）数据结构；数据操作；完整性约束

（6）实体完整性；参照完整性；用户定义完整性

3. 名词解释题

（1）数据库：具有统一的结构形式，存放于统一的存储介质内，可被多个应用程序所共享的数据的集合。

（2）数据库管理系统：负责数据库中的数据组织、数据操作、数据维护及控制、数据保护和数据服务等任务的系统软件。

（3）数据库系统：引入了数据库技术后的计算机系统，包括支持数据库系统的计算机硬件、操作系统、数据库、数据库管理系统、应用程序、数据库管理人员、应用程序员及最终用户等。

（4）关系模型：采用二维表结构来表示各类实体及实体间的联系。关系模型的数据结构简单、清晰，用户易懂易用，具有更高的数据独立性和更好的安全保密性。

4. 简答题

（1）答：数据库系统的出现是计算机应用的一个里程碑，它使得计算机应用从以科学计算为主转向以数据处理为主，从而使计算机得以在各行各业乃至家庭普遍使用。数据库系统的出现使得普通用户能够方便地将日常数据存入计算机，并在需要的时候快速访问它们，从而使计算机走出科研机构，进入各行各业、进入家庭。数据库技术不仅在传统商业领域、事务处理领域中发挥着极大作用，而且在非传统应用中也起到越来越重要的支撑作用。计算机新技术与数据库技术相互融合、相互促进，是新技术本身发挥作用和保持强劲发展势头的重要前提。

（2）答：数据库管理系统的主要目标是使数据成为方便用户使用的资源，易于为各类用户所共享，并增进数据的安全性、完整性和可用性。数据库管理系统具有强大的功能，其中主要包括数据库的定义、数据操作、数据运行控制、数据字典、数据库的建立和维护、数据库接口功能。

（3）答：关系模型与非关系模型不同，它建立在严格的数学概念的基础上。关系模型的数据结构简单、清晰，用户易懂易用。关系模型具有更高的数据独立性和更好的安全保密性，也简化了程序员的工作和数据库开发建立的工作。所以虽然关系模型出现较晚，但由于其用户界面简单、操作方便，因而发展迅速，已成为受到用户普遍欢迎的数据模型。

A.2　认识关系数据库习题答案

1. 选择题

（1）D　（2）D　（3）C　（4）C　（5）D

（6）B　（7）A　（8）B　（9）C

2. 填空题

（1）唯一地标识表中的每一条记录；唯一性；空

（2）用户还没有为该字段输入值；0；空字符串

（3）一次

（4）数据的合法性；数据是否属于所定义的有效范围；表示同一事实的两个数据应当一致

（5）数据表中每一条记录都是唯一的；相关联的数据表间的数据保持一致；某一具体关系数据库的约束条件并由其应用环境决定的

（6）主键；外键

（7）实体；属性；联系

（8）如果一个关系数据表中每个字段值都是不可分解的数据量

（9）如果一个数据表满足第一范式的要求而且它的每个非主键字段完全依赖于主键；以两个或多个字段的组合作为数据表的主键

（10）如果一个数据表满足第二范式的要求，而且该表中的每一个非主键字段不传递依赖于主键

3. 名词解释

（1）主键：由一个或多个字段组成，其值具有唯一性，而且不允许取空（NULL），主键的作用是唯一地标识表中的每一条记录。

（2）一对一关联：设在一个数据库中有A、B两个表，对于表A中的任何一条记录，在表B中只能有一条记录与之相对应；反之，表B中的任何一条记录，表A中也只能有一条记录与之对应，则称这两个表是一对一关联的。

（3）实体：现实世界中存在的，可以相互区别的人或物。一个实体的集合对应于数据库中的一个数据表，一个实体则对应于表中的一条记录。

（4）属性：表示实体或联系的某种特征。一个属性对应于数据表中的一列，即一个字段。

（5）传递依赖：指在一个数据表中有A、B、C三个字段，如果字段B依赖于字段A，字段C又依赖于字段B，则称字段C传递依赖于字段A，并称在该数据表中存在传递依赖关系。

4．简答题

（1）答：通过定义主键（PRIMARY KEY）来保证记录的唯一性。通过外键（FOREIGN KEY）使多个表之间关联起来。利用NULL和NOT NULL决定字段是否允许不输入数据。利用UNIQUE约束决定字段的唯一性，与主键不同的是，在UNIQUE字段中允许出现NULL，但最多只能出现一次。CHECK约束用于检查一个字段或整个表的输入值是否满足指定的检查条件，DEFAULT约束用于指定一个字段的默认值。

（2）答：在数据表中建立索引具有如下特点：索引块小、查询速度快、索引可以自动维护、索引可以保证数据唯一性、可以建立多索引。

（3）答：画E-R图的一般步骤是先确定实体集与联系集，把参加联系的实体集连接起来，然后分别连接所有实体和联系的属性。当实体集与联系较多时，为了E-R图的整洁和可读性，可以略去部分属性。

（4）答：略

A.3 应用关系数据库语言SQL习题答案

1．选择题

（1）C　　（2）A　　（3）D　　（4）A　　（5）B

（6）D　　（7）C　　（8）A　　（9）D　　（10）B

2．填空题

（1）外模式；模式；内模式；外模式；模式；内模式

（2）字符；用空格补足

（3）允许空

（4）DISTINCT

（5）WHERE；HAVING

（6）等值连接查询；非等值连接查询；自然连接查询；自身连接查询；外连接查询

（7）连接查询

（8）在子查询的结果集合中查找是否存在指定值；测试子查询的结果是否为空表

（9）单引号

3．简答题

（1）答：SQL语言的特点有高度综合统一，高度非过程化，视图操作方式，统一的语法结构、两种使用方式，语言简洁、易学易用，支持二级模式结构。SQL语言的功能主要有数据定义、数据查询、数据操作、数据控制。

（2）答：索引在数据库中需要占用空间，表越大，建立的包含该表的索引也越大。数据库一般都是动态的，经常会有记录的增加、修改和删除操作。当一个含有索引的表被改动时，索引也要更新以反映改动。这样增加、修改和删除记录的速度可能会减慢。所以不要在表中建立太多且很少用到的索引。

（3）答：如果在多个表的所有字段中去除一些相同的字段名，则要用到自然连接查询。如果需要在查询的结果表中既包含满足条件的记录，又包含指定表中的所有记录，就要使用外连接查询。

（4）答：略。

4．操作题

（1）显示stu_info表中性别为“男”的记录，只显示name和sex字段。字段名称分别指定为“姓名”和“性别”。

语句为：

```
SELECT name as 姓名,sex as 性别  FROM stu_info where sex='男'
```

（2）显示stu_info表中所有不足20岁的学生姓名和年龄。

语句为：

```
SELECT name AS 姓名,year(getdate())-year(borndate)as 年龄
from stu_info where(year(getdate())-year(borndate))<20
```

（3）显示stu_info表中所有学生的户籍编码，并去掉重复记录。（提示：户籍编码为身份证号码的前6位）

```
SELECT DISTINCT substring(peop_id,1,6) as 户籍编码 FROM stu_info
```

（4）显示stu_info表中所有2007级的男生的记录。（提示：学生的年级是学号的前4位）

语句为：

```
SELECT*FROM stu_info WHERE sex='男'and substring(stu_id,1,4)='2007'
```

（5）显示stu_info表中所有1986—1988年出生的学生记录。

语句为：

```
SELECT*FROM stu_info WHERE year(borndate)BETWEEN 1986 AND 1988
```

（6）显示stu_info表中所有不姓“张”和“李”的学生记录。

```
SELECT*FROM stu_info WHERE name not like'[张,李]%'
```

（7）显示stu_info表中的学生记录，查询结果按年龄进行降序排序。

语句为：

```
SELECT*FROM stu_info ORDER BY borndate
```

（8）显示stu_info表中的学生记录，查询结果按班级编号进行降序排序，同一班级的学生按照性别进行降序排序。

语句为：

```
SELECT * FROM stu_info ORDER BY class_id DESC,sex DESC
```

（9）统计 stu_info 表中各班的男生和女生的人数，在查询结果中显示班级编号、性别和人数，查询结果按班级编号升序排序。

语句为：

```
SELECT class_id as 班级编号,sex as 性别,count(class_id)as 人数
FROM stu_info GROUP BY class_id,sex ORDER BY class_id
```

（10）查询每个学生每门课程中成绩超过 90 分的记录，结果表中显示学号、姓名、课程名和成绩 4 个字段。

语句为：

```
SELECT stu_info.stu_id as 学号,name as 姓名,
course_name as 课程名称,result as 成绩
FROM stu_info,course_info,result_info
WHERE stu_info.stu_id=result_info.stu_id AND
result_info.course_no=course_info.course_no and result>90
```

（11）查询选修了“高等数学”和“语文”课程的学生学号、姓名和班级编号。

语句为：

```
SELECT stu_id as 学号,name as 姓名,class_id as 班级编号
FROM stu_info
WHERE stu_id IN
  (SELECT stu_id
   FROM result_info
   WHERE course_no IN
     (SELECT course_no
      FROM course_info
      WHERE course_name='高等数学'or course_name='语文'))
```

（12）查询与“李四”不同班的学生信息。

语句为：

```
SELECT*FROM stu_info
WHERE class_id=(SELECT class_id FROM stu_info WHERE name<>'李四')
```

（13）查询比学号为 2007001 的学生的某一科成绩高的学生成绩信息。

语句为：

```
SELECT*FROM result_info
WHERE result>ANY
(SELECT result FROM result_info WHERE stu_id='2007001')
```

（14）在三个数据表中进行查询，得到的学生学号、姓名、班级编号、课程名称、课程成绩 5 个字段和相应的记录，并创建新表 stu_class_result 用于保存结果。

语句为：

```
SELECT stu_info.stu_id,name,class_id,course_info.course_name,result
INTO stu_class_result
FROM stu_info,result_info,course_info
```

```
WHERE stu_info.stu_id=result_info.stu_id AND
result_info.course_no=course_info.course_no
```

（15）分别计算每个班级男生和女生的总分数，结果表中显示班级编号、性别和总分数 3 个字段。

语句为：

```
SELECT class_id,sex,SUM(result)AS 总分数 FROM result_info,stu_info
WHERE result_info.stu_id=stu_info.stu_id
GROUP BY class_id,sex
```

（16）统计所有学生的总成绩，并进行降序排序。结果表中显示班级编号、姓名和总成绩。

语句为：

```
SELECT class_id,name,SUM(result)AS 总分数 FROM
result_info,stu_info WHERE result_info.stu_id=stu_info.stu_id
GROUP BY class_id,name order by 总分数 DESC
```

（17）在学生基本信息表中插入一条新学生的记录（学号：2007009，姓名：李九，性别：男，生日：1984 年 8 月 25 日，身份证号码：120101198408250077，班级编号：07002）。

语句为：

```
INSERT INTO stu_info
VALUES('2007009','李九','男','1984-8-25','120101198408250077','07002')
```

（18）将学生基本信息表中"李九"的生日修改为"1988 年 8 月 25 日"。

语句为：

```
UPDATE stu_info SET borndate='1988-8-25'WHERE name='李九'
```

（19）将所有 2007 级的学生修改为 2008 级，即将学号前 4 位修改为 2008，班级编号前两位修改为 08，并修改相关的数据表。

语句为：

```
UPDATE stu_info SET stu_id='2008'+substring(stu_id,5,3),
class_id='08'+substring(class_id,3,3)
WHERE substring(stu_id,1,4)='2007'
UPDATE result_info SET stu_id='2008'+substring(stu_id,5,3),
WHERE substring(stu_id,1,4)='2007'
```

（20）删除学生基本信息表中"李九"的记录。

语句为：

```
DELETE FROM stu_info WHERE name='李九'
```

A.4　认识常用数据库产品习题答案

1. 填空题

（1）Transact-SQL

（2）Linux；Apache；MySQL；PHP

（3）Windows；Windows 和 UNIX

2. 简答题

（1）答：Oracle 数据库管理系统采用标准的 SQL 结构化查询语言，支持大型数据库，数据类型支持大约 4GB 的二进制数据，支持多种系统平台（UNIX、Windows、OS/2 等），数据安全级别为最高级，支持多种语言文字编码。

DB2 数据库管理系统是 IBM 公司开发的一种大型关系型数据库平台，它支持面向对象的编程，支持多媒体应用程序，具有较强的备份和恢复能力，支持递归的 SQL 查询。支持多种系统平台，数据安全级别为最高级。

微软的 SQL Server 数据库系统是一项完美的客户机/服务器系统，SQL Server 在服务器端的软件运行平台必须是微软公司的操作系统。由于 SQL Server 与 Windows 界面风格完全一致，且有许多“向导”帮助，因此掌握起来比较容易，目前被很多中小企业所采用。

MySQL 是一个小型关系型数据库管理系统。MySQL 体积小、速度快，可以在多种操作系统下运行，可以处理拥有上千万条记录的大型数据库。而且 MySQL 是开放源码的软件，因此可以大大降低总体拥有成本。

（2）答：①数据库应用的规模、类型和用户数量。

②速度指标。

③软硬件平台。

④价格。

⑤目前相对优势和应用领域。

附录B 常用内置函数

SQL Server 2008 提供了许多内置函数，同时也允许创建用户自定义函数。在内置函数中，大多数都是从以前版本的 SQL Server 中继承过来的，也有部分是 SQL Server 2008 新增加的函数。

B.1 内置函数分类

SQL Server 2008 内置函数从返回结果划分，有确定的和不确定的两类。如果任何时候用一组特定的输入值调用内置函数，返回的结果总是相同的，则这些内置函数为确定的；如果每次调用内置函数时，即使用的是同一组特定输入值，也总返回不同结果，则这些内置函数为不确定的。

SQL Server 2008 内置函数从功能上划分，可以划分为 13 类，如表 B.1 所示。

表 B.1 SQL Server 2008 内置函数分类

函　数	说　明
行集函数	返回可在 SQL 语句中像表引用一样使用的对象
聚合函数	对一组值进行运算，但返回一个汇总值
排名函数	对分区中的每一行均返回一个排名值
配置函数	返回当前配置信息
游标函数	返回游标信息
日期和时间函数	对日期和时间输入值执行运算，然后返回字符串、数字或日期和时间值
数学函数	基于作为函数的参数提供的输入值执行运算，然后返回数字值
元数据函数	返回有关数据库和数据库对象的信息
安全函数	返回有关用户和角色的信息
字符串函数	对字符串（char 或 varchar）输入值执行运算，然后返回一个字符串或数字值
系统函数	执行运算后返回 SQL Server 实例中有关值、对象和设置的信息
系统统计函数	返回系统的统计信息
文本和图像函数	对文本或图像输入值或列执行运算，然后返回有关值的信息

B.2 常用内置函数介绍

SQL Server 2008 中常用的内置函数如表 B.2 所示。

表 B.2 常用内置函数

序号	函　数	功能说明
1	AVG([ALL｜DISTINCT]expression)	返回组中各值的平均值。空值将被忽略
2	COUNT({[[ALL｜DISTINCT] expression]｜*})	返回组中的项数
3	MAX([ALL｜DISTINCT]expression)	返回表达式中的最大值
4	MIN([ALL｜DISTINCT]expression)	返回表达式中的最小值
5	SUM([ALL｜DISTINCT]expression)	返回表达式中所有值的或仅非重复值的和。SUM 只能用于数字列。空值将被忽略
6	GETDATE( )	以 datetime 值的 SQL Server 2008 标准内部格式返回当前系统日期和时间
7	DAY(date)	返回表示指定日期的“天”部分的整数
8	MONTH(date)	返回表示指定日期的“月”部分的整数
9	YEAR(date)	返回表示指定日期的“年份”部分的整数
10	ABS(numeric_expression)	返回指定数值表达式的绝对值（正值）的数学函数
11	COS(float_expression)	一个数学函数，返回指定表达式中以弧度表示指定角的三角余弦
12	EXP(float_expression)	返回指定的 float 表达式的指数值
13	LOG(float_expression)	返回指定的 float 表达式的自然对数
14	LOG10(float_expression)	返回指定的 float 表达式的常用对数（即以 10 为底的对数）
15	PI()	返回 PI 的常量值
16	POWER(numeric_expression,y)	返回指定表达式的指定幂的值
17	RADIANS(numeric_expression)	对于在数值表达式中输入的度数值返回弧度值
18	RAND([seed])	返回从 0 到 1 之间的随机 float 值
19	ROUND(numeric_expression, length[,function])	返回一个数值表达式，舍入到指定的长度或精度
20	SIN(float_expression)	以近似数字（float）表达式返回指定角度（以弧度为单位）的三角正弦值
21	SQRT(float_expression)	返回指定表达式的平方根
22	TAN(float_expression)	返回输入表达式的正切值
23	ASCII(character_expression)	返回字符表达式中最左侧字符的 ASCII 代码值
24	CHAR(integer_expression)	将 int ASCII 代码转换为字符
25	LEFT(character_expression,integer_expression)	返回字符串中从左边开始指定个数的字符
26	LEN(string_expression)	返回指定字符串表达式的字符（而不是字节）数，其中不包含尾随空格
27	LOWER(character_expression)	将大写字符数据转换为小写字符数据后返回字符表达式
28	LTRIM(character_expression)	返回删除了前导空格之后的字符表达式
29	REPLACE('string_expression1', string_expression2', 'string_expression3')	用第三个表达式替换第一个字符串表达式中出现的所有第二个指定字符串表达式的匹配项
30	REPLICATE(character_expression,integer_expression)	以指定的次数重复字符表达式
31	RIGHT(character_expression,integer_expression)	返回字符串中从右边开始指定个数的字符

续表

序号	函　　数	功 能 说 明
32	RTRIM(character_expression)	截断所有尾随空格后返回一个字符串
33	SPACE(integer_expression)	返回由重复的空格组成的字符串
34	STR(float_expression[, length[,]])	返回由数字数据转换来的字符数据
35	SUBSTRING(expression,start, length)	返回字符表达式、二进制表达式、文本表达式或图像表达式的一部分
36	UPPER(character_expression)	返回小写字符数据转换为大写的字符表达式
37	APP_NAME( )	返回当前会话的应用程序名称（如果应用程序进行了设置）
38	HOST_ID( )	返回工作站标志号
39	HOST_NAME( )	返回工作站名

B.3 SQL Server 2008 新增函数

SQL Server 2008 中新增了几个排序函数，如 ROW_NUMBER、RANK、DENSE-_RANK、NTILE 等。这些新函数可以有效地分析数据，以及向查询的结果行提供排序值。

B.3.1 ROW_NUMBER( )函数

该函数可以为返回结果集中分组内的每一行提供一个序列号，每个分组的第一行从 1 开始。ROW_NUMBER 返回的是结果集的顺序，而不是数据库中记录存放的原始顺序。

ROW_NUMBER 函数的语法结构如下：

```
ROW_NUMBER()OVER([<partition_by_clause>]<order by_clause>)
```

该函数的参数和返回值如下。

- <partition_by_clause> ：可选参数。将生成的结果集根据<partition_by_clause>进行分组。
- <order_by_clause>：将分组中的行根据<order_by_clause>进行排序。
- 返回结果为 bigint。

该函数只能在查询的两个子句中指定，一是 SELECT 子句，二是 ORDER BY 子句。下面通过实例来简要说明该函数的功能和使用方法。

例如：

```
USE dbStudents
GO
SELECT  ROW_NUMBER()OVER(PARTITION by clsName ORDER BY stuNo)
AS rownumber,clsName,stuNo,stuName,Sex
FROM vClassStudent
ORDER BY clsName
```

该语句执行结果如图 B.1 所示。

	rownumb...	clsNa...	stuNo	stuNa...	Sex
22	22	测量01	19989022	陈青余	男
23	23	测量01	19989023	仇方伟	男
24	24	测量01	19989024	李建慧	男
25	1	测量03	991151	张继强	男
26	2	测量03	991152	张建锋	男
27	3	测量03	991153	张建龙	男
28	4	测量03	991154	张金海	男
29	5	测量03	991155	张经纬	男
30	6	测量03	991156	张立群	男
31	7	测量03	991157	张利	男
32	8	测量03	991158	[illegible]	男

查询已成功执行。

图 B.1 执行结果

B.3.2 RANK( )函数

RANK( )函数可以返回结果集中的数据根据指定字段排序后，行在每一分组内的排名（或名次），如通常所说的学生成绩名次是班级内按学生成绩进行排名。如果两个或多个行与一个排名关联，则每个关联行将得到相同的排名。如班级内两名同学的成绩相同，则这两名同学的名次一样。但是要注意，该函数返回的排名是不连续的。比如两名同学并列第一，则下一个同学名次是第三，没有名次为第二的同学。

RANK( )函数的语法结构如下：

```
RANK()OVER([<partition_by_clause>]<order_by_clause>)
```

该函数的参数和返回值如下。

- <partition_by_clause >：可选参数。将结果集根据< partition_by_clause >参数进行分组。
- <order_by_clause>：将分组中的行根据<order_by_clause>进行排名，排名时可以指定升序或降序。
- 返回结果为 bigint。

例如，使用下列语句可以实现对学生成绩进行排名，排名时自动设定成绩相同的学生排名也相同。

```
USE dbStudents
GO
SELECT
  Rank() OVER(ORDER BY sc.score) AS rownumber,
  sc.stuNo,st.stuName,st.Sex,sc.score
FROM tblStudentCourse sc join tblstudent st on sc.stuNo=st.stuNo
ORDER BY score
```

该语句执行结果如图 B.2 所示。

	rownumb...	stuNo	stuNa...	Sex	score
7	7	19989046	纪小强	男	50.00
8	8	20020302	刘丽欣	女	55.00
9	8	20020293	苏娴	女	55.00
10	8	20020294	刘艳	女	55.00
11	11	20020303	何洪雁	女	60.00
12	11	19989051	垢永胜	男	60.00
13	11	19989036	李海军	男	60.00
14	11	19989027	刘佐臣	男	60.00
15	15	19989005	王亮	男	61.00
16	16	19989023	仇方伟	男	64.00
17	17	19989052	张文学	男	66.00

查询已成功执行。

图 B.2 执行结果

B.3.3 DENSE_RANK( )函数

DENSE_RANK( )该函数在功能上类似于 RANK( )，它们的区别是排名是否连续。RANK( )返回的排名是不连续的，而 DENSE_RANK( )返回的排名中没有任何间断，是连续的，比如两名同学的成绩并列第一，则下一个同学的名次是第二。

DENSE_RANK( )函数的语法结构如下：

```
DENSE_RANK()OVER([<partition_by_clause>]<order_by_clause>)
```

该函数的参数和返回值如下。

- <partition_by_clause>：可选参数。将结果集根据<partition_by_clause>参数进行分组。
- <order_by_clause>：将分组中的行根据<order_by_clause>进行排名，排名时可以指定升序或降序。
- 返回结果为 bigint。

例如，使用下列语句可以实现对学生成绩进行排名，排名时自动设定成绩相同的学生排名也相同。

```
USE dbStudents
GO
SELECT  DENSE_Rank()OVER(ORDER BY sc.score)AS rownumber,
  sc.stuNo,st.stuName,st.Sex,sc.score
FROM tblStudentCourse sc join tblstudent st on sc.stuNo=st.stuNo
ORDER BY score
```

该语句执行结果如图 B.3 所示。

结果 消息

	rownumb...	stuNo	stuNa...	Sex	score
7	7	19989046	纪小强	男	50.00
8	8	20020302	刘丽欣	女	55.00
9	8	20020293	苏娴	女	55.00
10	8	20020294	刘艳	女	55.00
11	9	20020303	何洪雁	女	60.00
12	9	19989051	垢永胜	男	60.00
13	9	19989036	李海军	男	60.00
14	9	19989027	刘佐臣	男	60.00
15	10	19989005	王亮	男	61.00
16	11	19989023	仇方伟	男	64.00
17	12	19989052	张文学	男	66.00

查询已成功执行。

图 B.3 执行结果

B.3.4 NTILE( )函数

将结果集中的每一分组的行分为指定的 n 个小组，每个小组有一个编号，编号从 1 开始。对于每一行，NTILE( )函数将返回此行所属的小组的编号。

如果分组内的数据行数不能被 n 整除，则将导致该分组中每个小组的大小不同。例如，如果分组内的数据总行数是 53，小组数是 5，则前三个小组均包含 11 行，其余两个小组包含 10 行。另外，如果分组内的数据总行数可被小组数整除，则行数将在各个小组之间平均分布。例如，如果某分组内的数据总行数为 50，有 5 个小组，则每个小组将包含 10 行。分组后较大的小组排在前面，较小的小组排在后面。

NTILE ( )函数的语法结构如下：

```
NTILE(integer_expression)OVER([<partition_by_clause>]< order_by_clause >)
```

该函数的参数和返回值如下。

- integer_expression：正整数常量，用于指定每个分组被划分成小组的数量。
- <partition_by_clause>：可选参数，将结果集根据<partition_by_clause>参数进行分组。
- <order_by_clause>：将分组中的行根据<order_by_clause>进行排序，排序时可以指定升序或降序。
- 返回结果为 bigint。

例如，使用下列语句可以将学生成绩分为 3 个等级。

```
USE dbStudents
GO
SELECT NTILE(3)OVER(ORDER BY sc.score)AS rownumber,
  sc.stuNo,st.stuName,st.Sex,sc.score
FROM tblStudentCourse sc join tblstudent st on sc.stuNo=st.stuNo
ORDER BY score
```

该语句执行结果如图 B.4 所示。

结果 | 消息

	rownumb...	stuNo	stuNa...	Sex	score
16	1	19989023	仇方伟	男	64.00
17	1	19989052	张文学	男	66.00
18	1	19989048	蔡宝利	男	66.00
19	1	19989041	吴立志	男	71.00
20	1	19989019	绳智聪	男	71.00
21	1	19989034	米良峰	男	72.00
22	2	19989010	庞小红	女	77.00
23	2	19989045	李志军	男	79.00
24	2	19989018	王艳如	女	80.00
25	2	19989025	朱宝	男	84.00
26	2	19989038	黄海建	男	85.00

查询已成功执行。

图 B.4　执行结果

参 考 文 献

[1] 萨师煊，王珊．数据库系统概论（第三版）．北京：高等教育出版社，2000．

[2] 曾长军．SQL Server 数据库原理及应用．北京：人民邮电出版社，2005．

[3] 李卓玲．数据库系统原理与应用．北京：电子工业出版社，2001．

[4] 汤庸，等．数据库理论及应用基础．北京：清华大学出版社，2004．

[5] 刘智勇．SQL Server 2005 宝典．北京：电子工业出版社，2007．

[6]（美）Solid Quality Learning．SQL Server 2005 从入门到精通．王为，译．北京：清华大学出版社，2006．

[7] 飞狼，李春萌，杨涵．SQL Server 2005 数据库管理与应用指南．北京：人民邮电出版社，2007．

举报电话：（010）88254396；（010）88258888

传　　真：（010）88254397

E-mail:　　dbqq@phei.com.cn

通信地址：北京市万寿路 173 信箱

　　　　　电子工业出版社总编办公室

邮　　编：100036